固体氧化物燃料电池
能量转化与储存

史翊翔　蔡宁生　王雨晴　著

科学出版社

北京

内 容 简 介

　　燃料电池技术是能够实现能源清洁、高效利用的一类前沿关键技术，可望成为继火电、水电、核电后的第四代发电技术，成为电力行业的主力军之一。本书重点针对高温固体氧化物燃料电池及其逆过程，介绍高温电化学能量转化与储存技术的相关基础知识，阐释电化学科学与先进能源转化装置的关系。针对当前清洁能源发电及储能等关键技术，深入剖析电化学反应体系热力学理论、反应动力学理论及传递过程，分析电化学反应装置的理论建模方法及实验测试手段，研讨固体氧化物燃料电池的特征、结构，分析系统匹配与集成优化策略。

　　本书可作为高等院校能源及电化学相关专业高年级本科生及研究生教材，也可作为电化学能量转化与储存领域研究与应用人员的参考书籍。

图书在版编目(CIP)数据

固体氧化物燃料电池能量转化与储存 / 史翊翔，蔡宁生，王雨晴著. —北京：科学出版社，2019.8

ISBN 978-7-03-061960-0

Ⅰ. ①固… Ⅱ. ①史… ②蔡… ③王… Ⅲ. ①固体电解质电池-燃料电池-能量转换-研究 ②固体电解质电池-燃料电池-能量贮存-研究 Ⅳ. ①TM911.3

中国版本图书馆CIP数据核字(2019)第165204号

责任编辑：范运年 王楠楠 / 责任校对：杜子昂
责任印制：吴兆东 / 封面设计：蓝正设计

科 学 出 版 社 出版
北京东黄城根北街 16 号
邮政编码：100717
http://www.sciencep.com
北京中石油彩色印刷有限责任公司 印刷
科学出版社发行　各地新华书店经销
*
2019 年 8 月第 一 版　开本：720×1000 1/16
2023 年 1 月第四次印刷　印张：20 1/4
字数：403 000

定价：168.00 元
(如有印装质量问题，我社负责调换)

前　言

固体氧化物燃料电池(Solid Oxide Fuel Cell，SOFC)是一类清洁、高效的能量转换装置，在集中/分布式发电系统、小型发电设备、移动式电源等领域具有广阔的应用前景。同时，其逆过程固体氧化物电解池(Solid Oxide Electrolysis Cell，SOEC)可以将可再生能源产生的电能用于电解水制氢，甚至用于 CO_2 与 H_2O 的共电解，从而同步实现 CO_2 减排与资源化利用及可再生能源电力的高效储存。

本书重点针对高温 SOFC，介绍电化学能量转化与储存技术的相关基础知识，阐释电化学科学与先进能源转化装置的关系。第 2 章和第 3 章将介绍燃料电池的热力学与反应动力学理论架构；第 4 章和第 5 章将介绍 SOFC 的工作原理及建模方法；第 6 章和第 7 章将针对两种新型的 SOFC——固体氧化物火焰燃料电池以及固体氧化物直接碳燃料电池进行介绍；第 8 章将讨论 SOFC 的逆运行过程，即 SOEC；第 9 章将着重讨论高温电化学反应体系的实验测试技术。

由于 SOFC 仍处于高速发展的阶段，目前研究者针对某些问题仍有不同的看法，同时近年来也涌现了很多新型材料体系及新型构型的 SOFC，本书并不能详尽包含所有相关的问题及文献，而是着重介绍高温电化学的通用基础知识与分析方法，读者可针对具体研究问题参阅更多相关文献。

在本书的撰写过程中，清华大学的几位研究生罗宇、曹天宇、曾洪瑜、吴益扬、宋佩东、陈彦伯、龚思琦、蒋一东及中国华能集团清洁能源技术研究院有限公司的王洪建博士付出了宝贵的时间与精力，作者特此向他们致谢。此外，科学出版社的编辑为本书的出版做了细致的工作，在此也衷心致谢。

书中难免存在一些不足之处，希望广大读者批评指正。

史翊翔

2018 年 11 月于清华园

目　　录

主要符号对照表

英文字母：

a	活度
A	面积（m^2），或 Arrhenius 型反应速率常数中指前因子（cm, mol, s）
b	碰撞参数
c	表面物质的量浓度（mol/m^2），或体积物质的量浓度（mol/m^3），或数量密度（m^{-3}）
C	电场强度（V/m），或电容（F）
c_p	比定压热容[$J/(kg \cdot K)$]
d	颗粒直径（m）
d_{AB}	碰撞分子半径和
D	扩散系数（m^2/s）
E	Arrhenius 型反应速率常数中活化能（J/mol），或电动势（V）
f	流道摩擦因子
F	法拉第常数（96485 C/mol）
G	Gibbs 自由能（J）
G_f	生成 Gibbs 自由能（J）
h	对流换热系数（$W/(m^2 \cdot K)$）
H	焓（J）
H_f	生成焓（J）
$\Delta \hat{h}_{rxn}$	反应焓/燃料热值（J/mol）
i	电流密度（A/m 或 A/m^2）
i_0	交换电流密度（A/m 或 A/m^2）
I	电流（A），或峰面积
J	质量扩散通量[$kg/(m^2 \cdot s)$]
k	反应速率常数（m, mol, s）
k_B	玻尔兹曼常数（$1.38064852 \times 10^{-23} J/K$）
K	反应组分个数
K_c	浓度平衡常数

K_p	压力平衡常数
m	质量(kg)
M	分子质量(kg/mol)
n	物质的量(mol)，或离子、电子导体颗粒数百分数
n_e	电化学反应电子转移数目
n_t	单位体积电子和离子导体颗粒总数
N	粒子数，或组分通量$[mol/(m^2 \cdot s)]$或反应个数
p	压力(Pa)
P	颗粒相互连接概率
Pe	佩克莱数
q^M	过剩负电荷(C)
q^S	过剩正电荷(C)
Q	热能(J)，或电荷量(C)，或电荷守恒方程源项(A/m^3)或能量守恒方程热量源项(W/m^3)
r	半径(m)，或管式径向坐标(m)
$\bar{r}$	多孔电极平均孔径(m)
R	理想气体常数$[8.314J/(mol \cdot K)]$，或质量守恒方程源项$[kg/(cm^3 \cdot s)]$或$[mol/(cm^3 \cdot s)]$，或阻抗(Ω)
Re	雷诺数
S	熵(J/K)
S_L	层流火焰速度(m/s)
$\dot{s}$	反应摩尔生成率$[mol/(m^2 \cdot s)]$
S	单位体积内有效反应面积(m^2/m^3)
$\hat{s}$	偏摩尔熵$[J/(K \cdot mol)]$
t	时间(s)
T	温度(K)
U	内能(J)
$\boldsymbol{u}$	速度矢量(m/s)
$\hat{u}$	每摩尔的内能(J/mol)
v	速度(m/s)
V	体积(m^3)，或电压(V)
W	功(J)
x	气相组分摩尔分数，或转化率
z	反应电子计量数，或管式电池轴向坐标(m)
Z	碰撞频率，或配位数

希腊字母:

α	角度,或电荷传递系数,或离子导体颗粒与电子导体颗粒平均半径之比,或热膨胀系数,或热扩散率(m^2/s)
β	Arrhenius 型反应速率常数中温度指数
γ	气体(溶液)偏离理想气体(溶液)的修正系数,或黏附系数,或活度,或表面张力参数
Γ	最大表面活性位浓度(mol/m^2)
ε	动能(J),或孔隙率,或应变
ζ	流动阻力系数
η	极化电压(V),或效率
θ	表面覆盖率,或电子导体颗粒与离子导体颗粒之间接触角(rad)
κ	渗透率(m^2)
λ	热导率$[W/(m\cdot K)]$
μ	化学势
$\bar{\mu}_k^A$	带电粒子在 A 相中的电化学势
ν	化学计量系数
ρ	密度(kg/m^3)
σ	电导率(S/m),或应力(Pa)
σ_0	材料特征强度(MPa)
σ_r	有效碰撞横截面积(m^2)
σ_{AB}	A 与 B 的碰撞横截面积(m^2)
τ	多孔电极曲折因子
ϕ	电势(V)或当量比
Ω	计算域
$\partial\Omega$	边界

上标和下标:

0	标准状态,或平衡状态,或初始状态
act	活性层(active layer)
an	阳极(anode)
bulk	体相(bulk phase)
ca	阴极(cathode)
conc	浓度(concentration)
CV	控制体(control volume)

cyc	循环 (cycle)
dl	双电层 (double layer)
eff	有效值 (effective)
el	电子的 (electronic)，或电解质 (electrolyte)
elec	电子的 (electronic)
f	正向反应 (forward reaction)
fu 或 fuel	燃料 (fuel)
g	气相组分 (gas-phase species)
H	高 (high)
heat	热量 (heat)
i	反应编号 (reactions index)
in	入口的 (inlet)
io 或 ion	离子的 (ionic)
i,k	组分编号 (species index)
Kn	Knudsen 扩散 (Knudsen diffusion)
L	低 (low)
max	最大值 (maximum)
ohm	欧姆的 (ohmic)
out	出口的 (outlet)
pol	极化 (polarization)
r	逆向反应 (reverse reaction)
ref	参考值 (reference)
re	重整反应 (reforming reaction)
rel	相对的 (relative)
s	表面组分 (surface species)
shift	水气变换反应 (water gas shift reaction)
st	稳定的 (steady)
surr	环境 (surrounding)
Theo	理论的 (theoretical)
tot	总的 (total)
TPB	三相界面 (triple phase boundary)
trans	转移 (transfer)

第1章 绪　　论

　　能源的清洁、高效利用是当今世界普遍关心的热点问题，是实施可持续发展战略的核心内容。含碳化学能源(主要为化石能源及生物质能源)仍然是当今世界能源结构中的主体，通过化学反应，特别是高温反应实现能源载体分子化学键的重构而释放能量是人类利用化石能源的主要形式。预计在相当长的一段时间内，煤炭、石油和天然气等化石能源的清洁、高效转化依然会是人类获取能源的主要途径。推动科技创新，创新能源转化过程，是实现碳基能源清洁、高效利用的关键。

　　燃料电池可将储存在燃料中的化学能直接转化为电能，不受卡诺循环限制，避免了中间环节的能量损失，具有能量转换效率高、洁净、无污染、噪声低、模块结构性强、比功率高等优点，受到了世界各国的广泛重视，正以急起直追的势头快步进入工业化规模应用的阶段，可望成为继火电、水电、核电后的第四代发电技术，成为电力行业的主力军之一。世界主要发达国家与地区均颁布了相关政策，推动燃料电池的产业化步伐。日本政府出于能源安全、产业振兴等目的，相继发布了《氢能与燃料电池技术路线图》《NEDO 氢能源白皮书》等战略，大力发展燃料电池汽车以及家用燃料电池系统，目前已实现了家用燃料电池热电联供系统的商业化推广。美国政府长期重视氢能和燃料电池的技术研发与商业化推广，形成了以美国能源部(Department of Energy，DOE)国家实验室为主导，以大学及研究所、企业为辅的燃料电池研发体系，在便携电源、固定电站等领域均实现了商业化。欧洲联盟(以下简称欧盟)发布了《2030 气候与能源政策框架》等能源战略，在欧盟燃料电池与氢联合行动项目(Fuel Cell and Hydrogen Joint Undertaking，FCHJU)下开展燃料电池技术的开发，推动了家用热电联供燃料电池系统的商业化，并计划从 2020 年开始推动车用燃料电池的商业化进程。目前世界范围内，燃料电池技术已经在车用电源、分布式发电、家用热电联供、便携电源等领域进入产业化初期阶段。与发达国家及地区相比，我国燃料电池技术的研发启动较晚，产业化进程与欧盟、美国、日本等还存在较大差距，因此，掌握和发展燃料电池相关的核心技术是事关国家安全与国民经济可持续发展的重大战略课题。

　　燃料电池通常主要由阳极、电解质、阴极构成。燃料在电池阳极发生氧化反应，同时氧化剂在电池阴极发生还原反应。与常规电池不同的是，只要有燃料供应，燃料电池就可以持续输出电能，而不会随发电的进行而消耗殆尽。而与常规的燃烧发动机不同的是，在燃料电池中，燃料与氧化剂并非在同一腔室中直接反应，而是被致密的离子导体膜(电解质)相隔，燃料氧化反应释放的电子无法直接转移给阴极的氧化剂，而必须通过外电路传递，产生电流，与此同时离子通过电解质传导。这个过程从总包反应来看可以与人们较熟悉的燃烧过程类比，如图1.1 所示，二者均为燃料与氧化剂反应而释放能量，但二者的时间尺度与空间尺度有极大的差别。在燃烧过程中，燃料与氧化剂的反应通常需要燃料分子与氧化剂分子的直接碰撞或者通过将催化剂表面作为中间场所来完成，这个过程的空间尺度极小，接近于原子的尺寸，即 10^{-10}m 的量级，其时间尺度也甚至在 10^{-12}s 的量级[1]。由于反应过程空间尺度与时间尺度极小，尽管过程中一般都存在电子的迁移和能量的转化，然而这些过程中能量大多数只能以光和热的形式来释放，难以直接以电能的形式提取。而在燃料电池的能量转化过程中，由于电子的迁移和离子的迁移在空间上需要通过外电路及电极/电解质结构，其时间尺度和空间尺度大大增加，这使得人们有能力将燃料化学能的一部分以电能的形式进行提取，这也正是燃烧过程与燃料电池发电过程的本质区别。

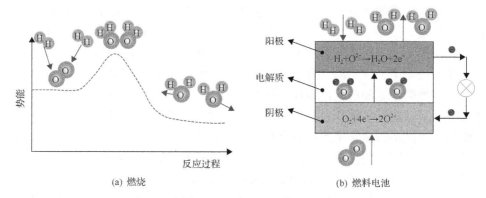

(a) 燃烧   (b) 燃料电池

图 1.1   反应过程示意图

燃料电池按照电解质类型可分为碱性燃料电池（Alkaline Fuel Cell，AFC）、磷酸燃料电池（Phosphoric Acid Fuel Cell，PAFC）、熔融碳酸盐燃料电池（Molten Carbonate Fuel Cell，MCFC）、SOFC 及质子交换膜燃料电池（Proton Exchange Membrane Fuel Cell，PEMFC）。不同类型的燃料电池所使用的材料及工作温度区间各不相同，从而对燃料处理的要求也不尽相同，如图 1.2 所示。总体而言，随着工作温度的升高，燃料处理的复杂度降低，效率升高。其中，SOFC 是典型的高温燃料电池，其名称"固体氧化物"源于其所用的电解质通常由金属氧化物陶瓷构成。在 SOFC 中，电解质材料是传导氧离子或者质子的介质，最常见的 SOFC 的电解质材料是传导氧离子的锆基陶瓷（氧化钇稳定的氧化锆（Yttria-Stablized Zirconia，YSZ）或氧化钪稳定的氧化锆（Scandia-Stablized Zirconia，ScSZ）等），通过在 ZrO_2 中掺杂部分 Y 或者 Sc 可以极大地提高其高温下的氧离子传导率。SOFC 由于工作温度高，不必使用贵金属作为催化剂，使电池成本大大下降，同时电极反应过程也相当迅速，而且燃料使用范围广，不仅可以使用纯 H_2 作为燃料，还可以使用天然气、重整气、合成气等混合燃料。

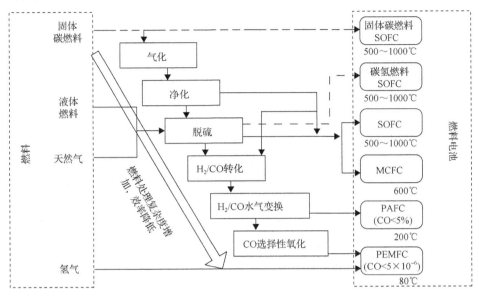

图 1.2 燃料电池种类和燃料处理的影响[3]

SOFC 发电技术可用于多种场合,如可作为集中式发电系统、分布式发电系统、小型发电设备、移动式电源等。其尾气余热具有较高能级,可与燃气轮机(Gas Turbine,GT)相结合,选用高效换热器、燃烧器等部件组成混合发电系统,可望使系统发电效率达到 60% 以上,被公认为最具潜力的发电技术之一,在未来的能源、电力、运输等国民经济的重要领域与国家安全中将起着重要的作用。随着我国天然气管网的不断完善,液化天然气(Liquefied Natural Gas,LNG)的使用逐步广泛以及煤气化技术快速发展,国内市场对 SOFC 发电系统具有明确的需求。

同时,我国是煤炭利用大国,经济的快速发展在一定程度上仍然依赖于煤炭消费。煤炭的利用导致了环境破坏和空气污染等问题。煤炭化石能源利用排放的 SO_2、NO_x 和颗粒物约分别占人为源排放总量的 94%、60% 和 70%,汞排放占 50% 左右。另外,我国集中的煤炭应用比例仍然较低,如电力行业耗煤量仅占煤炭消耗量的 50% 左右。煤炭消费行业的分散使得污染治理难度增大,特别是使用高硫、高挥发劣质煤的分散供热取暖,而民用取暖往往较少采用除尘、脱硫、脱硝等环保措施。散烧煤污染物往往排放高度低、接近人群、不易扩散,给环境带来更加严重的影响。近年来,严重的大面积雾霾气象灾害唤醒了公众的健康意识,围绕煤炭污染物的综合环境治理已经由政府行为和行业规范转变为全社会性质的人民诉求。SOFC 可与煤气化过程结合构成清洁、高效的煤气化燃料电池发电系统,对进一步促进我国煤炭资源的合理开发利用,优化以煤为基础的多联产能源结构有着重要的战略意义。

为缓解人类长期以来对化石能源的依赖,以可再生能源为代表的新能源成为人类社会能源可持续发展的重要出路。伴随着互联网技术的飞速发展,能源互联网概念迅速兴起。"能源互联网"一词最早由 Rifkin 提出[2],它利用互联网技术,通过大规模分布式发电/储能系统接入,实现以可再生能源为主要一次能源的新能源体系的广域共享。与当前相对集中式的能源利用形式相比,能源互联网有以下四个关键特征[4]:①高可再生能源融合比例;②非线性随机特性;③多源大数据特性;④多尺度动态特性。然而,可再生能源发电输出的间歇性、波动性、不可预测的非稳态特性和反调峰特性,给电力系统调峰、调频及安全稳定运行等方面带来了不利影响,增加了电网安全稳定运行的风险,电力系统运行经济性也受到影响。

利用储能技术可将可再生能源产生的电能稳定地储存,又可灵活地将储存的能量转化为电能,从而协调可再生能源与负荷侧能量需求,将可再生能源出力曲线平滑化,起到削峰填谷的作用,以满足负荷侧对供能质量的要求。因此,对于融合了可再生能源的分布式能源系统,可通过储能技术实现可再生能源时移,以保证其平稳供能。与抽水蓄能、压缩空气储能、飞轮储能、电池储能、电解储能、超级电容与超导储能等多类储能技术相比,电制气(Power to Gas,PtG)储能技术拥有噪声低、占地空间小、环境影响小、能量密度高等特点,并且储能载体与储能装置分离,从而其储能/供能周期仅取决于储气/供气能力;此外,PtG 储能技术还能够实现空间上的可再生能源输运,可从时域、地域两个方面同步缓解供需不匹配问题。尤其地,在可再生能源与天然气融合互补所形成的分布式多能源联供网络系统中,PtG 储能技术提供了一条将可再生能源转化为甲烷的新路径,可实现电-气的双向流动,为可再生能源、天然气网以及智能电网的跨时域、跨地域融合创造可能,可望成为推进可再生能源消纳、异质能源融合的关键技术。

高温 SOEC 是 SOFC 的逆过程,其工作温度与 SOFC 一致,通常在 600～1000℃。H_2O 被通入 SOEC 的阴极(通常是 Ni 基陶瓷电极,即 SOFC 的阳极),在外加电源的作用下发生还原反应生成 H_2,同时在 SOEC 的阳极发生 O^{2-} 的氧化反应生成 O_2。SOEC 由于其高温运行特性,不仅可以用于电解水制氢,还可以实现 CO_2 与 H_2O 的共电解,从而实现 CO_2 减排与资源化利用,将间歇性、不稳定的可再生能源电力以氢气、合成气或者碳氢燃料的形式储存,从而实现可再生能源的跨季节储存,尤其当以甲烷的形式储存时,可以借助已有的天然气管网结合企业和家家户户的用气需求实现可再生能源电力与天然气能源的融合,如图 1.3 所示。将 CO_2 和 H_2O 在 SOEC 中的电解产物通过费-托(Fischer-Tropsch,F-T)合成过程进一步转化为其他碳氢燃料和化学品时同样便于输运,实现广义上的可再生能源电力共享。此外,随着 SOEC 朝着可逆化发展,即可逆固体氧化物电池(Reversible Solid Oxide Cell,RSOC),可以在同一设备中实现发电储能过程,实现电能与化学能之间的高效双向转化，促进化石能源与可再生能源利用的深度融合，对于促进能源消费向多元、清洁和高效的方向发展具有重要意义。

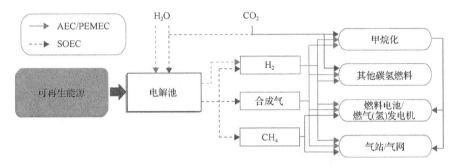

图 1.3 不同电解技术的电制气转化路径及应用[5]

SOFC 及其逆运行装置是清洁、高效的能量转换与储存装置，目前国内外企业与科研机构都对 SOFC/SOEC 开展了大量、深入的研究。在反应机理、性能规律、电极材料与构型改进、电堆放大与系统集成层面获得了丰富的成果，但其商业化应用仍受到材料成本及技术成熟度的限制，需要更多深入的基础科学研究与工程开发，以实现 SOC(Solid Oxide Cell) 系统的高效、稳定运行。本书重点针对 SOFC/SOEC，介绍电化学能量转换与储存技术的相关基础知识，阐释电化学科学与先进能源转化装置的关系。针对当前清洁能源发电及储能等关键问题，结合电化学反应体系的热力学与动力学理论，讨论电化学反应装置的理论建模方法及实验测试手段，分析 SOFC/SOEC 的运行特性、设计优化以及系统的匹配与集成优化策略。

由于 SOFC 工作温度较高，较难通过实验手段获取电池内部参数分布，此外，SOFC 内部涉及多种反应与传递过程的耦合，单纯凭借实验测试也难以对不同的过程进行完全剥离，所以采用数值模拟，针对不同应用场合和研究目的建立不同尺度与精度的数值模型成为反应机理阐释、实验技术发展及电池性能优化的重要途径。然而，建立可靠数学模型的前提是对 SOFC 热力学、动力学及传递过程的深入了解，第 2 章和第 3 章分别介绍燃料电池的热力学与反应动力学理论架构。

在 SOFC 的实际应用中，为提高性能，在使用烃类燃料时通常采用重整器将其重整为 H_2 与 CO 后再通入 SOFC 的阳极，所以掌握 H_2 与 CO 在 SOFC 阳极发生电化学反应的反应机理、明确阳极内反应与传递过程的耦合作用机制对于 SOFC 新型阳极开发、电池性能改善、操作条件优化等具有重要意义。此外，针对不同应用场合，通常需要采用不同的重整过程对燃料进行重整，主要包括蒸汽重整、CO_2 重整(干重整)、部分氧化重整以及自热重整等，重整过程决定了参与电化学反应的燃料组分，进而影响 SOFC 性能，从而对重整反应过程的深入研究也至关重要。为此，第 4 章在简要介绍 SOFC 的工作原理、构型的基础上重点探讨采用不同类型燃料时电极表面的非均相反应机理，第 5 章进一步考虑动量、能量、质量的传递过程，介绍 SOFC 电极、电池单元的数学模型。

而在 SOFC 发电系统层面，除了包含 SOFC 电堆，还需要耦合其他的系统部件，针对不同的应用场合设计不同的系统拓扑结构。此外，由于 SOFC 的废热具有较高的能级，通常会采用其他底部循环来对废热加以利用。小型家用系统通常采用余热回收装置对其尾气中的热量进行回收，从而实现热电联产，进一步耦合吸收式制冷装置则可以实现热电冷三联产。日本大阪燃气公司等研发的家用热电联供系统 ENE-FARM-S 是最早实现商业化的民用 SOFC 系统，其发电效率达到46.5%，通过进一步回收热能，总效率可达 90%。对于大型的固定电站，SOFC 则可进一步与 GT 等组成混合发电系统，SOFC 阴、阳极尾气可进一步在燃烧室中燃烧产生高温气体，推动透平做功发电。美国的西门子-西屋公司设计制造了世界上第一台 SOFC-GT 联合循环电站，发电功率为 220kW[6]。此外，日本的三菱重工也开发了 200kW 的 SOFC-GT 发电系统，实现了 4000 多小时的连续运转，发电效率达 50.2%[7]。尽管世界范围内 SOFC 已经在上述领域实现了商业化应用，但SOFC 技术的发展仍存在很多问题与挑战，如含碳燃料的引入带来的阳极积碳问题、碳氢燃料中 H_2S 带来的硫中毒等问题。此外，要想将 SOFC 系统各部件更高效地结合、实现更高的发电效率与热效率也需要对拓扑结构及操作参数进行合理选择与优化。第 4 章和第 5 章也将对这类关键问题进行探讨。

除了传统 SOFC 构型，近些年还涌现出了多种新型的 SOFC，其中一类是火焰燃料电池(Flame Fuel Cell，FFC)，该构型在"无室"构型下将 SOFC 与富燃火焰直接耦合，在 SOFC 阳极，以富燃火焰为阳极提供燃料，同时提供 SOFC 所需的高温，理论上可以采用任何碳氢燃料作为燃料，燃料适应性更为广泛，此外，系统装置简单、启动快速，这些特点使它成为一种具有重要应用前景的 SOFC 新构型，特别有望应用于小型热电联供系统及天然气分布式发电系统。第 6 章将对 FFC 进行介绍。

SOFC 不仅仅能够采用天然气、丙烷、丁烷等气体燃料以及甲醇、乙醇、汽油、柴油等液体燃料，其高温运行带来的广泛燃料适应性甚至还允许直接以固体碳作为燃料，通过电化学反应直接产生电能，构成直接碳燃料电池(Direct Carbon Fuel Cell，DCFC)，可以应用的燃料包括煤、炭黑、生物质，甚至是含碳垃圾等。与以气体和液体为燃料的燃料电池相比，DCFC 在电池效率、CO_2 减排、燃料来源等方面具有独特优势。与传统燃煤发电站相比，DCFC 具有高效、燃料加工成本低以及污染物易于控制的独特优势，在能源转化领域具有重要应用前景。第 7 章将着重介绍 DCFC 的基本原理、电极材料、电池结构设计以及高温电化学碳转化反应机理。

对于 SOFC 的逆运行过程，其工作电压及组分条件与 SOFC 均存在较大差异，二者在反应机理、微观电极材料制备与工艺等方面仍存在许多不同之处。而相比于 SOFC 中 H_2 与 CO 电化学反应机理的研究，目前针对 SOEC 中 H_2O、CO_2 电解以及二者共电解机理的研究较为缺乏。此外，SOEC 与可再生能源高效集成耦合的系统设计与控制策略也需要更多深入的研究。第 8 章将分别针对 SOEC 的反应机理、基础性能、电极材料、电池单元与电堆运行稳定性及系统技术和经济性分析方面的研究工作进行探讨。

　　此外，深入理解高温电化学体系的工作过程需要发展细致可靠的实验测试技术。SOFC 的实验测试技术主要包括在线电化学测试技术与离线表征技术两种。在线电化学测试技术能够对高温环境中运行的电化学体系进行测试，直观获得电池的各方面性能指标。常规的在线电化学测试技术包括极化曲线、电化学阻抗谱等技术。近年来越来越多的研究者将原位光学成像和光谱学技术应用到高温电化学反应体系的高温在线表征[8]，以原位捕捉电极材料和表面中间产物分子与原子层面的关键信息，为理解 SOFC 的工作原理、优化电池微观结构和提升电池性能补充必要的信息。离线表征技术则对组成电池的各部件在运行前后的详细结构或特性进行测试，用于辅助分析电池的工作原理以及性能优劣。第 9 章着重针对高温电化学反应体系的实验测试技术进行讨论。

参 考 文 献

[1] O'hayre R, Cha S W, Prinz F B, et al. Fuel Cell Fundamentals[M]. Hoboken: John Wiley & Sons, 2016.

[2] Rifkin J. The Third Industrial Revolution: How Lateral Power is Transforming Energy, the Economy, and the World [M]. New York: Palgrave MacMillan, 2011.

[3] Brandon N P, Skinner S, Steele B C H. Recent advances in materials for fuel cells[J]. Annual review of materials research, 2003, 33（1）: 183-213.

[4] Huang A Q, Crow M L, Heydt G T, et al. The future renewable electric energy delivery and management（FREEDM） system: The energy internet[J]. Proceedings of the IEEE, 2011, 99（1）: 133-148.

[5] Akella R, Meng F, Ditch D, et al. Distributed power balancing for the FREEDM system[C]. 2010 First IEEE International Conference on Smart Grid Communications（SmartGridComm）, 2010: 7-12.

[6] Yamamoto O. Solid oxide fuel cells: Fundamental aspects and prospects[J]. Electrochimica Acta, 2000, 45（15-16）: 2423-2435.

[7] Department of Energy and Environment Mitsubishi Heavy Industries Group, Department of New Energy Business Promotion Mitsubishi Heavy Industries Group. 4000h of Continuous Operation of Pressurized SOFC-micro turbine Hybrid Power System is Achived for the First Time Around the World（in Japanese）[EB/OL]. [2019-04-14]. http://www.mhi.co.jp/news/story/1309205422.html.

[8] Li X, Lee J P, Blinn K S, et al. High-temperature surface enhanced Raman spectroscopy for in situ study of solid oxide fuel cell materials[J]. Energy & Environmental Science, 2014, 7（1）: 306-310.

第2章 热 力 学

2.1 引　　言

热力学是研究热现象中物质系统在平衡时的性质和建立能量的平衡关系，以及状态发生变化时系统与外界相互作用(包括能量传递和转换)的学科，对于电化学反应体系，涉及电能与化学能之间的转化，因此电化学热力学的研究对象是电能与化学能的相互转化过程。

对于燃料电池，热力学不仅可以预测燃料电池反应是否可以自发进行，而且可以得到电化学反应的效率极限以及可获得的最大电动势。因而，热力学给出了燃料电池在"理想情况下"的理论性能。

任何燃料电池都不可能超越热力学极限。除了热力学知识，理解燃料电池的实际工作性能还需要动力学方面的知识。本章将介绍燃料电池热力学。在第3章中介绍燃料电池性能的动力学限制。

2.2 可　　逆　　性

首先需要强调的是对于任意系统的热力学分析都是针对平衡状态下的规律，因此，用热力学基本定律对电化学反应系统进行分析时，可逆性[1,2]的概念非常重要。电化学过程可逆必须具备两个条件。

(1)化学可逆，即电化学反应的物质变化可逆。例如，对于氢氧燃料电池，当其放电时发生如下反应：

$$H_2 + \frac{1}{2}O_2 \longrightarrow H_2O \tag{2.1}$$

当有外加电源对其充电时发生如下反应：

$$H_2O \longrightarrow H_2 + \frac{1}{2}O_2 \tag{2.2}$$

可见，电流方向仅改变了反应发生的方向，而未改变电化学系统发生的反应，燃料电池在充放电时的反应互为逆反应，从而该电化学过程为"化学可逆的"。

与之不同的是，当将锌与铜插入硫酸溶液时，电池放电时发生如下反应：

$$Zn + H_2SO_4 \longrightarrow ZnSO_4 + H_2 \tag{2.3}$$

而当电池充电时发生如下反应:

$$Cu + H_2SO_4 \longrightarrow CuSO_4 + H_2 \tag{2.4}$$

由此可见, 当电流方向改变时, 电化学系统内发生不同的反应, 从而经过一个充放电循环后, 系统内物质变化不可逆, 该电化学过程为"化学不可逆的"。

需要说明的是,"化学可逆性"不仅可以用于表征电化学体系的净反应, 而且可以表征不同电极上的半反应。

(2)热力学可逆, 即电化学转化过程中的能量转化是可逆的。热力学上的可逆过程要求热力系统发生状态变化时, 有一个无穷小的逆向驱动力使得过程逆向进行。从本质上讲, 热力学可逆过程可以看做由一系列平衡状态构成的变化过程。

然而, 在实际电化学反应过程中, 只要有可察觉的电流流过, 则意味着平衡状态被打破, 此时严格意义上的热力学可逆性并不适用。只有当电流无限小时, 才可以认为电化学反应始终在接近平衡的状态下进行, 且此时由于电流无限小, 可认为放电过程与充电过程中电池的内压降无限小, 从而二者可在同一电压下进行, 电化学能量转化过程中对外界没有能量耗散。而电流无限小意味着电化学反应速率无限缓慢。因此在实际电化学过程中, 只能达到近似的热力学可逆。

2.3 燃料电池最大电功与效率极限

2.3.1 Gibbs 自由能与最大电功

2.2 节讨论了电化学热力学研究的适用范围, 本节将探讨如何利用热力学对电化学系统进行分析[3]。电化学热力学的研究对象是电能与化学能的相互转化过程。自然地, 对于一个电化学体系, 人们关心在什么条件下燃料的化学能可以转化为电能(定性), 以及有多大部分化学能可以转化为电能(定量)。

考虑图 2.1 所示的典型燃料电池系统, 由热力学第一定律可知, 控制体积内内能的变化量 ΔU (J) 为

$$\Delta U = Q - W \tag{2.5}$$

其中, Q (J) 为系统吸热量; W (J) 为系统对外所做的功。在燃料电池系统中, 系统对外所做的功可能包括容积变化功 $p\Delta V$ 与电功 W_e (J), p (Pa) 为系统压力, V (m³) 为系统体积, 从而

$$\Delta U = Q - p\Delta V - W_{\mathrm{e}} \tag{2.6}$$

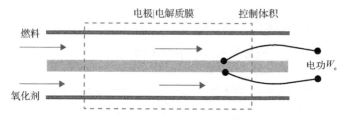

图 2.1　典型燃料电池系统

在热力学中，Gibbs 自由能 $G(\mathrm{J})$ 的定义式为

$$G = U - TS + pV \tag{2.7}$$

其中，$U(\mathrm{J})$ 为系统内能；$T(\mathrm{K})$ 为系统温度；$S(\mathrm{J/K})$ 为系统的熵，由于大多数电化学反应在等温等压条件下进行，因此有

$$\Delta G = \Delta U - T\Delta S + p\Delta V \tag{2.8}$$

联立式 (2.6) 与式 (2.8)，可得控制体内 Gibbs 自由能的变化量为

$$\Delta G = Q - T\Delta S - W_{\mathrm{e}} \tag{2.9}$$

由热力学第二定律、孤立系统熵增原理，把控制体与环境看作一个孤立系统，则

$$\Delta S + \Delta S_{\mathrm{surr}} = \Delta S_{\mathrm{tot}} \geqslant 0 \tag{2.10}$$

其中，$\Delta S_{\mathrm{surr}}\,(\mathrm{J/K})$ 为环境熵变；$\Delta S_{\mathrm{tot}}\,(\mathrm{J/K})$ 为总熵变，按照熵的定义：

$$\Delta S_{\mathrm{surr}} = -\frac{Q}{T} \tag{2.11}$$

由式 (2.9) 与式 (2.11)，可得

$$\Delta G = -T\Delta S_{\mathrm{surr}} - T\Delta S - W_{\mathrm{e}} = -T\Delta S_{\mathrm{tot}} - W_{\mathrm{e}} \tag{2.12}$$

从而对于等温等压的电化学体系，有

$$W_{\mathrm{e}} + \Delta G = -T\Delta S_{\mathrm{tot}} \leqslant 0 \tag{2.13}$$

$$W_{\mathrm{e}} \leqslant -\Delta G \tag{2.14}$$

由此，可以得到在燃料电池热力学中的一个重要结论：在等温等压条件下，

燃料电池体系输出的最大电功(此时电化学体系可逆)等于反应前后 Gibbs 自由能变化的相反数。需要指出的是,等温和等压的假设条件对式(2.14)的运用并没有那么大的限制,式(2.14)成立的唯一条件是反应过程中温度和压力不变。由于燃料电池通常在等温和等压下工作,上述假设是合理的,应该认识到,只要反应过程中的温度和压力不变,式(2.14)就成立[3]。

利用式(2.14),除了可以定量地获得在燃料电池中,化学能可以转化为电能的最大值为 $-\Delta G$,还可以定性地判断什么条件下化学能可以转化为电能。当 ΔG 大于 0 时,W_e 必须小于 0,即外界必须对电化学体系输入电能,才能使反应进行,所以电化学反应的 ΔG 的符号决定了其自发性:

$$\Delta G < 0 \text{,正向反应自发进行}$$
$$\Delta G = 0 \text{,反应平衡}$$
$$\Delta G > 0 \text{,逆向反应自发进行}$$

可自发进行的反应有利于能量转化,它是"下山"过程,但需要注意的是尽管在热力学上该反应是自发的,然而其自发性并不能保证反应发生,也不能保证反应进行的速率。许多可以自发进行的反应没有发生,是由于其不能克服动力学势垒,第 3 章会对动力学进行进一步的阐释。

2.3.2 效率与效率极限[4]

从 2.3.1 节已经知道从燃料电池中可以获得的最大电功为 $-\Delta G$,那么人们不禁要关心,这个转化过程的效率是多少,即输出电能占输入能量的比例有多大。燃料电池热力学研究的一大目的就是讨论燃料电池的效率。然而,探讨燃料电池的效率一定要考虑它的复杂性。

对于如图 2.2 所示的热机,可以很容易计算出效率为可用能与总输入能的比值

$$\eta = \frac{W}{Q_H} \tag{2.15}$$

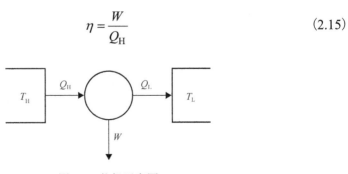

图 2.2 热机示意图

如果高温热源的温度为 T_H，低温热源的温度为 T_L，由热力学第一、第二定律可知，热机效率的极限是理想、可逆效率，即卡诺循环效率：

$$\eta_{Carnot} = \frac{T_H - T_L}{T_H} \tag{2.16}$$

而在计算实际的热机效率时，仍需考虑散热、摩擦损失、非等熵压缩/膨胀等不可逆因素的影响。

与热机效率类似，燃料电池的效率也应该存在一个极限。众所周知，燃料电池不受卡诺循环效率的限制，那么燃料电池的效率极限是多少呢？从 2.3.1 节的分析中，可以知道在燃料电池中 $-\Delta G$ 转化为电能，在理想可逆的条件下，理论上所有的 $-\Delta G$ 都能转化为电能，效率极限是 100%。但如果将效率定义为

$$\eta = \frac{W_e}{-\Delta G} \tag{2.17}$$

则不是很有用，因为无论什么条件下，效率极限都是 100%。然而，燃料电池所能获取的最大电功为 $-\Delta G$，而 ΔG 受压力、温度等因素的影响，从而也会影响燃料电池的理想效率。由于燃料电池的整体化学反应通常与燃烧过程一致，所以比较燃料电池产生的电能与燃料燃烧产生的热能是计算燃料电池效率的合理选择。在等压条件下，燃料燃烧产生的热能又称反应焓 ΔH，当反应放热时，ΔH 为负。在理想情况下，可以利用化学反应释放的所有反应焓来做功，而实际上，热力学第二定律告诉我们，燃料电池中所能做的最大电功为反应 Gibbs 自由能变化量 $-\Delta G$。从而，在理想可逆条件下，燃料电池的效率极限为

$$\eta_{thermo,fc} = \frac{\Delta G}{\Delta H} \tag{2.18}$$

该效率称为燃料电池的热力学效率。

需要注意的是，在实际应用中，为了对不同系统进行对比，通常需要考虑每摩尔形式的变量，即偏摩尔量，如每摩尔的内能 $\hat{u}$ (J/mol)。偏摩尔量与物质的总质量无关，因此是强度量，架起了广延量到强度量的桥梁。通常使用大写字母表示广延量，小写字母表示强度量。此外，焓与 Gibbs 自由能都是热力学势函数，它们与势能十分类似，主要体现在两个方面。第一个共同点是零势能的位置可以任意定义。在热力学中，通常定义标准状态工况为参照工况。标准状态指室温 (298.15K) 与大气压力 (实际定义为 1bar(10^5Pa)，但通常忽略大气压力 (1.01325bar) 与其之间的差异)。标准状态又称标准温度和压力 (Standard Temperature and Pressure，STP)，常

采用上标 0 表示。在涉及化学反应的体系中，零势能点常被定义为最稳定形式的元素在标准状态下的能量。实际应用中，通常使用"生成焓" H_f 而非"焓"，"生成 Gibbs 自由能" G_f 而非"Gibbs 自由能"。热力学势与机械势能的第二个共同点是人们更关注能量的变化，而非能量的绝对值，如 $\Delta \hat{h}_{rxn}$、$\Delta \hat{g}_{rxn}$ 等。其中，Δ 表示热力学过程中(如化学反应)终态到初态的变化。因此，负的能量变化表示过程放热，负的容积变化表示容积减小。

由此，式(2.18)采用偏摩尔量的形式可表示为

$$\eta_{thermo,fc} = \frac{\Delta \hat{g}_{rxn}}{\Delta \hat{h}_{rxn}} \tag{2.19}$$

反应焓 $\Delta \hat{h}_{rxn}$ 也称为燃料的热值。然而，式(2.19)中可以使用两种热值。对于氢气燃烧反应，如果产物为水蒸气，则

$$H_2 + \frac{1}{2}O_2 \longrightarrow H_2O(g) \qquad \Delta \hat{h}_{rxn} = -241.83kJ/mol \tag{2.20}$$

如果产物为液态水，则

$$H_2 + \frac{1}{2}O_2 \longrightarrow H_2O(l) \qquad \Delta \hat{h}_{rxn} = -285.84kJ/mol \tag{2.21}$$

这两个值之间的差 $\Delta \hat{h} = 44.01kJ/mol$ 为水的汽化潜热，绝对值较大的值称为高位热值(Higher Heating Value，HHV)，较小的值称为低位热值(Lower Heating Value，LHV)。汽化潜热说明如果生成水能够冷凝成液态，则将可以得到更多的可用能量。在大多数燃料电池效率计算中，采用高位热值来计算效率是更为合理的，因为高位热值给出了燃料燃烧反应中所能释放的最大能量，而低位热值则会导致计算所得的效率值过高。

图 2.3 给出了以高位热值计算所得的氢氧燃料电池与可逆卡诺循环效率的对比，应该注意以下几点。

(1) 从理论上讲燃料电池的工作温度越低，热力学效率越高。然而实际工作中，高温下的电压损失往往较小，从而在较高温度下可以得到更高的电压。

(2) 高温燃料电池的余热相比于低温燃料电池的余热具有更高的品位。

(3) 与燃料电池支持者的观点不同，燃料电池的热力学效率并不总比热机更高。燃料电池在低温下的热力学效率远高于热机，但是在高温下失去了这种优势。

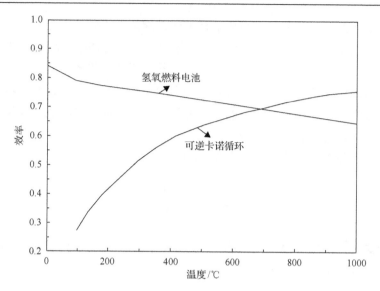

图2.3　氢氧燃料电池与可逆卡诺循环效率的对比（卡诺循环放热温度为 273.15K）[4]

此外，需要说明的是，燃料电池的热力学效率随温度的变化是与燃料种类有关的，对于 CO 为燃料的燃料电池，总反应为

$$CO + \frac{1}{2}O_2 \longrightarrow CO_2 \qquad (2.22)$$

该反应的 $\Delta\hat{g}_{rxn}$ 随温度的变化相比于以氢气为燃料的电池反应更快，从而当温度由 100℃升高至 1000℃时，热力学效率由 82%迅速降为 52%。然而对于以 CH₄ 为燃料的燃料电池，总反应为

$$CH_4 + 2O_2 \longrightarrow CO_2 + 2H_2O \qquad (2.23)$$

该反应的 $\Delta\hat{g}_{rxn}$ 几乎不随温度的变化而改变，从而热力学效率几乎不变。

需要注意的是，由于等温条件下 $\Delta\hat{g}_{rxn}$ 与 $\Delta\hat{h}_{rxn}$ 有如下关系：

$$\Delta\hat{g}_{rxn} = \Delta\hat{h}_{rxn} - T\Delta\hat{s}_{rxn} \qquad (2.24)$$

当电化学反应 $\Delta\hat{s}_{rxn} > 0$ 时 $|\Delta\hat{g}_{rxn}| > |\Delta\hat{h}_{rxn}|$。从而其理想可逆效率可能大于 1。例如，对于 DCFC：

$$C + O_2 \longrightarrow CO_2 \qquad (2.25)$$

其 900℃ 下的理想可逆效率为 100.3%。第 6 章将对 DCFC 进行深入的介绍。

2.4 燃料电池的电动势

2.4.1 Gibbs 自由能与电动势

2.2 节提到,只有当电流无限小时,才能认为放电过程是可逆的,此时,燃料电池两端的电势差总保持其平衡值,一般定义此电势差为该燃料电池的电动势(Electromotive Force,EMF),用 E(V)表示。可逆燃料电池对外做功的过程可以看作在此电动势下,在外电路移动电荷量为 Q(C)的电子:

$$W_e = EQ \tag{2.26}$$

由于电动势 E 与电量 Q 的乘积为电功,所以 E 可以衡量燃料电池的做功能力。电化学热力学的另一个重点就是对电动势的探讨。

由法拉第定律可建立电极通过电量与反应物物质的量之间的关系:

$$Q = nzF \tag{2.27}$$

其中,n(mol)为反应物物质的量;z 为反应电子计数量;F 为法拉第常数,代表每摩尔电子所携带的电荷,可由阿伏伽德罗常量与每个电子带电量计算得到

$$F = N_A e = (6.02214 \times 10^{23} \, \text{mol}^{-1}) \times (1.602176 \times 10^{-19} \text{C}) \approx 96485 \text{C} / \text{mol} \tag{2.28}$$

由 2.3 节的分析知道,恒温恒压下,可逆燃料电池所做的电功 W_e 等于该反应的 $-\Delta G$,从而

$$E = \frac{-\Delta G}{nzF} \tag{2.29}$$

式(2.29)建立了一个可测量电化学参数和一个与反应特性相关的热力学量之间的关系,是联系热力学与电化学的重要桥梁,是电化学热力学定量计算的基础,由此,可以从热力学数据来预测电化学体系的性质。

一个电池总反应可以看作由阴、阳极上两个独立的半反应组成,而每个半反应都与相应电极上的界面电势差相对应,因此,燃料电池的电动势也可以认为是两个电极电势的叠加。实际应用中除了把燃料电池作为整体考虑,也经常需要关注于电池中的某个电极,研究电极电势与电极反应之间的关系。

在电化学中,电极电势定义为两类导体界面(即电极、电解质)之间所形成的相间电位。2.5 节将会详细探讨相间电位形成的机理。在实际测试中,可以利用一个无限大电阻对电池电动势进行测量,却无法测量电极电势的绝对值。这是由于

为了测量某个电极电势，必须引入另一个电子导体，对两个电子导体之间的绝对电势进行测量，但无法对两个电极电势进行分离。即便如此，如果能给出电极电势相对于一个具有标准半电池反应的标准参比电极的相对数值，则仍会对电化学的研究有很大帮助。

在电化学的惯例中，通常采用标准氢电极作为参考点，将任意温度下氢还原反应的标准电动势定义为零：

$$2H^+ + 2e^- \Longrightarrow H_2, \quad E^0 = 0V \tag{2.30}$$

这样，在实验中，将不同电极与标准氢电极组成电池系统，所测得的端电压即该被测电极的电极电势。此时需要注意有关电极电势的符号的规定。当测试电池系统中被测电极上发生还原反应(所测电极为阴极)时，该电极电势为正值；当被测电极上发生氧化反应(所测电极为阳极)时，该电极电势为负值。前人在实验中已经测定了在标准状态下多种电极反应的标准电极电势，并列成标准电极电势表，供相关研究者查阅，读者可以参考相关的电化学书籍。

利用标准电极电势表，可以简单地通过将所有电极电势相加以计算燃料电池在标准状态下的电动势：

$$E^0_{\text{cell}} = \sum E^0_{\text{电极电势}} \tag{2.31}$$

例如，对于标准状态下的氢氧燃料电池，有

$$H_2 \longrightarrow 2H^+ + 2e^-, \quad E^0 = 0V$$

$$+\frac{1}{2}(O_2 + 4H^+ + 4e^- \longrightarrow 2H_2O), \quad E^0 = +1.229V$$

$$= H_2 + \frac{1}{2}O_2 \longrightarrow H_2O, \quad E^0_{\text{cell}} = +1.229V$$

需要注意的是，虽然电化学反应中 O_2 反应的化学计量比为 1/2，但计算时，并没有将 E^0 乘以 1/2，这是因为 E^0 的值与反应物的量无关。

标准电极电势表除了提供一种计算标准状态下燃料电池电动势的方法，还提供许多与反应相关的信息。对于某个电极，其同样符合式(2.29)所示的关系，电势实际上是 Gibbs 自由能的标志，从而该表也是计算 ΔG^0 以及平衡常数的方便手段。此外，ΔG 决定了反应的自发性，高电位意味着反应具有较高的驱动力，因此，比较电极电势的相对大小，便可以判断对于一个电化学体系，氧化/还原反应将在哪个电极上发生。例如，对于上述氢氧燃料电池，由于氧还原反应的电动势大于氢离子还原反应的电动势，从而氧还原反应正向进行，而氢气则发生逆向的氧化反应。电池电动势由以上计算可得，为 1.229V，任何自发的电化学反应都具有正的电动势。这与用 ΔG 进行反应自发性判据时所得的结论是一致的，$\Delta G < 0$ 时，反应自发进行，此时由式 (2.29) 可知，电池电动势 $E > 0$。

2.4.2 非标准状态电动势

一个电池或半反应的标准电势是在所有组分都处于标准状态时得到的，因此，它只适用于室温、大气压以及所有物质活度为 1 的标准状态。在实际应用中，通常还需要考虑在非标准状态下燃料电池电动势随温度、压力以及活度的变化。

2.4.2.1 电动势随温度的变化

由于针对高温电化学体系进行探讨，本书非常关心当温度升高时，电动势是如何变化的。由于 E 与 Gibbs 自由能密切相关，本书首先关注 Gibbs 自由能随温度的变化。由 Gibbs 自由能的微观表达式出发：

$$\mathrm{d}G = -S\mathrm{d}T + V\mathrm{d}p \tag{2.32}$$

等压条件下，式 (2.32) 中 $\mathrm{d}p = 0$，由此可得

$$\mathrm{d}G = -S\mathrm{d}T \tag{2.33}$$

$$\left(\frac{\partial G}{\partial T}\right)_p = -S \tag{2.34}$$

由于

$$G = H - TS \tag{2.35}$$

$$S = \frac{H - G}{T} \tag{2.36}$$

从而

$$\left(\frac{\partial G}{\partial T}\right)_p = \frac{G - H}{T} \tag{2.37}$$

考虑 G/T 对温度的导数：

$$\left(\frac{\partial(G/T)}{\partial T}\right)_p = \frac{1}{T}\left(\frac{\partial G}{\partial T}\right)_p + G\left(\frac{\partial(1/T)}{\partial T}\right)_p = \frac{1}{T}\left(\frac{\partial G}{\partial T}\right)_p - \frac{G}{T^2} \tag{2.38}$$

代入式 (2.37) 可得

$$\left(\frac{\partial(G/T)}{\partial T}\right)_p = -\frac{H}{T^2} \tag{2.39}$$

式 (2.39) 为 Gibbs-Helmholtz 方程。对于任意反应：

$$a\mathrm{A} + b\mathrm{B} \longrightarrow c\mathrm{C} + d\mathrm{D} \tag{2.40}$$

对每个组分列出 Gibbs-Helmholtz 方程：

$$\left(\frac{\partial(G_\mathrm{A}/T)}{\partial T}\right)_p = -\frac{H_\mathrm{A}}{T^2} \tag{2.41}$$

$$\left(\frac{\partial(G_\mathrm{B}/T)}{\partial T}\right)_p = -\frac{H_\mathrm{B}}{T^2} \tag{2.42}$$

$$\left(\frac{\partial(G_\mathrm{C}/T)}{\partial T}\right)_p = -\frac{H_\mathrm{C}}{T^2} \tag{2.43}$$

$$\left(\frac{\partial(G_\mathrm{D}/T)}{\partial T}\right)_p = -\frac{H_\mathrm{D}}{T^2} \tag{2.44}$$

则

$$\left(\frac{\partial((cG_\mathrm{C} + dG_\mathrm{D} - aG_\mathrm{A} - bG_\mathrm{B})/T)}{\partial T}\right)_p = -\frac{cH_\mathrm{C} + dH_\mathrm{D} - aH_\mathrm{A} - bH_\mathrm{B}}{T^2} \tag{2.45}$$

$$\left(\frac{\partial(\Delta G/T)}{\partial T}\right)_p = -\frac{\Delta H}{T^2} \tag{2.46}$$

从而，Gibbs-Helmholtz 方程可用于求解反应 Gibbs 自由能变化。

式 (2.46) 的另一种形式为

$$\Delta G = \Delta H + T\left(\frac{\partial(\Delta G)}{\partial T}\right)_p \tag{2.47}$$

由于

$$\Delta G = -nzFE \tag{2.48}$$

式 (2.46) 可转化为

$$-\Delta H = nzFE + nzFT\left(\frac{\partial E}{\partial T}\right)_p \tag{2.49}$$

式(2.49)为 Gibbs-Hemholtz 方程应用于电化学热力学的另一种表达形式。

又由于反应熵变为

$$\Delta S = -\left(\frac{\partial(\Delta G)}{\partial T}\right)_p = nzF\left(\frac{\partial E}{\partial T}\right)_p \tag{2.50}$$

由式(2.49)与式(2.50)，本书建立了电动势与反应焓和反应熵变的关系，从而热力学量可由电化学测量而导出。利用式(2.49)可测定 E 与 $\left(\frac{\partial E}{\partial T}\right)_p$ 来求反应焓变，由于 $nzFE$ 为燃料电池所做电功，所以有如下结论。

(1)如果 $\left(\frac{\partial E}{\partial T}\right)_p < 0$，电功小于反应焓变，放电过程中部分化学能转化为热能；

(2)如果 $\left(\frac{\partial E}{\partial T}\right)_p > 0$，电功大于反应焓变，放电过程中燃料电池将从环境中吸热以保持温度不变；

(3)如果 $\left(\frac{\partial E}{\partial T}\right)_p = 0$，电功等于反应焓变，放电过程中既不吸热也不放热。

此外，由式(2.50)可以得到任意温度下电池电动势与标准电势的关系，假设 ΔS 不随温度变化，下式用偏摩尔量表示为

$$E_T = E^0 + \frac{\Delta\hat{s}}{zF}(T - T_0) \tag{2.51}$$

利用式(2.51)可以由热力学数据对电动势随温度的变化趋势进行预测与计算。对于大多数燃料电池反应，$\Delta\hat{s}$ 为负值，$(\partial E/\partial T)_p < 0$，电动势随温度的升高而降低。以氢氧燃料电池为例，$\Delta\hat{s} = -44.43\text{J}/(\text{mol}\cdot\text{K})$，则在高温燃料电池工作温度(1000K)下，由式(2.51)计算其可逆电压约为 1.07V，相比于标准状态下的可逆电压(1.229V)降低了 0.159V。

2.4.2.2　电动势随压力的变化

这里同样从 ΔG 随压力的变化出发来讨论电动势随压力的变化[5]。在等温条件下，式(2.32)中 d$T = 0$，由此可得

$$\mathrm{d}G = V\mathrm{d}p \tag{2.52}$$

$$\left(\frac{\partial G}{\partial p}\right)_T = V \tag{2.53}$$

$$\left(\frac{\partial \Delta G}{\partial p}\right)_T = \Delta V \tag{2.54}$$

由式(2.54)可以看到，ΔG 随压力的变化与反应过程中容积的变化有关，通常，只有气体组分产生容积变化，假设气体为理想气体：

$$V = \frac{nRT}{p} = \frac{Nk_B T}{p} \tag{2.55}$$

其中，$n(\text{mol})$ 为气体物质的量；$R[8.314\text{J}/(\text{K}\cdot\text{mol})]$ 为理想气体常数；N 为粒子数；$k_B(1.38064852\times10^{-23}\text{J/K})$ 为玻尔兹曼常数。

联立式(2.54)与式(2.55)，可得

$$\text{d}\Delta G = \Delta nRT\frac{\text{d}p}{p} = \Delta nRT\text{d}\ln p \tag{2.56}$$

因此，对于等温过程，当压力由 p_1 变为 p_2 时，有

$$\Delta G_2 - \Delta G_1 = \Delta nRT\ln\frac{p_2}{p_1} \tag{2.57}$$

从而任意压力下的电动势可由标准状态下的电动势计算得到

$$E = E^0 - \frac{\Delta nRT}{zF}\ln\frac{p}{p^0} \tag{2.58}$$

其中，Δn 为反应过程中气体物质的量变化量。

2.4.2.3　电动势随活度的变化

需要注意的是，2.4.2.2 小节中所讨论的电动势随压力的变化只局限在纯净物体系下由于容积变化而引起的电动势变化。在实际应用中，所用的反应物不一定为纯净物，例如，在氢氧燃料电池中，阴极往往使用空气而非纯氧。此时需要考虑在这种情况下电池电动势将会发生的变化。

下面同样从 Gibbs 自由能出发，分析混合物的 Gibbs 自由能，需要引入化学势的概念。定义化学势 μ_k (J/mol) 为组分 k 的偏摩尔 Gibbs 自由能：

$$\mu_k \equiv \left(\frac{\partial G}{\partial N_k} \right)_{N_j, T, p} \qquad (2.59)$$

化学势反映了混合物的 Gibbs 自由能如何随着气体组分的变化而变化。而 Gibbs 自由能的改变则会进一步改变电动势,因此理解化学势是理解组分浓度如何影响反应电动势的关键。当混合物为理想气体时:

$$\mu_k = \mu_k^0 + RT \ln \frac{p_k}{p^0} \qquad (2.60)$$

其中, μ_k^0 为组分 k 在标准态压力 p^0 及给定温度下的标准化学势; p_k 为组分 k 的分压。

式(2.60)的更通用表达是将化学势与组分的活度相关联:

$$\mu_k = \mu_k^0 + RT \ln a_k \qquad (2.61)$$

其中, a_k 为第 k 个组分的活度,体现了混合物中 k 组分偏离理想状态的程度。不同混合物中某组分的活度意义也不同。

(1)对于理想气体, $a_k = p_k / p^0$,其中 p_k 为气体分压, p^0 为标准大气压 [1atm(1atm=1.01325×10^5Pa)]。

(2)对于非理想气体, $a_k = \gamma_k (p_k / p^0)$,其中 γ_k 为描述气体偏离理想气体的修正系数(0< γ_k <1)。

(3)对于稀(理想)溶液, $a_k = c_k / c^0$,其中 c_k 为组分物质的量浓度, c^0 为标准浓度。

(4)对于非理想溶液, $a_k = \gamma_k (c_k / c^0)$,其中 γ_k 为描述溶液偏离理想溶液的修正系数(0< γ_k <1)。

(5)对于纯组分, $a_k = 1$ 。例如,一块纯金中金的活度为 1,铂电极中铂的活度为 1,液态水的活度通常取为 1。

结合式(2.59)与式(2.61),计算出由组分变化引起的 Gibbs 自由能变化(保持温度、压力为标准状态不变)为

$$\mathrm{d}G = \sum_k \mu_k \mathrm{d}N_k = \sum_k (\mu_k^0 + RT \ln a_k) \mathrm{d}N_k \qquad (2.62)$$

对于任意化学反应:

$$a\mathrm{A} + b\mathrm{B} \rightleftharpoons c\mathrm{C} + d\mathrm{D} \qquad (2.63)$$

由式(2.62)计算以偏摩尔量表示的反应 Gibbs 自由能的变化 $\Delta \hat{g}$,有

$$\Delta \hat{g} = (c\mu_C^0 + d\mu_D^0) - (a\mu_A^0 + b\mu_B^0) + RT \ln \frac{a_C^c a_D^d}{a_A^a a_B^a} \tag{2.64}$$

在标准状态下，活度为 1，有

$$\Delta \hat{g}^0 = (c\mu_C^0 + d\mu_D^0) - (a\mu_A^0 + b\mu_B^0) \tag{2.65}$$

代入式 (2.64) 可得

$$\Delta \hat{g} = \Delta \hat{g}^0 + RT \ln \frac{a_C^c a_D^d}{a_A^a a_B^b} \tag{2.66}$$

联立式 (2.29) 与式 (2.66) 可得电动势与活度的关系：

$$E = E^0 - \frac{RT}{zF} \ln \frac{a_C^c a_D^d}{a_A^a a_B^b} \tag{2.67}$$

对于包含任意多个反应物与生成物的燃料电池，式 (2.67) 可写成更通用的形式：

$$E = E^0 - \frac{RT}{zF} \ln \frac{\prod a_{products}^{v_i}}{\prod a_{reactants}^{v_i}} \tag{2.68}$$

其中，v_i 为反应中组分 i 的化学计量系数。

式 (2.68) 为著名的 Nernst 方程，它描述了电化学体系中可逆电压与组分浓度、气体分压之间的关系。现在可以回答本节开头所提的问题，利用式 (2.68) 计算标准状态下氢气-空气燃料电池反应的可逆电压：

$$E = E^0 - \frac{RT}{2F} \ln \frac{a_{H_2O}}{a_{H_2} a_{O_2}^{\frac{1}{2}}} = E^0 - \frac{RT}{2F} \ln \frac{1}{(p_{H_2} / p^0)(p_{O_2} / p^0)^{\frac{1}{2}}} \tag{2.69}$$

$$E = 1.299 - \frac{8.314 \times 298.15}{2 \times 96500} \ln \frac{1}{1 \times 0.21^{\frac{1}{2}}} = 1.219(V) \tag{2.70}$$

可以看到，以空气代替氧气作为氧化剂仅使可逆电压下降 10mV。因此，如果仅考虑热力学因素，采用空气是完全没有问题的。但是需要说明的是，采用空气会带来更多的动力学损失。

需要注意的是，在气相反应中，Nernst 方程 [式 (2.68)] 与式 (2.58) 本质上都给出了可逆电压随压力的变化。区别在于，Nernst 方程可直接利用反应物与生成物的压力计算可逆电压，而式 (2.58) 则要求反应体系的容积发生变化，因此，不能同时使用式(2.58)与式(2.68)。在燃料电池的实际应用中，使用 Nernst 方程考虑压力的影响往往更为方便。

此外，虽然在 Nernst 方程中也包含温度变量，但其并未完全考虑温度对可逆电压的影响。在任意温度 T 下，Nernst 方程应修正为

$$E = E_T - \frac{RT}{zF} \ln \frac{\prod a_{\text{products}}^{v_i}}{\prod a_{\text{reactants}}^{v_i}}$$ (2.71)

将式(2.51)代入式(2.71)可得

$$E = E^0 + \frac{\Delta \hat{s}}{zF}(T - T_0) - \frac{RT}{zF} \ln \frac{\prod a_{\text{products}}^{v_i}}{\prod a_{\text{reactants}}^{v_i}}$$ (2.72)

式(2.72)同时反映了温度与压力对电池电动势的影响。

由 Nernst 方程可以推断，如果两个电极中化学组分相同、浓度不同，在电极两端仍能产生电压，这种电池称为浓差电池，它体现了 Nernst 方程的精髓。

考虑如图 2.4 所示的氢浓差电池，它包含一个加压的燃料腔和一个超低压的真空腔，两者被铂-电解质膜-铂结构隔开。在氢浓差电池中没有氧气与氢气反应，但是它也能够产生一定的电压[4]。这样，可以将其用于没有氧气的外太空。浓差电池产生的可逆电压与燃料腔和真空腔中的相对浓度有关。例如，如果燃料腔中的氢气压力为 100atm，真空腔中压力为 10^{-8}atm，则由 Nernst 方程可得到该电池的可逆电压为

$$E = 0 - \frac{8.314 \times 298.15}{2 \times 96500} \ln \frac{10^{-8}}{100} = 0.296(\text{V})$$ (2.73)

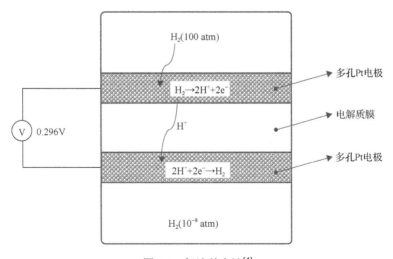

图 2.4 氢浓差电池[4]

在室温下，通过产生氢气的浓度差，可以得到约 0.3 V 的电压。这是如何发生的呢？电压的产生是因为膜一侧氢气的化学势和另一侧化学势之间存在巨大差别。在化学势梯度的驱动下，燃料腔中的部分氢气在铂催化电极上分解为离子和电子。离子通过电解质传递到真空腔，与另一个铂催化电极上的电子结合生成氢气。如果两个铂电极无电路连接，则燃料室中的过剩电子将很快堆积，真空腔中的电子将很快消耗，从而产生电势差。该电势差阻碍了氢离子进一步从燃料腔到真空腔的传递。当电势差增强到与化学势梯度相抗衡时，系统达到了平衡。两个电极上氢气浓度差产生的化学势梯度与电势梯度幅值相等、方向相反[4]。

可以将氢氧燃料电池看作氢浓差电池，阴极氧气的作用可理解为"化学真空泵"，将氢气浓度限制在很低的水平，因而可以产生较大的电池电压。按照浓差电池考虑电动势的计算式：

$$E = \frac{RT}{2F} \ln \frac{p_{H_2}^{anode}}{p_{H_2}^{cathode}} \tag{2.74}$$

由于燃料电池总反应为

$$H_2 + \frac{1}{2}O_2 \longrightarrow H_2O \tag{2.75}$$

由阴极 O_2 压力与反应平衡常数可以计算得到阴极氢气压力为

$$p_{H_2}^{cathode} = \frac{1}{K_{eq}(p_{O_2}^{cathode})^{1/2}} \tag{2.76}$$

平衡常数可用反应 Gibbs 自由能的变化量求得

$$K_{eq} = \exp\left(\frac{-\Delta \hat{g}^0}{RT}\right) \tag{2.77}$$

将式 (2.76) 与式 (2.77) 代入式 (2.74) 可得

$$E = \frac{-\Delta \hat{g}^0}{2F} - \frac{RT}{2F} \ln \frac{1}{p_{H_2}^{anode}(p_{O_2}^{cathode})^{1/2}} = E^0 - \frac{RT}{2F} \ln \frac{1}{p_{H_2}^{anode}(p_{O_2}^{cathode})^{1/2}} \tag{2.78}$$

式 (2.78) 与直接将燃料电池看作氢氧燃料电池时采用 Nernst 方程计算的电动势一致，从而氢氧燃料电池可以看做一种氢浓差电池。

浓差电池的概念在发电储能领域的应用十分广泛,如燃料电池、锂离子电池、钠硫电池等。通过寻找不同形式的浓度差,可以开发新的电化学能量转换装置。例如,一种新型的 SOFC——FFC 就可以认为是浓差电池。第 6 章会对 FFC 进行深入的介绍。

2.5 界面电势差

2.4 节提到了燃料电池的电动势也可以认为是两个电极电势的叠加,而电极电势是电极/电解质界面形成的相间电位。但在 2.4 节热力学的描述中,并没有对相间电位产生的机制进行讨论,而只是着重探讨电势与热力学参数的关系。本节将把视线由宏观热力学转移到界面处相间电位的形成机理。

2.5.1 双电层

要理解界面处相间电位是如何产生的,这里首先要引入双电层的概念。首先考虑一个电极/电解质体系,如金属锌浸入硫酸锌水溶液时发生的反应,金属中 Zn 原子可能发生氧化反应生成 Zn^{2+} 进入溶液;同时溶液中的 Zn^{2+} 也可能与金属中的电子发生反应生成 Zn 原子,即该体系可能发生如下正逆反应:

$$Zn \rightleftharpoons Zn^{2+} + 2e^- \qquad (2.79)$$

最初 Zn 与硫酸锌水溶液都是电中性,然而随着上述正向反应的进行,金属 Zn 上残留电子带负电,而溶液中由于 Zn^{2+} 的增多带正电。此时由于溶液中正电荷的排斥以及金属中电子的吸引,上述反应正反应速率逐渐减小,而逆反应速率逐渐增大,最终当二者反应速率相同时,在界面上建立起动态平衡,从而界面两侧积累的剩余电荷数量不再变化。

然后考虑在金属 Zn 与电解质溶液中正、负电荷的分布情况[1]。首先需要明确的是,对于任意导电相,当相内无电流通过时,相内所有点之间的电场一定为零,否则电荷载体会在电场的作用下定向运动产生电流,由静电学的基本知识可以知道,整个相内电势相同,为等势体,通常将此电势称为该相的内电势或 Galvani 电势,以 ϕ (V) 表示。接下来用 Gauss 定律来考虑两相中过剩电子的分布情况,考虑金属 Zn,由于其内部电场为零,所以在其内部的 Gauss 面内的净电荷也一定为零(Gauss 定律):

$$q = \varepsilon_0 \oiint EdS \qquad (2.80)$$

将 Gauss 面拓展到紧贴 Zn/溶液界面的内侧时,内部净电荷依然为零。由此,可以知道，在金属 Zn 中，过剩负电荷 q^M(C) 一定分布在两相界面处，本节为了区分金属 Zn 与溶剂中的各物理量，上标 M 代表金属，上标 S 代表溶液。继续将 Gauss 面拓展到紧靠金属与溶液界面的外侧，由静电场为零，同样可以得到 Gauss 面内净电荷为零，从而在金属-溶液界面的溶液侧分布着过量的过剩正电荷 q^S(C)，且

$$q^M = -q^S \tag{2.81}$$

可以将电极/电解质界面层这种大小相等、符号相反的电荷定向排列称为离子双电层。

需要指出的是，除了这里介绍的由剩余电荷引起的离子双电层，还有其他原因可以形成双电层，如由于带电粒子在界面层吸附量不同而形成的吸附双电层、由于溶液中极性分子在溶液一侧定向排列而形成的偶极子层等。由于在电化学体系中，离子双电层是相间电势的主要来源，所以本书主要讨论离子双电层引起的相间电势，对于其他双电层的详细讨论可以参考物理化学的其他书籍。

2.5.2　相间电势

本书考虑由离子双电层引起的相间电势[1]。首先，由静电学可以知道，在真空中，任意一点 A 处的电势可以定义为将单位正电荷从无限远处移至该点克服库仑场所需要做的功：

$$\phi_A = \int_\infty^A -\boldsymbol{C}\mathrm{d}l \tag{2.82}$$

其中，$\boldsymbol{C}$(V/m) 为电场强度矢量；$\mathrm{d}l$ (m) 为任意轨迹上无限小的长度元，所以两个不同点 A 与 B 之间的电势差为

$$\phi_{A-B} = \int_B^A -\boldsymbol{C}\mathrm{d}l \tag{2.83}$$

在图 2.5 所示的金属-溶液体系中，假设电解质溶液电势为 ϕ^S，当将单位正电荷由溶液与外界之间的内边界向体系内部移动时，由于电解质溶液内部任一点 $\boldsymbol{C}$ 为零，所以电势保持 ϕ^S 不变。而由于在金属与溶液的界面双电层的存在，界面内存在较强电场，双电层上电荷的排列使得移动此电荷需要做负功，从而在双电层内电势急剧下降为 ϕ^M。而由于金属内部为等势体，将正电荷继续向中心移动时，电势保持 ϕ^M 不变。该体系内电势分布如图 2.6 所示，可以看到金属-溶液界面处产生界面电势差为 $\phi^M - \phi^S$，它依赖于界面的电荷密度 (C/cm^2)，与界面上剩余电荷的量以及界面的几何尺寸有关。

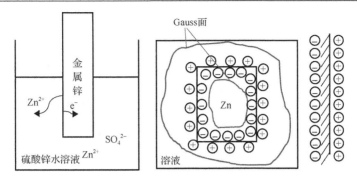

图 2.5　金属锌浸入硫酸锌水溶液发生的反应[6]

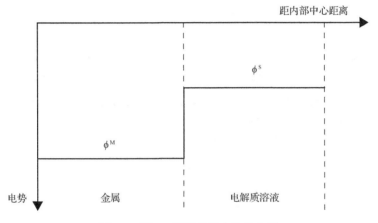

图 2.6　图 2.5 所示体系电势分布图

由于燃料电池电动势可认为是两个电极/电解质界面处的相间电势的叠加，燃料电池的电压分布图可由图 2.7 表示，图中 $\Delta\phi_{anode}$ 与 $\Delta\phi_{cathode}$ 分别为阳极和阴极的界面电势差，称为 Galvani 电势。

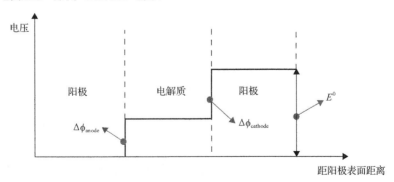

图 2.7　燃料电池内部电压分布示意图

2.5.3　电化学势

重新考虑金属锌浸入硫酸锌水溶液时发生反应的过程,并思考一个问题:在最初时,为何 Zn^{2+} 会由金属向溶液中转移? 我们知道,不同相中粒子的能量状态不同。对于不带电粒子,评价其在不同相中的能量状态的物理量为化学势 μ_k。当不同相接触时,粒子会自发从化学势高的相向化学势低的相转移,转移过程中引起的 Gibbs 自由能变化为该粒子在两相中的化学势之差:

$$\Delta G_k^{A\to B} = \mu_k^B - \mu_k^A \tag{2.84}$$

而最终达到平衡的条件是两相中的化学势相等:

$$\mu_k^B = \mu_k^A \tag{2.85}$$

但电化学体系中涉及的是带电粒子在两相中的转移过程,因此,不仅要考虑化学能的变化,还要考虑电能的变化。显然,将 1mol 带电量为 z 的粒子 k 由无限远移到 A 相内部时,所做的电功为 $zF\phi_A$。从而,考虑化学能与电能的综合作用后,将 1mol 带电粒子转移入 A 相引起的能量变化为

$$\bar{\mu}_k^A = \mu_k^A + zF\phi_A \tag{2.86}$$

其中, μ_k^A 为由化学影响造成的能量变化; $zF\phi_A$ 为由电能影响造成的能量变化。需要注意的是,在实验中往往很难对这两个能量的贡献进行区分,但研究者提出了从概念上对其进行区分的方法,并将 $\bar{\mu}_k^A$ 定义为带电粒子在 A 相中的电化学势。由电化学势的导出过程可以知道, $\bar{\mu}_k^A$ 不仅取决于 A 相所带电荷数及其分布,也与该粒子和 A 相的化学性质相关[1,2]。

类比化学势与 Gibbs 自由能的关系[式(2.58)],同样可以定义电化学 Gibbs 自由能 $\bar{G}$ 为

$$\bar{\mu}_k^A \equiv \left(\frac{\partial \bar{G}}{\partial N_k}\right)_{N_j, T, p} \tag{2.87}$$

$\bar{G}$ 与化学 Gibbs 自由能的区别在于其考虑了由带电环境造成的长程作用力的影响。

类比不带电粒子在两相中的转移过程,当两相互相接触时(如图 2.6 所示例中的金属 Zn 的粒子),带电粒子就会从电化学势高的相向电化学势低的相移动,从而在相间转移,最终建立平衡的条件是该粒子在两相中电化学势相等:

$$\bar{\mu}_k^B = \bar{\mu}_k^A \tag{2.88}$$

此时，由于电子的转移在两相界面处形成稳定的非均匀分布，从而建立起两相界面稳定的双电层。

对于电子，其在某相中的电化学势 $\bar{\mu}_{e^-}^A$ 称为其 Fermi 能级，且与一个电子能级相对应。对于金属或半导体，Fermi 能级取决于其功函。对于溶液，Fermi 能级是溶液中氧化还原态粒子电化学势的函数。从电子角度考虑，上述金属/溶液接触时，电子平衡的条件是两相 Fermi 能级相等，否则便会发生电子由 Fermi 能级高的相向 Fermi 能级低的相的转移。而 Fermi 能级相等本质上等价于两相中电子的化学势相等[1]。

从电化学势的角度重新对 2.5.2 节中的相间电势进行计算，界面处电极反应(2.79)平衡的条件为

$$\bar{\mu}_{Zn^{2+}}^S + 2\bar{\mu}_{e^-}^M - \bar{\mu}_{Zn}^M = 0 \tag{2.89}$$

由于 Zn 原子不带电，从而

$$\bar{\mu}_{Zn}^M = \mu_{Zn}^M = \mu_{Zn}^{0M} + RT \ln a_{Zn}^M \tag{2.90}$$

Zn^{2+} 与电子的电化学势为

$$\bar{\mu}_{Zn^{2+}}^S = \mu_{Zn^{2+}}^S + 2F\phi^S = \mu_{Zn^{2+}}^{0S} + RT \ln a_{Zn^{2+}}^{0S} + 2F\phi^S \tag{2.91}$$

$$\bar{\mu}_{e^-}^M = \mu_{e^-}^M - F\phi^M = \mu_{e^-}^{0M} + RT \ln a_{e^-}^M - F\phi^M \tag{2.92}$$

联立式(2.89)～式(2.92)可以求得相间电势为

$$\phi^M - \phi^S = \frac{\mu_{Zn^{2+}}^S + 2\mu_{e^-}^M - \mu_{Zn}^M}{2F} \tag{2.93}$$

由式(2.93)可以看出，电极/电解质间的相间电势取决于反应物与生成物化学势之差，式(2.93)还可进一步写成

$$\phi^M - \phi^S = \frac{\mu_{Zn^{2+}}^{0S} + RT \ln a_{Zn^{2+}}^{0S} + 2(\mu_{e^-}^{0M} + RT \ln a_{e^-}^M) - \mu_{Zn}^{0M} - RT \ln a_{Zn}^M}{2F} \tag{2.94}$$

又由于

$$\mu_{Zn^{2+}}^{0S} 2\mu_{e^-}^{0M} - \mu_{Zn}^{0M} = -\Delta G^0 \tag{2.95}$$

为了与标准电极电势统一，式(2.95)中 ΔG 为还原反应的 Gibbs 自由能变化，从而式(2.94)为

$$\phi^{\mathrm{M}} - \phi^{\mathrm{S}} = \frac{-\Delta G^0}{2F} - \frac{RT}{2F}\ln\frac{a_{\mathrm{Zn}}^{\mathrm{M}}}{a_{\mathrm{Zn}^{2+}}^{0\mathrm{S}}(a_{\mathrm{e}^-}^{\mathrm{M}})^2} = E^0 - \frac{RT}{2F}\ln\frac{a_{\mathrm{Zn}}^{\mathrm{M}}}{a_{\mathrm{Zn}^{2+}}^{0\mathrm{S}}(a_{\mathrm{e}^-}^{\mathrm{M}})^2} \tag{2.96}$$

其中，E^0 为该反应的标准电动势，从而从电化学势的概念推导出了该电极反应的 Nernst 方程，表明电化学势是研究具有电荷转移界面反应的有效工具。

参 考 文 献

[1] 巴德·阿伦 J, 福克纳·拉里 R. 电化学方法原理和应用[M]. 第 2 版. 邵元华, 朱果逸, 董献堆, 等译. 北京: 化学工业出版社, 2005.

[2] 李狄. 电化学原理[M]. 北京: 北京航空航天大学出版社, 1999.

[3] Larminie J, Dicks A, McDonald M S. Fuel Cell Systems Explained[M]. Chichester: JohnWiley & Sons, 2003.

[4] O'hayre R, Cha S W, Prinz F B, et al. Fuel Cell Fundamentals[M]. Hoboken: John Wiley & Sons, 2016.

[5] Kee R J, Coltrin M E, Glarborg P. Chemically Reacting Flow: Theory and Practice[M]. Hoboken: John Wiley & Sons, 2005.

[6] 小久见善八. OHM 大学理工系列·电化学[M]. 郭成言译. 北京: 科学出版社, 2002.

第3章 反应动力学

3.1 引　言

第2章介绍了燃料电池的热力学。热力学给出了反应发生的可能性，但不能说明反应将以什么样的速度进行。

早在1839年，格罗夫就发明了燃料电池，然而，在随后的上百年时间内，燃料电池的发展却几乎停滞。其中一个主要原因便是在19世纪到20世纪四五十年代，热力学的发展占有统治地位[1]。在处理与燃料电池有关的问题时，当时的科学家与工程师习惯于按照类似热机等能量转换装置的处理方法，把不可逆过程近似为可逆过程。然而在燃料电池中，但凡体系中有电流通过，可逆平衡的假设自然就失效了。直到1950年后，科学家逐渐发现热力学推理方式的局限性。例如，热力学告诉人们室温下氢气与氧气反应的Gibbs自由能变化为负，那么按照热力学的理论，此反应必将进行，然而实际人们却观察到当氢气与氧气放在一起时，在室温下相当长时间两者都可保持稳定。当然，热力学的答案始终是正确的，但是热力学并不能说明一个反应实际进行的速率是多大，而这是人们非常关心的问题。在随后的发展中，电化学科学家才从化学反应动力学科学中汲取经验，从动力学角度对电化学反应进行分析[1]。

本章将探讨反应动力学，动力学研究的是化学反应过程的反应速率，决定了反应的快慢。本章将首先介绍化学反应(包括均相化学反应与非均相化学反应)动力学，在此基础上介绍燃料电池电极反应动力学。燃料电池的电极反应也是一种非均相反应，然而与一般的表面非均相化学反应不同，电极反应涉及电子在电极表面和电极表面基元组分之间的转移，以电流的形式将燃料的化学能转化为电能。这个过程往往由多个步骤组成，包括气体组分在电极表面或者电解质表面的吸附、表面扩散、电荷转移反应等。对这类反应步骤的探讨即电极反应动力学，而对于电极反应动力学的深入理解则有助于改善电极设计，掌握加速或减缓电化学反应的策略。

3.2 质量作用定律

化学反应中某个组分的生成与消耗可以通过速率方程来描述，速率方程通常以反应物浓度来表示：

$$-\frac{d[A]}{dt} = k[A]^{\alpha}[B]^{\beta}\cdots \tag{3.1}$$

其中，k、α、β 为由实验数据获得的经验常数；[A]为组分 A 的浓度。注意到除[A]之外的其他浓度项可集成到比例常数 k 中，k 称为速率常数，在特定温度与压力下，通常 k 为常数。k 是温度的强函数，有时也随压力的变化而变化。

如果 $\alpha = 1$，则反应称为一级反应，$\dfrac{d[A]}{dt}$ 与[A]成正比，此时，A 的消耗速率可以写成

$$-\frac{d[A]}{dt} = k[A] \tag{3.2}$$

积分可得

$$[A] = [A]_0 e^{-kt} \tag{3.3}$$

$$\ln[A] = -kt + \ln[A]_0 \tag{3.4}$$

其中，$[A]_0$ 为 $t = 0$ 时刻 A 的浓度。

如果 $\alpha = 2$，则反应称为二级反应，[A]的消耗速率为

$$-\frac{d[A]}{dt} = k[A]^2 \tag{3.5}$$

积分可得

$$-\frac{1}{[A]^2} d[A] = k dt \tag{3.6}$$

$$\frac{1}{[A]} - \frac{1}{[A]_0} = kt \tag{3.7}$$

需要注意的是，上述组分 A 的消耗速率表达式是由实验数据总结得出的经验公式。当反应为总包反应时，α、β 通常并不是整数，这是由于实验测试得到的总包反应速率是许多基元反应先后或同时发生的结果。例如，甲烷燃烧的总包反应为

$$CH_4 + 2O_2 \longrightarrow 2H_2O + CO_2 \tag{3.8}$$

然而实际燃烧过程由上百个基元反应组成，因此其动力学表达式是温度、压力以及流率等参数的函数。

3.3 基 元 反 应

总包反应描述了一个反应体系的整体变化，然而并不能提供系统化学反应的基础，一个总包反应中往往涉及许多个基元反应，描述一个总包反应所需要的一组基元反应称为反应机理。基元反应可以写成如下形式：

$$aA + bB \longrightarrow cC + dD \tag{3.9}$$

其反应速率表达式可写为如下形式：

$$-\frac{d[A]}{dt} = k[A]^a[B]^b \tag{3.10}$$

其中，a、b 分别为组分 A、B 的化学计量系数。式(3.10)中速率常数 k 仍为温度的函数，但与总包反应不同的是，基元反应描述的是反应物分子之间碰撞的过程，从而可以由碰撞理论推导出 k 与温度的关系，这将在 3.4 节中进行深入的探讨。

基元反应可以写成如下通用的形式：

$$\sum_{k=1}^{K} \nu'_{ki} X_k \Leftrightarrow \sum_{k=1}^{K} \nu''_{ki} X_k, i = 1, 2, \cdots, I \tag{3.11}$$

其中，k 为化学组分名称；K 为组分总数；i 为反应步骤编号；I 为基元反应总数；ν_{ki} 为基元反应组分的化学计量系数，上标"′"表示正反应，上标"″"表示逆反应。

第 i 步反应的速率$[\text{mol}/(\text{m}^3 \cdot \text{s})]$表达式为

$$q_i = k_{\text{f},i} \prod_{k=1}^{K} [X_k]^{\nu'_{ki}} - k_{\text{r},i} \prod_{k=1}^{K} [X_k]^{\nu''_{ki}} \tag{3.12}$$

其中，下标 f 表示正反应；下标 r 表示逆反应。

混合物的总浓度为

$$[M] = \sum_{k=1}^{K} [X_k] \tag{3.13}$$

组分 k 的净产生和消耗速率为

$$\dot{w}_k = \sum_{i}^{I} \nu_{ki} q_i \tag{3.14}$$

式(3.14)中包括所有 I 个反应的贡献，ν_{ki} 为第 i 个反应中组分 k 的净化学反应计量系数：

$$v_{ki} = v''_{ki} - v'_{ki} \tag{3.15}$$

3.4　化学反应速率理论

　　基元反应描述的是反应组分之间(均相化学反应)或反应组分与固体表面之间(非均相化学反应)发生碰撞的过程，在碰撞过程中能量可以从一个分子转移到另一个分子，或从一种形式转换成另一种形式，例如，平动动能可以转换成某分子或者与之相互碰撞的分子的振动动能和转动动能。如果能量聚集到分子的特定键上使分子键破裂，则化学反应就能够发生，因此，碰撞的频率将决定反应速率常数。本节首先讨论分子间的碰撞，随后讨论分子与固体表面之间的碰撞。

3.4.1　分子间碰撞

　　考虑两个半径分别为 r_A 和 r_B 的不同分子之间的碰撞。如果分子为坚硬小球，则只有当它们相对运动接触时才会发生相互作用。一般采用坚硬小球碰撞理论来对分子碰撞频率进行推导，但需要说明的是，由此推导的碰撞频率公式具有普适性。

　　现在追踪分子 A 相对于分子 B 随机运动的轨迹，如图 3.1 所示，当分子 A 和分子 B 之间距离低于 r_A+r_B 时，便会发生分子 A 与分子 B 的碰撞。假设分子 A 相对于分子 B 的运动速度为 v_{rel}，则 Δt 时间内分子 A 扫过的圆柱体体积为

$$V = \pi(r_A + r_B)^2 v_{rel}\Delta t \tag{3.16}$$

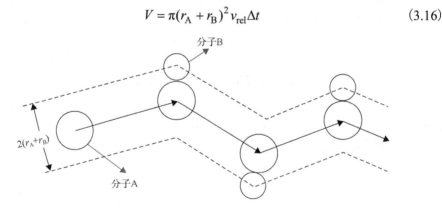

图 3.1　分子 A 移动通过一系列分子 B 时扫过的体积

引入 A-B 碰撞横截面积：

$$\sigma_{AB} = \pi(r_A + r_B)^2 \tag{3.17}$$

如果体积 V 内 B 分子的浓度(数量密度)为 c_B，则在 Δt 内 A 与 B 碰撞数为

$$c_B \sigma_{AB} v_{rel} \Delta t \tag{3.18}$$

从而此速度下单位时间的碰撞次数(即碰撞率或者碰撞频率)为

$$z_{A,B}(v_{rel}) = c_B \sigma_{AB} v_{rel} \tag{3.19}$$

为了获得平均碰撞频率,需要对所有可能的碰撞速度进行积分,假设碰撞速度符合 Maxwell-Boltzmann 分布,则平均碰撞次数为

$$z_{A,B} = c_B 4\pi \left(\frac{m_{AB}}{2\pi k_B T} \right)^{3/2} \int_0^\infty \sigma_{AB} v_{rel}^3 e^{-m_{AB} v_{rel}^2 /(2k_B T)} dv_{rel} \tag{3.20}$$

$$z_{A,B} = c_B \sigma_{AB} \left(\frac{8 k_B T}{\pi m_{AB}} \right)^{1/2} \tag{3.21}$$

$$z_{A,B} = c_B \sigma_{AB} \langle v_{rel} \rangle \tag{3.22}$$

其中,$\langle v_{rel} \rangle$ 为平均相对速度;k_B 为玻尔兹曼常数;m_{AB} 为碰撞中减少的质量,由式(3.23)计算:

$$m_{AB} = \frac{m_A m_B}{m_A + m_B} \tag{3.23}$$

由于 $\sigma_{AB} = \sigma_{BA}$,分子 B 穿过一系列分子 A 时的碰撞频率为

$$z_{B,A} = c_A \sigma_{AB} \langle v_{rel} \rangle \tag{3.24}$$

$z_{A,B}$ 给出了 1 个分子 A 与所有分子 B 碰撞的频率,由此可以计算单位时间、单位体积内所有分子 A 与分子 B 的总的碰撞次数为

$$Z_{A,B} = c_A c_B 4\pi \left(\frac{m_{AB}}{2\pi k_B T} \right)^{3/2} \int_0^\infty \sigma_{AB} v_{rel}^3 e^{-m_{AB} v_{rel}^2 /(2k_B T)} dv_{rel} \tag{3.25}$$

$$Z_{A,B} = c_A c_B \sigma_{AB} \langle v_{rel} \rangle \tag{3.26}$$

相同分子之间的碰撞与不同分子之间的碰撞推导类似,碰撞频率如下:

$$z_{A,A} = c_A \sigma_{AA} \langle v_{rel} \rangle \tag{3.27}$$

其中

$$\sigma_{AA} = \pi (2 r_A)^2 \tag{3.28}$$

碰撞中减少的质量为

$$m_{AA} = \frac{m_A m_A}{m_A + m_A} = \frac{1}{2} m_A \tag{3.29}$$

平均相对速度为

$$\langle v_{rel} \rangle = \left(\frac{8k_B T}{\pi m_{AA}} \right)^{1/2} \tag{3.30}$$

$$\langle v_{rel} \rangle = \sqrt{2} \left(\frac{8k_B T}{\pi m_A} \right)^{1/2} \tag{3.31}$$

$$\langle v_{rel} \rangle = \sqrt{2} \langle v \rangle \tag{3.32}$$

其中，$\langle v \rangle$ 为平均速度。

式(3.27)可进一步写成

$$z_{A,A} = c_A \sigma_{AA} \sqrt{2} \langle v \rangle \tag{3.33}$$

与不同分子之间碰撞不同的是，A-A 的碰撞在单位时间、单位体积内的总数量为

$$Z_{A,A} = \frac{1}{2} c_A{}^2 \sigma_{AA} \sqrt{2} \langle v \rangle \tag{3.34}$$

乘以系数 $\frac{1}{2}$ 是由于在相同分子碰撞时，每次碰撞被重复计算了 2 次，式(3.34)还可以表示为

$$Z_{A,A} = c_A{}^2 \sigma_{AA} \left(\frac{4k_B T}{\pi m_A} \right)^{1/2} \tag{3.35}$$

3.4.2　分子与固体表面碰撞

气体分子与固体表面(墙壁)之间的碰撞和非均相反应的发生相关，因此，碰撞频率 Z_w 在非均相化学动力学中非常重要。

假设分子浓度为 c，分子做随机运动，速度分布满足一维 Maxwell-Boltzmann 分布。下面以分子相对一面垂直于 x 轴的表面的碰撞为例，推导其碰撞频率。

如图 3.2 所示，考虑在两个限定壁面之间的一个垂直于 x 轴的 A 平面，在一段时间 Δt 内，任何有（正）速度 v_x，且在 $t=0$ 时距离平面小于 $v_x \Delta t$ 的分子将会通过这个平面。所以在由 A 平面面积和 $v_x \Delta t$ 乘积得到的体积 V 里，任何有速度 v_x 的分子将会从左往右移动并穿过平面。同样考虑速度满足一维 Maxwell-Boltzmann 分布，则速度在 $v_x \rightarrow v_x+\mathrm{d}v_x$ 范围的分子比例为 $P(v_x)$，因此，在此速度范围内单位体积的分子数为 $cP(v_x)$，单位时间内通过平面的分子数为

$$VcP(v_x) = Av_x \Delta tcP(v_x) \tag{3.36}$$

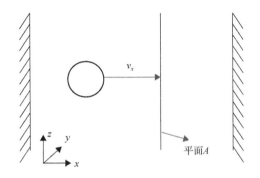

图 3.2　分子相对于平面 A 的碰撞

对所有速度进行积分则可以得到碰撞频率为

$$Z_{\mathrm{w}} = \frac{\displaystyle\int_0^{\infty} Av_x \Delta tcP(v_x)\mathrm{d}v_x}{A\Delta t} \tag{3.37}$$

$$Z_{\mathrm{w}} = \int_0^{\infty} v_x c \left(\frac{m}{2\pi k_{\mathrm{B}}T} \right)^{1/2} \mathrm{e}^{-mv_x^2/(2k_{\mathrm{B}}T)} \mathrm{d}v_x \tag{3.38}$$

$$Z_{\mathrm{w}} = c \left(\frac{k_{\mathrm{B}}T}{2\pi m} \right)^{1/2} \tag{3.39}$$

利用 Maxwell-Boltzmann 分布对应的平均速度时可以得到

$$Z_{\mathrm{w}} = c \frac{\langle v \rangle}{4} \tag{3.40}$$

可以将平面 A 放在 x 轴上的任何位置，其穿过平面的通量 Z_{w} 都是一样的，所以式 (3.40) 为通用表达式。

3.4.3　基于碰撞理论的反应速率表达式

3.3.1 节和 3.3.2 节讨论了碰撞频率的表达式，然而，并不是所有的碰撞都会导致化学反应的发生。本节将以双分子反应为例，讨论有效碰撞横截面积 σ_r。在 3.4.1 节中看到，分子 A 与分子 B 的碰撞频率依赖于碰撞横截面积 σ_{AB}。与之相类似的是，有效碰撞横截面积决定了分子碰撞与反应发生的频率。

通过类比式(3.25)可以写出有效碰撞频率的表达式：

$$Z_r = c_A c_B 4\pi \left(\frac{m_{AB}}{2\pi k_B T}\right)^{3/2} \int_0^\infty \sigma_r(v_{rel}) v_{rel}^3 e^{-m_{AB} v_{rel}^2/(2k_B T)} dv_{rel} \tag{3.41}$$

由动能公式

$$\frac{m_{AB} v_{rel}^2}{2} = \varepsilon \tag{3.42}$$

$$v_{rel} = \sqrt{\frac{2\varepsilon}{m_{AB}}} \tag{3.43}$$

得式(3.41)以能量形式表示为

$$Z_r = c_A c_B \left(\frac{1}{m_{AB}\pi}\right)^{1/2} \left(\frac{2}{k_B T}\right)^{3/2} \int_0^\infty \sigma_r(\varepsilon) \varepsilon e^{-\varepsilon/(k_B T)} d\varepsilon \tag{3.44}$$

已经知道反应的发生需要打破特定的化学键，即克服一定的活化能势垒。在分子碰撞理论中，假设只有沿分子中心线的相对平动动能可以用于克服活化能势垒，从而，只有碰撞分子对中心线方向的动能超过某一值 ε^* 时，才能发生有效碰撞，ε^* 称为化学反应的临界能或阈能。两个分子发生相对碰撞可能有如图 3.3 所示的不同形式。在如图 3.3(a)所示的碰撞中，相对速度向量与两分子的中心线在同一直线上时，分子对将经历正面碰撞。在正面碰撞中，所有平动动能都可以用于跨越活化能势垒。在如图 3.3(b)所示的碰撞中，相对平动速度平行于顶部碰撞的相对平动速度，但其位置偏离中心线连线一定距离，称为碰撞参数 b，它代表了分子 A 与分子 B 可达到的接近程度。碰撞时 A、B 分子中心线连线与相对平动速度的夹角为 α，则

$$b = (r_A + r_B)\sin\alpha = d_{AB}\sin\alpha \tag{3.45}$$

其中，d_{AB} 为碰撞分子半径和。

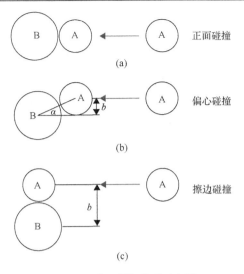

图 3.3　不同碰撞类型示意图

从而在碰撞时，相对速度沿中心线的分量为

$$v_{lc} = v_{rel} \cos\alpha \tag{3.46}$$

则可以用于克服活化能势垒的相对平动动能为

$$\varepsilon_{lc} = \frac{1}{2} m_{AB} (v_{rel} \cos\alpha)^2 = \varepsilon(\cos\alpha)^2 = \varepsilon\left(\frac{d_{AB}^2 - b^2}{d_{AB}^2}\right) \tag{3.47}$$

如图 3.3(c)所示的碰撞为擦边碰撞，此时 $b = d_{AB}$，由式(3.46)可知此时能够提供给化学反应的平动动能为 0。

当 $0 < b < d_{AB}$ 时，化学反应发生时中心线方向的相对平动动能需要大于等于化学反应阈能 ε^*，即

$$\varepsilon\left(\frac{d_{AB}^2 - b^2}{d_{AB}^2}\right) \geqslant \varepsilon^* \tag{3.48}$$

从而可以使反应发生的最大碰撞参量为

$$b_{max} = d_{AB}\sqrt{1 - \frac{\varepsilon^*}{\varepsilon}} \tag{3.49}$$

对于给定动能 ε，当碰撞参量 b 小于 b_{max} 时即可发生反应，从而此时反应截面为

$$\sigma_{\mathrm{r}}(\varepsilon) = \pi b_{\max}^2 = \pi d_{\mathrm{AB}}^2 \left(1 - \frac{\varepsilon^*}{\varepsilon}\right) \tag{3.50}$$

反应截面意味着对于球心落在此截面范围内的分子 A 与分子 B 的碰撞都可以导致反应发生，反之，则反应不能发生。由式 (3.50) 可知，当 $\varepsilon \leqslant \varepsilon^*$ 时，$\sigma_{\mathrm{r}}(\varepsilon) = 0$；当 $\varepsilon > \varepsilon^*$ 时，$\sigma_{\mathrm{r}}(\varepsilon)$ 随着 ε 的增大而增大。

现在可以由碰撞理论来推导出双分子反应速率常数的表达式。对于双分子基元反应，其反应速率为

$$-\frac{\mathrm{d}[\mathrm{A}]}{\mathrm{d}t} = k(T)c_{\mathrm{A}}c_{\mathrm{B}} \tag{3.51}$$

对比式 (3.51) 和式 (3.44) 可得

$$k(T) = \left(\frac{1}{m_{\mathrm{AB}}\pi}\right)^{1/2} \left(\frac{2}{k_{\mathrm{B}}T}\right)^{3/2} \int_0^\infty \sigma_{\mathrm{r}}(\varepsilon)\varepsilon \mathrm{e}^{-\varepsilon/(k_{\mathrm{B}}T)}\mathrm{d}\varepsilon \tag{3.52}$$

将式 (3.50) 代入式 (3.52) 可得

$$k(T) = \left(\frac{1}{m_{\mathrm{AB}}\pi}\right)^{1/2} \left(\frac{2}{k_{\mathrm{B}}T}\right)^{3/2} \pi d_{\mathrm{AB}}^2 \int_{\varepsilon^*}^\infty (\varepsilon - \varepsilon^*)\varepsilon \mathrm{e}^{-\varepsilon/(k_{\mathrm{B}}T)}\mathrm{d}\varepsilon \tag{3.53}$$

通过对式 (3.53) 中积分进行计算，可以得到双分子反应速率常数为

$$k_{\mathrm{coll}}(T) = \left(\frac{8k_{\mathrm{B}}T}{m_{\mathrm{AB}}\pi}\right)^{1/2} \pi d_{\mathrm{AB}}^2 \mathrm{e}^{-\varepsilon^*/(k_{\mathrm{B}}T)} \tag{3.54}$$

反应速率常数通常具有修正 Arrhenius 形式速率表达式：

$$k(T) = AT^\beta \exp\left(-\frac{E_a}{RT}\right) \tag{3.55}$$

对比式 (3.54) 与式 (3.55) 可以对 Arrhenius 形式速率表达式中的参数进行估算，指前因子 A 为

$$A = \left(\frac{8k_{\mathrm{B}}}{m_{\mathrm{AB}}\pi}\right)^{1/2} \pi d_{\mathrm{AB}}^2 \tag{3.56}$$

温度指数 β 为

$$\beta = \frac{1}{2} \tag{3.57}$$

活化能 E_a 为

$$\frac{E_a}{R} = \frac{\varepsilon^*}{k_B} \tag{3.58}$$

由此，便由碰撞理论推导得出了基元反应 Arrhenius 形式速率表达式中的常数形式。

3.5　非均相反应动力学

电化学反应涉及气体组分在电极表面或者电解质表面的吸附等过程，这类反应是典型的非均相反应，本节将介绍非均相反应动力学。

3.5.1　反应动力学表达式

人们通常使用一些经典的动力学表达式来描述非均相反应的速率，如 Langmiur 等温吸附表达式、Langmuir-Hinshelwood 动力学表达式以及 BET 等温吸附表达式等。本节将对几个常用的经典动力学表达式进行介绍，需要注意的是，这些表达式各有其适用条件[2]。

3.5.1.1　Langmiur 等温吸附

为了研究非均相反应，需要引入表面覆盖率的概念，表面覆盖率 θ_A 为表面被 A 覆盖的活性位点数与表面总活性位点数的比值，代表了表面覆盖的程度。首先考虑催化剂表面只吸附单一组分 A 的简单吸附，即 Langmiur 等温吸附模型，它可用于描述组分 A 以分子形式吸附在表面而不发生反应的过程：

$$A + O(s) \underset{k_{-1}}{\overset{k_1}{\rightleftharpoons}} A(s) \tag{3.59}$$

其中，O(s) 为"空"表面位点；A(s) 为吸附组分；k_1 与 k_{-1} 分别为正、逆反应速率常数。

对于上述反应，当反应平衡时，正、逆反应速率相等，从而由质量作用定律有

$$\frac{d[A(s)]}{dt} = 0 = k_1[A][O(s)] - k_{-1}[A(s)] \tag{3.60}$$

其中，[A] 为气相 A 分子的物质的量浓度；[O(s)] 与 [A(s)] 分别为空位 O(s) 与吸附组分 A(s) 的表面物质的量浓度。假设表面仅有 O(s) 与 A(s)，则有

$$[O(s)] + [A(s)] = \varGamma \tag{3.61}$$

其中，$\varGamma$ 为表面总活性位点物质的量浓度。将式(3.61)代入式(3.60)可得

$$k_1[A]\varGamma = (k_{-1} + k_1[A])[A(s)] \tag{3.62}$$

则很容易得出组分 A 的表面覆盖率：

$$\theta_A = \frac{[A(s)]}{\varGamma} = \frac{k_1[A]}{k_{-1} + k_1[A]} = \frac{K_c[A]}{1 + K_c[A]} \tag{3.63}$$

其中，K_c 为浓度平衡常数，利用理想气体状态方程，并将 K_c 转换为压力平衡常数 K_p，可以将上述表达式写为组分 A 分压 p_A 的函数：

$$\theta_A = \frac{K_p[p^0/(RT)]^{-1} \times [p_A/(RT)]}{1 + K_p[p^0/(RT)]^{-1} \times [p_A/(RT)]} = \frac{K_p(p_A/p^0)}{1 + K_p(p_A/p^0)} \tag{3.64}$$

进一步，把式(3.64)中 K_p 用吸附平衡常数 K 代替：

$$K = \frac{K_p}{p^0} \tag{3.65}$$

可推导得出经典的 Langmiur 等温吸附表达式：

$$\theta_A = \frac{Kp_A}{1 + Kp_A} \tag{3.66}$$

由式(3.66)可知，平衡时吸附组分的表面覆盖率 θ_A 为 p_A 的函数。低压条件下，θ_A 随组分分压 p_A 几乎线性增长；当 p_A 变大时，吸附在表面的 A(s)开始饱和，即覆盖率开始趋近于 1，在表面形成一个单吸附层，此时(在此模型中)就不会再发生吸附。

3.5.1.2　分离吸附

当某些分子吸附在表面时也有可能发生分子的解离反应，如 CH_4 吸附在金属表面可分解为 $CH_3(s)$ 与 $H(s)$，此时发生的反应为

$$A_2 + 2O(s) \underset{k_{-1}}{\overset{k_1}{\rightleftharpoons}} 2A(s) \tag{3.67}$$

重复上述类似 Langmiur 等温吸附的讨论过程，可由质量作用定律推导得出稳态时，A(s)的表面覆盖率为

$$\theta_A = \frac{\sqrt{K_{c,1}[A_2]}}{1 + \sqrt{K_{c,1}[A_2]}} \tag{3.68}$$

把式(3.68)中组分浓度转化为压力,可得到分离吸附的标准形式表达式:

$$\theta_A = \frac{\sqrt{Kp_{A_2}}}{1 + \sqrt{Kp_{A_2}}} \tag{3.69}$$

3.5.1.3　竞争吸附

当表面上同时存在 A 与 B 两种气相组分时,会在表面上发生竞争吸附,此时二者竞争占据吸附表面的有效位点,分别生成 A(s)和 B(s):

$$A + O(s) \underset{k_{-1}}{\overset{k_1}{\rightleftharpoons}} A(s) \tag{3.70}$$

$$B + O(s) \underset{k_{-1}}{\overset{k_1}{\rightleftharpoons}} B(s) \tag{3.71}$$

重复上述类似 Langmiur 等温吸附的讨论过程,可由质量作用定律推导得出稳态时,A(s)和 B(s)的表面覆盖率分别为

$$\theta_A = \frac{K_{c,1}[A]}{1 + K_{c,1}[A] + K_{c,2}[B]} \tag{3.72}$$

$$\theta_B = \frac{K_{c,2}[B]}{1 + K_{c,1}[A] + K_{c,2}[B]} \tag{3.73}$$

其中,$K_{c,1}$ 为反应(3.70)的浓度平衡常数;$K_{c,2}$ 为反应(3.71)的浓度平衡常数。

同样,式(3.72)和式(3.73)可用以下标准的形式将表面覆盖率表示为气体分压的函数

$$\theta_A = \frac{K_A p_A}{1 + K_A p_A + K_B p_B} \tag{3.74}$$

$$\theta_B = \frac{K_B p_B}{1 + K_A p_A + K_B p_B} \tag{3.75}$$

3.5.1.4　Langmuir-Hinshelwood 动力学

3.5.1.3 节仅讨论了气相分子在表面上的竞争吸附,而并未考虑吸附组分进一步发生反应的过程。现在来考虑吸附组分进一步发生表面反应的动力学,实

际过程中通常用 Langmuir-Hinshelwood 动力学来对其进行描述。这里假设气相分子 A 和 B 的竞争吸附在表面，形成 A(s) 和 B(s)，随后经历双分子表面反应形成产物 C：

$$A + O(s) \underset{k_{-1}}{\overset{k_1}{\rightleftharpoons}} A(s) \tag{3.76}$$

$$B + O(s) \underset{k_{-1}}{\overset{k_1}{\rightleftharpoons}} B(s) \tag{3.77}$$

$$A(s) + B(s) \xrightarrow{k_{rxn}} C + 2O(s) \tag{3.78}$$

其中，k_{rxn} 为反应(3.78)的速率常数。

Langmuir-Hinshelwood 机制假设，产物的形成反应(3.78)相对于吸附反应(3.76)与吸附反应(3.77)是慢速反应，从而可以认为吸附达到平衡，表面吸附组分的浓度不受反应(3.78)影响，从而此时表面组分的浓度等于竞争吸附中的浓度：

$$[A(s)] = \frac{K_{c,1} \Gamma [A]}{1 + K_{c,1}[A] + K_{c,2}[B]} \tag{3.79}$$

$$[B(s)] = \frac{K_{c,2} \Gamma [B]}{1 + K_{c,1}[A] + K_{c,2}[B]} \tag{3.80}$$

由质量作用定律，产物 C 的生成速率为

$$\frac{d[C]}{dt} = k_{rxn}[A(s)][B(s)] = \frac{k_{rxn} K_{c,1} K_{c,2} \Gamma^2 [A][B]}{(1 + K_{c,1}[A] + K_{c,2}[B])^2} \tag{3.81}$$

将式(3.81)改写为通用的气体分压函数的形式，可以得到对于表面反应(3.78)的 Langmuir-Hinshelwood 动力学表达式：

$$r_C = \frac{k_{rxn} K_A K_B p_A p_B}{(1 + K_A p_A + K_B p_B)^2} \tag{3.82}$$

其中，K_A 与 K_B 分别为组分 A 和 B 在表面的吸附平衡常数。

3.5.1.5 Eley-Rideal 反应动力学

对于吸附组分 A(s) 与气相组分 B 生成气相组分 C 的反应，通常用 Eley-Rideal 机制描述，反应过程为

$$A + O(s) \underset{k_{-1}}{\overset{k_1}{\rightleftharpoons}} A(s) \tag{3.83}$$

$$B + A(s) \xrightarrow{k_{rxn}} C + O(s) \tag{3.84}$$

当反应 (3.84) 相比于吸附反应 (3.83) 较慢时，可认为吸附组分 A(s) 的浓度与 Langmiur 等温吸附中吸附组分浓度相同：

$$[A(s)] = \frac{K_{c,1}\Gamma[A]}{1 + K_{c,1}[A]} \tag{3.85}$$

则生成产物 C 的速率表达式为

$$\frac{d[C]}{dt} = k_{rxn}[B][A(s)] = \frac{k_{rxn}K_{c,1}\Gamma[A][B]}{1 + K_{c,1}[A]} \tag{3.86}$$

将式 (3.86) 写成组分分压的形式，可以得到 Eley-Rideal 反应动力学表达式的通用形式：

$$r_C = \frac{k_{rxn}K_A p_A p_B}{1 + K_A p_A} \tag{3.87}$$

3.5.1.6　BET 等温吸附

前面只考虑了吸附组分在表面的单层吸附，这种情况发生在大多数的表面反应中。然而，有时也会发生多层吸附过程。Brunauer、Emmett、Teller 等在 Langmiur 单层吸附理论的基础上对多层吸附过程进行了描述，给出了多层吸附的通用表达式——BET 等温吸附方程。该方程也是目前吸附特性测试方法的重要基础。接下来同样从基元反应的质量作用定律出发，对 BET 等温吸附方程进行推导。

假定表面吸附位可以被 $0,1,\cdots,m$ 层吸附组分所覆盖，吸附各层间没有相互作用，且每个单层吸附都符合 Langmiur 等温吸附模型。假设 $A_0(s)$ 为表面空位，$A_1(s)$ 为吸附单层分子的吸附位，$A_i(s)$ 为吸附 i 层分子的吸附位，BET 等温吸附方程假设 i 的范围为 0 到无穷大。

不同层分子上的吸附/解吸附反应为

$$A + A_0(s) \underset{k_{-1}}{\overset{k_1}{\rightleftharpoons}} A_1(s) \tag{3.88}$$

$$A + A_1(s) \underset{k_{-2}}{\overset{k_2}{\rightleftharpoons}} A_2(s) \tag{3.89}$$

$$A + A_{i-1}(s) \underset{k_{-i}}{\overset{k_i}{\rightleftharpoons}} A_i(s) \tag{3.90}$$

稳态时，表面空位浓度不变，从而有

$$\frac{d[A_0(s)]}{dt} = 0 = k_1[A][A_0(s)] - k_{-1}[A_1(s)] \tag{3.91}$$

$$[A_1(s)] = K_1[A][A_0(s)] \tag{3.92}$$

$$K_1 = K_{c,1} = k_1 / k_{-1} \tag{3.93}$$

其中，$K_{c,1}$ 为浓度平衡常数。

同样，单层吸附分子的浓度变化也为 0：

$$\frac{d[A_1(s)]}{dt} = 0 = k_1[A][A_0(s)] - k_{-1}[A_1(s)] - k_2[A][A_1(s)] + k_{-2}[A_2(s)] \tag{3.94}$$

由此可得

$$[A_2(s)] = K_2[A][A_1(s)] = K_1K_2[A]^2[A_0(s)] \tag{3.95}$$

同理可推得

$$[A_i(s)] = \prod_{j=1}^{i} K_j[A]^i[A_0(s)] \tag{3.96}$$

需要说明的是，K_1 表示单层吸附分子与未吸附分子表面之间的吸附平衡过程，而在更高层的吸附过程中，吸附位与解吸位已经被覆盖，从而，在 i 大于 1 时，发生的吸附过程类似，因此假设：

$$K_2 = K_3 = K_4 = \cdots = K_i = K_\infty = K_m \neq K_1 \tag{3.97}$$

其中，K_m 为多层吸附平衡常数，从而式(3.96)可写成

$$[A_i(s)] = K_1 K_m^{i-1}[A]^i[A_0(s)] \tag{3.98}$$

总的表面吸附位点浓度为

$$\begin{aligned}
\Gamma &= \sum_{i=0}^{\infty}[A_i(s)] = [A_0(s)] + \sum_{i=0}^{\infty} K_1 K_m^{i-1}[A]^i[A_0(s)] \\
&= [A_0(s)] + \frac{K_1[A_0(s)]}{K_m}\sum_{i=1}^{\infty} K_m^i[A]^i = [A_0(s)] + \frac{K_1[A_0(s)]}{K_m}\sum_{i=1}^{\infty} y^i
\end{aligned} \tag{3.99}$$

其中，$y=K_m[A]$。式(3.99)中求和公式为等比级数：

$$\sum_{i=1}^{\infty} y^i = \frac{y}{1-y} \tag{3.100}$$

所以，式(3.99)可写为

$$\Gamma = [A_0(s)] + \frac{K_1[A_0(s)][A]}{1 - K_m[A]} \tag{3.101}$$

吸附在单位面积上总的 A 分子数为

$$[A(s)]_{tot} = \sum_{i=0}^{\infty} i[A_i(s)] = \sum_{i=1}^{\infty} iK_1 K_m^{i-1}[A]^i[A_0(s)] = \frac{K_1[A_0(s)]}{K_m} \sum_{i=1}^{\infty} iK_m^i[A]^i$$

$$= \frac{K_1[A_0(s)]}{K_m} \sum_{i=1}^{\infty} iy^i \tag{3.102}$$

对式(3.102)求和项进行简单的级数展开：

$$\sum_{i=1}^{\infty} iy^i = \frac{y}{(1-y)^2} \tag{3.103}$$

从而式(3.102)为

$$[A(s)]_{tot} = \frac{K_1 A_0(s)}{K_m} \frac{y}{(1-y)^2} = \frac{K_1 A_0(s)[A]}{(1 - K_m[A])^2} \tag{3.104}$$

由此，可计算得到表面覆盖率：

$$\frac{[A(s)]_{tot}}{\Gamma} = \frac{K_1[A]}{(1 - K_m[A])^2} \frac{1}{1 + [K_1[A]/(1 - K_m[A])]} \tag{3.105}$$

对式(3.105)进行简化可得

$$\frac{[A(s)]_{tot}}{\Gamma} = \frac{cx}{(1-x)[1 + (c-1)x]} \tag{3.106}$$

$$c = \frac{K_1}{K_m}, \quad x = K_m[A] \tag{3.107}$$

式(3.106)为 BET 等温吸附表达式，它表示气相组分 A 在某特殊表面的吸附
分子总数。

3.5.2　通用表面动力学形式

3.5.1 节给出了几个描述某类非均相基元反应的动力学表达式，在复杂的非均相反应过程中，往往涉及许多上述几种类型的非均相基元反应，本节将给出描述复杂非均相反应机制质量作用定律的通用方程形式[2]。在 3.2 节中曾简单介绍过这一通用形式，本节将详细介绍其在非均相反应动力学中的应用。假设一个表面反应机理包括 I 个非均相基元反应和 K 个化学组分，则非均相基元反应可以表示为以下通用形式：

$$\sum_{k=1}^{K} v'_{ki} X_k = \sum_{k=1}^{K} v''_{ki} X_k \,(i=1,2,\cdots,I) \tag{3.108}$$

其中，v_{ki} 为第 k 个组分在第 i 个反应中的化学计量系数；X_k 为第 k 个组分的化学表达式。

则 k 组分的总生成速率为

$$\dot{s}_k = \sum_{i=1}^{I} v_{ki} q_i \,(k=1,\cdots,K) \tag{3.109}$$

其中

$$v_{ki} = v''_{ki} - v'_{ki} \tag{3.110}$$

q_i 为第 i 个反应的反应速率，由质量作用定律，有

$$q_i = k_{\mathrm{f},i} \prod_{k=1}^{K} [X_k]^{v'_{ki}} - k_{\mathrm{r},i} \prod_{k=1}^{K} [X_k]^{v''_{ki}} \tag{3.111}$$

在非均相反应过程中，基元反应可能发生在不同类型的表面位点上，对于某个 n 类型的位点，其表面位点数目并不一定平衡，此时，位点浓度 Γ_n $(\mathrm{mol/m^2})$ 就不是常数。各类型的位点浓度生成率 $\dot{\Gamma}_n$ $(\mathrm{mol/(m^2 \cdot s)})$ 为

$$\dot{\Gamma}_n = \sum_{i=1}^{I} \Delta\sigma(n,i) q_i \,(n = N_\mathrm{s}^f, \cdots, N_\mathrm{s}^l) \tag{3.112}$$

其中，$\Delta\sigma(n,i)$ 为 i 反应中 n 类型的位点被占据的数目：

$$\Delta\sigma(n,i) = \sum_{k=K_\mathrm{s}^f(n)}^{K_\mathrm{s}^l(n)} v_{ki} \sigma_k(n) \tag{3.113}$$

对于可逆反应，逆向反应速率可由正向反应速率与浓度平衡常数计算：

$$k_{r,i} = \frac{k_{f,i}}{K_{c,i}} \tag{3.114}$$

其中，$K_{c,i}$ 为浓度平衡常数，用压力平衡常数 $K_{p,i}$ 表示为

$$K_{c,i} = K_{p,i} \left(\frac{p^0}{RT} \right)^{\sum\limits_{k=1}^{K_g} \nu_{ki}} \prod\limits_{n=N_s^f}^{N_s^l} (\Gamma_n^0)^{\Delta\sigma(n,i)} \tag{3.115}$$

其中，p^0 为标准状态压力 1bar；Γ_n^0 为 n 相的标准状态表面位点密度。注意指数项的求和仅对气相进行。压力平衡常数 $K_{p,i}$ 可由式 (3.116) 计算：

$$K_{p,i} = \exp\left(\frac{\Delta S_i^0}{R} - \frac{\Delta H_i^0}{RT} \right) \tag{3.116}$$

其中，ΔS_i^0 与 ΔH_i^0 分别为 i 反应的熵变和焓变：

$$\frac{\Delta S_i^0}{R} = \sum_{k=1}^{K} \nu_{ki} \frac{S_k^0}{R} \tag{3.117}$$

$$\frac{\Delta H_i^0}{R} = \sum_{k=1}^{K} \nu_{ki} \frac{H_k^0}{R} \tag{3.118}$$

与均相反应类似，对于非均相基元反应，正反应速率常数通常用修正 Arrhenius 形式速率表达式表示：

$$k_{f,i} = A_i T^{\beta_i} \exp\left(-\frac{E_i}{RT} \right) \tag{3.119}$$

需要注意的是，此时速率常数的单位取决于反应的阶数以及具体反应中所涉及的反应物的相。此外，在一些条件下，实验数据结果表示式 (3.119) 需要引入某些表面组分的覆盖率修正项。在修正中，往往将指前因子与活化能均写为表面覆盖率的函数，一种指前因子的函数形式为

$$\lg A = \lg A_i + \sum_{k=K_s^f(N_s^f)}^{K_s^l(N_s^l)} \eta_{ki} \theta_k(n) \tag{3.120}$$

活化能的修正函数为

$$E = E_i + \sum_{k=K_s^f(N_s^f)}^{K_s^l(N_s^l)} \varepsilon_{ki}\theta_k(n) \tag{3.121}$$

需要说明的是，式(3.120)和式(3.121)仅适用于需要覆盖率修正的表面组分 k，K_s 为表面组分的总数，它包括 N_s（表面位点类型总数）个子集，$\theta_k(n)$ 为表面组分 k 在第 n 种类型表面位点的覆盖率。

从而，以覆盖率修正的 Arrhenius 形式速率表达式为

$$k_{\mathrm{f},i} = A_i T^{\beta_i} \exp\left(-\frac{E_i}{RT}\right) \prod_{k=K_s^f(N_s^f)}^{K_s^l(N_s^l)} 10^{\eta_{ki}\theta_k(n)} \mu_{ki} \exp\left(-\frac{\varepsilon_{ki}\theta_k(n)}{RT}\right) \tag{3.122}$$

由式(3.122)可以看到，对于第 i 个反应中的 k 组分，三个覆盖率修正参数为 η_{ki}、μ_{ki}、ε_{ki}。当非均相反应动力学依赖于表面覆盖率时，其正向反应速率常数由式(3.122)计算，总反应速率由式(3.111)计算。

3.5.3 黏附系数

非均相反应发生的必要条件是气相分子与表面之间的碰撞，3.4.2 节中由气体动力学给出了碰撞频率的气体动力学表达式：

$$Z_{\mathrm{w}} = c\left(\frac{k_{\mathrm{B}}T}{2\pi m}\right)^{1/2} \tag{3.123}$$

与 3.4.3 节中均相反应速率类似，非均相反应速率可简单地看做碰撞频率与碰撞导致的反应概率的乘积，定义该概率为黏附系数 γ。在某些非均相反应中，有时更为方便地描述其反应速率的方法是利用黏附系数而非反应速率常数。

黏附系数可以写成温度的函数：

$$\gamma_i = a_i T^{b_i} \mathrm{e}^{-c_i/(RT)} \tag{3.124}$$

式(3.124)与速率常数中修正 Arrhenius 形式速率表达式具有相似的形式。此时，a_i、b_i 无量纲，c_i 的量纲与理想气体常数 R 相同。γ_i 为概率，取值在 $0\sim1$。对于任意反应，必须保证由式(3.124)计算所得的 γ_i 不超过 1。

需要说明的是，黏附系数表达式往往只适用于仅包含一个气相反应物的简单非均相反应。为了保持在通用质量作用定律形式(3.5.2 节)中用反应速率常数描述反应速率的做法，通常利用式(3.125)将黏附系数转化为反应速率常数：

$$k_{f,i} = \frac{\gamma_i}{(\Gamma_{tot})^m} \sqrt{\frac{RT}{2\pi W}} \tag{3.125}$$

其中，R 为理想气体常数；W 为气相组分的摩尔质量；Γ_{tot} 为所有表面位点类型上的总表面位点浓度；m 为所有表面反应物的化学计量系数之和，$(\Gamma_{tot})^m$ 用于将无量纲的黏附系数转换为合适的反应速率常数量纲，平方根项代表式(3.123)给定的气相-表面碰撞频率 Z_w。

由于式(3.123)中所用到的碰撞频率是在分子做随机运动的假设下推导出来的，从而式(3.125)隐含的假设是气相组分与表面之间的碰撞频率不受非均相反应本身的影响，气体分子在表面随机运动的速度分布仍满足 Maxwell 分布。这就要求非均相反应速率较小，即黏附系数远小于 1。然而，当黏附系数很大时(如接近 1 时)，就意味着接近表面的分子有很大的概率会发生非均相反应，会导致分子运动速度不再满足 Maxwell 分布，Motz 和 Wise[3]对这种这种情况进行了分析，并给出了式(3.125)的修正式：

$$k_{f,i} = \left(\frac{\gamma_i}{1 - \gamma_i/2}\right) \frac{\gamma_i}{(\Gamma_{tot})^m} \sqrt{\frac{RT}{2\pi W}} \tag{3.126}$$

3.6　电化学反应动力学

3.6.1　电化学反应动力学引言

在 3.4 节中提到，通常认为"化学反应"本质上是由于碰撞而发生的，分子间彼此接触，进行瞬间的碰撞，交换能量，破坏旧键，形成新键，随后成为新的粒子而分开。而电化学反应包含电极和化学组分之间的电荷(电子)转移，同时伴随着自由电子的释放过程。

电化学反应研究的是电极与化学组分之间的电荷转移，该过程是非均相的。以氢气的氧化反应(Hydrogen Oxidation Reaction，HOR)为例：

$$H_2 \longrightarrow 2H^+ + 2e^- \tag{3.127}$$

反应只能发生在电极和电解质界面。在图 3.4 中，可以明显看出氢气和质子在金属电极中是不存在的，而自由电子在电解质中是不存在的。因此，氢气、质子和电子之间的反应必须在电极与电解质接触的地方发生。

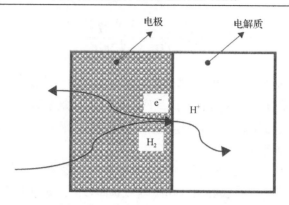

图 3.4　非均相电化学反应示意图

因为电子在电化学反应中生成或消耗，电流 I 成为电化学反应速率最好的量度。电流的单位是安培（A，1A=1C/s）。由法拉第定律可知：

$$I = \frac{\mathrm{d}Q}{\mathrm{d}t} \tag{3.128}$$

其中，Q(C) 为电荷；t 为时间。因此，电流表征电荷转移的速率，如果每个电化学反应均有 n 个电子发生转移，那么

$$I = nF\frac{\mathrm{d}N}{\mathrm{d}t} \tag{3.129}$$

其中，$\dfrac{\mathrm{d}N}{\mathrm{d}t}$ (mol/s) 为电化学反应速率；F 为法拉第常数。

由于电化学反应仅能够在界面发生，产生的电流与界面的面积成正比，使界面面积加倍即可使反应速率加倍。因此，电流密度比电流更为基础。它可用于表征不同表面的反应活性。电流密度 i 通常以 $\mathrm{A/cm^2}$ 为单位：

$$i = \frac{I}{A} \tag{3.130}$$

其中，A 为面积。与电流密度相似，电化学反应速率也可以用单位面积的形式表示，下面给出单位面积的电化学反应速率：

$$v = \frac{1}{A}\frac{\mathrm{d}N}{\mathrm{d}t} = \frac{I}{nFA} = \frac{i}{nF} \tag{3.131}$$

与常规的化学反应相同，电化学反应也是由许多基元反应组成的，如对于总包反应 $H_2 \longrightarrow 2H^+ + 2e^-$，则可能经历以下一系列的基元反应[4]。

(1)H_2 向电极中的传递：

$$H_{2(bulk)} \longrightarrow H_{2(near\ electrode)}$$

(2)电极表面的 H_2 吸附：

$$H_{2(near\ electrode)} + M \longrightarrow M \cdots H_2$$

(3)H_2 分子在电极表面分离为两个氢键（化学吸附）：

$$M \cdots H_2 + M \longrightarrow 2M \cdots H$$

(4)电子由化学吸附的氢键向电极转移，向电解质中释放 H^+：

$$M \cdots H \longrightarrow M + e^- + H^+_{(near\ electrode)}$$

(5)H^+ 传质离开电极：

$$H^+_{(near\ electrode)} \longrightarrow H^+_{(bulk\ electrode)}$$

　　这些基元反应的动力学规律不相同，其中有些与非均相反应的一般动力学规律并无不同（如 H_2 的吸附），有的则为电化学反应的特殊规律（如电荷转移反应步骤）。正如军队行进的速度会受到最慢士兵速度的限制一样，在多步反应中，假设某个基元反应发生的速率比其他基元反应慢得多，则总包反应速率必定受到该基元反应速率的限制，此基元反应则称为反应速率控制步骤。当存在单一的控制步骤时，可认为串联反应中的其他反应都以比反应速率控制步骤高得多的速度进行。因此，决定这些非速率控制步骤的主要因素是热力学的平衡常数，而非动力学的反应速率常数。

　　在本章的 3.4 节与 3.5 节中主要介绍了化学反应的动力学及其反应速率表达式，本节将主要针对电荷转移反应的动力学进行介绍。

3.6.2　活化能与反应速率

　　与常规的化学反应相同，电荷转移反应也存在活化能势垒。对于 HOR 中的电荷转移反应：

$$M \cdots H \longrightarrow M + e^- + H^+ \tag{3.132}$$

其中，$M \cdots H$ 表示在金属表面吸附的氢原子；$M + e^-$ 表示释放的金属表面活性位点和在金属中的自由电子。图 3.5 描述了 HOR 反应物与生成物的自由能变化曲线。先考虑图中曲线 1，化学吸附氢原子的自由能随着到阳极表面的距离增加而增加。氢原子并不稳定，而在阳极表面吸附的氢原子的稳定性则有所改善。金属表面的化学吸附可部分满足其化学键的需求，降低自由能，将氢原子从金属表面分离出来消灭了这种键，由此增加了自由能。现在考虑曲线 2，该曲线描绘了电解质中 H^+ 的自由能，表明将 H^+ 带到表面需要能量克服离子和金属表面之间的斥力。当 H^+ 靠近电极表面时，所需的能量会迅速增加。当 H^+ 进入电解质后，其自由能远远低于在电极表面时候的自由能。由 $M\cdots H$ 向 $M + e^- + H^+$ 转化的"最容易的"（最小的）能量路径可由图 3.5 中粗黑色曲线描绘，注意该过程包括克服最大自由能的过程，最大自由能为产物和反应物能量稳定状态的差值。这点可由 a 表示，称为活化状态。活化状态的组分克服了活化能势垒，可以随意生成反应物或者产物，再没有别的阻碍作用。

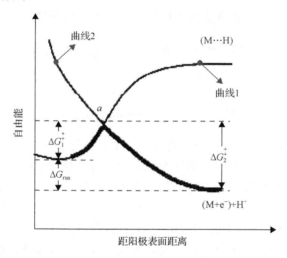

图 3.5　HOR 电荷转移反应中反应物与生成物的自由能变化曲线[4]

当燃料电池阴、阳极上没有电荷，电池处于零电荷电位时，电子的传递无须任何电位差的推动，在这种特殊情况下，该电荷转移反应恰如一个化学反应。此时，反应速率常数 k 与反应发生所必须克服的能量势垒 E_a 有关，可用 Arrhenius 形式速率表达式描述：

$$k = A\exp[-E_a / (RT)] \tag{3.133}$$

对于正向反应，活化能势垒为 ΔG_1^+，反应速率为

$$v_1 = k_1 c_R^* = c_R^* A_1 \exp[-\Delta G_1^+ / (RT)] \tag{3.134}$$

其中，v_1 为正向反应速率；c_R^*（mol/cm^2）为反应物表面浓度。

对于逆向反应，活化能势垒为 ΔG_2^+，反应速率为

$$v_2 = k_2 c_P^* = c_P^* A_2 \exp[-\Delta G_2^+ / (RT)] \tag{3.135}$$

其中，v_2 为逆向反应速率，c_P^* 为生成物表面浓度(mol/cm^2)。

从图 3.5 中可看出，ΔG_2^+ 与 ΔG_1^+ 以及 ΔG_{rxn} 相关。在计算这些活化能之间关系时，需要注意符号，ΔG 的量总是由终态减去初态。对于 ΔG_1^+ 和 ΔG_2^+，终态为活化状态，因此活化能势垒恒为正值。如果符号是正确的，则

$$\Delta G_{rxn} = \Delta G_1^+ - \Delta G_2^+ \tag{3.136}$$

净反应速率 v 可由正、逆反应速率求得

$$
\begin{aligned}
v = v_1 - v_2 &= c_R^* A_1 \exp[-\Delta G_1^+ / (RT)] - c_P^* A_2 \exp[-\Delta G_2^+ / (RT)] \\
&= c_R^* A_1 \exp[-\Delta G_1^+ / (RT)] - c_P^* A_2 \exp[-(\Delta G_1^+ - \Delta G_{rxn}) / (RT)]
\end{aligned}
\tag{3.137}
$$

3.6.3　平衡状态下的电极反应动力学

3.6.2 节指出，当电池处于零电荷电位时，电子的传递无须电位差的推动，电荷转移反应可以简化为一个化学反应。而由于 ΔG_1^+ 小于 ΔG_2^+，正反应速率大于逆反应速率，不平衡的反应速率使电子积累到电极，氢离子积累到电解质。而随着电荷的持续积累，在反应表面形成电势差 $\Delta \phi$，如图 3.6 所示。从静电学的理论可以知道，电势差的存在可推动电子传递的能量为 $-nF\Delta\phi$。此时，电荷转移反应正反应的活化能势垒升高，逆反应的活化能势垒降低。随着反应的进行，界面电势不断积累，正、逆反应的活化能势垒相等，均为 ΔG_1^+，此时，力的平衡导致正、逆反应的动态平衡。平衡时，正、逆反应速率相等：

$$v = v_1 - v_2 = 0 \tag{3.138}$$

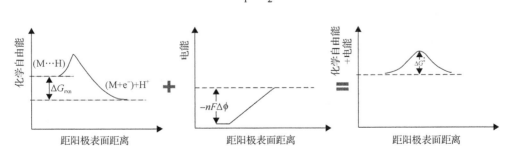

图 3.6　平衡状态时反应表面的化学自由能差与电能差平衡[4]

由于电流密度与反应速率之间的关系可由 $i = nFv$ 建立,平衡时正、逆反应电流密度相等,表示为

$$i_1 = nFc_R^* A_1 \exp(-\Delta G^+ / (RT)) = i_2 = nFc_P^* A_2 \exp[-(\Delta G^+ - \Delta G_{rxn} + nF\Delta\phi) / (RT)] = i_0$$

$$(3.139)$$

i_0 称为交换电流密度,尽管平衡状态下净反应速率为零,但正、逆反应速率并不为零,即动态平衡。

在阳极 HOR 中,反应物与生成物间的化学能自由差导致平衡时阳极界面与电解质界面的电势差,而燃料电池阴极的氧气反应与阳极反应类似,也会导致平衡时阴极界面与电解质界面的电势差,此电势差即第 2 章热力学中所描述的电极/电解质界面的相间电位。

3.6.4 电势与电化学反应速率的定量关联

电化学反应的特点是反应速率与电极电势有关,电极电势可以使电化学反应速率改变许多个数量级。具体来说,电极电势可通过两种方式改变电化学反应速率。按照热力学电势公式,电极电势会改变某些粒子的表面浓度,从而影响这些粒子参加的速率控制步骤的反应速率,此时电极电势通过热力学的方式影响电化学反应速率。在另外一些情况下,电荷转移反应的反应速率较小,以至于成为整个电化学反应的速率控制步骤或者速率控制步骤之一。若改变电极电势,则可直接改变电荷转移反应以及整个电化学反应的速率,此时电极电势通过动力学的方式影响电化学反应速率。本节主要针对后一种情况进行探讨,并推导电势与电化学反应速率的两个定量关联式。

3.6.4.1 Butler-Volmer 方程

电化学反应的显著特点之一是能够通过改变电池电压来改变活化能势垒。所有的电化学反应中均包含带电组分,带电组分的自由能对于电压较为敏感,因此,改变电池电压可改变带电组分的自由能,从而影响活化能势垒。下面从如图 3.6 所示的平衡状态出发,考虑牺牲一部分 Galvani 电势 η,会对电化学反应速率造成的影响。此时,HOR 中反应物与生成物的化学自由能不变,而电势差的减小使得电能减小,如图 3.7 所示。从而化学自由能与电能的叠加作用不再使正、逆反应活化能势垒相等,而是使正向反应活化能势垒降低,逆向反应活化能势垒升高。而正、逆向反应活化能势垒改变量绝对值之和为 $nF\eta$,通常用传递系数 α 来描绘电势对正、逆向反应活化能势垒影响的对称性,取值为 0~1,由图 3.7 可知,正向反应活化能势垒降低了 $\alpha nF\eta$,逆向反应活化能势垒增加了 $(1-\alpha)nF\eta$。进一步,由于正、逆反应活化能不再相等,正、逆反应速率不相等,反应平衡被打破,正

反应速率大于逆反应速率，从而产生电流。

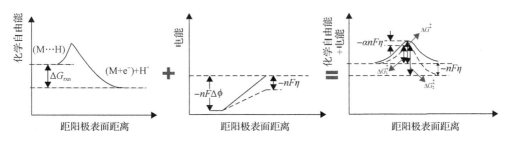

图 3.7 界面 Galvani 电势降低对正、逆反应活化能影响示意图[4]

传递系数是活化能势垒对称性的量度，可以通过自由能曲线交叉区域的几何特性来计算，如图 3.8 所示，夹角 θ 与 ϕ 可表示为

$$\tan\theta = \frac{\alpha F\eta}{x} \tag{3.140}$$

$$\tan\phi = \frac{(1-\alpha)F\eta}{x} \tag{3.141}$$

从而有

$$\alpha = \frac{\tan\theta}{\tan\phi + \tan\theta} \tag{3.142}$$

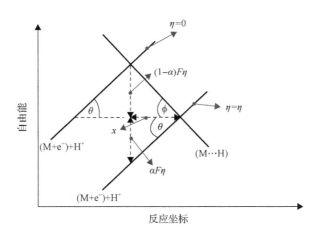

图 3.8 传递系数与自由能曲线交叉区域夹角的关系[5]

如果交叉区域是对称的，则 $\phi = \theta$，$\alpha = \frac{1}{2}$。否则 $0 < \alpha < \frac{1}{2}$ 或 $\frac{1}{2} < \alpha \leqslant 1$，如

图 3.9 所示，图中虚线为当电势为正时 $(M+e^-)+H^+$ 自由能的偏移。在大多数电化学反应中，α 为 0.3~0.7，在缺乏实验数据时，一般可估算为 0.5。

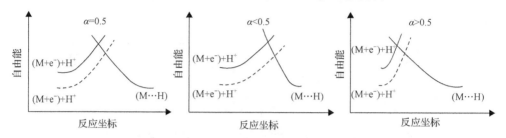

图 3.9　传递系数作为反应对称性的量度示意图[5]

在反应坐标系下，自由能曲线通常并不是线性变化的，因此 θ 和 ϕ 也会随着不同电势下反应物与生成物自由能交界面的偏移而改变，从而 α 应该是一个依赖于电势的量。但在大量实验中，由于可用于电化学动力学测试的电势区间非常狭窄，α 通常显示为常量。在典型化学反应中，活化能通常在几电子伏范围内变化，但可测的动力学范围通常相当于活化能变化只有 50~200meV。因此，自由能交界处的变化范围很小，此时很难看到自由能曲线的非线性。在大多数反应系统中，可用于动力学测试的区间范围很小，这是由于电子转移的速率常数随电势指数增长。在大多数实验测试中，在距离产生一个可测电流不远的电势下，传质过程将成为速率控制步骤，而电荷转移反应不再是速率控制步骤。然而，在某些系统中，传质作用的影响可以忽略，从而可以在很宽的范围内测试电化学动力学[5]。

在平衡状态，正向反应和逆向反应的电流密度都为 i_0，远离平衡时，可以以 i_0 为起点写出新的正向和逆向电流密度：

$$i_1 = i_0 e^{\alpha nF\eta/(RT)} \tag{3.143}$$

$$i_2 = i_0 e^{-(1-\alpha)nF\eta/(RT)} \tag{3.144}$$

因此可得净电流为

$$i = i_0[e^{\alpha nF\eta/(RT)} - e^{-(1-\alpha)nF\eta/(RT)}] \tag{3.145}$$

从以上分析过程可以得出结论，通过牺牲一部分热力学电势，就能够从燃料电池中提取电流，为了从燃料电池中提取电流，阳极和阴极的 Galvani 电势都应降低，而阳极和阴极的 Galvani 电势的降低宏观上表现为电池电压的降低，如图 3.10 所示，$\eta_{act,A}$ 为阳极活化损失，$\eta_{act,C}$ 为阴极活化损失。

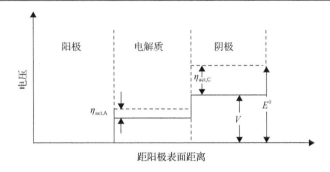

图 3.10　从燃料电池得到电流需要牺牲部分阳极和阴极的 Galvani 电势

式 (3.145) 假设反应界面反应物和产物的组分不受反应速率的影响，但实际上，净反应速率会影响反应物和产物在反应界面的浓度。例如，如果正向反应速率迅速增加，同时逆向反应速率迅速降低，则反应物在反应界面的浓度会迅速降低，这种情况下，可以在方程中加入浓度对电流密度的影响：

$$i = i_0^0 \left(\frac{c_R^*}{c_R^{0*}} e^{\alpha n_e F \eta / (RT)} - \frac{c_P^*}{c_P^{0*}} e^{-(1-\alpha) n_e F \eta / (RT)} \right) \tag{3.146}$$

其中，η 为电压损失；n_e 为电化学反应电子转移数目；c_R^* 和 c_P^* 为反应中反应物和生成物在反应界面的真实浓度；i_0^0 为组分界面浓度为 c_R^{0*} 和 c_P^{0*} 时的交换电流密度值，即在参考浓度下的交换电流密度。

式 (3.145) 或式 (3.146) 为著名的 Butler-Volmer 方程，是电化学动力学的基石，是描述电化学反应系统中电流和电压关系的基础。Butler-Volmer 方程表明电化学反应产生的电流随活化过电位呈指数增长。为了更清晰地表示式 (3.146) 中的 η 是由活化引起的，以 η_{act} 表示活化过电位，其代表为跨越与电化学反应有关的活化能势垒所牺牲的电势。因此，Butler-Volmer 方程说明，如果想要从燃料电池获得更多的电流，必须付出更多的电压损失代价。图 3.11 描绘了完整的 Butler-Volmer 方程曲线，从图中可以看到，在低电流区域，曲线呈明显的线性，而在高电流区域，曲线呈指数性质，从而在这两个区域内，可以对式 (3.145) 进行适当的简化，3.6.4.2 小节将讨论这些简化过程。

尽管从特定的反应推导得出了 Butler-Volmer 方程，但它可应用于任何单步电化学反应(或者速率控制步骤明显的多步电化学反应)。对于有多个基元反应速率的近似多步反应，需要对 Butler-Volmer 方程进行修正(本书不深入讨论这些修正)，即使对于复杂的多步反应，Butler-Volmer 方程也是一种较好的近似。

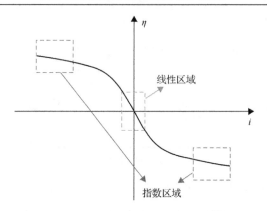

图 3.11　Butler-Volmer 方程曲线[5]

3.6.4.2　Tafel 方程[4]

当处理燃料电池反应动力学时，Butler-Volmer 方程有时显得过于复杂，这里采用两个有用的近似来简化反应的动力学过程，该近似适用于活化过电位（η_{act}）较小或者较大的情况。

（1）当 η_{act} 非常小时。对于较小的 η_{act}（室温下小于 15mV），指数项的 Taylor 展开形式可进行简化（$e^x \simeq 1+x$），得到如下结果：

$$i = i_0 \frac{nF\eta_{act}}{RT} \tag{3.147}$$

这意味着当体系状态与平衡状态偏离较小时，电流和电压的变化呈线性关系且与 α 无关，从理论上来讲，i_0 值可以由低 η_{act} 值（即低电流密度）下 i 的测量值与 η_{act} 的比值得到。如前所述，i_0 对于燃料电池性能至关重要，因此，能够测量该值具有重要的意义。但由于实验误差，如电流干扰信号、欧姆损失以及传质的影响，该测量较为困难。因此，往往在高电流时对该值进行测量。

（2）当 η_{act} 非常大时。当 η_{act} 较大时（室温下大于 50mV），式（3.145）右端括号内两项中有一项可以忽略不计。此时 $e^{\alpha nF\eta/(RT)} \gg e^{-(1-\alpha)nF\eta/(RT)}$，即正向反应起主导作用，则 Butler-Volmer 方程可简化为如下形式：

$$i = i_0 e^{\frac{\alpha nF\eta_{act}}{RT}} \tag{3.148}$$

两边取对数得

$$\eta_{act} = -\frac{RT}{\alpha nF}\ln i_0 + \frac{RT}{\alpha nF}\ln i \tag{3.149}$$

式 (3.149) 还可以写成如下更通用的 Tafel 方程的形式:

$$\eta_{\text{act}} = a + b \lg i \tag{3.150}$$

$$a = \frac{-2.3RT}{\alpha nF} \lg i_0 \tag{3.151}$$

$$b = \frac{2.3RT}{\alpha nF} \tag{3.152}$$

实际上, Tafel 方程是在 1905 年由 Tafel 通过电化学观察得出的经验公式, 而在很久以后, 研究者才建立了 Butler-Volmer 方程与 Tafel 方程的联系, 并基于动力学理论对 Tafel 方程进行了更深层的解释。需要注意的是, 上述推导过程中并未考虑浓度的影响, 而通常只有在电化学反应速率很慢、电流密度极小时才能忽略浓度的影响。Tafel 方程简化的条件为过电位较高, 即小电流下有较高过电位, 这是典型的不可逆电化学反应的特征。从而可以说, Tafel 方程是表征不可逆电化学反应动力学的方程。

图 3.12 给出了典型的电化学反应的 Tafel 图。通过拟合 η_{act} 与 $\lg i$ 可以得到 Tafel 图, 从图中直线部分的斜率可以求得传递系数 α, 而从图中直线部分的截距可以求得交换电流密度 i_0。过电位较高时, Tafel 方程与曲线吻合得较好。但在过电位较低时, Tafel 近似与 Butler-Volmer 动力学过程偏离较多。

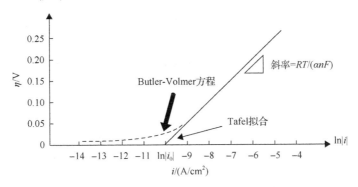

图 3.12　典型电化学反应的 Tafel 图[4]

3.6.4.3　快速电极反应[6]

3.6.4.2 小节中所讨论的 Tafel 方程是不可逆电极反应, 或交换电流密度很小的电极反应的特征。下面分析交换电流密度很大时的电极反应特性。从式 (3.148) 出发, 有

$$\frac{i}{i_0} = \frac{c_R^*}{c_R^{0*}} e^{\frac{\alpha n F \eta}{RT}} - \frac{c_P^*}{c_P^{0*}} e^{\frac{-(1-\alpha)n F \eta}{RT}} \tag{3.153}$$

当交换电流密度与实际电流密度相比很大，即 $i_0 \gg i$ 时，式 (3.153) 左端近似等于零，此时可得

$$\frac{c_R^*}{c_R^{0*}} = \frac{c_P^*}{c_P^{0*}} e^{f(\eta)} \tag{3.154}$$

由 Nernst 方程可得

$$\frac{c_R^*}{c_P^*} = e^{f(E_{eq}-E^0)} e^{f(E-E_{eq})} \tag{3.155}$$

$$\frac{c_R^*}{c_P^*} = e^{f(E-E^0)} \tag{3.156}$$

式 (3.155) 和式 (3.156) 经整理可得出一个非常重要的结果：

$$E = E^0 + \frac{RT}{F} \ln \frac{c_R^{0*}}{c_P^{0*}} \tag{3.157}$$

式 (3.157) 与 Nernst 方程具有相同的形式，表明当交换电流密度很大时，电极电位与活性物质表面密度之间符合 Nernst 关系。在式 (3.157) 中不包含任何动力学参数，表明该系统在电化学反应进行时仍保持平衡状态，因此称为"可逆电极反应"。

参 考 文 献

[1] 博克里斯 J O M, 德拉齐克 D M. 电化学科学[M]. 夏熙, 译. 北京: 人民教育出版社, 1980.

[2] Kee R J, Coltrin M E, Glarborg P. Chemically Reacting Flow: Theory and Practice[M]. Hoboken: John Wiley & Sons, 2005.

[3] Motz H, Wise H. Diffusion and heterogeneous reaction. III. Atom recombination at a catalytic boundary[J]. The Journal of Chemical Physics, 1960, 32(6): 1893-1894.

[4] O'hayre R, Cha S W, Prinz F B, et al. Fuel Cell Fundamentals[M]. Hoboken: John Wiley & Sons, 2016.

[5] 巴德阿伦 J, 福克纳拉里 R. 电化学方法原理和应用[M]. 第 2 版. 邵元华, 朱果逸, 董献堆, 等译. 北京: 化学工业出版社, 2005.

[6] 吴浩青, 李永舫. 电化学动力学[M]. 北京: 高等教育出版社, 2002.

第4章　固体氧化物燃料电池

4.1　引　言

固体氧化物燃料电池(SOFC)是一类典型的高温燃料电池，可在高温下(600～1000℃)直接将储存在燃料中的化学能转化为电能，是一种清洁、高效的能量转换装置。SOFC 高温工作使得它无须采用贵金属催化剂作为电极材料，从而可以显著降低燃料电池成本；同时，SOFC 不仅可将氢气作为燃料，还可使用合成气、天然气等多种含碳燃料，具有燃料适应性广的特点；在大、中、小型发电站，移动、便携式电源等领域具有广阔的应用前景。此外，SOFC 的废热具有较高的能级，能够与燃气轮机(GT)相结合组成混合发电系统，系统发电效率可达 70%以上，是最具潜力的发电技术之一，其突出优势可参见表 4.1[1]。

表 4.1　SOFC 优势[1]

项目	优势
效率	独立发电效率可大于 55%，与 GT 组成混合发电系统效率可达 70%以上
环境影响	NO_x、SO_2 排放低 CO_2 排放低，尾部高浓度 CO_2 易于捕集 安静，几乎无振动
燃料灵活性	氢气；煤基合成气；液化气；汽油，柴油；生物质合成气
灵活性	部分负荷特性优越 移动部件少，可靠性高 模块化性好，性能与规模关系不大，易增减容量
热电联产系统	可提供高品质余热 可与蒸汽轮机、GT、可再生能源技术等进行耦合
应用领域	固定电站(分布式或集中式)，100kW～1GW 交通运输(辅助电源、卡车、火车、轮船等)，0.1MW～1GW 移动电源(娱乐、军事等)，1W～10kW 逆向用于电解制氢或合成气 氧传感器或制氧

早在 19 世纪 90 年代，Nernst 便发现掺杂了部分氧化钙、氧化镁、氧化钇的氧化锆在 500～1400℃时可以传导氧离子，在 1500℃时既可以传导氧离子又可以传导电子，并基于此发明了能斯特灯。然而，能斯特灯在与钨丝白炽灯的竞争中落败，而 Nernst 的发明也就此沉寂了几十年。直到 20 世纪 30 年代，Baur 与 Preis 最早在实验室中提出利用固体氧化物作为电解质的燃料电池。他们采用管状氧化钇稳定的氧化锆作为电解质、铁或固体炭作为阳极、Fe_3O_4 作为阴极，成功制得了以 H_2/CO

为燃料、空气为氧化剂的 SOFC，并通过 8 根管串联得到了第一个 SOFC 电堆。20 世纪 50 年代开始，研究者开始利用流延工艺制备性能稳定的氧化锆片。随后，Kiukkola 与 Wagner 对氧化锆基电解质热力学的研究在世界范围内掀起了固态电化学领域的研究热潮。自 20 世纪 60 年代开始，美国西门子-西屋公司开始致力于 SOFC 的开发研制，并于 1986 年首次制造了 324 根单电池组成的 5kW SOFC 发电机。随后的几十年间，国内外研究机构及企业都对 SOFC 的反应机理、性能规律、电极材料、电堆放大及系统集成等开展了大量研究。本章将主要着眼于 SOFC 的能量转化过程及其中涉及的重要反应，并对 SOFC 技术的挑战与主要应用领域进行介绍。

4.2　SOFC 的研发进展

根据几何结构的不同，SOFC 主要可以分为平板式和管式两种类型。平板式 SOFC（Planar Solid Oxide Fuel Cell，PSOFC）的空气电极/YSZ 电解质/燃料电极烧结在一起，组成"三合一"膜电极（Positive/Electrolyte/Negative，PEN）结构，PEN 间用开设导气沟槽的双极板连接，使之相互串联构成电池组。平板式 SOFC 的优点是 PEN 制备工艺简单、造价低、电流路径短、集流均匀、功率密度高。但是其密封困难，抗热循环性能差。管式 SOFC（Tubular Solid Oxide Fuel Cell，TSOFC）从内到外由多孔支撑管、空气（或燃料）电极、固体电解质和燃料（或空气）电极组成，电池组通过连接器将各个电池以串联和并联的方式组合到一起。其中，空气与燃料分别在管式 SOFC 的内部和外部流动。管式 SOFC 由于一端封闭而不存在高温密封的问题，因而可以在高温高压下工作，电池组装相对简单。但是，电流通过电池的路径较长，限制了管式 SOFC 的性能。结合管式 SOFC 和平板式 SOFC 的优点，西门子－西屋公司推出了新颖的扁平管式（flat-tube）SOFC（FTSOFC），除了增加了一系列的空气支撑肋片以缩短电流路径，FTSOFC 保留了管式 SOFC 的所有优点，可在高温下获得大的功率密度。由平板式 SOFC 还派生出一种瓦楞式 SOFC，将平板构型变为波浪式结构，同样结合了平板式 SOFC 与管式 SOFC 的优点。图 4.1 所示为管式、平板式、扁平管式和由板式派生出的瓦楞式 SOFC 的结构示意图。除此之外，近年来，直径为毫米量级的微管式 SOFC 由于具有启动时间短、抗热震性能好的特点也得到了研究者的广泛关注。

由于 SOFC 的重要性，全球范围内大量的企业与科研机构均致力于 SOFC 的开发工作，在 SOFC 材料、制备工艺、选型，以及混合系统的部件选择、匹配、优化等方面做了大量的前沿性探索。美国、日本、欧盟等发达国家和地区均投入了持续多年的补贴与政策激励，目前已发展建立了多家具有自主核心技术的 SOFC 大型企业，发展了从千瓦级到兆瓦级工程示范乃至商业应用系统，基本实现了 SOFC 的商业化运行。美国能源部于 1999 年成立了固体能源转换联盟

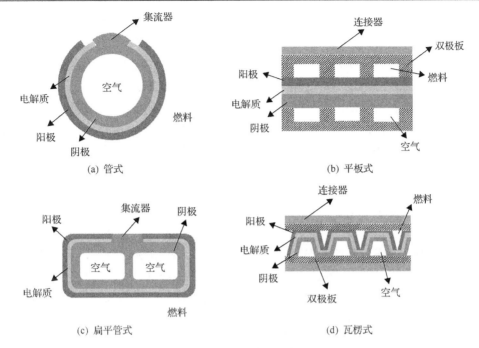

集流器

空气

电解质

燃料

阳极

阴极

(a) 管式

连接器

双极板

阳极

燃料

电解质

阴极

空气

(b) 平板式

阳极   集流器   阴极

空气   空气

电解质

燃料

(c) 扁平管式

连接器   燃料

阳极

电解质

阴极

双极板   空气

(d) 瓦楞式

图 4.1   SOFC 结构示意图

（Solid State Energy Conversion Alliance，SECA），该机构包含西门子-西屋、GE、Bloom Energy、FuelCell Energy 和 Delphi 等公司，作为未来 SOFC 的生产基地[2]。截至 2016 年底，SECA 累计完成了 260 项 SOFC 项目，目前其主要致力于 250～500kW 系统的测试，该测试计划于 2020 年完成。西门子-西屋公司是开发高温管式 SOFC 技术的先锋，于 1997 年展示了第一个高温管式 SOFC 电站系统，成功运行超过 69000h[2]。2000 年，该公司设计制造了世界上第一台 220kW 的 SOFC-GT 联合循环电站。美国的 Bloom Energy 公司是大规模商业化 SOFC 电堆的重要厂商，实现了从千瓦级到兆瓦级 SOFC 发电系统的商业化应用，其客户包括可口可乐、沃尔玛、苹果、谷歌等上百家企业，截至 2017 年总装机容量超过了 200MW[4]，该公司已在 2018 年 7 月于纽约证券交易所成功上市，公司市值达 26.52 亿美元。FuelCell Energy 公司主要从事固定式 SOFC 的研究，其产品主要应用于城市热电联供系统，所开发的 50kW SOFC 电堆已经在康涅狄格州实现并网运行，发电效率可达 60%以上，基于此示范系统，美国计划进一步建设百兆瓦级煤气化燃料电池联合循环系统。在移动式及便携式 SOFC 领域，Delphi 公司已经开发出 5kW 用于车用辅助功率单元(Auxiliary Power Unit，APU)的 SOFC 电池组，通过良好的隔热封装和控制策略，可以满足车用启动性能要求[5]，Ultra Electronics 公司研发了为单兵作战及无人机电源等提供动力的小型 SOFC 电源[6]。

日本十分注重 SOFC 发电技术的研发，政府投入大量资金支持 SOFC 的研发与商业化推广，目前其商业化进程已经超过美国，成为世界上最早实现民用 SOFC 商业化的国家。从 2004 年起，日本新能源产业技术综合开发机构(The New Energy and Industrial Technology Development Organization，NEDO)组织日立、TOTO、九州电力、三菱重工、中部电力、关西电力、三菱材料、日本钢铁以及日本 Acumentrics 等公司共同研发分布式 SOFC 发电系统，预计到 2020～2030 年可将发电成本降到 3400 美元/kW(<100kW)及 1700 美元/kW(>100kW)，系统寿命达到 90000h[7]。日本是小型家用 SOFC 热电联供系统开发及商业化应用的先锋。2012 年，大阪燃气、爱信精机、京瓷等 5 家公司联合宣布，其开发的 SOFC 家用热电联供系统 ENE-FARM-type-S 研制成功，发电效率达到 46.5%，该系统是目前世界上最成功的 SOFC 商业应用系统。在 ENE-FARM-type-S 的基础上，京瓷公司研发了 3kW 的 SOFC 分布式发电系统，发电效率达到 52%，系统效率达 90%，于 2017 年 7 月开始投放市场。目前，NEDO 正致力于该家用热电联供系统寿命的提升与成本的降低。2013 年，三菱重工的 200kW SOFC-MGT 混合发电系统实现了 4000 多个小时的连续运转，发电效率达 50.2%[8]。目前，三菱重工开发的 SOFC-微型燃气/蒸汽透平联合循环系统正在九州大学进行示范运行，发电效率可达 55%。在动力电源领域，日产公司于 2016 年 6 月推出乙醇燃料 5kW SOFC 为主动力的电动汽车，其为世界首款以 SOFC 为主动力驱动的燃料电池原型车，目前处于实地测试阶段，计划于 2022 年实现量产化。

欧盟于 2008 年成立了燃料电池与氢能公共事业机构(Fuel Cells and Hydrogen Joint Undertaking，FCHJU)，致力于推动各研究团队与企业的纵向合作，加速燃料电池的技术开发与商业化应用。目前欧洲从事 SOFC 研发的单位主要有德国的 Jülich 研究中心、SolidPower 公司，芬兰的 Convion 公司，荷兰能源研究中心以及英国的 RollsRoyce 公司与 Ceres Power 公司，这些研发单位及公司主要致力于平板式 SOFC 电堆及系统的开发。2015 年 10 月，德国 Jülich 研究中心开发的 SOFC 电堆在 700℃下累计运行超过 70000h。2015 年，德国 SolidPower 公司收购了澳大利亚陶瓷燃料电池公司(Ceramic Fuel Cell Limited，CFCL)，其生产的 1.5kW SOFC 家用热电联供系统 BlueGEN 可达到 60%的发电效率以及 85%的联供效率[9]。芬兰 Convion 公司主要致力于 50～300kW 分布式 SOFC 系统的开发与商业化推广，其 58kW 系统发电效率超过 53%，联供效率超过 80%。英国 CeresPower 公司主要致力于金属支撑平板式 SOFC 系统的开发，相比于传统陶瓷支撑 SOFC，金属支撑 SOFC 电堆可在低温(600℃)下运行，具有启动迅速、抗热震性好的优势，2017 年，Ceres Power 公司完成了基于 SteelCell 电堆的千瓦级家用 SOFC 系统的长期测试，证实了电堆的长期稳定性。

我国从"十五"规划开始进行 SOFC 的自主研发工作，政府、企业、研究机构对 SOFC 发电技术研发给予了高度重视，近年来对 SOFC 发电技术研发的投入也在不断加大[10]。目前从事 SOFC 基础研究以及工程开发的单位包括中国科学院上海硅酸盐研究所、中国科学院大连化学物理研究所、华中科技大学、中国矿业大学、中国科学技术大学、中国科学院物理研究所、中国科学院山西煤炭化学研究所、吉林大学、华南理工大学、清华大学、浙江大学等多个单位。此外，许多企业也对 SOFC 的材料研发与商业化系统示范做了诸多努力，如苏州华清京昆新能源科技有限公司、潮州三环(集团)股份有限公司、宁波索福人能源技术有限公司、潍柴动力集团、山西晋煤集团等。但应该认识到我国在 SOFC 发电技术领域与发达国家仍存在较大差距，距离 SOFC 的实际应用还有一定距离。目前，《能源技术革命创新行动计划(2016～2030 年)》以及《中国制造 2025—能源装备实施方案》等国家"十三五"规划部署为推进 SOFC 技术在国内的产业化提供了政策支持，应以此为契机进一步加大对 SOFC 的技术研究与自主研发，深化相关企业与科研院校的合作和联合攻关，为 SOFC 技术在我国的商业化应用奠定基础。

4.3 SOFC 工作原理

SOFC 通常采用氧化钇稳定的 YSZ 为电解质，锶掺杂的锰酸镧(Strontium-doped Lanthanum Maganites，LSM)为阴极，Ni-YSZ 陶瓷合金为阳极。固体氧化物电解质在高温下具有传递氧离子的能力，在电池中起传递氧离子和分隔空气、燃料的作用。

下面以 H_2 为燃料的 SOFC 为例，对 SOFC 的工作原理进行简单介绍。如图 4.2 所示，在 SOFC 的阴极，O_2 通过扩散到达多孔电极内部，在三相界面(Triple Phase Boundary，TPB)处，即电子导体-离子导体-气孔交界面处发生电化学还原反应生成 O^{2-}：

$$O_2 + 4e^- \longrightarrow 2O^{2-} \tag{4.1}$$

O^{2-} 经由阴极离子导体颗粒传递至固体氧化物电解质，在电位差和氧浓度差的驱动下，通过电解质中的氧空位定向跃迁，迁移到阳极的三相界面处，与扩散至此处的 H_2 发生电化学氧化反应：

$$H_2 + 2O^{2-} \longrightarrow 4e^- + H_2O \tag{4.2}$$

生成电子与 H_2O，反应产物 H_2O 沿孔隙扩散至阳极表面，同时电子沿电子导体颗粒传导至阳极集流器，并经由外电路传导至阴极，参与阴极 O_2 的电化学还原反应。在这个过程中，反应气体在气体流道和多孔电极中的传递、氧离子在电极和电解质膜中的传导、电子在电极和集流器中的传导等过程会对反应气体浓度、电流、温度等在电池内的分布产生重要影响，进而会影响电池的电流、电压输出特性。

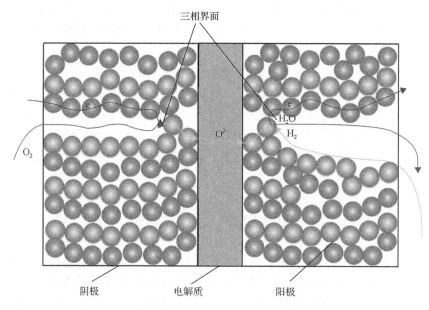

图 4.2　SOFC 工作原理示意图

当阳极燃料为合成气（H_2 与 CO）时，阳极三相界面处还会发生 CO 的电化学氧化反应：

$$CO + 2O^{2-} \longrightarrow 4e^- + CO_2 \tag{4.3}$$

SOFC 的阳极材料通常含有 Ni，当使用天然气重整气体时（主要为 CH_4、H_2 和 CO），在阳极 Ni 催化剂表面还会发生甲烷的重整反应(4.4)与水气变换反应(4.5)：

$$CH_4 + H_2O \Longrightarrow CO + 3H_2 \tag{4.4}$$

$$CO + H_2O \Longrightarrow CO_2 + H_2 \tag{4.5}$$

此外，在 SOFC 阳极还可能发生甲烷裂解反应(4.6)、Boudouard 反应(4.7)等，造成阳极积碳：

$$CH_4 \Longrightarrow C + 2H_2 \tag{4.6}$$

$$2CO \Longrightarrow C + CO_2 \tag{4.7}$$

4.4　三相界面电化学氧化反应机理

　　SOFC 相比于其他低温燃料电池的重要优势在于其广泛的燃料适用性。烃类燃料、醇类燃料、生物质燃料均有可能直接或间接地作为 SOFC 的燃料，而无论间接获取的重整气、合成气还是燃料在 SOFC 内部的直接重整，有效电化学反应的组分均主要为 H_2 和 CO，只是气体组分取决于燃料种类、反应条件等因素。因此，明确 H_2 与 CO 在 SOFC 阳极的化学反应机理，掌握操作条件对反应机理及速率控制步骤的影响规律，可为电极性能改善、新型阳极开发、电池操作条件优化以及 SOFC 多尺度多物理场耦合模型计算精度的提高奠定理论基础。

　　SOFC 阳极的化学反应机理较为复杂，其基元反应步骤可能包括组分吸附、解吸附、表面扩散、表面多相催化反应、体相扩散以及电荷转移反应。阳极机理研究的主要目标在于鉴别决定电极性能的反应速率控制步骤，因此了解详细的电极反应机理，包括热化学和电化学反应的反应速率、表面组分及其转化方式，以及相关基元反应参数也非常重要。此外，反应速率控制步骤还取决于材料性质和操作条件，如温度、燃料组成、极化电压等。不同的操作条件下就会有不同的速率控制步骤，如吸附和解吸附、表面扩散、电荷转移、烧结和掺杂等。

　　本节将对三相界面处的电化学氧化反应机理进行简要总结，Ni/YSZ 金属陶瓷是研究最多的阳极材料。金属陶瓷的结构可以有效地增加阳极和电解质之间的黏附作用，通过扩大三相界面得到更大的电化学活性区域。然而，由于 Ni/YSZ 金属陶瓷具有极为复杂的微观结构，创建对电极微观结构的定量描述是非常困难的。因此，研究者借助点电极或者条纹图案电极对 SOFC 的阳极反应机理开展了大量研究。本节将分别对 H_2 与 CO 的电化学氧化反应机理的相关研究成果进行介绍。

4.4.1　H_2 电化学氧化反应机理

　　目前针对以 H_2 为燃料的 SOFC 电化学反应机理的研究非常广泛，研究者提出了三种反应机理，包括氢溢出机理、氧溢出机理和氢填隙电荷转移机理。

4.4.1.1　氢溢出机理

　　氢溢出机理最早在 1993 年由丹麦 Risø 国家实验室的 Mogensen 和 Lindergaard 根据 Ni/YSZ 金属陶瓷电极的电化学阻抗谱研究提出[11]。该机理基于氢气的分压和比例以及水蒸气分压的阻抗谱实验谱图得出, 阻抗谱图表现为两条独立的闭合圆弧。高频段圆弧与三相界面电荷转移反应有关, 低频段圆弧则与 YSZ 表面水形成及扩散阻抗有关。Mogensen 和 Lindergaard 基于氢溢出机理提出的氢气电化学氧化反应的基元反应步骤如下。

(1) H_2 在 Ni 表面的吸附:

$$H_2(g) + 2(Ni) \rightleftharpoons 2H(Ni) \tag{4.8}$$

(2) H(Ni) 离子化为 H^+(Ni):

$$H(Ni) \rightleftharpoons H^+(Ni) + e^- \tag{4.9}$$

(3) H^+(Ni) 表面扩散到三相界面活性位。

(4) Ni 表面 H^+ 的电荷转移反应:

$$H^+(Ni) + O^{2-}(YSZ) \rightleftharpoons OH^-(YSZ) \tag{4.10}$$

$$2OH^-(YSZ) \rightleftharpoons H_2O(g) + O^{2-}(YSZ) \tag{4.11}$$

(5) Ni 内部 H^+ 的电荷转移反应:

$$H^+(Ni) \rightleftharpoons H^+(YSZ, 体相) \tag{4.12}$$

$$2H^+(YSZ, bulk) + O^{2-}(YSZ) \rightleftharpoons H_2O(YSZ) + (YSZ, 体相) \tag{4.13}$$

(6) YSZ 表面 H_2O 的吸附与解吸附:

$$H_2O(YSZ) \rightleftharpoons H_2O(g) + (YSZ) \tag{4.14}$$

1998 年 de Boer 对比了 850℃下 Ni 图案电极和多孔陶瓷电极在不同 H_2/H_2O 组分下的电化学性能[12], 发现 SOFC 电化学氧化阻抗与 H_2 分压呈正相关, 但与 H_2O 分压呈负相关, 并认为氢在 Ni 表面以中性 H 原子存在。de Boer 认为 H(Ni)+OH⁻(YSZ) $\rightleftharpoons$ (Ni)+H_2O(YSZ)+e⁻更可能是速率控制步骤, 整体的反应机理如下。

(1) H_2 在 Ni 表面的吸附:

$$H_2(g) + 2(Ni) \rightleftharpoons 2H(Ni) \tag{4.15}$$

(2) Ni 表面 H(Ni) 的电荷转移反应:

$$H(Ni) + O^{2-}(YSZ, bulk) \rightleftharpoons OH^-(YSZ, 体相) + e^- + (Ni) \tag{4.16}$$

(3) H+(Ni) 表面扩散到三相界面活性位。

(4) OH⁻(YSZ,bulk) 与氧空位的反应：

$$\text{OH}^-(\text{YSZ,bulk}) + (\text{YSZ}) \Longleftrightarrow \text{OH}^-(\text{YSZ}) + (\text{YSZ,体相}) \tag{4.17}$$

(5) Ni 内部 H⁺的电荷转移反应：

$$\text{H(Ni)} + \text{OH}^-(\text{YSZ}) \Longleftrightarrow \text{H}_2\text{O(YSZ)} + e^- + (\text{Ni}) \tag{4.18}$$

(6) YSZ 表面 H₂O 的吸附与解吸附：

$$\text{H}_2\text{O(YSZ)} \Longleftrightarrow \text{H}_2\text{O(g)} + (\text{YSZ}) \tag{4.19}$$

de Boer 的机理分析思路受到许多研究者的认可，并在后续研究中被广泛采用。Goodwin 等根据 de Boer 的机理提出了氢气电化学氧化完整的热力学与动力学数据库[15]。Zhu 等[16]则根据 de Boer 的机理针对阳极支撑 SOFC 化学反应流模拟发展了一套计算框架，模型中假定当表面基元 H(Ni) 与 OH⁻(YSZ) 的电化学反应 (4.18) 为反应速率控制步骤时其他反应达到平衡，从而通过解析计算建立交换电流密度 i_0 与 p_{H_2}、$p_{\text{H}_2\text{O}}$ 的关联，给出了电流密度和极化电压的 Butler-Volmer 关系为

$$i = i_{\text{H}_2}^* \frac{\left(\dfrac{p_{\text{H}_2}}{p_{\text{H}_2}^*}\right)^{\frac{1}{4}} (p_{\text{H}_2})^{3/4}}{1 + \left(\dfrac{p_{\text{H}_2}}{p_{\text{H}_2}^*}\right)^{\frac{1}{2}}} \left[\exp\left(\frac{(1+\beta_a)F\eta_a}{RT}\right) - \exp\left(\frac{-\beta_a F\eta_a}{RT}\right)\right] \tag{4.20}$$

4.4.1.2　氧溢出机理

氧溢出机理最早于 1994 年由日本横滨大学的 Mizusaki 等提出[17]，他们开发了 Ni 条纹宽度和间隙宽度为 5～10μm、厚度为 0.5～0.8μm 的 Ni-单晶 YSZ 图案电极，在 700～850℃温度区间内测试了不同三相界面长度的图案电极的性能变化规律，发现 SOFC 阻抗与三相界面长度呈线性关系，并与 H₂O 分压呈负相关，但 H₂ 分压的影响并不显著。基于实验研究的结果，Mizusaki 等提出了氧溢出机理，认为 YSZ 中氧填隙原子 O²⁻(YSZ) 在三相界面处释放电子，并在 Ni 表面生成吸附态 O(Ni)。整体的氧溢出机理如下。

(1) H₂ 在 Ni 表面的吸附和解吸附：

$$\text{H}_2 + (\text{Ni}) \Longleftrightarrow \text{H}_2(\text{Ni}) \tag{4.21}$$

(2) H_2O 在 Ni 表面的吸附和解吸附：

$$H_2O + (Ni) \Longleftrightarrow H_2O(Ni) \tag{4.22}$$

(3) 表面非均相反应：

$$H_2O(Ni) + (Ni) \Longleftrightarrow H(Ni) + OH(Ni) \tag{4.23}$$

$$OH(Ni) + (Ni) \Longleftrightarrow H(Ni) + O(Ni) \tag{4.24}$$

(4) 电荷转移反应：

$$O(Ni) + (YSZ) + 2e^-(Ni) \Longleftrightarrow O^{2-}(YSZ, 体相) +$$
$$(Ni) \Longleftrightarrow O(YSZ, 体相) + (Ni) + 2e^-(YSZ, 体相) \tag{4.25}$$

2002 年瑞士 ETH Zürich 的 Bieberle 和 Gauckler 总结了氧溢出机理[18]，并开发了相应的基元反应动力学模型库，提出的具体机理如下。

(1) Ni 表面的吸附/解吸附：

$$H_2 + (Ni) \Longleftrightarrow H_2(Ni) \tag{4.26}$$

$$H_2O + (Ni) \Longleftrightarrow H_2O(Ni) \tag{4.27}$$

(2) 表面非均相反应：

$$H_2O(Ni) + O(Ni) \Longleftrightarrow 2OH(Ni) \tag{4.28}$$

$$H_2O(Ni) + (Ni) \Longleftrightarrow OH(Ni) + H(Ni) \tag{4.29}$$

(3) 三相界面处的电荷转移反应：

$$O(Ni) + (YSZ) + 2e^-(Ni) \Longleftrightarrow O^{2-}(YSZ, 体相) + (Ni) \tag{4.30}$$

4.4.1.3　氢填隙电荷转移机理

SOFC 使用温度较高，导致在 Ni 本体中形成填隙氢原子、YSZ 本体中形成填隙质子。因此，在 Ni/YSZ 界面处就会发生如下电荷转移反应：

$$H(Ni, bulk) \Longleftrightarrow H^+(YSZ, 体相) + e^-(Ni) \tag{4.31}$$

Holtappels 等[19]基于此提出了在 Ni/YSZ 界面填隙氢原子可能发生的基元反应，如图 4.3 所示。由于 H 在金属晶格中的溶解和扩散能力较高，Ni/YSZ 界面会对阳极反应有明显影响。

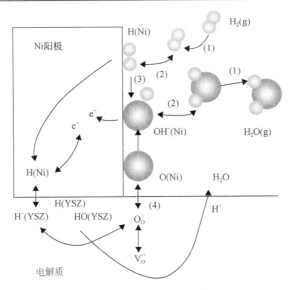

图 4.3　H_2 在 Ni/YSZ 界面可能的基元反应

基于氢填隙电荷转移机理的基元反应步骤包括：①活性组分(H_2 和 H_2O)气相扩散；②反应活性气体在固体表面的吸附(在金属或氧化表面生成 H_{ad}、H_2O_{ad} 等)；③H_{ad}、O_{ad}、OH_{ad} 在阳极表面的扩散或者 H 在阳极金属内向反应活性位的扩散；④反应组分电荷转移及 H_2O 在反应活性位的形成。

4.4.1.4　机理改进

Bessler 等[20]综合上述三种反应机理，建立了包含表面基元反应和扩散过程的图案电极模型，分别考虑了如下五种电荷转移反应。

(1)氧溢出：

$$O^{2-}(YSZ, 体相) + (Ni) \Longrightarrow O(Ni) + (YSZ) + 2e^- \tag{4.32}$$

(2)OH 溢出：

$$OH^-(YSZ, 体相) + (Ni) \Longrightarrow OH(Ni) + (YSZ) + e^- \tag{4.33}$$

(3)H 溢出与 O 反应：

$$H(Ni) + O^{2-}(YSZ, 体相) \Longrightarrow OH^-(YSZ, 体相) + e^- + (Ni) \tag{4.34}$$

(4)H 溢出与 OH 反应：

$$H(Ni) + OH^-(YSZ) \Longrightarrow H_2O(YSZ) + e^- + (Ni) \tag{4.35}$$

(5) H 间隙：

$$H(Ni,体相) \Longleftrightarrow H^+(YSZ,体相) + e^-(Ni) \tag{4.36}$$

他们还将模拟结果与 Bieberle 等[14]的实验结果对比，发现氢溢出机理与不同 H_2 分压的实验结果不符，仅同时考虑式(4.34)和式(4.35)两步电荷转移反应时才能与实验结果吻合良好，从而将简化的氢溢出机理整理如下。

(1) H_2 在 Ni 表面的吸附与解吸附：

$$H_2 + (Ni) \Longleftrightarrow H_2(Ni) \tag{4.37}$$

(2) 三相界面处发生两步链式电荷转移反应：

$$H(Ni) + O^{2-}(YSZ,体相) \Longleftrightarrow OH^-(YSZ,体相) + e^- + (Ni) \tag{4.38}$$

$$H(Ni) + OH^-(YSZ) \Longleftrightarrow H_2O(YSZ) + e^- + (Ni) \tag{4.39}$$

(3) YSZ 表面 H_2O 的吸附与解吸附：

$$H_2O(YSZ) \Longleftrightarrow H_2O(g) + (YSZ) \tag{4.40}$$

基于 Bessler 等[20]总结的氢溢出机理，Lee 等[21]进一步应用 Zhu 等[16]提出的机理分析方法，分析氢溢出机理中每一步反应[式(4.37)～式(4.40)]作为速率控制步骤时，i_0 与 p_{H_2}、p_{H_2O} 的关联以及 α 值，如表 4.2 所示。该方法建立起了理论计算与实验结果之间的联系，可用于推测 H_2 电化学氧化反应的速率控制步骤。

表 4.2　氢溢出机理下假设各基元反应作为速率控制步骤时的交换电流
密度表达式和电荷转移系数[21]

速率控制步骤	$i_0(\propto p_{H_2}^a p_{H_2O}^b)$	α
式(4.37)	$i_0 = i_{H_2}^*(p_{H_2}) \Rightarrow a=1,\ b=0$	0
式(4.38)	$i_0 = i_{H_2}^* \dfrac{(p_{H_2O})^{\frac{\alpha_{R4.38}}{2}}(p_{H_2})^{\frac{1-\alpha_{R4.38}}{2}}}{1+(K_1 p_{H_2})^{\frac{1}{2}}} \Rightarrow a=\dfrac{1-\alpha_{R4.38}}{2},\ b=\dfrac{\alpha_{R4.38}}{2}$	$\dfrac{\alpha_{R4.38}}{2}$
式(4.39)	$i_0 = i_{H_2}^* \dfrac{(p_{H_2O})^{\frac{1}{2}+\frac{\alpha_{R4.39}}{2}}(p_{H_2})^{\frac{1-\alpha_{R4.39}}{2}}}{1+(K_1 p_{H_2})^{\frac{1}{2}}} \Rightarrow a=\dfrac{1-\alpha_{R4.39}}{2},\ b=\dfrac{1+\alpha_{R4.39}}{2}$	$\dfrac{1+\alpha_{R4.39}}{2}$
式(4.40)	$i_0 = i_{H_2}^*(p_{H_2O}) \Rightarrow a=0,\ b=1$	1

需要指出的是，虽然研究者已对以 H_2 为燃料的 SOFC 电化学反应机理进行了较为系统的研究，给出了较为清晰的反应机理图景，但现有研究中仍存在不少争议，包括：①化学基元反应及电化学基元反应发生的位置具体是催化剂表面还是电极表面；②不同操作条件下的反应速率控制步骤。为了理清这些争议，还需要深入持续地开展更多的实验及模型研究。

4.4.2 CO 电化学氧化反应机理

目前已有许多研究者应用点电极、图案电极以及多孔阳极对 CO 电化学反应机理开展研究，较为一致的结论是 CO 的电化学反应速率低于 H_2 的电化学反应速率。但不同研究者采用了不同材料体系及操作条件开展 CO 电化学反应机理的研究，因此也提出了不同的反应机理与反应速率控制步骤。一般认为 CO 在 Ni 基阳极表面的电化学基元反应步骤包括：CO 在 Ni 表面吸附；CO(Ni) 基元向三相界面扩散；O^{2-} 由电解质体相向三相界面迁移；三相界面处 CO(Ni)、O(Ni) 与 O^{2-}(YSZ) 的反应。

较早期时，Etsell 和 Flengas 研究了 Pt/YSZ 电极表面的 CO 电化学氧化机理[22]，认为气相 CO 或吸附 CO 的电荷转移反应或者 CO_2 的解吸附过程是反应的速率控制步骤，并提出了如下反应机理：

$$CO(g) + O(Ni) \rightleftharpoons CO_2(g) + (Ni) \tag{4.41}$$

$$O^{2-}(YSZ,体相) + (Ni) \rightleftharpoons O(Ni) + (YSZ,体相) + 2e^-(Ni,体相) \tag{4.42}$$

2000 年，日本东京燃气的 Matsuzaki 和 Yasuda[23]利用阳极支撑型 SOFC，研究了 H_2、H_2O、CO、CO_2 混合燃料体系中的 H_2 和 CO 电化学氧化性能，指出在 800℃和 1000℃下 H_2 的电化学氧化速率分别为 CO 的 1.9~2.3 倍和 2.3~3.1 倍，并由电化学阻抗谱的结果推断，在较低温度(800℃)时，CO 的表面扩散可能是速率控制步骤；而温度上升至 1000℃时，表面扩散与电荷转移都可能是速率控制步骤。为了消除气相传递对电化学阻抗谱的影响，2002 年挪威科技大学的 Lauvstad 等[24,25]采用 Ni 点电极对 CO 电化学反应开展实验测试，建立了四种 CO/CO_2 组分电化学反应机理的解析模型，推测速率控制步骤与 CO(Ni) 和 O(Ni) 两种中间产物有关。因此他们认为最可能的反应机理如下。

(1) CO 在 Ni 表面吸附：

$$CO + (Ni) \rightleftharpoons CO(Ni) \tag{4.43}$$

(2) CO_2 在 Ni 和 YSZ 表面解离：

$$CO_2 + (YSZ) + (Ni) \rightleftharpoons O(YSZ) + CO(Ni) \tag{4.44}$$

(3)三相界面处发生电荷转移反应：

$$O^{2-}(YSZ) \Longleftrightarrow O(YSZ) + 2e^- \tag{4.45}$$

2006 年美国马里兰大学的 Sukeshini 等[26]测试了不同三相界面长度的 Ni 图案电极在 CO_2/CO 气氛中的电化学性能，认为 CO 的吸附和表面扩散对电化学性能的影响不可忽略。2011 年，德国卡尔斯鲁厄理工学院的 Utz 等[27]结合其前期针对 H_2 电化学氧化研究的思路，测试了 Ni 图案电极在 CO/CO_2 气氛下 OCV（Open Current Voltage）的电极阻抗变化规律。研究表明，电极阻抗均与温度、CO_2 分压、CO 分压呈明显的负相关，但 CO 分压对阻抗的影响并非线性关系。2012 年 Bessler 研究团队的 Yurkiv 等[28]采用 Utz 等的数据，建立了包含表面扩散和表面基元反应在内的图案电极 SOFC 电化学氧化 CO 的机理模型，他们认为三相界面处的电荷转移反应实际上包含三步基元电荷转移反应：

$$O^{2-}(YSZ) \Longleftrightarrow O(YSZ) + 2e^- \tag{4.46}$$

$$O^-(YSZ) + (Ni) \Longleftrightarrow O(Ni) + (YSZ) + e^- \tag{4.47}$$

$$O^-(YSZ) \Longleftrightarrow O(YSZ) + e^- \tag{4.48}$$

模型结果显示，800℃下 Ni 和 YSZ 表面的吸附/解吸附反应与表面反应并非速率控制步骤。低 CO/CO_2 比例时，速率控制步骤仅为式(4.47)，而高 CO/CO_2 比时速率控制步骤为式(4.47)与式(4.48)，还包括 YSZ 表面三种 O 基元的表面扩散过程。

在 CO 电化学氧化反应机理研究的基础上，Fu 等[29]进一步比较了 Ni/YSZ 电极上 H_2 和 CO 电化学氧化的溢出路径，指出 Ni/YSZ 电极上三相界面的结构对于 H_2 和 CO 的反应机理有很大的影响。CO 的电化学氧化基本遵循氧溢出路径，证明了氧溢出路径对于 H_2 和 CO 的电化学氧化机理非常重要。马里兰大学的 Habibzadeh[30]以不同几何结构的 Ni/YSZ 条纹电极对 CO 和 H_2 的电化学反应机理开展了实验测试，并建立了基于 MATLAB 和 CANTERA 软件平台的反应机理模型，机理中包含 H_2 与 CO 的电荷转移反应、Ni 表面及 YSZ 表面基元反应、表面扩散等过程。实验中考察了阳极过电位和工作温度对反应速率控制步骤的影响规律，发现当阳极过电位或温度较低时，电荷转移反应、表面扩散或者吸附与解吸附过程都可能为反应速率控制步骤；当阳极过电位且温度较高时，反应速率控制步骤仅为电荷转移反应，该结论与上述 Matsuzaki 等[23]的研究结果一致。

4.5　碳氢燃料 SOFC

目前在 SOFC 中将碳氢燃料作为燃料时主要有三种路线，第一种路线采用外部重整器将碳氢燃料重整为 H_2 与 CO 后通入 SOFC，此时所涉及的反应与 4.4 节中描述的相同；第二种路线将碳氢燃料与重整氧化剂共同通入 SOFC 阳极，利用阳极 Ni 实现对碳氢燃料的内部重整，这种技术路线称为直接内重整 SOFC（Direct Internal Reforming-Solid Oxide Fuel Cell，DIR-SOFC）；第三种路线则是直接将碳氢燃料通入 SOFC 阳极，即直接碳氢燃料 SOFC。在后两种技术路线中，阳极 Ni 表面还可能会存在一系列的重整反应、变换反应以及碳氢燃料直接电化学氧化反应，本节将对其进行介绍。

4.5.1　碳氢燃料重整反应机理

对于甲烷等烃类作为燃料的 SOFC，在电池阳极表面会发生一系列重整反应，生成 H_2 和 CO，用于电化学反应。重整反应所需的氧化剂可与碳氢燃料共同通入 SOFC 的阳极；另外，电化学反应生成的 H_2O 与 CO_2 也可以作为重整反应的氧化剂。也就是说，本节所介绍的重整反应不仅会发生在 DIR-SOFC 中，也会发生在直接碳氢燃料 SOFC 中。

4.5.1.1　蒸汽重整

CH_4 在 SOFC 阳极 Ni 表面发生蒸汽重整反应为

$$CH_4 + H_2O \Longrightarrow CO + 3H_2 \qquad \Delta H^0_{298K} = 206kJ/mol \qquad (4.49)$$

生成的 CO 可能继续与 H_2O 发生水气变换反应：

$$CO + H_2O \Longrightarrow H_2 + CO_2 \qquad \Delta H^0_{298K} = -41kJ/mol \qquad (4.50)$$

电极表面发生蒸汽重整的催化剂为掺杂 YSZ 的 Ni，为了保证较高的导电性，电极表面催化剂在 Ni 的容量和粒径上都远高于工业蒸汽重整中使用的 Ni 催化剂。蒸汽重整反应为强吸热反应，水气变换反应为弱放热反应。在 SOFC 的高温反应条件下，水气变换反应受到抑制，蒸汽重整反应为主要反应，其所需的热量可由电池的电化学反应放出的热量提供，达到较高的重整转化效率。

目前研究者针对以甲烷为燃料的 DIR-SOFC 的性能开展了大量研究。Yentekakis 等[31]研究了 Ni/YSZ 电极上水蒸气对甲烷蒸汽重整速率的影响，实验温度区间设置为 800～930℃，在 0.15～2.0 范围内调节摩尔汽碳比(Steam/Carbon，S/C)，实验结果表明水蒸气含量对重整速率有很大的影响。而 Achenbach 等[32]发现在

20wt% Ni-80wt% ZrO_2（wt%为质量分数）电极上，在温度为 700～940℃和 S/C 为 2.6～8.0 时，入口水蒸气的分压对重整反应速率几乎没有影响。Dicks 等[33]对 Ni/ZrO_2 电极上的蒸汽重整进行了研究，指出甲烷蒸汽重整速率是温度和气体成分的函数。

在反应机理研究方面，Jones 等[34]用如下基元反应对甲烷蒸汽重整的反应过程进行描述：

$$CH_4 + 2(Ni) \rightleftharpoons CH_3(Ni) + H(Ni) \tag{4.51}$$

$$H_2O + 2(Ni) \rightleftharpoons H(Ni) + OH(Ni) \tag{4.52}$$

$$OH(Ni) + (Ni) \rightleftharpoons O(Ni) + H(Ni) \tag{4.53}$$

$$CH_x(Ni) + (Ni) \rightleftharpoons CH_{x-1}(Ni) + H(Ni)(x = 1, 2, 3) \tag{4.54}$$

$$C(Ni) + O(Ni) \rightleftharpoons CO(Ni) + (Ni) \tag{4.55}$$

$$2H(Ni) \rightleftharpoons H_2 + 2(Ni) \tag{4.56}$$

$$CO(Ni) \rightleftharpoons CO + (Ni) \tag{4.57}$$

研究表明，反应(4.51)和反应(4.55)为反应速率控制步骤，在高温下反应 (4.51)为速率控制步骤，但低温下反应(4.55)成为速率控制步骤，从而在不同操作条件下可能得到不同的动力学表达式。Hecht 等[35]对 Ni/YSZ 上蒸汽重整的动力学进行了研究。由于电池上的重整反应难以直接观察，实验中构造了一种简化装置，将多孔阳极夹在两个孔道中间，形成类三明治结构；其中一侧孔道通入 SOFC 的燃料，另一侧通入电池电化学反应后可能的生成物(如 H_2O 和 CO_2)，从而可在类 SOFC 气氛下对重整反应进行研究，并利用德国卡尔斯鲁厄理工学院 Deutschmann 课题组开发的包含 6 种气相组分、12 种表面组分以及 42 个可逆反应的基元反应建立了机理模型，发现模型可较好地重复实验结果。在此基础上，Deutschmann 课题组进一步开发了适于 500～2000℃的蒸汽重整基元反应机理[36]，该机理在后续 SOFC 的模拟过程中被广泛采用。

4.5.1.2　CO_2 重整

甲烷在阳极表面发生 CO_2 重整(又称干重整)的总反应为

$$CH_4 + CO_2 \rightleftharpoons 2CO + 2H_2 \qquad \Delta H_{298}^0 = 247.5 \text{kJ/mol} \tag{4.58}$$

由于 CO_2 重整反应气中 C 含量较高，较容易产生积碳。但是 CO_2 重整在以下两种条件下更具有优势：①若阳极产生的废气中 CO_2 的含量较高，则阳极产生的废气部分循环回流用于转化反应气时，可在阳极表面利用 CO_2 重整反应将反应气转化

为 H_2 和 CO;②沼气作为 SOFC 的原料气时,由于沼气中含有体积分数为 30%～50% 的 CO_2,此时 CO_2 重整就显得格外重要[37]。此外,CO_2 重整可作为 CO_2 资源化利用的一种途径,同时将两种温室气体(CH_4 与 CO_2)转化为 SOFC 的燃料。

表 4.3 给出了不同碳氢燃料 CO_2 重整反应的热力学特性,可以看到,与蒸汽重整相同,碳氢燃料 CO_2 重整均为强吸热反应,且 ΔH 随碳氢燃料中 C 的数目的增加而上升。同时,ΔG 随温度升高而降低,表明在高温下,干重整反应更会倾向于自发进行。

表 4.3　碳氢燃料 CO_2 重整反应热力学特性[38]

反应	T/℃	ΔH /(kJ/mol)	ΔG /(kJ/mol)
$CH_4 + CO_2 \rightleftharpoons 2CO + 2H_2$	300	256.0	96.6
	400	257.8	68.6
	500	258.9	40.4
	600	259.6	12.4
	700	259.9	−16.3
	800	259.9	−44.7
	900	259.5	−73.0
	1000	258.8	−101.4
$C_2H_6 + 2CO_2 \rightleftharpoons 4CO + 3H_2$	700	446.8	−103.4
$C_3H_8 + 3CO_2 \rightleftharpoons 6CO + 4H_2$	700	641.1	−182.5
$C_4H_{10} + 4CO_2 \rightleftharpoons 8CO + 5H_2$	700	838.1	−258.2
$C_5H_{12} + 5CO_2 \rightleftharpoons 10CO + 6H_2$	700	1032.8	−337.2
$C_6H_{14} + 6CO_2 \rightleftharpoons 12CO + 7H_2$	700	1229.9	−416.4

Guerra 等[39]对 Ni/YSZ 阳极催化甲烷 CO_2 重整性能进行了研究。结果表明当温度低于 450℃时,CO_2 重整反应几乎不发生;当温度较高时,Ni 对 CO_2 重整反应的催化作用十分明显。Shiratori 和 Sasaki[40]比较了 NiO-ScSZ 和 $Ni_{0.9}Mg_{0.1}$O-ScSZ 两种阳极材料对 CO_2 重整反应的影响,结果表明相比于 $Ni_{0.9}Mg_{0.1}$O-ScSZ 电极,NiO-ScSZ 电极对 CO_2 重整反应具有更好的催化活性,原因可能是电极表面的微观结构的变化促进了反应的进行。

甲烷在 Ni 表面的干重整反应机理最初由 Bodrov 和 Apel'baum[41]提出,他们认为速率控制步骤为 CH_4 在活性位吸附并生成 CH_2 的反应。而 CO_2 经由逆水气变换反应生成 CO,此外,CH_x 与 H_2O 反应也生成 H_2 与 CO。在后续的研究中,研究者在该机理的基础上做了很多修正,并提出了许多可能的反应机理。较为一致的结论是,重整反应由 CH_4 在催化活性位上的解离吸附反应引发,可能包括如下反应:

$$CH_4 + (5-x)(Ni) \Longrightarrow CH_x(Ni) + (4-x)H(Ni) \qquad (4.59)$$

$$CO_2 + H(Ni) \Longrightarrow CO + OH(Ni) \qquad (4.60)$$

$$CH_x(Ni) + OH(Ni) \Longrightarrow CH_xO(Ni) + H(Ni) \qquad (4.61)$$

$$CO(Ni) \Longrightarrow CO + (Ni) \qquad (4.62)$$

$$2H(Ni) \Longrightarrow H_2 + 2(Ni) \qquad (4.63)$$

4.5.1.3　部分氧化重整

甲烷在电池阳极发生部分氧化反应(Partial Oxidation，POX)的总反应为

$$CH_4 + \frac{1}{2}O_2 \Longrightarrow CO + 2H_2 \qquad \Delta H_{298}^0 = -35.5 \text{kJ/mol} \qquad (4.64)$$

与蒸汽重整和 CO_2 重整不同，部分氧化重整为弱放热反应，减少了能量的消耗。由于无须额外的水蒸气与热源，且启动与响应迅速，部分氧化重整更适用于小型移动式 SOFC。

甲烷部分氧化反应的机理十分复杂[42]：其一，在给定的反应体系中可能存在不止一种反应机理；其二，阳极表面的催化材料在反应的过程中发生结构变化可能改变反应速率控制步骤；其三，在不同的操作条件(O/C 摩尔比、温度、流速等)下反应机理可能不同。目前主要有以下两种主流的 POX 机理。

(1)直接反应机理：甲烷在催化剂表面分解成碳和氢，碳与表面 O 反应生成 CO，最后，H_2 与 CO 在催化剂表面解吸附。

(2)间接反应机理(燃烧-重整机理)：部分甲烷与氧气首先完全氧化生成 H_2O 和 CO_2，剩余 CH_4 再发生蒸汽重整和 CO_2 重整反应，最终生成 CO 和 H_2：

$$CH_4 + 2O_2 \Longrightarrow CO_2 + 2H_2O \qquad (4.65)$$

$$CH_4 + H_2O \Longrightarrow CO + 3H_2 \qquad (4.66)$$

$$CH_4 + CO_2 \Longrightarrow 2CO + 2H_2 \qquad (4.67)$$

此外，也有学者认为在 POX 中，直接反应机理和间接反应机理都会发生。

图 4.4 展示了甲烷 POX 直接反应机理与间接反应机理的示意图，在直接反应机理与间接反应机理中，都首先发生反应(a)～(c)，即 CH_4 到催化剂表面的吸附，以及 CH_4(*)解离生成 C(*)与 H(*)的反应。需要指出的是，实际过程中还可能发

生 $CH_4(*)$ 解离生成 $CH_x(*)$ 的反应。在直接反应机理中，随后发生 O_2 的吸附及解离反应，最后 $C(*)$ 与 $O(*)$ 生成 $CO(*)$（反应(d)、(e)）。在间接反应机理中，当 $CO(*)$ 的氧化速率大于其解吸附速率时，便会发生完全氧化反应生成 $CO_2(*)$；同样，当 $H(*)$ 与 $O(*)$ 生成的 $OH(*)$ 足够稳定时，便会发生完全氧化反应生成 $H_2O(*)$。随后剩余 CH_4 便可通过蒸汽重整（反应(g)、(h)）与 CO_2 重整（反应(i)、(j)）进一步转化为 CO 与 H_2。

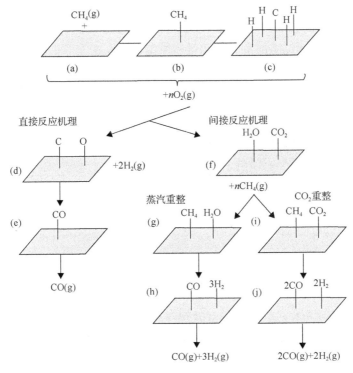

图 4.4　POX 直接反应机理与间接反应机理示意图[42]

4.5.1.1～4.5.1.3 小节介绍了几种常用的碳氢燃料重整反应及其反应机理，但需要指出的是，实际的基元反应机理远比前面介绍的复杂。以 POX 为例，Wang 等[43]提出了 24 步基元反应用于描述 POX 的直接反应机理。德国卡尔斯鲁厄理工学院的 Deutschmann 课题组针对不同催化剂提出了多种催化重整反应机理[44]。此外，当考虑碳氢燃料为高碳烷烃时，在 SOFC 的工作温度下，除了催化剂表面的非均相化学反应，气相中还可能发生均相化学反应，从而反应体系存在均相/非均相反应的竞争耦合作用，使反应机理更为复杂。在实际应用中，应考虑所使用的催化剂及操作条件，对反应机理进行选择与修正。

4.5.1.4　自热重整

自热重整(Autothermal Reforming, ATR)是蒸汽重整和部分氧化重整的综合反应。蒸汽重整反应为吸热反应,部分氧化重整反应为放热反应,两个反应结合,有利于实现热量的自给自足,提高了重整过程热量的自适应性,降低了额外的热量需求。此外,研究表明,在蒸汽重整过程中加入一定量的空气,有利于抑制积碳的产生[45]。Dokmaingam 等[46]通过模拟发现,在甲烷蒸汽重整过程中加入少量氧气,虽然可降低温度梯度,但也会使发电效率稍有下降。氧气的加入有利于减小蒸汽的用量,因此降低了对额外加热量的需求,提高了系统的整体效率。

在自热重整中,部分氧化重整反应的放热量需与蒸汽重整反应的吸热量平衡。Ahmed 和 Krumpelt[47]提出了估算实现自热重整所需氧碳比(O/C)与汽碳比(S/C)的方法。自热重整的总反应式可由式(4.68)代表:

$$C_nH_mO_p + aO_2 + bH_2O \rightleftharpoons cH_2 + dCO + eCO_2 \qquad (4.68)$$

该反应产生 H_2 最多的情况为 H_2O 将所有含碳组分均转化为 CO_2,如下所示:

$$C_nH_mO_p + aO_2 + (2n-2a-p)H_2O \rightleftharpoons \left(2n-2a-p+\frac{m}{2}\right)H_2 + nCO_2 \quad (4.69)$$

此时,反应焓为

$$\Delta H_r = n\Delta H_{f,CO_2} - (2n-2a-p)\Delta H_{f,H_2O} - \Delta H_{f,fuel} \qquad (4.70)$$

其中, $\Delta H_{f,CO_2}$ 、 $\Delta H_{f,H_2O}$ 、 $\Delta H_{f,fuel}$ 分别为 CO_2 、 H_2O 、燃料的生成焓。

在自热重整操作中, $\Delta H_r = 0$ 。由式(4.70)可计算出,热中性当量 O_2 比例为

$$a_0 = n - \frac{p}{2} + \frac{1}{2}\left(\frac{\Delta H_{f,fuel} - n\Delta H_{f,CO_2}}{\Delta H_{f,H_2O}}\right) \qquad (4.71)$$

对于自热重整而言,并没有统一的反应机理可以用于描述所有碳氢燃料的自热重整,反应机理依赖于催化剂、燃料类型以及操作条件。但普遍认为有两种不同的反应机理。

(1)燃烧-重整反应机理:该机理与 POX 中的间接反应机理类似,部分燃料先与 O_2 发生完全氧化反应生成 H_2O 与 CO_2,随后剩余燃料再通过蒸汽重整与 CO_2 重整进一步生成 CO 与 H_2。

(2)热解-重整反应机理:在此机理中,碳氢燃料吸附在催化剂表面,发生解离反应,随后生成的 C_1 组分与吸附的 O_2 或 H_2O 反应生成 H_2 与 CO,基元反应如下所示[48]:

$$O_2 + 2(*) \Longrightarrow 2O(*) \tag{4.72}$$

$$CH_4 + (*) \Longrightarrow CH_4(*) \tag{4.73}$$

$$CH_x(*) + (*) \Longrightarrow CH_{x-1}(*) + H(*)(x = 1,2,3,4) \tag{4.74}$$

$$C(*) + O(*) \Longrightarrow CO(*) + (*) \tag{4.75}$$

$$CO(*) \Longrightarrow CO + (*) \tag{4.76}$$

$$CO(*) + O(*) \Longrightarrow CO_2 + (*) \tag{4.77}$$

$$CO_2(*) \Longrightarrow CO_2 + (*) \tag{4.78}$$

$$H(*) + H(*) \Longrightarrow H_2(*) \tag{4.79}$$

$$O(*) + 2H(*) \Longrightarrow H_2O(*) \tag{4.80}$$

4.5.2　碳氢燃料直接电化学氧化反应机理

除了采用直接重整或间接重整方式，研究者也尝试在 SOFC 中直接利用碳氢燃料。Murray 等[49]将纯 CH_4 通入 SOFC 阳极，在 650℃下电池功率密度达到 $0.37W/cm^2$，性能接近使用 H_2 燃料时的电池性能。Murray 等认为阳极反应以 CH_4 的直接电化学氧化为主，原因在于：①尽管产物 H_2O 或 CO_2 均可以促进 CH_4 的重整反应，但阳极面积较小（$1cm^2$）、温度较低，而且产物气体被快速稀释，抑制了重整反应进行；②使用干 CH_4 和湿 CH_4 时的电化学阻抗谱形状也存在明显不同，表明干甲烷反应机理不同于湿甲烷反应，可推测存在 CH_4 的直接电化学氧化；③CH_4 为燃料时的阳极阻抗远大于 H_2 为燃料时的阳极阻抗，也表明可能存在 CH_4 的直接电化学氧化。Park 等[50]研究了 700℃和 800℃下 SOFC 直接利用不同碳氢燃料（甲烷、乙烷、1-丁烷和甲苯）的性能特性，实验结果表明产物为 CO_2 和 H_2O，而 CO 的含量仅为痕量，也间接证明燃料的完全电化学氧化是合理的。他们从 CO_2 产物与电流密度的实验及理论定量关系推测 CH_4 的直接电化学氧化反应可能为

$$CH_4 + 4O^{2-} \Longrightarrow CO_2 + 2H_2O + 8e^- \tag{4.81}$$

然而，Mogenson 和 Kammer[51]认为，即便是最简单的碳氢燃料 CH_4 直接电化学氧化也需要 8 个电子，难以通过单步反应进行，并推断该反应可能经由以下几步反应发生：

$$CH_4 + O^{2-} \Longrightarrow CH_3OH + 2e^- \tag{4.82}$$

$$CH_3OH + 2O^{2-} \rightleftharpoons HCOOH + H_2O + 4e^- \qquad (4.83)$$

$$HCOOH + O^{2-} \rightleftharpoons CO_2 + H_2O + 2e^- \qquad (4.84)$$

同时，碳氢燃料在 SOFC 阳极也可能发生裂解反应，并随后发生固体碳以及 H_2 的电化学氧化反应：

$$C_xH_y \rightleftharpoons xC + \frac{y}{2}H_2 \qquad (4.85)$$

$$C + 2O^{2-} \rightleftharpoons CO_2 + 4e^- \qquad (4.86)$$

$$H_2 + O^{2-} \rightleftharpoons H_2O + 2e^- \qquad (4.87)$$

目前碳氢燃料在 SOFC 阳极的反应过程仍不明确。部分学者认为反应机理是碳氢燃料的直接电化学氧化，此时，则要求电极具有较高的活性去断开碳-氢键。但需要注意的是此时"直接电化学氧化"的描述仍值得商榷，由于该反应将由 C—H 键在催化剂表面的断裂开始，从而反应中不仅涉及电荷转移反应，也涉及化学反应，所以采用"直接电化学利用"的表达方式可能是更为合理的[52]。如果反应机理是碳氢燃料裂解，则电极既需要有裂解反应活性，还要易于裂解反应产物电化学氧化反应的进行。这也表明需要进一步对碳氢燃料的电化学氧化反应机理进行深入研究，以便选择合适的阳极材料及合理的微观结构以优化反应路径。

4.6　积碳特性与反应机理

当 SOFC 采用含有 CO 或碳氢燃料的气体作为燃料时，电池阳极可能发生碳氢燃料的裂解反应(反应(4.6))以及 CO 的 Boudouard 反应(反应(4.7))，造成阳极积碳，积碳会占据 Ni 表面活性位、堵塞阳极气体孔道，导致电池性能下降，使用寿命缩短。因此，SOFC 利用含碳燃料的一大挑战为积碳问题。本节将对 SOFC 积碳特性及其反应机理进行介绍。

4.6.1　热力学分析

Sasaki 和 Teraoka[53]给出了利用图 4.5 所示的 C-H-O 三角图，从热力学角度判断 SOFC 发生积碳范围的方法。图中三个角分别代表 C、H、O 元素，则任意由此三种元素构成的物质可以落在图中的不同位置，由其位置分别相对于 O-H 轴、C-O 轴、H-C 轴做平行线与 C-O 轴、C-H 轴、O-H 轴的交点则是该物质中 C、H、O 元素的百分含量。图中分别画出了在不同温度下由热力学计算所得的积碳界线，在该线的左上方为积碳区域，右下方为非积碳区域。由图中可以看到，在 SOFC 的工作温度范围内，从热力学角度预测，图中所有标记出的碳氢燃料都会发生积碳。此外，当物质中 H 或 O 含量升高时，可使原本落在积碳区域的燃料向非积碳区域移动，从而降低积碳发生的可能性。这就是 4.5 节所提到的蒸汽重整与部分氧化重整抑制积碳生成的理论依据[54]。

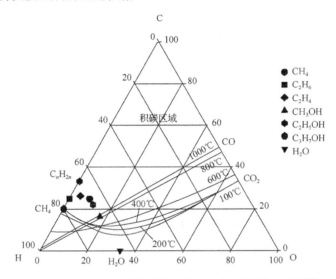

图 4.5　C-H-O 组成的气体在三角图中积碳范围示意图[53]

需要指出的是，虽然从热力学角度分析，在 SOFC 的工作温度范围内，使用碳氢燃料做燃料时，积碳必然发生。但是正如第 3 章中提到的，热力学仅能预测反应发生的可能性，而不能给出反应发生的快慢。例如，对于甲烷裂解反应，热力学预测其在 300℃ 即可自发进行，而实验表明需在 510℃ 以上时才能观测到该反应的发生[55]。目前已有大量的实验结果表明，某些条件下直接采用碳氢燃料的 SOFC 不会产生积碳。另外，热力学预测中，在 500℃ 时当 S/C 比超过 1.8 时，C 转化为 CO 与 CO_2 的反应自发进行，从而此条件下不会产生积碳。而实验发现，此温度下，在 S/C 比高于 3 的条件下，只要在 CH_4 中加入少量的烯烃就会造成积碳[56]。上述现象显然不能通过热力学给予充分的解释，因此需要进一步了解积碳反应动力学。

4.6.2　积碳反应机理

目前研究者认为，在典型 SOFC 的操作条件下，碳氢燃料至少有两种积碳机理[57]。首先，积碳可由催化剂表面的非均相反应生成。研究表明，在 SOFC 阳极 Ni 催化剂表面，碳氢燃料的积碳反应会经历以下过程[58]：

(1) C_xH_y 吸附在催化剂表面。

(2) 吸附中间产物发生解离反应产生吸附碳。

(3) C 溶解传递至 Ni 体相。

(4) 在 Ni 成核点以石墨纤维等形态沉淀。

利用该机理,同样可以从动力学角度解释为何需要较高的 S/O 比以减少积碳。当 H_2O 量增多时,C 与 H_2O 的反应速率快于 C 在催化剂表面沉积的速率,从而可以抑制石墨纤维态积碳的形成。

此外,研究表明,碳氢燃料通过气相中的均相反应也会造成积碳,通常认为,该机理在含碳量多于甲烷的碳氢燃料积碳过程中不可忽略,这是由于相比于甲烷的 C—H 键,高碳燃料的 C—C 键在高温下更易断裂,产生乙烯、丙烯等积碳前驱体。而裂解反应产生的烯烃则进一步与自由基反应生成大分子产物,最终形成碳烟。碳烟则会进一步在催化剂表面沉积,造成积碳。需要说明的是,在此机理中增大水蒸气的含量并不能明显抑制碳烟的产生[59]。

目前大部分研究主要关注碳氢燃料在 SOFC 中的积碳特性与机理,而针对 CO 气氛下 SOFC 积碳的研究较少。本书课题组前期针对 CO/CO_2 组分下 Ni-YSZ 电极的积碳特性进行了研究,发现 CO 积碳的结构和机理与 CH_4 有显著不同,提高温度、降低 CO 浓度可降低积碳程度[60]。此外,本书课题组利用图案电极对 SOFC 与 SOEC 模式下 CO/CO_2 组分中的积碳机理进行了深入的对比鉴别,相关内容将在第 8 章中进行详细介绍。

4.6.3 抗积碳材料

目前研究者主要采用优化操作条件参数以及改善电极材料等方式来抑制 Ni 基阳极积碳。对于采用 CH_4 等碳氢燃料的 SOFC,可通过降低温度、提高工作电流密度,或者将载气中 S/C 比提高到 2 以上来降低电极的积碳程度[61]。而在电极材料改善方面,研究者也做了大量的尝试工作,本节将着重对不同类型的抗积碳材料进行介绍。

(1)改性 Ni/YSZ 金属陶瓷阳极。很多学者利用掺杂其他金属的方式对 SOFC 阳极材料 Ni/YSZ 进行改性,以增强其抗积碳性能。Takeguchi 等对不同贵金属改性的 Ni/YSZ 阳极的性能进行了研究[62]。实验结果表明,Ru、Pt 和 Pd 的加入对积碳有抑制作用,但 Rh 的加入对积碳没有抑制作用。他们认为贵金属对于积碳的抑制可能是由于对氢溢出的促进作用,Ru、Pt 和 Pd 对于促进分解作用产生氢的溢出效应更强,因此抑制了 C—C 键的形成。Kan 和 Lee[63]对 Sn 改性的 Ni/YSZ 阳极进行了研究,指出 Ni/YSZ 阳极与 Sn 改性的 Ni/YSZ 阳极的性能相差不大,功率密度较为接近,但是 Sn 改性的 Ni/YSZ 阳极由于无定形碳沉积更少而表现出更好的长期稳定性。此外,实验结果还表明,Sn 的掺杂量并非越多越好,超过一个特定的数量后,Sn 掺杂量的增加,对性能的提升效果反而降低。Maček 等[64]的研究结果表明,合成路径、改性材料和阳极微观结构对阳极表面积碳情况均有影响,银铜综合改性的 Ni/YSZ 阳极的抗积碳效果最为明显。此外,还有很多学者对 Mo[65]、Ce[66]等的改性阳极抗积碳特性进行了研究。

(2) 非 Ni 基金属陶瓷阳极。非 Ni 基金属陶瓷阳极中研究较多的是 Cu 基陶瓷阳极。Cu 是优良的电子导体，但是对 C—C 键生成的催化作用很弱，因此不利于积碳的形成。Orlyk 和 Shashkova[67]等对 YSZ 陶瓷上不同催化剂成分对积碳的影响进行了研究。在 800℃的催化部分氧化条件下反应 20h 后，比较阳极表面的积碳情况。YSZ+CeO₂ 陶瓷上掺杂不同成分时的抗积碳能力如下：（4% NiO+ 16% CuO）＞（10% CoO+10% CuO）＞（0.1% Pd+10% NiO+10% CuO）≈（10% NiO+10% CuO），表明 Cu 的抗积碳能力强于 Ni。Gorte 和 Vohs[68]指出 Cu 上积碳的形成机理与 Ni、Co、Fe 等金属上积碳的形成机理不同。Cu 上积碳只在表面生成，不会进一步深入体相，在这一点上与 Ni 不同。刮去表面的石墨碳层后发现 Cu 的性质并未发生改变，说明 Cu 不会发生粉化现象。

(3) 陶瓷阳极。陶瓷阳极中研究较多的为钙钛矿型阳极，因为钙钛矿也是一种优良的电子导体，对 H—H 键和 C—H 键的断裂具有较好的催化活性。Huang 等[69]研究了双钙钛矿 $Sr_2MgMoO_{6-\delta}$ 用于阳极材料的可行性。结果表明该阳极可实现较高的功率密度和循环稳定性，在循环工作 50 次后都未观察到积碳产生。

4.7　H₂S 中毒及氧化

常见的碳氢燃料中或多或少会含有一定量的 H₂S[70]，H₂S 会对阳极表面的 Ni 等催化活性物质产生可逆或不可逆的影响，导致电化学反应的催化活性下降，最终使电池性能衰减，这一现象称为硫中毒。即使反应气中存在非常低浓度（几 ppm）的 H₂S，Ni/YSZ 电极也会发生中毒[71]。

SOFC 硫中毒程度与很多因素有关，包括温度、电流密度、H₂S 含量、燃料气体成分、反应时间等[72,73]。研究表明，温度不变的情况下，反应气中 H₂S 的分压越大，硫中毒程度越严重，性能衰减程度越大[74]。而温度升高，H₂S 对电化学性能的影响减弱。H₂S 对 SOFC 阳极的毒化作用有短期效应与长期效应两种。当 SOFC 短期暴露在 H₂S 气氛下时，H₂S 在催化剂表面的快速的物理化学吸附造成三相界面活性降低，会造成短期毒化效应。而 H₂S 造成的催化剂结构改变以及 Ni 的迁移和流失则是长期效应的影响。当 SOFC 长期处于 H₂S 气氛下时，会造成 Ni 颗粒长大、Ni 迁移以及体相 NiS 的生成，对电极微观结构产生影响，进一步影响 SOFC 的电化学性能。Hauch 等[72]发现，SOFC 硫中毒过程分为两步：最初电压降低，随后电压或不变或上升或降低（取决于操作条件）。最初的电压降低是短期效应的影响，比随后长期效应的影响更重要。Zha 等[75]认为，短期效应是由于 H₂S 迅速在 Ni 表面吸附，占据了 H₂ 吸附及氧化的活性位。Schubert 等[76]通过 H₂S 在 Ni 活性位上的化学吸附来描述最初的电压降。

研究者普遍认为，H₂S 存在时，阳极 Ni 可能发生两种类型的反应。

（1）化学吸附：

$$H_2S + (Ni) \Longrightarrow HS(Ni) + H(Ni) \Longrightarrow S(Ni) + 2H(Ni) \qquad (4.88)$$

（2）硫化反应：

$$Ni + H_2S \Longrightarrow NiS + H_2 \qquad (4.89)$$

$$3Ni + xH_2S \Longrightarrow Ni_3S_x + xH_2 \qquad (4.90)$$

研究表明[78]，当温度在 700～800℃、H_2S 浓度低于 50ppm 时，化学吸附反应起主导作用；当 H_2S 浓度升高时，Ni 的硫化作用成为主导反应。

事实上，在 SOFC 中，H_2S 也可以作为燃料，在电池阳极发生电化学氧化。总反应方程式为[79]

$$H_2S + \frac{3}{2}O_2 \Longrightarrow SO_2 + H_2O \qquad (4.91)$$

$$H_2S + \frac{1}{2}SO_2 \Longrightarrow \frac{3}{2}S + H_2O \qquad (4.92)$$

在阳极可能发生的反应包括：

$$H_2S + O^{2-} \Longrightarrow \frac{1}{2}S_2 + H_2O + 2e^- \qquad (4.93)$$

$$H_2S + 3O^{2-} \Longrightarrow SO_2 + H_2O + 6e^- \qquad (4.94)$$

$$H_2S \Longrightarrow \frac{1}{2}S_2 + H_2 \qquad (4.95)$$

$$H_2 + O^{2-} \Longrightarrow H_2O + 2e^- \qquad (4.96)$$

$$\frac{1}{2}S_2 + 2O^{2-} \Longrightarrow SO_2 + 4e^- \qquad (4.97)$$

Aguilar 等[79]研究了 $La_xSr_{1-x}VO_{3-\delta}$（LSV）材料作为阳极，在含有 H_2S 的燃料下的 SOFC 的电化学性能。对 LSV/YSZ/LSM‐YSZ 电池，在 1273K 的温度下，使用 5% H_2S 和 95% N_2 混合燃料可以实现的最大功率密度为 90mW/cm²；使用 5% H_2S 和 95% H_2 混合燃料可以实现的最大功率密度为 135mW/cm²。该电池可实现 48 小时的稳定运行，并且电池阻抗随温度和 H_2S 的含量的升高而降低。Wei 等[80] 为 H_2S-空气 SOFC 研制了掺杂 Ag 和 YSZ 的 Mo-Ni-S 阳极，并对其性能进行了测试，最大功率密度在 750℃时为 50mW/cm²，在 850℃可达到 200mW/cm² 以上。在实验过程中阳极材料的稳定性较好，且 Ag 的加入有利于减小反应阻抗。

4.8　SOFC 发电系统

SOFC 发电系统包含 SOFC 电堆及其他系统部件，针对不同的应用场合，研究者需要对 SOFC 发电系统的拓扑结构进行设计，对各部件参数进行合理的选择，从而达到系统性能的优化。目前依据发电循环不同，可将 SOFC 发电系统分为两大类：简单循环发电系统与混合发电系统[81]。在简单循环发电系统中，SOFC 是唯一的发电部件。目前大部分 SOFC 发电系统采用的都是简单循环发电系统，其系统发电量在瓦到兆瓦范围内。此外，SOFC 还可以和其他发电部件组成混合发电系统，其中最为常见的是 SOFC-GT 混合发电系统。在混合发电系统中，SOFC 的高温余热可以在后续 GT 中进行发电。本节将分别对 SOFC 简单循环发电系统及 SOFG-GT 混合发电系统进行介绍。

4.8.1　SOFC 简单循环发电系统

图 4.6 展示了一个 5kW SOFC 发电系统的结构示意图。总体来说，SOFC 系统可分为具有不同功能的子系统：发电子系统，燃料处理子系统，燃料、氧化剂、水供应子系统，热管理子系统，电力电子子系统等。除发电子系统外，其余子系统所包含的部件被称为 BOP（Balance of Plant）部件。

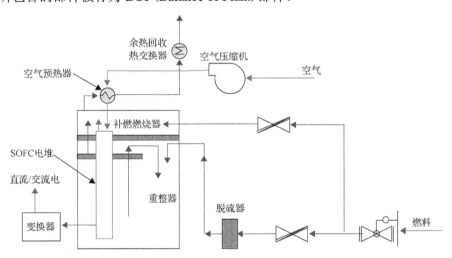

图 4.6　5kW SOFC 发电系统示意图[82]

（1）发电子系统：发电子系统是系统中提供电能的部件，对于本节介绍的简单循环发电系统而言，发电子系统仅包含 SOFC 电堆；对于 4.8.2 节中的 SOFC-GT 混合发电系统，发电子系统部件还包括 GT（和汽轮机）。

（2）燃料处理子系统：燃料处理子系统用于在燃料（除 H_2 外）进入 SOFC 电堆

前对其进行预处理。通常情况下，燃料处理子系统包括重整器以及其他气体净化部件(如有毒气体脱除等)。

(3)燃料、氧化剂、水供应子系统：该子系统包括为其他子系统供应反应物所需的泵、空气压缩机、阀门等部件。

(4)热管理子系统：热管理子系统包含燃烧器、余热回收热交换器等部件，用于维持 SOFC 电堆的工作温度，为各子部件提供/移除热量以保证高效工作。

(5)电力电子子系统：电力电子子系统用于将 SOFC 产生的直流电转换为所需的直流/交流电，根据应用场合的不同,该子系统可能包括不同的变换器(如 DC-DC 变换器，DC-AC 变换器)及变压器等。

在简单循环发电系统中，SOFC 通常在常压下工作。理论上讲，SOFC 工作在高压下时可达到更高的性能，降低热损与压损，减小所需电堆尺寸[83]。但在实际简单循环发电系统中，为了避免由加压带来的造价及系统复杂度的提升，通常并不会使用加压 SOFC。在大型系统中，简单循环发电系统的发电效率可能要低于同等规模的混合发电系统；然而，简单循环发电系统可避免热机与燃料电池的融合问题，受到了极大的关注。

SOFC 简单循环发电系统的应用领域十分广泛，如移动便携电源、车用辅助电源、固定电站等领域。目前 1～500W 的便携式 SOFC 系统已经实现了初步的商业化应用，便携式 SOFC 系统大多采用碳氢燃料作为燃料，有些还会采用如 JP-8 等液体燃料作为燃料，从而十分适用于军用领域。由于其应用领域为便携电源，所以设计此类型 SOFC 系统时需考虑尽量降低尺寸与重量，此外一般会采用微管式 SOFC 构型以实现快速启动。而在重整方式的选择上，催化部分氧化重整(Catalytic Partial Oxidation，CPOX)由于无须额外水蒸气发生装置以及启动快速的特点也被广泛应用于便携式 SOFC 系统中。图 4.7 为一个 125W 便携式 SOFC 电源示意图，该系统将低硫汽油作为燃料，发电效率为 25%，能量密度为 50W/kg。

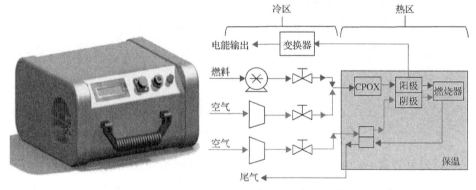

图 4.7　125W 液体燃料便携式 SOFC 电源[84]

在固定电源领域，SOFC 简单循环发电系统的功率一般在 1～200kW 范围内,主要用于家用领域、热电联供以及场内电源。在家用领域,SOFC 往往与换热器或制冷器等组成热电/热电冷联供系统,以回收 SOFC 高温尾气中的热能。图 4.8 所示为一个典型的以天然气为燃料的 SOFC 家用热电联供系统产品 BlueGEN。该系统($1010 \times 600 \times 660mm^3$,195kg)的额定电功率为 1kW,发电效率可达 60%,热功率为 0.6kW,总效率可达 85%。相比于由电网购电,采用 BlueGEN 发电可以减少 50%的花费以及 CO_2 排放。BlueGEN 可通过互联网实现远程监测与控制,如图 4.8 右图所示。2018 年 1 月,BlueGEN 的制造商 SolidPower 公司宣布其生产了第 1000 台 BlueGEN 发电系统。

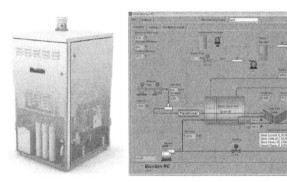

图 4.8　1.5kW 家用热电联供系统 BlueGEN 及其控制系统[①]

4.8.2 SOFC-GT 混合发电系统

SOFC 尾气排热能级较高,可与 GT 结合,选用高效换热器、燃烧器等部件组成混合发电系统发电,从而充分提高系统发电效率。在混合发电系统中,SOFC 一般产出 65%～80%的电,GT 一般产出 20%～35%的电。同时,该类系统燃料适用范围广,不仅可以将 H_2、CO 等作为燃料,还可直接对天然气、煤气合成气及其他碳氢化合物进行内部重整,可与常规的整体煤气化联合循环(Integrated Gasification Combined Cycle,IGCC)进一步结合形成更为清洁、高效的先进发电系统。

SOFC-GT 混合发电系统的拓扑结构可分为直接型和间接型两类。图 4.9 为 Massardo 等[85]提出的四种典型 SOFC-GT 混合发电系统的组成示意图。图 4.9(a) 和图 4.9(b) 为间接型混合发电系统,空压机出口空气在热交换器中回收 SOFC 出口尾气的部分热量,随后进入透平做功后进入 SOFC 参与电化学反应。在间接型混合发电系统中,SOFC 不充当透平的燃烧室,从而 SOFC 和 GT 发电机可以分别在常压与高压下工作,即 GT 可以与 SOFC 解耦,降低了对 SOFC 的材料和密封等方面的要求,提高了系统的柔性。图 4.9(a)与图 4.9(b)的主要差别在于,SOFC 阴极出口高温气体先通入重整器,还是先经由热交换器对空气进行加热。图 4.9(c)

---

① http://www.solidpower.com/en/bluegen-technology.

和图 4.9(d)所示为直接型混合发电系统，此时 SOFC 作为 GT 的前级燃烧器，工作在高压工况。以上两个系统的主要区别在于：图 4.9(c)中包含了汽轮机(Heat Recovery Steam Generator, HRSG)，即系统中不仅包含 GT 的 Brayton 循环，还加入汽轮机的 Rankine 循环作为系统的底部循环；图 4.9(d)则先将蒸汽引入燃烧室出口高温气体中，再进入透平做功，从而提高做功能力。这种直接引入蒸汽作为附加工质的热力循环通常称为 Cheng 氏循环。

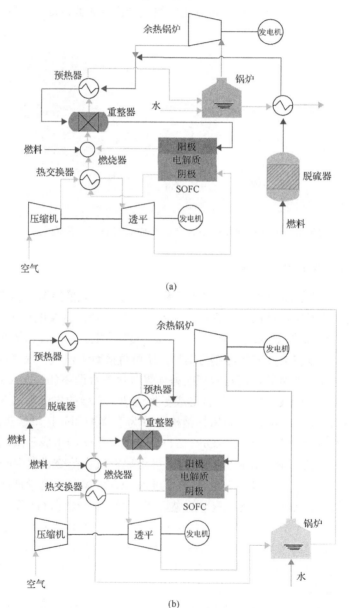

(a)

(b)

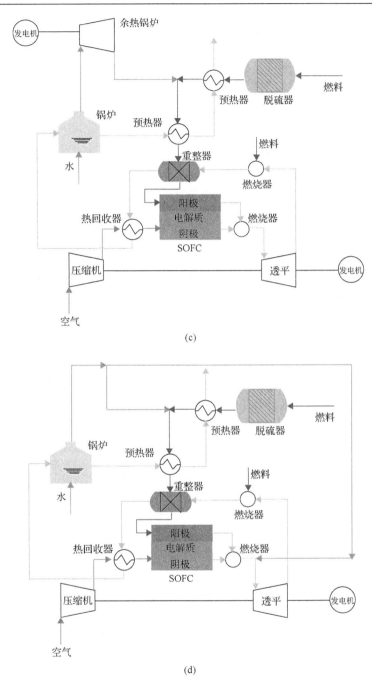

图 4.9　四种典型的 SOFC-GT 混合发电系统示意图[85]

在间接式常压混合发电系统中，由于热交换器两侧的气体压差和温差大，要求的传热有效度高，热交换器成为限制间接型混合发电系统的瓶颈；另外，压力的减小也使得 SOFC 的效率和重量比功率偏低。而直接式高压混合发电系统中，回热器只起预热空气的作用，对其有效度的要求不高；压力升高也可提高 SOFC 的电压和比功率，因此高压系统的效率高于常压系统，但是 SOFC 的高压运行对其材料、密封和控制方面提出了更高的要求。

为了使系统组成更加紧凑，在 SOFC-GT 系统中还往往采用内部重整、阳极气体回收（Anode Gas Recovery，AGR）和阴极气体回收（Cathode Gas Recovery，CGR）等技术。内部重整可以减小甚至除去外部重整器，并将重整的吸热反应与 SOFC 的电化学放热反应热量在电堆中直接耦合，从而极大地改善系统集成度。阳极回收的主要优点在于：①减小或消除燃料重整所需的水蒸气；②由于电堆内部燃料利用率的降低，可以减少系统成本；③减少阳极尾气中的水蒸气含量，提高燃烧室出口气体的温度；④阳极排气对新鲜燃料的直接混合加热，可以减少燃料预热所需的热量。采用喷射泵是进行阳极回收的最有效的方式，但也需要燃料压缩机提供高压的喷射气流。与阳极气体回收类似，阴极气体回收可以利用阴极出口气体对入口空气进一步预热，提高透平中工质的做功能力。

在对 SOFC 系统进行稳态设计和优化时，除了系统子部件间的匹配等，还需要注意约束条件，如 SOFC 的最高温度和透平最高入口温度等。由于 SOFC 的冷却是由空气和燃料完成的，这样就对空气和燃料的流量与入口温度以及电流密度等提出了限制。另外，对于固体氧化物燃料电池-微型燃气轮机（SOFC-MGT）中小型分布式发电系统，当系统负荷发生变化时，系统往往不能在额定设计点工作，需要合理的系统控制来保证良好的系统动态响应。

SOFC-GT 混合发电系统的开发中有待解决的一些关键技术及方向主要包括以下内容。

（1）新型材料的研究：包括 SOFC 的电极、电解质、密封和隔热材料；GT 和高温热交换器的耐热材料等，以降低成本和提高寿命。

（2）系统关键部件的研究：SOFC 中复杂的工作机理、新型的高功率密度的 SOFC 电池组；新式透平设计方案，压比调整、点火温度和控制系统；透平的回热系统及内部冷却系统的研究等。

（3）系统设计和集成：优化系统的拓扑结构、操作条件等。

（4）系统评估、仿真和成本估算：实验测试系统的建立、市场分析等。

（5）系统控制：合理的控制器设计，以实现良好的热管理和负载跟随；通用的软硬件开发平台和开发模式等。

4.9　本章小结

固体氧化物燃料电池是一种清洁、高效的能量转换装置，在大、中、小型电站，移动便携电源以及分布式供能等领域具有广泛的应用前景。本章着重介绍了 SOFC 的研究进展、化学/电化学反应机理、电池性能特性以及 SOFC 发电系统。虽然 SOFC 目前已经在移动便携电源、家用热电联供系统等领域实现了初步的商业化应用，但仍需针对其反应机理、电极材料以及系统集成等方面开展更多研发工作，进一步提升其性能与寿命，以实现 SOFC 的大规模商业化推广。

参 考 文 献

[1] 史翊翔. 固体氧化物燃料电池反应机理及模型研究[D]. 北京: 清华大学, 2010.

[2] Lamp P, Tachtler J, Finkenwirth O, et al. Development of an auxiliary power unit with solid oxide fuel cells for automotive applications[J]. Fuel Cells, 2003, 3(3): 146-152.

[3] Yamamoto O. Solid oxide fuel cells: Fundamental aspects and prospects[J]. Electrochimica Acta, 2000, 45(15-16): 2423-2435.

[4] Holtappels P, Mehling H, Roehlich S, et al. SOFC system operating strategies for mobile applications[J]. Fuel Cells, 2005, 5(4): 499-508.

[5] The fuel cell industry review 2017[J]. E4tech, London, 2018.

[6] Fernandes M D, Andrade S T P, Bistritzki V N, et al. SOFC-APU systems for aircraft: a review[J]. International Journal of Hydrogen Energy, 2018, 43(33): 16311-16333.

[7] Kuniba Y. Development and analysis of load-following SOFC/GT hybrid system control strategies for commercial building applications[D]. Irvine: University of California, 2005.

[8] 宋世栋, 韩敏芳, 孙再洪. 管式固体氧化物燃料电池堆的研究进展[J]. 科学通报, 2013, 58(21): 2035-2045.

[9] Ellamla H R, Staffell I, Bujlo P, et al. Current status of fuel cell based combined heat and power systems for residential sector[J]. Journal of Power Sources, 2015, 293: 312-328.

[10] 蔡浩, 魏涛, 高庆宇. 国内固体氧化物燃料电池主要研究团体及发展现状[J]. 化工新型材料, 2015, 43(3): 9-11.

[11] Mogensen M, Lindegaard T. The kinetics of hydrogen oxidation on a Ni-YSZ SOFC electrode at 1000 C[J]. ECS Proceedings Volumes, 1993, 1993: 484-493.

[12] de Boer B. SOFC anode: Hydrogen oxidation at porous nickel and nickel/yttria stabilised zirconia cermet electrodes [D]. Enschede: University of Twente, 1998.

[13] Vogler M, Bieberle-Hütter A, Gauckler L, et al. Modelling study of surface reactions, diffusion, and spillover at a Ni/YSZ patterned anode[J]. Journal of the Electrochemical Society, 2009, 156(5): B663-B672.

[14] Bieberle A, Meier L P, Gauckler L J. The electrochemistry of Ni pattern anodes used as solid oxide fuel cell model electrodes[J]. Journal of the Electrochemical Society, 2001, 148(6): A646-A656.

[15] Goodwin D G, Zhu H, Colclasure A M, et al. Modeling electrochemical oxidation of hydrogen on Ni-YSZ pattern anodes[J]. Journal of the Electrochemical Society, 2009, 156(9): B1004-B1021.

[16] Zhu H, Kee R J, Janardhanan V M, et al. Modeling elementary heterogeneous chemistry and electrochemistry in solid-oxide fuel cells[J]. Journal of the Electrochemical Society, 2005, 152(12): A2427-A2440.

[17] Mizusaki J, Tagawa H, Saito T, et al. Preparation of nickel pattern electrodes on YSZ and their electrochemical properties in H_2-H_2O atmospheres[J]. Journal of the Electrochemical Society, 1994, 141(8): 2129-2134.

[18] Bieberle A, Gauckler L J. State-space modeling of the anodic SOFC system Ni, H_2-H_2O|YSZ[J]. Solid State Ionics, 2002, 146(1-2): 23-41.

[19] Holtappels P, De Haart L G J, Stimming U. Reaction of Hydrogen/Water Mixtures on Nickel-Zirconia Cermet Electrodes: I. DC Polarization Characteristics[J]. Journal of the Electrochemical Society, 1999, 146(5): 1620-1625.

[20] Bessler W G, Warnatz J, Goodwin D G. The influence of equilibrium potential on the hydrogen oxidation kinetics of SOFC anodes[J]. Solid State Ionics, 2007, 177(39-40): 3371-3383.

[21] Lee W Y, Wee D, Ghoniem A F. An improved one-dimensional membrane-electrode assembly model to predict the performance of solid oxide fuel cell including the limiting current density[J]. Journal of Power Sources, 2009, 186(2): 417-427.

[22] Etsell T H, Flengas S N. Overpotential behavior of stabilized zirconia solid electrolyte fuel cells[J]. Journal of the Electrochemical Society, 1971, 118(12): 1890-1900.

[23] Matsuzaki Y, Yasuda I. Electrochemical oxidation of H_2 and CO in a H_2-H_2O-CO-CO_2 system at the interface of a Ni-YSZ cermet electrode and YSZ electrolyte[J]. Journal of the Electrochemical Society, 2000, 147(5): 1630-1635.

[24] Lauvstad G O, Tunold R, Sunde S. Electrochemical oxidation of CO on Pt and Ni point electrodes in contact with an yttria-stabilized zirconia electrolyte I. Modeling of steady-state and impedance behavior[J]. Journal of the Electrochemical Society, 2002, 149(12): E497-E505.

[25] Lauvstad G O, Tunold R, Sunde S. Electrochemical oxidation of CO on Pt and Ni point electrodes in contact with an yttria-stabilized zirconia electrolyte II. Steady-state and impedance measurements[J]. Journal of the Electrochemical Society, 2002, 149(12): E506-E514.

[26] Sukeshini A M, Habibzadeh B, Becker B P, et al. Electrochemical oxidation of H_2, CO, and CO/H_2 mixtures on patterned Ni anodes on YSZ electrolytes[J]. Journal of the Electrochemical Society, 2006, 153(4): A705-A715.

[27] Utz A, Leonide A, Weber A, et al. Studying the CO-CO_2 characteristics of SOFC anodes by means of patterned Ni anodes[J]. Journal of Power Sources, 2011, 196(17): 7217-7224.

[28] Yurkiv V, Utz A, Weber A, et al. Elementary kinetic modeling and experimental validation of electrochemical CO oxidation on Ni/YSZ pattern anodes[J]. Electrochimica Acta, 2012, 59: 573-580.

[29] Fu Z, Wang M, Zuo P, et al. Importance of oxygen spillover for fuel oxidation on Ni/YSZ anodes in solid oxide fuel cells[J]. Physical Chemistry Chemical Physics, 2014, 16(18): 8536-8540.

[30] Habibzadeh B. Understand CO oxidation in SOFC's using nickel patterned anode[D]. US: University of Maryland, College Park, 2007.

[31] Yentekakis I V, Neophytides S G, Kaloyiannis A C, et al. Kinetics of internal steam reforming of CH_4 and their effect on SOFC performance[J]. ECS Proceedings Volumes, 1993, 1993: 904-912.

[32] Achenbach E, Riensche E. Methane/steam reforming kinetics for solid oxide fuel cells[J]. Journal of Power Sources, 1994, 52(2): 283-288.

[33] Dicks A L, Pointon K D, Siddle A. Intrinsic reaction kinetics of methane steam reforming on a nickel/zirconia anode[J]. Journal of Power Sources, 2000, 86(1-2): 523-530.

[34] Jones G, Jakobsen J G, Shim S S, et al. First principles calculations and experimental insight into methane steam reforming over transition metal catalysts[J]. Journal of Catalysis, 2008, 259(1): 147-160.

[35] Hecht E S, Gupta G K, Zhu H, et al. Methane reforming kinetics within a Ni-YSZ SOFC anode support[J]. Applied Catalysis A: General, 2005, 295(1): 40-51.

[36] Janardhanan V M, Deutschmann O. CFD analysis of a solid oxide fuel cell with internal reforming: Coupled interactions of transport, heterogeneous catalysis and electrochemical processes[J]. Journal of Power Sources, 2006, 162(2): 1192-1202.

[37] Lanzini A, Leone P, Guerra C, et al. Durability of anode supported Solid Oxides Fuel Cells (SOFC) under direct dry-reforming of methane[J]. Chemical Engineering Journal, 2013, 220: 254-263.

[38] Gao J, Hou Z, Lou H, et al. Dry (CO$_2$) Reforming[M]//Fuel Cells: Technologies for Fuel Processing. 2011: 191-221.

[39] Guerra C, Lanzini A, Leone P, et al. Optimization of dry reforming of methane over Ni/YSZ anodes for solid oxide fuel cells[J]. Journal of Power Sources, 2014, 245: 154-163.

[40] Shiratori Y, Sasaki K. NiO-ScSZ and Ni$_{0.9}$Mg$_{0.1}$O-ScSZ-based anodes under internal dry reforming of simulated biogas mixtures[J]. Journal of Power Sources, 2008, 180 (2): 738-741.

[41] Bodrov I M, Apel'baum L O. Reaction kinetics of methane and carbon dioxide on a nickel surface[J]. Kinetics and Catalysis, 1967, 8 (2): 379.

[42] Smith M W, Shekhawat D. Catalytic Partial Oxidation[M]//Fuel Cells: Technologies for Fuel Processing. 2011: 73-128.

[43] Wang D, Dewaele O, de Groote A M, et al. Reaction mechanism and role of the support in the partial oxidation of methane on Rh/Al$_2$O$_3$[J]. Journal of Catalysis, 1996, 159 (2): 418-426.

[44] Maier L, Schädel B, Delgado K H, et al. Steam reforming of methane over nickel: Development of a multi-step surface reaction mechanism[J]. Topics in catalysis, 2011, 54 (13-15): 845.

[45] Halabi M H, de Croon M, van der Schaaf J, et al. Modeling and analysis of autothermal reforming of methane to hydrogen in a fixed bed reformer[J]. Chemical Engineering Journal, 2008, 137 (3): 568-578.

[46] Dokmaingam P, Irvine J T S, Assabumrungrat S, et al. Modeling of IT-SOFC with indirect internal reforming operation fueled by methane: Effect of oxygen adding as autothermal reforming[J]. International Journal of Hydrogen Energy, 2010, 35 (24): 13271-13279.

[47] Ahmed S, Krumpelt M. Hydrogen from hydrocarbon fuels for fuel cells[J]. International Journal of Hydrogen Energy, 2001, 26 (4): 291-301.

[48] Haynes D J, Shekhawat D. Oxidative Steam Reforming[M]//Fuel Cells: Technologies for Fuel Processing. 2011: 129-190.

[49] Murray E P, Tsai T, Barnett S A. A direct-methane fuel cell with a ceria-based anode[J]. Nature, 1999, 400 (6745): 649.

[50] Park S, Craciun R, Vohs J M, et al. Direct oxidation of hydrocarbons in a solid oxide fuel cell: Ⅰ. Methane oxidation[J]. Journal of the Electrochemical Society, 1999, 146 (10): 3603-3605.

[51] Mogensen M, Kammer K. Conversion of hydrocarbons in solid oxide fuel cells[J]. Annual Review of Materials Research, 2003, 33 (1): 321-331.

[52] Gür T M. Comprehensive review of methane conversion in solid oxide fuel cells: Prospects for efficient electricity generation from natural gas[J]. Progress in Energy and Combustion Science, 2016, 54: 1-64.

[53] Sasaki K, Teraoka Y. Equilibria in fuel cell gases Ⅱ. The CHO ternary diagrams[J]. Journal of the Electrochemical Society, 2003, 150 (7): A885-A888.

[54] 刘江. 直接碳氢化合物固体氧化物燃料电池[J]. 化学进展, 2006 (Z2): 1026-1033.

[55] Finnerty C M, Coe N J, Cunningham R H, et al. Carbon formation on and deactivation of nickel-based/zirconia anodes in solid oxide fuel cells running on methane[J]. Catalysis Today, 1998, 46 (2-3): 137-145.

[56] Sperle T, Chen D, Lødeng R, et al. Pre-reforming of natural gas on a Ni catalyst: Criteria for carbon free operation[J]. Applied Catalysis A: General, 2005, 282 (1-2): 195-204.

[57] Kim T, Liu G, Boaro M, et al. A study of carbon formation and prevention in hydrocarbon-fueled SOFC[J]. Journal of Power Sources, 2006, 155 (2): 231-238.

[58] Lee W Y, Hanna J, Ghoniem A F. On the predictions of carbon deposition on the nickel anode of a SOFC and its impact on open-circuit conditions[J]. Journal of the Electrochemical Society, 2013, 160(2): F94-F105.

[59] Sheng C Y, Dean A M. Importance of gas-phase kinetics within the anode channel of a solid-oxide fuel cell[J]. The Journal of Physical Chemistry A, 2004, 108(17): 3772-3783.

[60] Li C, Shi Y, Cai N. Carbon deposition on nickel cermet anodes of solid oxide fuel cells operating on carbon monoxide fuel[J]. Journal of Power Sources, 2013, 225: 1-8.

[61] He H, Hill J M. Carbon deposition on Ni/YSZ composites exposed to humidified methane[J]. Applied Catalysis A: General, 2007, 317(2): 284-292.

[62] Takeguchi T, Kikuchi R, Yano T, et al. Effect of precious metal addition to Ni-YSZ cermet on reforming of CH_4 and electrochemical activity as SOFC anode[J]. Catalysis Today, 2003, 84(3): 217-222.

[63] Kan H, Lee H. Sn-doped Ni/YSZ anode catalysts with enhanced carbon deposition resistance for an intermediate temperature SOFC[J]. Applied Catalysis B: Environmental, 2010, 97(1): 108-114.

[64] Maček J, Novosel B, Marinšek M. Ni-YSZ SOFC anodes-minimization of carbon deposition[J]. Journal of the European Ceramic Society, 2007, 27(2): 487-491.

[65] Finnerty C M, Coe N J, Cunningham R H, et al. Carbon formation on and deactivation of nickel-based/zirconia anodes in solid oxide fuel cells running on methane[J]. Catalysis Today, 1998, 46(2): 137-145.

[66] Kim H, Lu C, Worrell W L, et al. Cu-Ni cermet anodes for direct oxidation of methane in solid-oxide fuel cells[J]. Journal of the Electrochemical Society, 2002, 149(3): A247-A250.

[67] Orlyk S N, Shashkova T K. Effect of the composition and structural and size characteristics of composites based on stabilized zirconia and transition metal(Cu, Co, Ni)oxides on their catalytic properties in methane oxidation reactions[J]. Kinetics and Catalysis, 2014, 55(5): 599-610.

[68] Gorte R J, Vohs J M. Novel SOFC anodes for the direct electrochemical oxidation of hydrocarbons[J]. Journal of Catalysis, 2003, 216(1): 477-486.

[69] Huang Y H, Dass R I, Xing Z L, et al. Double perovskites as anode materials for solid-oxide fuel cells[J]. Science, 2006, 312(5771): 254-257.

[70] Liu M, Wei G, Luo J, et al. Use of metal sulfides as anode catalysts in H_2S-Air SOFCs[J]. Journal of the Electrochemical Society, 2003, 150(8): A1025-A1029.

[71] Sasaki K, Susuki K, Iyoshi A, et al. H_2S poisoning of solid oxide fuel cells[J]. Journal of the Electrochemical Society, 2006, 153(11): A2023-A2029.

[72] Hauch A, Hagen A, Hjelm J, et al. Sulfur poisoning of SOFC anodes: Effect of overpotential on long-term degradation[J]. Journal of the Electrochemical Society, 2014, 161(6): F734-F743.

[73] Rasmussen J F B, Hagen A. The effect of H_2S on the performance of Ni-YSZ anodes in solid oxide fuel cells[J]. Journal of Power Sources, 2009, 191(2): 534-541.

[74] Offer G J, Mermelstein J, Brightman E, et al. Thermodynamics and kinetics of the interaction of carbon and sulfur with solid oxide fuel cell anodes[J]. Journal of the American Ceramic Society, 2009, 92(4): 763-780.

[75] Zha S, Cheng Z, Liu M. Sulfur poisoning and regeneration of Ni-based anodes in solid oxide fuel cells[J]. Journal of the Electrochemical Society, 2007, 154(2): B201-B206.

[76] Schubert S K, Kusnezoff M, Michaelis A, et al. Comparison of the performances of single cell solid oxide fuel cell stacks with Ni/8YSZ and Ni/10CGO anodes with H_2S containing fuel[J]. Journal of Power Sources, 2012, 217: 364-372.

[77] Smith T R, Wood A, Birss V I. Effect of hydrogen sulfide on the direct internal reforming of methane in solid oxide fuel cells[J]. Applied Catalysis A: General, 2009, 354(1): 1-7.

[78] Wang J H, Cheng Z, Brédas J L, et al. Electronic and vibrational properties of nickel sulfides from first principles[J]. The Journal of Chemical Physics, 2007, 127(21): 214705.

[79] Aguilar L, Zha S, Cheng Z, et al. A solid oxide fuel cell operating on hydrogen sulfide (H$_2$S) and sulfur-containing fuels[J]. Journal of Power Sources, 2004, 135(1-2): 17-24.

[80] Wei G L, Luo J L, Sanger A R, et al. High-performance anode for H$_2$S air SOFCs[J]. Journal of the Electrochemical Society, 2004, 151(2): A232-A237.

[81] Kendall K, Kendall M. High-temperature Solid Oxide Fuel Cells for the 21st Century: Fundamentals, Design and Applications[M]. Elsevier, 2015.

[82] George R A. SOFC combined cycle systems for distributed generation[C] Proceedings of the American Power Conference, Chicago, 1 April, 1997.

[83] Ray E R, Basel R A, Pierre J F. Pressurized solid oxide fuel cell testing[R]. Pittsburgh: Westinghouse Electric Corp., 1995.

[84] Poshusta J C, Bruinsma D, Booten C W, et al. Presentation of Protonex: fuel flexible portable SOFC generators [EB/OL]. [2019-04-20]. http://www.fuelcellseminar.com/assets/2009/HRD42-3_1130AM_Poshusta.pdf.

[85] Massardo A F, Lubelli F. Internal reforming solid oxide fuel cell-gas turbine combined cycles (IRSOFC-GT): Part A—Cell model and cycle thermodynamic analysis[C]. ASME 1998 International Gas Turbine and Aeroengine Congress and Exhibition. American Society of Mechanical Engineers, New York, 1998: V003T08A028-V003T08A028.

第5章　固体氧化物燃料电池模型

5.1　引　　言

SOFC 可以看做一个高温化学反应器，除了涉及复杂的化学/电化学反应，还涉及流动、传热、传质等多个物理过程，理解 SOFC 内部物理化学过程对于 SOFC 的构型设计以及性能优化具有重要意义。然而这些物理化学过程之间互相耦合，难以通过实验手段直观地对其进行剥离分析，开发合理、可靠的数学模型成为理解 SOFC 内部机制、优化电池结构与性能、促进 SOFC 技术发展的重要手段。本章将在第 2、3 章所介绍的热力学、动力学的理论知识的基础上，进一步介绍 SOFC 内部的传递现象，建立完整的 SOFC 数学模型。

5.2　SOFC 模拟研究意义

第 4 章提到，在 SOFC 三相界面处会发生电化学反应，同时电极内部还会发生复杂的化学反应，此外还涉及多组分气体在电极与流道中的传递、氧离子在电极-电解质中的传导、电子在电极与集流体中的传导等过程，这些过程都会影响电池内部气体浓度、电流以及温度等参数的分布特性，进而影响 SOFC 的电化学性能。而 SOFC 工作温度较高，难以通过实验手段测量电池内部的参数分布，而对于由多个单体电池通过串联、并联组成的电堆而言，要通过实验手段获取这类数据信息将更为困难。

数学模型具有指导实验技术发展和优化电池结构及操作条件的功能。合理、可靠的数学模型可以模拟电池中发生的各种传递、反应过程，加深对于电池内部复杂物理、化学过程的了解。进一步通过模拟计算可以获得高温实验中较难获得的参数分布情况，如温度、气流流速、工作压力等在不同方向的分布；确定设计及工作参数对 SOFC 性能的影响，最终用于指导电池的构型设计与操作条件选择。采用数学模型可以减少成本高且费时的实验的次数，降低电池结构设计和性能优化的成本，是 SOFC 研发过程中有用的设计工具。此外，在系统层面，合适水平的系统模型应能对系统的设计与部件匹配提出指导性意见，从而对系统的性能、经济性、安全性等多方面指标进行优化。

5.3　SOFC 模型类型

正如在 SOFC 实验研究中会涉及纽扣电池、电池单元与电堆以及 SOFC 发电系统等不同的几何尺度一样，在 SOFC 建模过程中，针对不同的应用场合与研究目的，研究者也会建立不同尺度与精度的 SOFC 模型，而模型的水平则决定了计算精度与工作量。按照模型尺度不同，SOFC 模型一般可分为膜电极模型、电池单元与电堆模型以及系统模型三种水平，如图 5.1 所示。

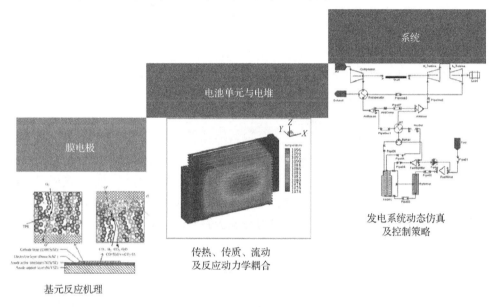

图 5.1　多尺度 SOFC 模型

5.3.1　膜电极模型

SOFC 的核心部件是阳极-电解质-阴极（Positive-Electrolyte-Negative，PEN）膜电极结构，在膜电极中涉及气体的质量传递、离子电子的电荷传递以及电极内的化学/电化学反应，膜电极模型可用于分离不同的极化损失，获得电极微观结构对电池性能的影响，是其他水平 SOFC 模型的基础。按照精细程度膜电极模型可分为连续介质模型、多颗粒模型、局部电流密度分布模型与微观反应动力学模型[1]。

连续介质模型通常假设电极结构连续、均匀，电极的几何物理特性均采用有效参数（如有效电阻率、有效电化学反应速率、有效气体扩散系数等）进行描述，针对特定电极及具体操作条件通常需要实验数据对模型参数进行校正[2-5]。

多颗粒模型考虑多孔电极真实物理结构，可描述颗粒之间的接触及电极逾渗特性,用于对孔隙率、电极组成以及颗粒半径等参数进行优化,常见的用于描述多孔电极微观的数学模型包括:①随机电阻网络模型[6,7],假设电极由电子导体和离子导体晶粒组成,形成连续的随机电阻网络,颗粒的电化学特性可由相应的电阻比拟;②随机孔模型[8],模型认为电极中的离子导体从致密电解质表面开始随机生长形成电极骨架网络,电子导体则附着于相互连接的骨架表面,剩余空间则为相互连接的孔隙结构,作为气体传递的通道;③随机填充球模型[9],假设电极由颗粒随机填充而成,采用逾渗理论和颗粒配位数理论描述多孔介质物理结构,通常使用 Monte Carlo 方法求解。

局部电流密度分布模型在多颗粒模型基础上进一步细化,考虑了电极由不同颗粒组成的真实情况,但忽略了颗粒之间电流的不均匀性。局部电流密度分布模型考虑了电极、电解质颗粒中以及电化学反应活性位附近的电流密度分布情况。

微观反应动力学模型[10]在局部电流密度分布模型的基础上进一步考虑微观电化学基元反应,可用于研究极化损失和材料几何参数之间的关系,也可用于对实验所得的极化曲线进行理论解释。

需要指出的是,膜电极模型并不是越精细越好,采用何种水平的电极模型取决于所研究的问题。例如,从宏观角度分析传质对电化学性能的影响,使用连续介质模型即可满足要求;对多孔电极孔隙率和体积分数进行优化则宜采用多颗粒模型;计算三相界面处由电流密度分布不均造成的额外电阻则应使用局部电流密度分布模型;分析实验得到的极化阻力与反应物分压之间的关系应使用微观反应动力学模型。

5.3.2　电池单元及电堆模型

在膜电极的基础上增设阴阳极气体流道与集流板即可得到 SOFC 电池单元,而多个电池单元串联/并联即可组成 SOFC 电堆。在电池单元与电堆层面,除了涉及膜电极内的反应与传递过程,还涉及气体流道内的流动、流道内的质量传递、集流板内的电子传导以及整个电池单元与电堆内部的传热过程。在膜电极模型基础上综合考虑电池单元/电堆中的质量平衡、电荷平衡、动量平衡及能量平衡关系即可得到完整的电池单元或电堆模型。Debendetti 和 Vayenas[11]、Wepfer 和 Woolsey[12]分别较早地建立了平板式 SOFC 和管式 SOFC 单元的二维数学模型。模型中近似认为电堆由多个电池单元以连续均匀搅拌反应器的形式串连而成,该思路至今仍在广泛使用。Ni[13]建立了二维平板式 SOFC 模型以分析重整气在 SOFC 内部的质量传输过程。Hirano 等[14]建立了以甲烷为燃料的内部重整管式 SOFC 数学模型。模型中使用的电池长 300mm。模型对电流密度的三维分布、温度的二维分布进行了模拟,对比了传统 SOFC 系统和采用气体循环的"自给"型 SOFC 系统,结果表明后者可以更充分地利用燃料,而且冷却气体的用量也得以减少。采用二维模型对计算域简化往往需要忽略某个方向的参数分布情况,因此,研究者大多针对电堆中的某个电池单元甚至单个重复单元(repeating unit)建立二维模型。

随着计算能力的增加以及对模拟准确度要求的提高,越来越多的研究者使用三维模型对 SOFC 的电池单元或电堆进行研究。Hartvigsen 等[15]利用三维有限元模型计算了电池极化损失,综合考虑了单个电池通道内的热传导、对流换热,首次在模型中考虑了电池流道中面—面辐射换热的影响,计算结果表明辐射换热对于电池温度分布的计算有较大影响。Yakabe 等[16]基于质量、能量、电荷、动量等平衡方程采用有限体积方法对平板式 SOFC 电池单元进行三维数值模拟,计算了阳极组分浓度及浓差极化的分布,并利用模型对比了顺流与逆流两种流动形式对电堆性能和温度分布的影响。Menon 等[17]采用分层建模的思路建立了准三维 SOFC 电堆模型,在电池厚度与流动方向考虑气体输运、流动、电荷传导等过程,而整体的三维温度场采用类似"独石型"结构进行求解,对 SOFC 电堆的温度分布及动态特性进行了模拟,简化了计算的复杂度。

宏观的电池单元/电堆模型中需要考虑质量、动量及能量的传递以及电化学反应过程,若能结合膜电极模型,考虑电极微观结构和组分传递过程,并考虑电化学反应在整个电极中发生,准确地计算局部电流密度,则可以进行更为深入的模拟分析,更真实地体现电池单元及电堆内部的物理化学过程。此外,采用一维、二维模型与采用三维模型存在较大的差别,低维的模拟往往需要附加更多的假设,与实际电池中发生的过程会有较大出入,但采用三维模型又不可避免会导致计算过于复杂。因此,研究如何将电池单元水平模型与膜电极水平模型有机结合,同时针对电池反应、传递过程做出适当简化是 SOFC 电池单元及电堆数值模拟的重要发展方向。

5.3.3　系统模型

第 4 章提到,SOFC 发电系统包含 SOFC 电堆及其他系统部件,所以针对 SOFC 系统水平的模型则需要考虑 SOFC 与其他系统部件的耦合。膜电极及电池单元/电堆层面的模型主要关注 SOFC 中的物理化学过程耦合机制以及参数分布,而 SOFC 系统级的模型则主要关注系统中各部件的热力状态以及能量分配。较早时期的大多数模型主要针对大规模混合发电系统,所采用的 GT 一般具有较高的压比,并有中间冷却与再热系统,通常还要进一步联合蒸汽轮机或其他装置[18],系统复杂度较高。Tian[19]采用 MATLAB/SIMULINK 建模工具对由内部重整管式 SOFC、透平、燃烧器等部件组成的混合发电系统进行了完整分析,模拟了混合发电系统发电及海水净化联产电厂的运行。其中,管式 SOFC 性能通过电化学和热力学两个子模型迭代获得。压气机和透平采用真实的运行工况线,使模型能够更为准确地预报系统的变工况运行特性。Zhang 等[20]以西门子-西屋公司的管式

SOFC 数据为基础，使用商业软件 Aspen Plus®建立了 SOFC-GT 混合发电系统系统模型。其中 SOFC 子模型采用软件自带模块组合建立，电化学性能的计算采用对实验数据的经验拟合。而随着研究的深入，研究者逐渐发现，仅采用零维模型对 SOFC-GT 混合发电系统进行分析可能会带来较大的误差，所以系统中的 SOFC 模型尺度也由零维向一维、二维发展。Onda 等[21]分析了 500kW 级平板式 SOFC-GT 混合发电系统的运行性能，系统中采用 SOFC 的一维数学模型，考虑了温度、气体组分沿流动方向的分布。Song 等[22]建立了准二维 SOFC 模型，计算了燃料电池传热传质特性及重整过程特性，并分析了 SOFC-GT 混合发电系统系统性能，该模型可预测 SOFC 模块中沿长度方向燃料流和空气流的温度分布。本书课题组基于 gPROMS 商用平台，建立了 SOFC-GT 混合发电系统模型数据库，针对系统部件建立了不同层次的模型，尤其采用分布参数 SOFC 模型可以更准确地估计电池热点、预测 SOFC 电堆出口气体温度，以限制透平进口温度[23]。

除了针对大规模发电系统的模拟，近年来，研究者也逐渐开始关注小型/微型 SOFC 发电系统及热电联供系统的模拟。Braun[24]针对小型家用 SOFC 发电系统进行了模拟，建立了一维、稳态矩形平板式 SOFC 的数学模型，考虑了电极传热、传质、动量传递以及化学反应动力学机理。系统模型中对于设计、运行采用了常规的参数分析，并对整个系统运行进行了经济性分析与优化。Albrecht 和 Braun[25]还进一步建立了基于一维 SOFC 的热电联供(Combined Heat and Power，CHP)系统动态模型，针对 SOFC 及系统各部件的动态特性进行分析，获得了不同部件的动态响应时间，但模型中一维的模型对精度存在一定限制。西安交通大学的徐晗等[26]构建了 1kW 级家用 SOFC-CHP 系统模型，将准二维 SOFC 模型与系统辅助部件耦合，获得了操作条件对 SOFC 温度梯度及系统性能的影响规律，为系统的设计提供了一定的参考。

可以看到，越来越多的研究者尝试将分布参数 SOFC 模型与宏观系统模型结合，对 SOFC 系统进行多尺度建模分析。实际上，采用沿流道长度方向(轴向)的分布参数 SOFC 模型对于 SOFC 系统建模分析有着重要意义，能够有效地提高计算精度，更准确地预测 SOFC 的工作状态，可进一步为系统稳态运行策略选择提供参考，是今后 SOFC 系统模拟研究的重要发展方向之一。

5.4　纽扣电池模型

膜电极结构是 SOFC 电化学反应发生的场所，也是 SOFC 的核心部件。为了更好地理解膜电极内部的传递、反应过程，研究膜电极结构参数及电池操作条件对其性能的影响，有必要采用机理性数学模型对膜电极中的传递、反应过程进行描述。此外，准确、可靠的膜电极模型也是建立二维、三维电池单元模型的基础。

在实际研究中，通常采用尺寸较小的纽扣电池进行实验测试，获得 SOFC 的基础电化学性能，可忽略流动与传热的影响，从而用于 SOFC 膜电极模型的验证。本节将以针对多组分燃料体系(H_2-H_2O-CO-CO_2)纽扣电池的模拟为例，展示膜电极模型的建立过程。

5.4.1　模拟计算域与模型假设

图 5.2 展示了 SOFC 实验中常用的纽扣电池结构，材料体系为高温 SOFC 的典型材料，该纽扣电池由阳极支撑层(Ni/YSZ)、阳极活性层(Ni/ScSZ)、电解质层(致密 ScSZ)、阴极层(LSM/ScSZ)构成。

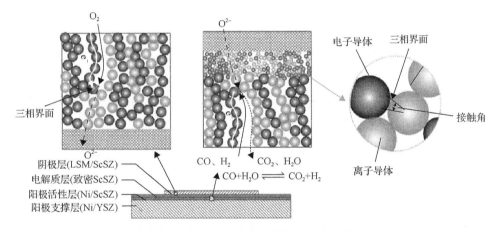

图 5.2　SOFC 纽扣电池结构及反应过程

由于膜电极研究的重点是电池厚度方向的参数分布特性，忽略径向的非均匀性后，可采用沿厚度方向的一维几何结构作为计算域，如图 5.3 所示。图中给出了模型求解域及边界，下面将分别介绍作用于各求解域中的控制方程及边界条件的设置。在膜电极中涉及电荷(电子、离子)传导以及多孔电极内的气体扩散等过程，在建模过程中将采用微分形式的控制方程对其进行描述。

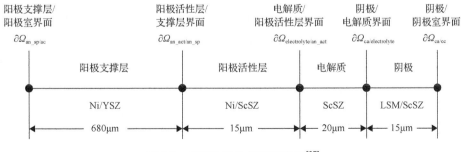

图 5.3　纽扣电池计算域示意图[27]

在模拟过程中，为了降低计算难度，通常需要采用一定的假设对模型进行简化，本例中采用的模型假设为：

(1) 燃料与氧化剂气体均假设为理想气体；

(2) 考虑多孔电极离子导体和电子导体相，并认为离子导体与电子导体在电极中分布连续、均匀，阳极和阴极均为各向同性多孔介质；

(3) 由于膜电极的厚度较小(通常为 1mm 左右)，且用于模型验证的纽扣电池尺寸较小，可假定温度均匀分布，即不考虑传热的影响；

(4) 阳极燃料为 $H_2/H_2O/CO/CO_2$ 混合气体，阴极氧化剂气体为空气；

(5) 膜电极表面的电势和组分浓度分布均匀。

5.4.2 反应机理

SOFC 阳极内会发生一系列的非均相化学/电化学反应，在某些简单模拟中，可以仅采用总包反应表达式对其中的反应过程进行描述，但当研究焦点集中于 SOFC 阳极的反应机理时，需要考虑非均相基元反应及表面基元在阳极内的分布。第 4 章提到，Deutschmann 课题组发展了一套包含了 CH_4 重整、水气变换、气体吸附/解吸附和 Boudouard 反应过程的非均相基元反应机理，此例不涉及碳氢化合物相关的基元，因此将上述机理简化为包含 20 个基元反应、5 种气基基元以及 8 种表面基元的简化机理，用于阳极非均相基元反应的描述，如表 5.1 所示。

表 5.1　阳极非均相基元反应机理[29]

反应序号	基元反应	A^a	β^a	E^a
1	$H_2 + Ni(s) + Ni(s) \longrightarrow H(s) + H(s)$	$1.000 \times 10^{-2\,b}$	0.0	0.00
2	$O_2 + Ni(s) + Ni(s) \longrightarrow O(s) + O(s)$	$1.000 \times 10^{-2\,b}$	0.0	0.00
3	$H_2O + Ni(s) \longrightarrow H_2O(s)$	$0.100 \times 10^{0\,b}$	0.0	0.00
4	$CO_2 + Ni(s) \longrightarrow CO_2(s)$	$1.000 \times 10^{-5\,b}$	0.0	0.00
5	$CO + Ni(s) \longrightarrow CO(s)$	$5.000 \times 10^{-1\,b}$	0.0	0.00
6	$H(s) + H(s) \longrightarrow Ni(s) + Ni(s) + H_2$	2.545×10^{19}	0.0	81.21
7	$O(s) + O(s) \longrightarrow Ni(s) + Ni(s) + O_2$	4.283×10^{23}	0.0	474.95
8	$H_2O(s) \longrightarrow H_2O + Ni(s)$	3.732×10^{12}	0.0	60.79
9	$CO_2(s) \longrightarrow CO_2 + Ni(s)$	6.447×10^{07}	0.0	25.98
10	$CO(s) \longrightarrow CO + Ni(s)$	3.563×10^{11}	0.0	111.27
		$\theta_{CO(s)}$		-50.00^c
11	$H(s) + O(s) \longrightarrow OH(s) + Ni(s)$	5.000×10^{22}	0.0	97.90

续表

反应序号	基元反应	A^a	β^a	E^a
12	$OH(s) + Ni(s) \longrightarrow H(s) + O(s)$	1.781×10^{21}	0.0	36.09
13	$H(s) + OH(s) \longrightarrow H_2O(s) + Ni(s)$	3.000×10^{20}	0.0	42.70
14	$H_2O(s) + Ni(s) \longrightarrow H(s) + OH(s)$	2.271×10^{21}	0.0	91.76
15	$OH(s) + OH(s) \longrightarrow H_2O(s) + O(s)$	3.000×10^{21}	0.0	100.00
16	$H_2O(s) + O(s) \longrightarrow OH(s) + OH(s)$	6.373×10^{23}	0.0	210.86
17	$C(s) + O(s) \longrightarrow CO(s) + Ni(s)$	5.200×10^{23}	0.0	148.10
18	$CO(s) + Ni(s) \longrightarrow C(s) + O(s)$	1.354×10^{22}	-3.0	116.12
		$\theta_{CO(s)}$		-50.00^c
19	$CO(s) + O(s) \longrightarrow CO_2(s) + Ni(s)$	2.000×10^{19}	0.0	123.60
		$\theta_{CO(s)}$		-50.00^c
20	$CO_2(s) + Ni(s) \longrightarrow CO(s) + O(s)$	4.653×10^{23}	-1.0	89.32

a. Arrhenius 形式反应速率常数：$k = AT^{\beta}\exp[-E/(RT)]$，$A$ 单位与反应级数有关，由 mol、cm 和 s 三种基本单位构成，E 单位为 kJ/mol。

b. 黏附系数形式反应速率常数。

c. 依赖于表面覆盖率的活化能。

第 3 章给出了描述非均相基元反应的通用修正 Arrhenius 形式速率表达式形式：

$$k_i = A_i T^{\beta_i} \exp\left(-\frac{E_i}{RT}\right) \prod_{k=1}^{K_g+K_s} \theta_k^{\mu_{ki}} \exp\left(-\frac{\varepsilon_{ki}\theta_k}{RT}\right) \tag{5.1}$$

对于大多数反应，反应速率常数与组分表面覆盖率无关，此时 μ_{ki} 和 ε_{ki} 均等于 0。但对于反应 10、18 和 19，当反应速率常数与 CO(s) 覆盖 $\theta_{CO(s)}$ 相关时，μ_{ki} 仍等于 0，相应的 ε_{ki} 在表 5.1 中给出。此外，正如第 3 章中所描述的那样，对于吸附反应，通常可以用黏附系数的方式来描述其反应速率，其动力学参数也在表 5.1 中给出。

第 4 章提到，目前文献中有多种 H_2 与 CO 的电化学基元反应机理，在此将采用 4.4.1 节中 Bieberle 和 Gauckler[30] 总结的氧溢出机理对电化学反应进行描述，由于其中涉及的吸附反应与非均相基元反应在表 5.1 中已经包含，所以仅需在上述非均相基元反应机理的基础上添加电荷转移基元反应，可表示为

$$O_O^x + Ni(s) \xrightarrow{\ k_{ec}\ } O(s) + V_{\ddot{O}} + 2e^- \tag{5.2}$$

$$O(s) + V_{\ddot{O}} + 2e^- \xrightarrow{\ k_{-ec}\ } O_O^x + Ni(s) \tag{5.3}$$

其中，O_O^x 和 $V_{\ddot{O}}$ 分别为离子导体中氧填隙原子和氧空穴；e^- 为电子导体中电子。由于此处采用氧溢出机理来描述电荷转移反应，其反应仅涉及表面基元 $O(s)$，而不涉及含 C 或 H 元素的组分。进一步结合阳极非均相基元反应，该机理可用于描述 H_2、CO 和 C 同时参与的电化学反应过程。

k_{ec} 和 k_{-ec} 分别是正、逆电化学反应速率，可以计算如下：

$$k_{ec} = \frac{i_0}{FS_{TPB}c_{O_O^x}^0 c_{Ni(s)}^0} \exp\left(-2\alpha \frac{F}{RT}\eta_{an}\right) \tag{5.4}$$

$$k_{-ec} = \frac{i_0}{FS_{TPB}c_{O(s)}^0 c_{V_{\ddot{O}}}^0} \exp\left(-2(1-\alpha)\frac{F}{RT}\eta_{an}\right) \tag{5.5}$$

其中，上标 0 表示三相界面无净电流产生时的平衡状态；i_0 为平衡态下交换电流密度。

5.4.3 控制方程

5.4.3.1 电荷守恒方程

在 SOFC 阳极、阴极以及电解质中都存在电荷传递过程，在电极中存在电子和氧离子的传导过程；在电解质中则仅涉及氧离子的传导。带电粒子在连续介质中的传导可由欧姆定律描述，离子、电子电荷平衡方程分别为

$$-\nabla \cdot \left(\sigma_{ion}\nabla V_{ion}\right) = Q_{ion} \tag{5.6}$$

$$-\nabla \cdot \left(\sigma_{elec}\nabla V_{elec}\right) = Q_{elec} \tag{5.7}$$

其中，σ_{ion} 和 σ_{elec} 分别为离子相、电子相材料电导率；V_{ion} 及 V_{elec} 分别为离子相和电子相电势；Q_{ion} 及 Q_{elec} 分别为离子相、电子相电流源项，可由转移电流密度 i_{trans} 与三相界面面积 S_{TPB} 计算得到

$$Q_{ion} = -Q_{elec} = \psi i_{trans}S_{TPB} \tag{5.8}$$

其中，在阳极，$\psi = 1$；在阴极，$\psi = -1$；在电解质中，$\psi = 0$。

由法拉第定律可以将阳极电流密度与电荷转移反应的基元反应速率关联起来：

$$i_{trans} = 2F\left(k_{ec}c_{O_O^x}c_{Ni(s)} - k_{-ec}c_{V_{\ddot{O}}}c_{O(s)}\right) \tag{5.9}$$

阴极电流密度 i_{trans} 可由第 3 章中介绍的 Butler-Volmer 方程进行描述：

$$i_{\text{trans}} = i_{0,\text{ca}} \left[\frac{c_{O_2,\text{TPB}}}{c_{O_2,\text{bulk}}} \exp\left(\frac{\alpha n_e F}{RT} \eta_{\text{ca}} \right) - \frac{c_{O_2,\text{TPB}}}{c_{O_2,\text{bulk}}} \exp\left(-\frac{(1-\alpha)n_e F}{RT} \eta_{\text{ca}} \right) \right] \quad (5.10)$$

其中，F 为法拉第常数；R 为理想气体常数；T 为电池操作温度；n_e 为电化学反应中的电子传递数目；α 为电化学反应正向反应传递系数；$c_{O_2,\text{TPB}}$、$c_{O_2,\text{bulk}}$ 分别为 O_2 在反应活性位或体相处的浓度；$i_{0,\text{ca}}$ 为阴极交换电流密度，此处在 Nagata 等[31] 所采用的交换电流密度计算式的基础上进行改进，由式(5.11)计算：

$$i_{0,\text{ca}} = \frac{\beta_{\text{ca}} RT}{4F} \exp\left(-\frac{E_{\text{act,ca}}}{RT} \right) (p_{O_2,\text{ca}})^{0.25} \quad (5.11)$$

局部过电位 η 反映了电子相和离子相的相间电势差相对于平衡状态时相间电压的偏移：

$$\eta = V_{\text{elec}} - V_{\text{ion}} - \left(V_{\text{elec}}^{\text{eq}} - V_{\text{ion}}^{\text{eq}} \right) \quad (5.12)$$

定义参比电势为离子相/电子相平衡状态下的相间电压：

$$V_{\text{ref}} = V_{\text{elec}}^{\text{eq}} - V_{\text{ion}}^{\text{eq}} \quad (5.13)$$

正如第 2 章中所提到的，当电极反应处于平衡状态时，可以把电化学反应看作一个电源，此时阳极电子电势与离子电势(在同一位置处)的差值就等于阳极电势，对于阴极，也存在燃料电池开路平衡状态下的电子电势与离子电势的差值，等于阴极电势。为了便于边界条件设置，这里设定令阳极参比电势 $V_{\text{ref,an}} = 0\text{V}$，则阴极参比电势为电池开路电压。

燃料电池开路电压是指没有电流通过时两个电极之间的电势差，而可逆电压为两个电极平衡电极电位之差，由第 2 章中热力学的知识可以知道，可逆电压可以由 Nernst 方程计算得到

$$E = E^0 - \frac{RT}{zF} \ln \frac{\prod a_{\text{products}}^{v_i}}{\prod a_{\text{reactants}}^{v_i}} \quad (5.14)$$

然而，实际的电池开路电压会略低于可逆电压，该差别主要是由气体泄漏造成的，可称为"泄漏过电位"，其数值大小与电流密度、工作温度等均有关系，但在此假定其为常数 η_{leak}，数值大小可根据实验数据拟合，则可得阴极参比电势计算如下：

$$V_{\text{ref,ca}} = V_{\text{OCV}} = E - \eta_{\text{leak}} \quad (5.15)$$

　　由于电荷转移反应是发生在三相界面处的非均相反应,对单位体积内三相界面面积 S_{TPB} 的计算是 SOFC 模拟工作的研究重点之一。此处采用二元随机填充球模型及渝渗理论对其进行计算。多孔电极由电子导体和离子导体均匀混合烧结而成,可看作两种球形颗粒的堆积。其中每个颗粒与其他颗粒的接触点数称为配位数,用于描述颗粒在空间中的堆积特性。电子导体颗粒和离子导体颗粒的配位数分别计算如下[4]:

$$Z_{el} = 3 + \frac{Z - 3}{n_{el} + (1 - n_{el})\alpha^2} \tag{5.16}$$

$$Z_{io} = 3 + \frac{Z - 3}{n_{io} + (1 - n_{io})\alpha^2} \tag{5.17}$$

其中,Z 为平均配位数,在二元随机填充球模型中取值为 6;α 为离子导体颗粒与电子导体颗粒平均半径之比;n_{el} 和 n_{io} 分别为电极中电子导体颗粒和离子导体颗粒百分数。这里假设阴阳极中电子导体与离子导体颗粒各占 50%,以电子导体为例,不同种类导体颗粒间的配位数为

$$Z_{el-io} = n_{io} \frac{Z_{io} Z_{el}}{Z} \tag{5.18}$$

　　相同种类颗粒间的配位数为

$$Z_{el-el} = \frac{n_{el} Z}{n_{el} + (1 - n_{el})\alpha^2} \tag{5.19}$$

$$Z_{io-io} = \frac{n_{io} Z}{n_{io} + (1 - n_{io})\alpha^{-2}} \tag{5.20}$$

　　三相界面是离子导体颗粒与电子导体颗粒的接触面,同时两种导体颗粒需链接贯穿整个电极,可同时传导离子和电子参与电化学反应。根据二元随机填充球模型和渝渗理论,单位体积中三相界面面积与不同种类导体颗粒接触面积、同种导体接触概率成正比[5]:

$$S_{TPB} = s_{TPB} n_t n_{el} Z_{el-io} P_{el} P_{io} \tag{5.21}$$

其中,s_{TPB} 为电子导体颗粒和离子导体颗粒间的接触面积,假设两类导体均为非刚性颗粒,s_{TPB} 可计算如下:

$$s_{TPB} = \pi \sin^2 \theta r_{el}^2 \tag{5.22}$$

其中，r_{el} 为电子导体平均半径；θ 为电子导体颗粒与离子导体颗粒之间接触角，如图 5.4 所示。

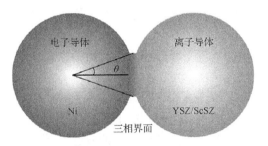

图 5.4　混合导体电极中颗粒接触情况示意图[27]

式(5.21)中，n_t 为单位体积电子和离子导体颗粒总数，可按式(5.23)计算：

$$n_t = \frac{1-\varepsilon}{\frac{4}{3}\pi r_{el}^3 (n_{el} + n_{io}\alpha^3)} \tag{5.23}$$

式(5.21)中，P_{el} 和 P_{io} 分别为形成贯穿整个电极的同种导体颗粒链的概率，计算如下：

$$P_{el} = \left[1 - \left(\frac{4.236 - Z_{el-el}}{2.472}\right)^{2.5}\right]^{0.4} \tag{5.24}$$

$$P_{io} = \left[1 - \left(\frac{4.236 - Z_{io-io}}{2.472}\right)^{2.5}\right]^{0.4} \tag{5.25}$$

整理得到单位体积中三相界面面积 S_{TPB} 为

$$S_{TPB} = \pi \sin^2\theta r_{el}^2 n_t n_{el} n_{io} Z_{el} Z_{io} P_{el} P_{io} / Z \tag{5.26}$$

在电解质层中，导电粒子仅为氧离子，电解质层中并不发生电化学反应，不存在离子的生成和消耗，其电荷平衡方程可写为如下形式：

$$\nabla \cdot \left(-\sigma_{ion,electrolyte}^{eff} \nabla V_{ion}\right) = 0 \tag{5.27}$$

其中，$\sigma_{ion,electrolyte}^{eff}$ 为电解质的等效离子电导率，考虑了电解质欧姆电阻以及接触电阻；V_{ion} 为局部离子电势。

5.4.3.2　质量守恒方程

SOFC 膜电极内的质量传递则主要由气体在微米/纳米级多孔结构中的扩散过程决定。

气体在多孔电极中的质量平衡方程可写为如下形式：

$$\nabla \cdot (J_i) = R_i \tag{5.28}$$

其中，R_i 为组分 i 的反应速率；J_i 为组分 i 的质量扩散通量。

气体在多孔介质中主要存在四种形式的扩散过程[32]：分子平均自由程远小于孔径时的分子扩散、分子平均自由程远大于孔径时的 Knudsen 扩散、气体在微孔中的传递或者强吸附组分的表面扩散，以及多孔介质中压力梯度引起的 Darcy 渗流。在 SOFC 模拟中，通常采用拓展 Fick 模型(Extended Fick's Model, EFM)和尘气模型(Dusty-Gas Model, DGM)来描述多孔电极中的气体传质过程[33]。EFM 和 DGM 均为考虑了分子扩散、Knudsen 扩散以及 Darcy 渗流的质量守恒方程。

本书采用 EFM 对电极内的质量扩散过程进行描述，其表达式为

$$\varepsilon \frac{\partial c_{k,g}}{\partial t} + \nabla \left(-D_k^{\text{eff}} \nabla c_{k,g} \right) = R_{k,g} \tag{5.29}$$

其中，ε 为电极孔隙率；$c_{k,g}$ 为气体物质的量浓度；$R_{k,g}$ 为多孔介质中气相组分质量守恒方程源项；D_k^{eff} 为气相组分 k 的有效扩散系数。

在多孔电极中，分子扩散和 Knudsen 扩散同时存在，通常需要利用有效扩散系数 D_k^{eff} 来考虑二者的影响：

$$D_k^{\text{eff}} = \left(\frac{1}{D_{k,\text{mole}}^{\text{eff}}} + \frac{1}{D_{k,\text{Kn}}^{\text{eff}}} \right)^{-1} \tag{5.30}$$

其中，$D_{k,\text{mole}}^{\text{eff}}$ 和 $D_{k,\text{Kn}}^{\text{eff}}$ 分别为有效分子扩散系数和有效 Knudsen 扩散系数。

对于多组分气体，其气相组分有效分子扩散系数为[34]

$$D_{k,\text{mole}}^{\text{eff}} = \left[(1 - x_k) \middle/ \sum_{\substack{j=1 \\ j \neq k}}^{n} \frac{x_j}{D_{k,j}^{\text{eff}}} \right] \tag{5.31}$$

其中，x_k、x_j 为气相组分 k 和 j 的摩尔分数；$D_{k,j}^{\text{eff}}$ 为气相组分 k 和 j 的两相有效扩散系数。考虑电极多孔结构，两相有效扩散系数 $D_{k,j}^{\text{eff}}$ 和有效 Knudsen 扩散系数

$D_{k,\text{Kn}}^{\text{eff}}$ 可计算如下：

$$D_{k,j}^{\text{eff}} = \frac{\varepsilon}{\tau} D_{k,j} = \frac{0.00101 \varepsilon T^{1.75} \left(\dfrac{1}{M_k} + \dfrac{1}{M_j} \right)^{1/2}}{\tau p \left(V_k^{1/3} + V_j^{1/3} \right)^2} \tag{5.32}$$

$$D_{k,\text{Kn}}^{\text{eff}} = \frac{\varepsilon}{\tau} D_{k,\text{Kn}} = \frac{4}{3} \frac{\varepsilon}{\tau} \bar{r} \sqrt{\frac{8RT}{\pi M_k}} \tag{5.33}$$

其中，τ 为多孔电极曲折因子；V 为扩散体积；M_k、M_j 为 k 和 j 的分子质量；p 为气体总压；$\bar{r}$ 为多孔电极平均孔径。

在 SOFC 工作过程中，阴极氧气由于电化学反应的发生而被消耗，从而阴极质量守恒方程的源项可通过电荷守恒方程源项以及法拉第定律求得，氧气源项为

$$R_{\text{O}_2} = \frac{Q_{\text{elec,ca}}}{4F} \tag{5.34}$$

惰性成分氮气不参加电化学反应，满足：

$$x_{\text{N}_2} = 1 - x_{\text{O}_2} \tag{5.35}$$

在阳极表面组分的质量守恒方程中，忽略了表面组分分子扩散引起的传质过程，因此，表面组分质量守恒方程中不含传导项。但是，为了获得连续的阳极表面组分覆盖率、降低计算收敛难度，此处采用与气相组分相同形式的表面组分质量守恒方程：

$$\frac{\partial c_{k,s}}{\partial t} + \nabla(-D_s \nabla c_{k,s}) = R_{k,s} \tag{5.36}$$

其中，$c_{k,s}$ 为表面组分物质的量浓度；$R_{k,s}$ 为表面组分质量守恒方程源项；D_s 为类扩散系数变量，应设置得足够小。

与阴极不同，由于阳极考虑了基元反应水平的非均相化学/电化学反应，从而阳极的质量守恒方程源项通过单位体积内非均相基元反应动力学和电化学反应动力学确定。对于阳极中气相和表面组分，其源项 $R_{k,g}$ 和 $R_{k,s}$ 可统一采用以下方程计算：

$$R_k = S^{\text{eff}} \dot{s}_k = S^{\text{eff}} \cdot \sum_{i=1}^{N+2} \left(v_{ki}'' - v_{ki}' \right) k_i \prod_{k=1}^{K_g + K_s + 2} c_k^{v_{ki}'} \tag{5.37}$$

其中，S^{eff} 为单位体积内有效反应面积，对于非均相基元反应和电化学反应分别为 S_{Ni} 与 S_{TPB}。

5.4.3.1 小节介绍了单位体积内三相界面面积 S_{TPB} 的计算，同样采用二元随机填充球模型与渝渗理论，可以由电子导体总表面积减去电子导体/离子导体颗粒接触面积及电子导体颗粒之间的接触面积来计算非均相反应有效面积 S_{Ni}，本书对此不做过多重复介绍，有兴趣的读者可以参考文献[35]。

5.4.4　边界条件设置

为了求解电荷守恒与质量守恒的偏微分方程，需要对图 5.3 所示的各边界条件进行设置，根据真实实验条件可对边界条件设置如表 5.2 所示。

表 5.2　模型边界条件设置

边界名称	离子电荷守恒	电子电荷守恒	质量守恒
$\partial\Omega_{an\_sp/ac}$	绝缘	V_{an}	$c_{g,an}$(气相组分) 绝缘(表面组分)
$\partial\Omega_{an\_act/an\_sp}$	连续	连续	连续
$\partial\Omega_{electrolyte/an\_act}$	连续	绝缘	绝缘
$\partial\Omega_{ca/electrolyte}$	连续	绝缘	绝缘
$\partial\Omega_{ca/cc}$	绝缘	V_{ca}	$c_{g,ca}$

其中，绝缘边界代表边界上的变量通量和偏导均为零；连续边界代表变量通量在此边界连续。V_{ca} 和 V_{an} 分别为阴、阳极电子电势，其差值为电池工作电压，这里设定阳极电子电势 $V_{an}=0$，则阴极电子电势 V_{ca} 等于电池工作电压。$c_{g,ca}$ 和 $c_{g,an}$ 分别表示阴、阳极气相组分摩尔分数。

5.4.5　模型参数

在建模过程中还需要对模型中涉及的几何与物性参数进行设置，而模型参数的选取直接决定了模拟结果的准确性与合理性，在此仅给出本例中所用的模型参数取值，如表 5.3、表 5.4 所示，具体的选取过程可参见文献[27]。

表 5.3　多孔电极中孔隙结构参数[27]

电池功能层	孔隙率	平均孔直径/μm	$S_{TPB}/(m^2/m^3)$	$S_{Ni}/(m^2/m^3)$
阳极支撑层	0.335	0.193	2.22×10^5	3.97×10^6
阳极活性层	0.335	0.129	3.33×10^5	5.96×10^6
阴极层	0.335	0.161	2.66×10^5	—

表 5.4　燃料电池材料物性参数及其他模型求解变量

物性及变量	值或表达式	单位
ScSZ离子电导率($\sigma_{\text{ion,ScSZ}}$)	$6.92\times10^4\exp(-9681/T)$ [36]	S/m
YSZ离子电导率($\sigma_{\text{ion,YSZ}}$)	$3.34\times10^4\exp(-10300/T)$ [24]	S/m
LSM电子电导率($\sigma_{\text{elec,LSM}}$)	$4.2\times10^7/T\exp(-1150/T)$ [24]	S/m
Ni离子电导率($\sigma_{\text{elec,Ni}}$)	$3.27\times10^6-1065.3T$ [37]	S/m
电解质层等效离子电导率($\sigma_{\text{electrolyte}}$)	$-3.622\times10^{-5}T^2+0.083T-46.343$ [a]	S/m
YSZ中氧填隙原子浓度($c_{\text{O}_\text{ö}^x}$)	4.45×10^4 [38]	mol/m^3
YSZ中氧空穴浓度($c_{\text{V}_\text{ö}}$)	4.65×10^3 [38]	mol/m^3
最大表面活性位浓度(Γ)	2.6×10^5 [37]	mol/m^2
法拉第电流密度(i_0)	420 [30]	A/m^2
阴极曲折度(τ_{ca})	3.0 [39]	
双电层电容($C_{\text{dl,an}}$, $C_{\text{dl,ca}}$)	27 [39]	F/m^2

a. 根据电化学阻抗谱(Electrochemical Impedance Spectroscopy，EIS)谱图拟合。

5.4.6　模拟结果分析

一个可靠的数学模型首先需要利用实验结果对其进行验证，文献[28]中给出了不同温度、入口组分下模拟计算所得极化(IV)曲线与实验测试 IV 曲线的验证结果，证实了模型的可靠性。进一步则可利用该模型对膜电极内的反应机理进行阐释。燃料电池多孔阳极内气相组分与表面基元分布很难通过实验测量，但对理解阳极反应机理十分重要。

图 5.5 为 800℃、不同工作电压下，SOFC 阳极 H_2、H_2O、CO 和 CO_2 摩尔分数分布[28]。阳极 Ni 表面非均相化学反应的速率非常快，从而气体进入阳极后气相组分急剧变化(H_2 和 CO_2 含量急剧升高，H_2O 和 CO 含量急剧降低)，并很快达到平衡(距阳极-气体界面 50μm 处)。从反应平衡点到电解质方向 H_2 和 CO 浓度逐渐降低，而 H_2O 和 CO_2 浓度逐渐升高。这是由于电化学反应消耗 H_2 和 CO，并生成 H_2O 和 CO_2。将不同工作电压下的浓度分布进行对比可知，随着工作电压降低，电流密度升高，电化学反应速率加快，加速了 H_2/CO 的消耗及 H_2O/CO_2 的生成，这种加速作用在电解质附近尤为明显。此外，CO/CO_2 浓度变化比 H_2/H_2O 更为显著，这是由于催化作用下，水气变换反应将电化学反应生成的 H_2O 和 CO 转化为 H_2 和 CO_2[27,28]。

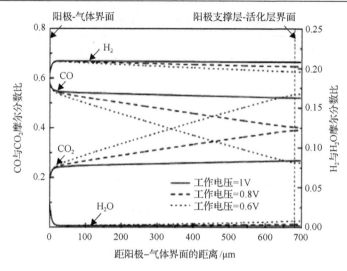

图 5.5　燃料电池阳极气相组分摩尔分数分布[28]

进一步地，图 5.6 给出了上述操作条件下 SOFC 阳极的表面基元分布[28]。其中，CO(s)、Ni(s)和 H(s)为阳极主要表面基元；C(s)、O(s)、CO_2(s)、H_2O(s)和 OH(s)为微量基元，其表面覆盖率在 10^{-6}～10^{-5} 量级。与气相组分相似，由于阳极非均相催化反应速率较快，表面基元在阳极-气体界面附近急剧变化，其中，微量基元表面覆盖率变化尤为明显，O(s)、CO_2(s)、H_2O(s)和 OH(s)覆盖率降低而 C(s)快速升高。在距离阳极-气体界面 50μm 内达到平衡在开路电压下，表面基元从反应平衡点到电解质附近均匀分布。随着工作电压降低和电流密度升高，电化学反应更为剧烈，从而使 H(s)、Ni(s)、O(s)、CO_2(s)、H_2O(s)与 OH(s)覆盖率升高，CO(s)与 C(s)覆盖率降低。越靠近电解质附近，工作电压对表面基元覆盖率影响越显著。此外，沿电池厚度方向从阳极-气体界面到电解质附近，积碳程度降低。

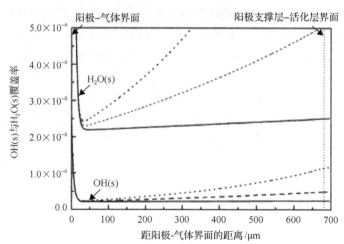

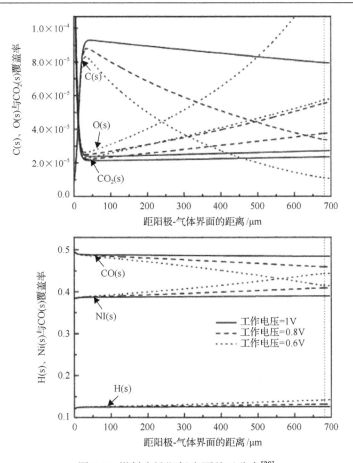

图 5.6 燃料电池阳极表面基元分布[28]

为了进一步研究操作条件对化学/电化学反应过程的影响，图 5.7 给出了不同温度下阳极主要表面基元随电流密度的变化曲线。随着电流密度升高，Ni(s)和 O(s)覆盖率增大，CO(s)覆盖率降低，H(s)覆盖率先增大后降低，在 10000A/m² 附近达到最大值。这是由于在高电流密度时，电化学反应加快，将更多的氧离子转化为 O(s)。而 O(s)表面覆盖率的增大进一步促进了非均相基元反应过程，将更多的 CO(s)转化为 CO₂(s)，同时释放出 Ni 表面活性位。O(s)覆盖率增大对 H(s)覆盖率的影响主要由表 5.1 中的反应 11～反应 16 决定。当电流密度超过 16000A/m² 时，浓差极化显著，Ni(s)覆盖率略有降低，O(s)覆盖率急剧增加，这种影响在高温下（高于 850℃时）尤其明显。此外，由于高温下气相组分解吸附速率比吸附速率增加得更快，温度升高时发生大量气体在 Ni 表面的解吸附反应，释放出更多 Ni 表面活性位，从而 H(s)、CO(s)和 O(s)表面覆盖率降低[27,28]。

由此，本节展示了利用纽扣电池的实验测试手段以及基元反应水平的膜电极模型对 SOFC 膜电极内反应机理进行分析的过程，在此基础上可进一步对电池性能进行预测并对电池结构进行优化。

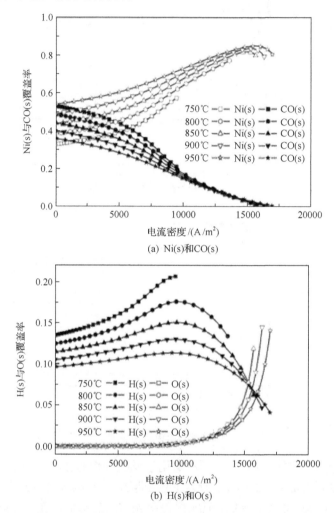

图 5.7　主要表面基元随电流密度变化曲线[27]

5.5　SOFC 电池单元与电堆模型

利用纽扣电池的实验手段可以对 SOFC 的基础电化学性能以及膜电极内部的物理化学过程进行研究。而 SOFC 在实际发电应用中则需要考虑尺度更大的电池单元与电堆。SOFC 单元是 SOFC 电堆的基本组成单元，由膜电极和连接板两部分组成。其中膜电极是电化学反应发生的场所，连接板起到分配燃料(氧化剂)以及收集电流的作用。而多个 SOFC 电池单元通过串/并联则可组成 SOFC 电堆，从而大幅提高 SOFC 的输出功率。在电池单元与电堆尺度，存在着气流在连接板流道间以及电池单元之间分配不均匀的问题，而气流分配不均则会进一步造成电池单元热应力增大、性能下降以及电堆寿命缩短等问题。由于 SOFC 电堆结构紧凑，且密封严格，利用实验手段对电堆气体分配不均匀性进行研究的难度较大、成本较高，本节将基于 5.4 节中的膜电极模型，进一步耦合流动与传热过程，介绍本书课题组针对平板式 SOFC 电池单元及电堆进行建模的过程[40]，并利用模型对两个层面的气体分配不均匀性进行分析讨论。

5.5.1　模型求解域

平板式 SOFC 电池单元由膜电极及连接板形成，连接板下凹处构成气体流道，肋片与膜电极接触以集流，连接板的设计图纸与实物图见图 5.8。

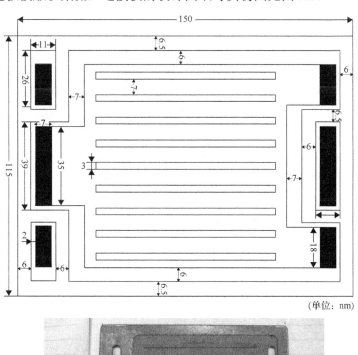

(单位：nm)

图 5.8　平板式 SOFC 设计连接板图纸与实物图[40]

平板式 SOFC 单元模型的求解域包括膜电极、连接板以及气体流道，本节采用的网格划分如图 5.9 所示。

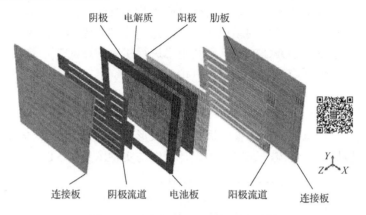

图 5.9　平板式 SOFC 网格结构图[40]

在平板式 SOFC 单元的基础上，还需增设外气道结构，将电池单元串/并联起来，组成 SOFC 电堆，本节电堆采用串联方式，其流道示意图如图 5.10 所示。

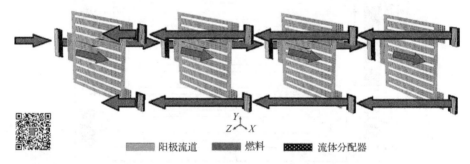

图 5.10　平板式 SOFC 电堆气体流道示意图[40]

5.5.2　控制方程

5.5.2.1　电荷守恒方程

电荷守恒方程作用的求解域为阴极、阳极、电解质与连接板，其中膜电极中的电荷守恒方程在第 5.4 节中已经介绍过，在此基础上，仅需添加连接板的电荷守恒方程。连接板仅为电子导体，且无电子源项，所以，其电荷守恒方程为

$$-\nabla \cdot \left(\sigma_{\text{elec,inter}}^{\text{eff}} \nabla V_{\text{elec}} \right) = Q_{\text{elec,inter}} = 0 \tag{5.38}$$

5.5.2.2　质量守恒方程

质量守恒方程作用的求解域包括阳极、阴极和气体流道，其中阴阳极的质量守恒方程在第 5.4 节中进行了介绍，在此基础上，仅需添加气体流道的质量守恒方程。流道内的质量守恒方程同样可以由 EFM 进行描述，此处忽略流道内的化学反应过程，从而组分质量源项为 0，控制方程为

$$\nabla \cdot \left(-D_i^{\mathrm{eff}} \nabla c_i + \boldsymbol{u} c_i \right) = 0 \tag{5.39}$$

其中，c_i 为组分 i 的浓度；$\boldsymbol{u}$ 为速率矢量；D_i^{eff} 为组分 i 的有效扩散系数，在流道内仅考虑分子扩散过程，D_i^{eff} 可由式(5.32)计算。

5.5.2.3　动量守恒方程

动量守恒方程作用的求解域包括气体流道与多孔电极。气体流道中的流动由 Navier-Stockes 方程描述，其连续性方程与动量守恒方程为

$$\nabla \cdot (\rho \boldsymbol{u}) = 0 \tag{5.40}$$

$$\rho \boldsymbol{u} \cdot \nabla \boldsymbol{u} = -\nabla \cdot p + \nabla \cdot \left[\mu \left(\nabla \boldsymbol{u} + (\nabla \boldsymbol{u})^{\mathrm{T}} \right) - \frac{2}{3} \mu \nabla \cdot \boldsymbol{u} \right] \tag{5.41}$$

其中，$\boldsymbol{u}$ 为速率矢量；p 为压力；μ 为黏度系数。多孔电极中的流动还需考虑由压力梯度引起的 Darcy 渗流，可写成 Brinkman 方程形式：

$$\nabla \cdot (\rho \boldsymbol{u}) = Q \tag{5.42}$$

$$\left(\frac{\mu}{\kappa} + Q \right) \boldsymbol{u} = -\nabla \cdot p + \frac{1}{\varepsilon} \nabla \cdot \left[\mu \left(\nabla \boldsymbol{u} + (\nabla \boldsymbol{u})^{\mathrm{T}} \right) - \frac{2}{3} \mu \nabla \cdot \boldsymbol{u} \right] \tag{5.43}$$

其中，κ 为渗透率，单位为 m^2；Q 为质量源项，单位为 $\mathrm{kg/(m^3 \cdot s)}$，是各组分质量源项 RM_i 的加权求和函数。

5.5.2.4　能量守恒方程

与膜电极等温模型不同，电池单元与电堆的模型需进一步考虑膜电极、连接板和流道的能量守恒方程。本书模型中忽略了辐射换热，仅考虑热传导和热对流过程。流道内的换热方式为导热与热对流，其能量方程为

$$\nabla \cdot \left(-\lambda \nabla T + \rho c_p T \boldsymbol{u} \right) = 0 \tag{5.44}$$

其中，λ 为导热系数；c_p 为比定压热容。

膜电极和连接板内仅考虑固体内部导热过程，其能量守恒方程为

$$\nabla \cdot (-\lambda \nabla T) = Q_{\text{heat}} \tag{5.45}$$

其中，Q_{heat} 为热源项，在电解质与连接板中主要产生欧姆热，电极内还会产生可逆热与不可逆热。欧姆热可直接由欧姆定律计算：

$$Q_{\text{ohm}} = \begin{cases} \dfrac{i_{\text{ion}}^2}{\sigma_{\text{ion}}}, & \text{电解质} \\[3mm] \dfrac{i_{\text{ion}}^2}{\sigma_{\text{ion}}} + \dfrac{i_{\text{elec}}^2}{\sigma_{\text{elec}}}, & \text{多孔电极} \\[3mm] \dfrac{i_{\text{elec}}^2}{\sigma_{\text{elec}}}, & \text{连接板} \end{cases} \tag{5.46}$$

电极内的可逆热来自电化学反应的熵变与化学反应的焓变，可由式(5.47)计算：

$$Q_{\text{rev}} = \begin{cases} \dfrac{-i_{\text{trans,an,H}_2\text{O}}S_{\text{TPB,an}}T\Delta s_{\text{H}_2} - i_{\text{trans,an,CO}_2}S_{\text{TPB,an}}T\Delta s_{\text{CO}}}{2F} + \sum_i R_i \Delta h_i, & \text{阳极} \\[3mm] \dfrac{-i_{\text{trans,ca}}S_{\text{TPB,ca}}T\Delta s_{\text{O}_2}}{2F}, & \text{阴极} \end{cases}$$

$$\tag{5.47}$$

不可逆热主要来自于电极的极化热：

$$Q_{\text{irr}} = \begin{cases} \left| \eta_{\text{an}} \left(i_{\text{trans,an,H}_2} + i_{\text{trans,an,CO}} \right) \right|, & \text{阳极} \\[2mm] \left| \eta_{\text{ca}} i_{\text{trans,ca}} \right|, & \text{阴极} \end{cases} \tag{5.48}$$

5.5.3　边界条件

为了求解电子电势场、离子电势场、组分场、速度场与温度场，需要分别设定相应的边界条件。

电子电势场：电子电势场的求解域包括阴极、阳极和连接板。在电池单元模型中，连接板顶端与底端分别给定恒定电子电势；在电堆模型中，连接板设置恒定电流密度边界。电极（阴极、阳极）与连接板的接触面设置耦合边界条件（Coupled），其余边界设置电子电势通量为 0（UDS 0，Specified Flux=0）。

离子电势场：离子电势场的求解域包括阴极、阳极和电解质。电极(阴极、阳极)与电解质的接触面给定耦合边界条件(Coupled)，其余边界均设置离子电势通量为 0(UDS 1，Specified Flux=0)。

速度场与组分场：速度场与组分场的求解域包括阴极、阳极和气体流道。电极(阴极、阳极)与气体流道的接触面设置为内部边界(Interior)，气体流道入口设置质量入口(Mass Flow Inlet)并给定组分摩尔百分比，气体流道出口设置压力出口(Pressure Outlet)，其余各边界均设置为 0 扩散通量边界(Zero Diffusive Flux)。

温度场：温度场的求解域包括阴极、阳极、电解质、连接板和气体流道。在电池单元模型中，气体流道的入口和出口均设置恒温边界(Specified Temperature)，其余所有与外界接触的面均设置绝热边界(Heat Flux=0)，其余边界设置为耦合边界(Coupled)。在电堆模型中，所有与外界接触的面均设置为恒温边界，其余边界设置为耦合边界(Coupled)。

5.5.4　模拟结果分析

图 5.11 给出了模拟计算所得典型操作工况(表 5.5)下 SOFC 电堆内部流速、气体摩尔分数以及温度分布云图。从图中可以看到，电堆中各层流速、组分、温度的分布均存在明显差异，不利于电堆的长期稳定运行和密封，进而缩短电池寿命。

为了对 SOFC 电堆各层电池之间的不均匀性进行考察，将电池单元从顶端到底端依次编号，并在同一张图中考察各层电池的质量流率、阳极平均温度和工作电压，定义此图为电堆的不均匀性特征图，如图 5.12 所示为 20 层电堆的不均匀性特征图，可以发现电堆中各层电池之间的燃料质量流率、阳极平均温度与电池电压均存在明显的不均匀现象。

表 5.5　平板式 SOFC 电堆模拟工况

参数	数值
电池单元数量	20
供气方案	上进下出
工作气压/Pa	101325
工作温度/K	1073
燃料入口温度/K	1073
氧化剂入口温度/K	1073
燃料摩尔组成	$60\%H_2$, $40\%CO$
氧化剂摩尔组成	$21\%O_2$, $79\%N_2$
燃料入口质量流率/(kg/s)	1.97×10^{-5}
氧化剂入口质量流率/(kg/s)	1.38×10^{-4}
连接板表面电子电流密度/(A/m^2)	400

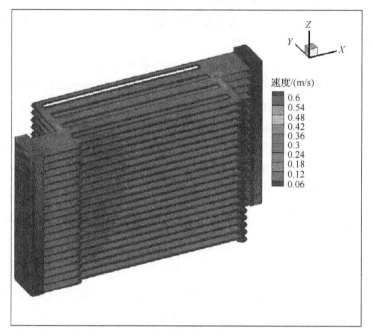

(a) 阳极流道流速分布

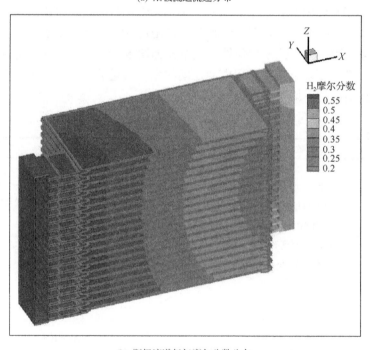

(b) 阳极流道氢气摩尔分数分布

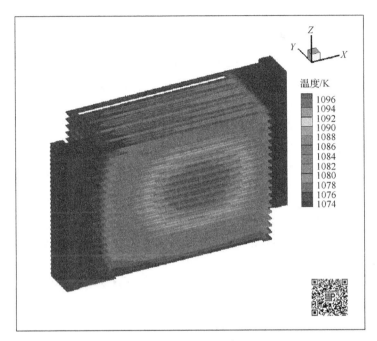

(c) 阳极流道温度分布

图 5.11　SOFC 平板式电堆内部参数分布[40]

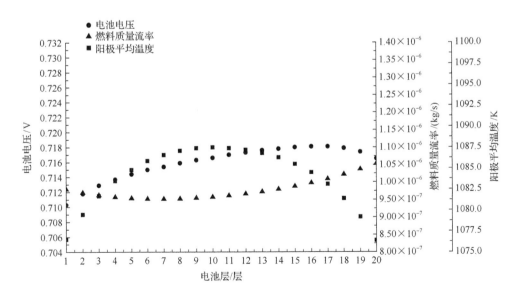

图 5.12　20 层电堆不均匀性特征图[40]

　　为了进一步剥离不同因素对电堆不均匀性的影响，分别在无热效应以及流体均匀分配的假设条件下对层间电压进行计算，其不均匀性特征图分别如图 5.13(a)与(b)所示。从图 5.13(a)可以看到，剥离热效应之后，电池电压分配与流体分配高度相关，对燃料质量流率与工作电压做线性拟合，发现线性度高达 0.9992，说明在无热效应时，电堆中电池单元工作电压完全由流体分配决定；而从图 5.13(b)可以看到，剥离流体分配不均匀性之后，电池电压分配与阳极温度分布高度相关，对阳极平均温度分布与电池电压做线性拟合，发现线性度高达 0.9977，说明在流体均匀分配时，电堆中电池电压完全由电池工作温度决定。总之，电堆内各电池单元的电压分配受到相互耦合的流体分配和热效应的共同影响，流体分配决定了总体上升的趋势，而热效应决定了两端电池电压较低。

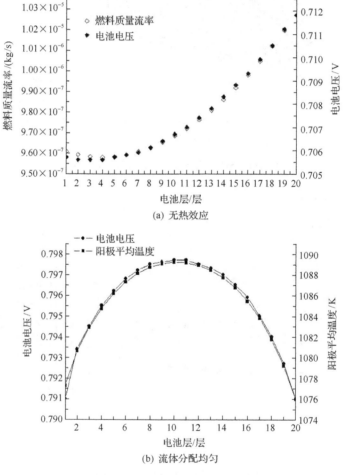

(a) 无热效应

(b) 流体分配均匀

图 5.13　20 层电堆不均匀性特征图[40]

接下来以不同电堆层数对比算例来讨论热效应与流体分配对电压分布的影响。为了定量评价与比较不同层数电堆变量分布的不均匀性，以参数的变异系数 (Coefficient of Variation，CV) 作为不均匀性的评价指标，以电压的变异系数为例，其定义如下[41]

$$CV(V) = \frac{STD(V)}{AVG(V)} \tag{5.49}$$

其中，$STD(V)$ 为变量 V 的标准差；$AVG(V)$ 为变量 V 的平均值，分别为

$$STD(V) = \left[\frac{1}{n} \sum_{i=1}^{n} \left(V_i - \frac{1}{n} \sum_{i=1}^{n} V_i \right)^2 \right]^{\frac{1}{2}} \tag{5.50}$$

$$AVG(V) = \frac{1}{n} \sum_{i=1}^{n} V_i \tag{5.51}$$

图 5.14 为不同层数电堆电池电压分布的对比图，分别计算 $CV(V)$，可得：$CV(V)_{40}=0.0102$，$CV(V)_{20}=0.0031$，40 层电堆电池电压分布比 20 层电堆更不均匀。为剥离热效应与流体分配不均匀性的影响，绘制 40 层电堆的不均匀性特征图，如图 5.15 所示，并与图 5.12 对比。

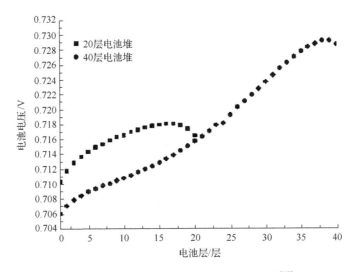

图 5.14　不同层数电堆电池电压分布对比[40]

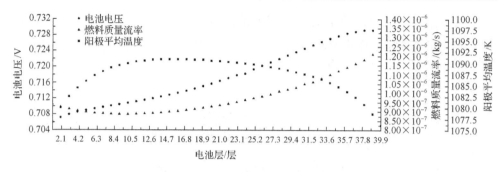

图 5.15　40 层电堆不均匀性特征图[40]

采用不均匀性指标 CV 对不同层数电堆的燃料质量流率和阳极平均温度进行分析，结果见表 5.6。

表 5.6　不同层数电堆参数不均匀性比较[40]

指标　　　　　电池堆层数	40 层	20 层
燃料质量流率不均匀性指标 CV(m)	0.1036	0.0307
阳极平均温度不均匀性指标 CV(T)	0.0038	0.0034
电池电压不均匀性指标 CV(V)	0.0102	0.0031

由表 5.5 可以看出，40 层电堆与 20 层电堆阳极平均温度不均匀指标差异不明显，但燃料分配不均匀性显著提高，导致 40 层电堆的电池电压分配更加不均匀。

本节在 5.4 节所介绍的膜电极模型的基础上，展示了基于真实电堆气体流道建立 SOFC 电堆全三维可拓展模型的过程，该模型实现了电路串联、气路并联并耦合传热的过程，定义了电堆不均匀性特征图与广义不均匀性指标，利用该模型的计算结果分析了电堆电压分布的控制规律。SOFC 电池单元/电堆层面的模型可以为电堆结构设计以及性能优化进一步提供参考。

5.6　发电系统模型

SOFC 的尾气具有较高的能级，将 SOFC 与 GT 等发电装置结合组成混合发电系统，可进一步提升系统发电效率。第 4 章提到，SOFC 混合发电系统具有多种拓扑结构，为了使系统更加紧凑，往往还采用内部重整、阳极气体循环和阴极气体循环等技术，各子系统间相互影响且存在着强非线性耦合。针对 SOFC 系统层面的模拟可以分析对比不同拓扑结构下的系统性能，这是辅助系统结构设计及优化部件匹配的重要手段。

由于 SOFC 系统层面的模型涉及不同部件模型之间的耦合，选择具有合适复

杂度的模型成为系统高效模拟的关键之一。采用零维 SOFC 热力学模型可极大地
简化系统模拟的复杂度，但无法揭示 SOFC 中的参数分布特性，如温度分布、燃
料组分分布等，进一步无法捕捉系统运行过程中可能出现的热应力过大、组分消
耗量过大及积炭等问题。而采用复杂的多物理场耦合数值模型则会大大增加系统
的计算复杂度，费时费力。本节将重点讨论本书课题组发展的适用于系统水平模
拟的 SOFC 准二维分布参数模拟方法，结合系统其他部件(GT、重整器、换热器
等)的零维模型，介绍西门子-西屋公司 220kW SOFC-GT 混合发电系统模型的建
立过程[32]。

5.6.1　西门子-西屋公司 SOFC-GT 混合发电系统

西门子-西屋公司设计并建立了世界首座 SOFC-GT 混合发电系统示范装置[42]，
其流程示意图如图 5.16 所示。该系统包括管式 SOFC 电堆、预重整器、内重整器、
启动燃烧器、压气机、透平、阀门、换热器等系统部件。天然气经过预重整器

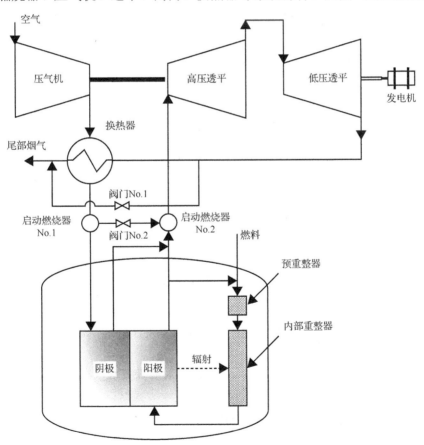

图 5.16　西门子-西屋公司 220kW SOFC-GT 混合发电系统流程示意图[32]

及内重整器两段重整后通入 SOFC 阳极，压缩后的空气进入换热器被透平尾部高温烟气预热。SOFC 电堆阳极和阴极出口气体混合后在燃烧器中燃烧，使烟气温度进一步提升，然后进入透平膨胀做功。GT 采用分轴设计，高压级透平用于提供压气机所需能量；低压级透平用于带动发电机发电。

在系统启动阶段，系统中的两台燃烧器分别用于加热 SOFC 电堆和维持燃气轮机部分负荷运行。当系统稳定运行时，启动燃烧器停止工作，阀门用于控制 SOFC 温度，其中换热器阀门用于控制通过换热器的烟气量，电堆阀门用于调节进入电堆的空气量。

5.6.2　准二维 SOFC 模型

本节系统模拟中将采用管式 SOFC 准二维分布参数模型，既可用于系统稳态运行特性及参数分布规律的研究，也可避免模型过于复杂，可以较好地满足系统水平模拟的需要。管式 SOFC 的几何结构及离散单元划分如图 5.17 所示，具体来讲，该准二维模型耦合了膜电极子模型与电池单元子模型。其中膜电极子模型考虑了化学/电化学反应以及沿电池厚度方向的多组分气体扩散，而电池单元子模型考虑流道方向的传热、传质过程[47,48]。

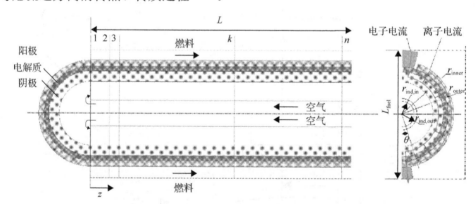

图 5.17　管式 SOFC 的几何结构及离散单元划分[32]

为了降低系统模型的计算量，进一步做以下基本假设：

(1) 燃料与氧化剂均为理想气体，燃料组分为 CH_4、H_2、CO、CO_2、H_2O 的混合气体，氧化剂为空气。

(2) 考虑 CO 的直接电化学氧化、甲烷重整反应以及水气变换反应，忽略甲烷的直接电化学氧化。

(3) 电堆中各电池入口气体均匀分配。

(4) 假设电池连接器为等势体，电堆中各电池工作电压相等。

(5) 对于固体结构，只考虑其沿流动方向的温度变化，即对于管式 SOFC，假设膜电极固体结构在径向无温度梯度，电池入口、出口绝热，考虑阴极气体导管与连接器-电极-电解质固体结构连接器之间的辐射换热，忽略气体流道中固体壁面之间沿流道方向的换热[24]，忽略气体辐射换热。

(6) 在流道中仅考虑气体组分浓度沿电池长度方向的变化，在多孔电极中仅考虑阴、阳极气体沿电池厚度方向的扩散。

5.6.2.1　膜电极子模型

虽然本节采用的 SOFC 模型是准二维的，但其中的膜电极子模型为一维等温模型，即对任一个轴向截面，PEN 中的温度、压力、气体组分本相浓度、电流等参数均与该截面处对应的参数相同。此外，这里假设 H_2 与 CO 的电化学反应发生在电极/电解质表面，从而膜电极子模型的质量守恒方程为($i=H_2$, H_2O, CO, CO_2, CH_4, N_2, O_2)

$$\nabla \cdot N_i = 0, N_i|_{E/E} = -\sum_{k=H_2,CO,O_2} \frac{\psi \nu_{elec,k,i} J_k}{n_e F A_{E/E}} \tag{5.52}$$

其中，N_i 为组分 i 的摩尔扩散通量[mol/(m^2s)]；$A_{E/E}$ 为电极/电解质界面有效电化学反应面积(m^2)；F 为法拉第常数(96485 C/mol)；$n_e = 2$ 为电化学反应电转移子数；ψ 为描述离子相与电子相电流间电流交换的量，阳极中取 1，阴极中取–1；$\nu_{elec,k,i}$ 分别为 H_2 与 CO 电化学反应中组分 i 的化学计量数；J_k 为 H_2 与 CO 电化学反应产生的电流。

总电流 J 为 J_{H_2} 与 J_{CO} 之和，其中 J_{H_2} 占比为 ω，电池电压为

$$V_{cell} = V_{OCV} - \eta_{ohm} - \eta_{act} - \eta_{conc} \tag{5.53}$$

其中，V_{OCV} 为开路电压，可由 Nernst 方程计算；η_{ohm} 为欧姆极化损失；η_{act} 为活化极化损失；η_{conc} 为浓差极化损失。

活化极化损失可采用 Arrhenius 形式的等效电阻半经验公式计算[43]：

$$\omega R_{act,H_2} = (1-\omega) R_{act,CO} \tag{5.54}$$

$$\frac{1}{R_{act,k}} = -\frac{n_e F}{\nu_{elec,k} RT} k_k \left(\frac{p_k}{p_0}\right)^n \exp\left(-\frac{E_a}{RT}\right) (k = H_2, CO) \tag{5.55}$$

$$\eta_{act,a} = \frac{\psi J}{\left(\dfrac{A_{A/E}}{R_{act,H_2}}\right) + \left(\dfrac{A_{A/E}}{R_{act,CO}}\right)} \tag{5.56}$$

$$\eta_{\text{act,c}} = \frac{\psi J R_{\text{act,O}_2}}{A_{\text{C/E}}} \tag{5.57}$$

其中，R 为理想气体常数；k 为指前因子；E_a 为活化能；n 为压力项修正系数。

η_{ohm} 包括电子传导和离子传导过程的损失，相比板式 SOFC，管式 SOFC 几何结构相对复杂，需要综合考虑电子/离子电流传导路径以及周向几何参数的影响，这里采用"传输线"模型对欧姆电阻进行计算[44]：

$$R_{\text{ohm}} = \Delta z \left\{ \frac{\left[\left(\frac{\rho_{\text{an}}}{\delta_{\text{an}}} \right)^2 + \left(\frac{\rho_{\text{ca}}}{\delta_{\text{ca}}} \right)^2 \right] \cosh(\Gamma_{\text{elec}}) + \frac{\rho_{\text{ca}}\rho_{\text{ca}}}{\delta_{\text{an}}\delta_{\text{ca}}} \left[2 + \Gamma_{\text{elec}} \sinh(\Gamma_{\text{elec}}) \right]}{2 \left(\frac{1}{\rho_{\text{elec}}\delta_{\text{elec}}} \right)^{0.5} \left(\frac{\rho_{\text{an}}}{\delta_{\text{an}}} + \frac{\rho_{\text{ca}}}{\delta_{\text{ca}}} \right)^{1.5} \sinh(\Gamma_{\text{elec}})} \right.$$

$$\left. + \frac{\sqrt{\rho_{\text{inter}}\delta_{\text{inter}} \left(\frac{\rho_{\text{ca}}}{\delta_{\text{ca}}} \right)}}{2\tanh(\Gamma_{\text{inter}})} \right\} \tag{5.58}$$

其中，ρ 为各层电阻率；δ 为各层厚度；集总参数 Γ_{elec} 及 Γ_{inter} 分别计算如下：

$$\Gamma_{\text{elec}} = \frac{L_{\text{elec}}}{2} \sqrt{\frac{1}{\rho_{\text{elec}}\delta_{\text{elec}}} \left(\frac{\rho_{\text{an}}}{\delta_{\text{an}}} + \frac{\rho_{\text{ca}}}{\delta_{\text{ca}}} \right)} \tag{5.59}$$

$$\Gamma_{\text{inter}} = \frac{L_{\text{inter}}}{2} \sqrt{\frac{\rho_{\text{an}}}{\rho_{\text{inter}}\delta_{\text{inter}}\delta_{\text{an}}}} \tag{5.60}$$

其中，L_{elec} 及 L_{inter} 分别为电解质层与连接器的周向长度。

气体在多孔电极中的扩散过程采用 Dusty-Gas 模型计算，浓差极化为

$$\eta_{\text{conc}} = \frac{RT}{n_e F} \ln \left(\frac{c_{\text{react,b}}}{c_{\text{react,TPB}}} \right) \tag{5.61}$$

其中，$c_{\text{react,b}}$ 为反应气体在体相的浓度；$c_{\text{react,TPB}}$ 为反应气体在三相界面的浓度。

5.6.2.2　电池单元子模型

在膜电极子模型的基础上，本小节采用轴向分布式参数电池单元子模型来进一步考虑沿流道方向的流动、换热过程。

为简化计算，阳极和阴极流道中的气体压力仍然采用集总参数求解，假定流动为充分发展层流，对于管式 SOFC，阳极和阴极气体流动的压降分别为

$$\Delta p_{\text{an}} = p_{\text{an,in}} - p_{\text{an,out}} = 0.5 \rho_{\text{an,in}} u_{\text{an,in}}^2 \left(\frac{f_{\text{an}} L_{\text{ch}}}{2 Re_{\text{an}} \left(L^2 - \pi r_{\text{outer}}^2 \right) / \pi r_{\text{outer}}} + \zeta_{\text{an,in}} + \zeta_{\text{an,out}} \right)$$

$$(5.62)$$

$$\Delta p_{\text{ca}} = p_{\text{ca,in}} - p_{\text{ca,out}} = 0.5 \rho_{\text{ca,in}} u_{\text{ca,in}}^2 \left(\frac{f_{\text{ca}} L_{\text{ch}}}{2 Re_{\text{ca}} \left(r_{\text{inner}} - r_{\text{ind,out}} \right)} + \zeta_{\text{ca,in}} + \zeta_{\text{ca,out}} \right)$$

$$(5.63)$$

其中，$\rho_{\text{an,in}}$ 和 $\rho_{\text{ca,in}}$ 为阳极与阴极入口气体密度；$u_{\text{an,in}}$ 和 $u_{\text{ca,in}}$ 为阳极与阴极入口气体流速；f_{an} 和 f_{ca} 为阳极与阴极流道摩擦因子；$\zeta_{\text{an,in}}$、$\zeta_{\text{ca,in}}$ 和 $\zeta_{\text{an,out}}$、$\zeta_{\text{ca,out}}$ 为阳极与阴极流道入口及出口处的流动阻力系数；Re 为雷诺数。

类似地，空气供应管中的预热空气压降为

$$\Delta p_{\text{air}} = p_{\text{air,in}} - p_{\text{air,out}} = 0.5 \rho_{\text{air,in}} u_{\text{air,in}}^2 \left(\frac{f_{\text{ind}} L_{\text{ch}}}{2 Re_{\text{air}} r_{\text{ind,in}}} \right) + \zeta_{\text{ind,in}} + \zeta_{\text{ind,out}} \quad (5.64)$$

阴极入口压力等于空气供应管出口压力，即 $p_{\text{ca,in}} = p_{\text{air,out}}$。

沿轴向方向，阳极流道内质量守恒与组分守恒方程为

$$\frac{\partial \left(c_{t,\text{an}} u_{\text{an}} \right)}{\partial z} = -S_{\text{an,PEN}} \zeta_{\text{rib}} \left. N_{i,\text{an}} \right|_{\text{AC}} + \psi_{\text{inter}} S_{\text{an,PEN}} R_i \quad (5.65)$$

$$\frac{\partial \left(c_{i,\text{an}} u_{\text{an}} \right)}{\partial z} = -S_{\text{an,PEN}} \zeta_{\text{rib}} \sum_i \left. N_{i,\text{an}} \right|_{\text{AC}} + \psi_{\text{inter}} S_{\text{an,PEN}} \sum_i R_i \quad (5.66)$$

其中，$S_{\text{an,PEN}}$ 为阳极流道比面积；ζ_{rib} 为肋片处的流动阻力系数；$\left. N_{i,\text{an}} \right|_{\text{AC}}$ 为阳极流道交界面的电化学反应生成气相组分 i 的通量；$R_i = v_{i,\text{re}} r_{\text{re}} + v_{i,\text{shift}} r_{\text{shift}}$ 为重整反应与水气变换反应引起的组分 i 的化学反应速率，r_{re} 和 r_{shift} 分别计算如下：

$$r_{\text{re}} = 4274 \frac{p_{\text{an}}}{p_0} \exp \left(-\frac{82000}{RT} \right) \left(x_{\text{CH}_4} - \frac{p_{\text{an}}^2}{p_0^2} \frac{x_{\text{CO}} x_{\text{H}_2}^3}{K_{\text{eq,re}} x_{\text{H}_2\text{O}}} \right) \quad (5.67)$$

$$r_{\text{shift}} = k_{\text{shift}} \left(x_{\text{CO}} x_{\text{H}_2\text{O}} - \frac{x_{\text{CO}_2} x_{\text{H}_2}}{K_{\text{eq,shift}}} \right) \quad (5.68)$$

其中，$K_{\text{eq,re}}$、$K_{\text{eq,shift}}$ 分别为重整反应与水气变换反应的平衡常数，模型中假设水气变换反应足够快，从而 k_{shift} 取任意大常数。

与阳极类似，阴极气体质量守恒方程为

$$c_{t,ca}u_{ca}\frac{\partial x_{i,ca}}{\partial z} = -S_{ca,PEN}\zeta_{rib}\left(N_{i,ca}\Big|_{CC} - x_{i,ca}\sum_i N_{i,ca}\Big|_{CC}\right) \tag{5.69}$$

其中，$N_{i,ca}$ 为阴极流道交界面的电化学反应生成气相组分 i 的通量。

管式 SOFC 准二维模型能量平衡控制体单元划分如图 5.18 所示。

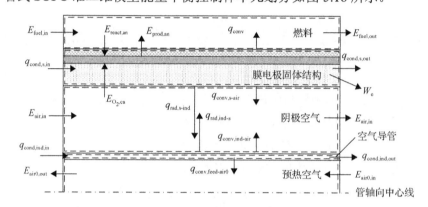

图 5.18　管式 SOFC 准二维模型能量平衡控制体单元划分[32]

单位时间内，各控制体能量平衡方程的一般形式为

$$Q_{CV} - W_{CV} + \sum_I n_i h_i\Big|_{in} - \sum_I n_i h_i\Big|_{out} = 0 \tag{5.70}$$

其中，Q_{CV} 为通过控制体传入的能量；W_{CV} 为通过控制体所做的功；方程左边第 3 项和第 4 项分别为工质进入、离开控制体时携带的能量。

每个分割单元中包括空气导管中的空气、阴极环形通道中的气体、电极-电解质固体结构及燃料流道控制体，针对各控制体可列出能量平衡方程，并变换为微分形式。

对于空气导管内的空气，需考虑进气管内表面和预热空气的对流换热，能量平衡方程的微分形式如下：

$$\sum_i \frac{d(N_i h_i)}{dz} = \frac{2h_{air0\text{-}ind}}{r_{ind,in}}(T_{ind} - T_{air0}) \tag{5.71}$$

其中，h_i 为组分摩尔生成焓；$h_{air0\text{-}ind}$ 为预热空气与空气导管之间的对流换热系数；T_{ind}、T_{air0} 分别为空气导管与预热空气的温度。

对于空气导管固体结构，需考虑空气导管相邻微元之间的导热，进气管内、外表面和预热空气、阴极气体的对流换热以及空气导管与电池固体结构之间的辐射换热，能量平衡方程的微分形式如下：

$$-\lambda_{ind}\frac{d^2 T_{ind}}{dz^2} = -h_{air}\left(T_{ind}-T_{air0}\right)\left(\frac{2r_{ind,in}}{r_{ind,out}^2 - r_{ind,in}^2}\right) - h_{ind\text{-}air0}\left(\frac{2r_{ind,out}}{r_{ind,out}^2 - r_{ind,in}^2}\right)\left(T_{PEN}-T_{air}\right)$$

$$+ \frac{\sigma_B}{\dfrac{1}{\varepsilon_s} + r_{ind,out}\left(\dfrac{1}{\varepsilon_{ind}}-1\right)/r_{inner}}\left(\frac{2r_{ind,in}}{r_{ind,out}^2 - r_{ind,in}^2}\right)$$

$$(5.72)$$

其中,$h_{ind\text{-}air0}$ 为阴极空气与空气导管表面的对流换热系数;T_{PEN}、T_{air} 分别为电池膜电极与阴极空气温度;k_B 为玻尔兹曼常数;ε_s、ε_{ind} 分别为膜电极和空气导管黑度。

对于环形流道中的空气,考虑空气流入、流出控制体引起的能量变化,电池固体结构内表面与空气的对流换热,空气导管与空气的对流换热以及氧气流入电池固体结构引起的能量变化,能量平衡方程的微分形式如下:

$$\sum_i \frac{d(N_i h_i)}{dz} = \left[h_{s\text{-}air}\left(T_s - T_{air}\right) - N_{O_2} h_{O_2}\left(T_s\right)\right]\left(\frac{2r_{inner}}{r_{inner}^2 - r_{ind,out}^2}\right)$$

$$+ h_{ind\text{-}air}\left(T_{ind}-T_{air}\right)\left(\frac{2r_{ind,out}}{r_{inner}^2 - r_{ind,out}^2}\right)$$

$$(5.73)$$

其中,$h_{s\text{-}air}$ 为阴极空气与膜电极固体结构之间的对流换热系数。

对于电池固体结构,需考虑相邻控制体之间的导热,电池固体结构与阳极气体、阴极气体的对流换热,电池固体结构与气体导管的辐射换热,重整反应、变换反应以及电化学反应的热效应,控制体能量平衡方程如下:

$$-\lambda_s \frac{d^2 T_s}{dz^2} = -h_{s\text{-}fuel}\left(\frac{2r_{outer}}{r_{outer}^2 - r_{inner}^2}\right)\left(T_s - T_{fuel}\right)$$

$$- h_{s\text{-}air}\left(\frac{2r_{inner}}{r_{outer}^2 - r_{inner}^2}\right)\left(T_s - T_{air}\right)$$

$$+ \frac{\sigma_B\left(T_{inter}^4 - T_s^4\right)}{\dfrac{1}{\varepsilon_s} + \dfrac{r_{ind,out}\left(\dfrac{1}{\varepsilon_{ind}}-1\right)}{r_{inner}}}\left(\frac{2r_{outer}}{r_{outer}^2 - r_{inner}^2}\right)$$

$$(5.74)$$

$$+ \left(r_{e,H_2}\Delta H_{e,H_2} + r_{e,CO}\Delta H_{e,CO}\right)\left(\frac{2r_{outer}}{r_{outer}^2 - r_{inner}^2}\right)$$

$$+ \left(r_{re}\Delta H_{re} + r_{shift}\Delta H_{shift}\right)\left(\frac{2r_{outer}}{r_{outer}^2 - r_{inner}^2}\right)$$

其中，T_{fuel} 为燃料温度；$\Delta h_{e,H_2}$、$\Delta h_{e,CO}$、Δh_{shift}、Δh_{re} 为反应生成焓，可按式(5.75)计算：

$$\begin{cases} \Delta h_{e,H_2} = h_{H_2}\left(T_{fuel}\right) + \dfrac{1}{2}h_{O_2}\left(T_{air}\right) - h_{H_2O}\left(T_{PEN}\right) \\[2mm] \Delta h_{e,CO} = h_{CO}\left(T_{fuel}\right) + \dfrac{1}{2}h_{O_2}\left(T_{air}\right) - h_{CO_2}\left(T_{PEN}\right) \\[2mm] \Delta h_{re} = h_{CH_4}\left(T_{fuel}\right) + h_{H_2O}\left(T_{fuel}\right) - h_{CO}\left(T_{PEN}\right) - 3h_{H_2}\left(T_{PEN}\right) \\[2mm] \Delta h_{shift} = h_{CO}\left(T_{fuel}\right) + h_{H_2O}\left(T_{fuel}\right) - h_{CO_2}\left(T_{PEN}\right) - h_{H_2}\left(T_{PEN}\right) \end{cases} \tag{5.75}$$

对于燃料气体，考虑燃料流入、流出控制体引起的能量变化，反应物流入电池固体结构、生成物流出固体结构引起的能量变化以及燃料与电池固体结构间的对流换热：

$$\sum_i \frac{\mathrm{d}\left(N_i h_i\right)}{\mathrm{d}z} = \left(\frac{2\pi r_{outer}}{L_{fuel}^2 - \pi r_{outer}^2}\right)\left\{\sum_i\left[N_i h_i\left(T_s\right)\right] - \sum_i\left[N_i h_i\left(T_f\right)\right]\right\} \\ + h_{s\text{-}fuel}\left(\frac{2\pi r_{outer}}{L_{fuel}^2 - \pi r_{outer}^2}\right)\left(T_s - T_{fuel}\right) \tag{5.76}$$

5.6.2.3　边界条件设置

假定燃料入口处的轴向坐标为 $z=0$，阳极气体入口为一类边界，即

$$x_{i,an}\big|_{z=0} = x_{i,an,in}, \quad T_{an}\big|_{z=0} = T_{an,in}, \quad u_{an}\big|_{z=0} = u_{an,in} \tag{5.77}$$

在管式 SOFC 中，当顺流进气时，预热空气入口条件为

$$u_{air}\big|_{z=L} = u_{an,in}, \quad T_{air}\big|_{z=L} = T_{an,in} \tag{5.78}$$

此时，入口流速 $u_{air,in}$ 为负值。阴极气体入口条件为

$$x_{i,ca}\big|_{z=0} = x_{air,in}, \quad u_{ca}\big|_{z=0} = -r_{ind,in}^2, \quad T_{ca}\big|_{z=0} = T_{air}\big|_{z=0} \tag{5.79}$$

当逆流进气时，预热空气入口条件为

$$u_{air}\big|_{z=0} = u_{air,in}, \quad T_{air}\big|_{z=0} = T_{air,in} \tag{5.80}$$

阴极气体入口条件为

$$x_{i,\text{ca}}\big|_{z=L}= x_{\text{air,in}}, \quad u_{\text{ca}}\big|_{z=L}=-\frac{r_{\text{ind,in}}^2 u_{\text{air}}}{\left(r_{\text{inner}}^2 - r_{\text{ind,out}}^2\right)}\bigg|_{z=L}, \quad T_{\text{ca}}\big|_{z=L}= T_{\text{air}}\big|_{z=L} \tag{5.81}$$

膜电极固体结构两端设置绝热边界条件，对于管式 SOFC 有

$$\frac{\text{d}T_{\text{PEN}}}{\text{d}z}\bigg|_{z=0}=0, \quad \frac{\text{d}T_{\text{PEN}}}{\text{d}z}\bigg|_{z=L}=0, \quad \frac{\text{d}T_{\text{ind}}}{\text{d}z}\bigg|_{z=0}=0, \quad \frac{\text{d}T_{\text{ind}}}{\text{d}z}\bigg|_{z=L}=0 \tag{5.82}$$

5.6.3　GT 模型

GT 是 SOFC-GT 混合发电系统另一个关键部件，本节采用等熵效率模型计算透平功量，即

$$\eta_{\text{T}}=\frac{h_{\text{in}}\left(T_{\text{in}}\right)-h_{\text{out}}\left(T_{\text{out}}\right)}{h_{\text{in}}\left(T_{\text{in}}\right)-h_{s,\text{T}}\left(T_{s,\text{T}}\right)} \tag{5.83}$$

其中，η_{T} 为透平效率；h_{in} 为气体入口质量比焓(J/kg)；h_{out} 为气体出口实际质量比焓；h_s 为等熵过程气体质量比焓；T_{in} 和 T_{out} 为气体入口和出口温度。

透平等熵过程出口温度及做功量可由式(5.84)和式(5.85)计算：

$$T_{\text{T,out}}= T_{\text{T,in}}\left(1-\eta_{\text{T}}\left(1-\pi_{\text{T}}^{\frac{\gamma-1}{\gamma}}\right)\right) \tag{5.84}$$

$$W_{\text{T}}=\dot{m}_{\text{T}}c_p T_{\text{T,in}}\eta_{\text{T}}\left(1-\pi_{\text{T}}^{\frac{\gamma-1}{\gamma}}\right) \tag{5.85}$$

其中，π_{T} 为等熵系数。

5.6.4　换热器模型

换热器总体热量平衡为

$$Q=C_{\text{c}}\left(T_{\text{c,out}}-T_{\text{c,in}}\right)= C_{\text{h}}\left(T_{\text{h,in}}-T_{\text{h,out}}\right) \tag{5.86}$$

本节采用 ε-NTU 法对换热器进行模拟[45,46]，传热有效度 ε 定义为实际换热量 Q 与最大换热量 Q_{max} 之比：

$$\varepsilon=\frac{Q}{Q_{\text{max}}}=\frac{c_{p,\text{h}}\left(T_{\text{h,i}}-T_{\text{h,o}}\right)}{c_{p,\text{min}}\left(T_{\text{h,i}}-T_{\text{c,i}}\right)}=\frac{c_{p,\text{c}}\left(T_{\text{c,i}}-T_{\text{c,o}}\right)}{c_{p,\text{min}}\left(T_{\text{h,i}}-T_{\text{c,i}}\right)} \tag{5.87}$$

其中，c_p 为比定压热容，下标 h、c 分别指换热器的热端和冷端。

传热单元数 NTU 是用于换热器研究的无量纲参数：

$$\mathrm{NTU} = \frac{U_\mathrm{h} A_\mathrm{h}}{c_{p,\min}} = \frac{U_\mathrm{c} A_\mathrm{c}}{c_{p,\min}} \tag{5.88}$$

其中，A 为换热器的换热面积；$c_{p,\min}$ 为两侧热交换气体比定压热容较小的一个。

不同换热器中具有不同的 ε-NTU 关系式，具体可参考传热学的有关书籍。

5.6.5　重整器模型

重整器一般采用在 Ni 基催化剂固定床中进行，其中可能发生一系列气固反应，本节考虑如下化学反应，

$$\mathrm{CH_4 + H_2O \Longleftrightarrow CO + 3H_2} \tag{5.89}$$

$$\mathrm{CO + H_2O \Longleftrightarrow CO_2 + H_2} \tag{5.90}$$

$$\mathrm{CH_4 + 2H_2O \Longleftrightarrow CO_2 + 4H_2} \tag{5.91}$$

上述反应的化学反应动力学表达式如下[47]：

$$r_1 = \rho_\mathrm{cat} \frac{k_1}{p_{\mathrm{H_2}}^{2.5}} \left(p_{\mathrm{CH_4}} p_{\mathrm{H_2O}} - \frac{p_{\mathrm{H_2}}^3 p_{\mathrm{CO}}}{K_{\mathrm{eq},1}} \right) \Big/ (\mathrm{DEN})^2 \tag{5.92}$$

$$r_2 = \rho_\mathrm{cat} \frac{k_2}{p_{\mathrm{H_2}}} \left(p_{\mathrm{CO}} p_{\mathrm{H_2O}} - \frac{p_{\mathrm{H_2}} p_{\mathrm{CO_2}}}{K_{\mathrm{eq},2}} \right) \Big/ (\mathrm{DEN})^2 \tag{5.93}$$

$$r_3 = \rho_\mathrm{cat} \frac{k_3}{p_{\mathrm{H_2}}^{3.5}} \left(p_{\mathrm{CH_4}} p_{\mathrm{H_2O}}^2 - \frac{p_{\mathrm{H_2}}^4 p_{\mathrm{CO_2}}}{K_{\mathrm{eq},3}} \right) \Big/ (\mathrm{DEN})^2 \tag{5.94}$$

$$\mathrm{DEN} = 1 + K_{\mathrm{CO}} p_{\mathrm{CO}} + K_{\mathrm{H_2}} p_{\mathrm{H_2}} + K_{\mathrm{H_2O}} p_{\mathrm{H_2O}} / p_{\mathrm{H_2}} \tag{5.95}$$

其中，r_1、r_2、r_3 分别为反应(5.89)～反应(5.91)的反应速率；ρ_cat 为催化剂密度；$K_{\mathrm{eq},1}$、$K_{\mathrm{eq},2}$、$K_{\mathrm{eq},3}$ 为反应平衡常数：

$$K_{\mathrm{eq},1} = K_{\mathrm{eq,re}} \tag{5.96}$$

$$K_{\mathrm{eq},1} = K_{\mathrm{eq,shift}} \tag{5.97}$$

$$K_{\text{eq},3} = K_{\text{eq},1} K_{\text{eq},2} \tag{5.98}$$

动力学参数 k 和 K 均采用 Arrhenius 形式表示：

$$X = A \exp\left(-\frac{E}{RT}\right)\left(\frac{1}{T} - \frac{1}{T_{\text{ref}}}\right) \tag{5.99}$$

上述表达式中相关的参数值如表 5.7 所示[48]。

表 5.7　Ni 基催化剂固定床重整反应化学动力学参数[48]

X	A	$E/(\text{kJ/mol})$	T_{ref}/K
$k_1/[\text{kmol}\cdot\text{bar}^{0.5}/(\text{kg}_{\text{cat}}\cdot\text{h})]$	1.842×10^{-4}	240.1	648
$k_2/[\text{kmol}/(\text{bar}\cdot\text{kg}_{\text{cat}}\cdot\text{h})]$	7.558	67.13	648
$k_3/[\text{kmol}\cdot\text{bar}^{0.5}/(\text{kg}_{\text{cat}}\cdot\text{h})]$	2.193×10^{-5}	243.9	648
$K_{\text{H}_2}/\text{bar}^{-1}$	0.0296	82.9	648
$K_{\text{H}_2\text{O}}/\text{bar}^{-1}$	0.4152	88.68	823
$K_{\text{CH}_4}/\text{bar}^{-1}$	0.179	38.28	823
$K_{\text{CO}}/\text{bar}^{-1}$	40.91	70.65	648

重整器中的气体组分平衡和总体质量平衡方程如下：

$$\frac{1}{V}\dot{m}_{\text{in}}\left(x_{i,\text{in}} - x_i\right) + \varepsilon_{\text{cat}}(1-\phi)\left(R_i - x_i\sum_i R_i\right) = 0 \tag{5.100}$$

$$\frac{1}{V}\left(\dot{m}_{\text{in}} - \dot{m}_{\text{out}}\right) + \varepsilon_{\text{cat}}(1-\phi)\sum_i R_i = 0 \tag{5.101}$$

其中，V 为气体反应表观容积；ϕ 为催化剂床层的空隙率；ε_{cat} 为催化剂利用率；$\dot{m}_{\text{in}}$、$\dot{m}_{\text{out}}$ 为气体入口和出口摩尔流量；$x_{i,\text{in}}$、x_i 为组分 i 入口和出口摩尔分数，本节假设重整器内气体均匀混合，从而出口组分与反应器中的气体组分相同。$R_i = \nu_{i,1}r_1 + \nu_{i,2}r_2 + \nu_{i,3}r_3$ 为组分 i 的化学反应速率，$\nu_{i,j}$ 为组分 i 在第 j 个反应中的化学计量比。

假定催化剂温度与气体温度相同，则气体能量平衡方程为

$$\frac{1}{V}\left(\dot{m}_{\text{in}}H_{\text{in}} - \dot{m}_{\text{out}}H_{\text{out}}\right) + S_{\text{g}}h_{\text{g}}\left(T_{\text{w}} - T\right) = 0 \tag{5.102}$$

其中，H_{in}、H_{out} 为气体混合物入口和出口摩尔比焓；h_{g} 为气体与反应器壁面间的对流换热系数；S_{g} 为相应的对流换热比面积；T_{w} 为壁面温度。

固体壁面的能量平衡方程为

$$VS_g h_g \left(T_w - T \right) = Q \tag{5.103}$$

其中，Q 为吸热量。当高温气体在固体壁面外部为重整反应供热时：

$$Q = A_H h_H \left(T_H - T_w \right) \tag{5.104}$$

其中，h_H 为高温气体与壁面间的对流换热系数；A_H 为对流换热面积；T_H 为高温气体温度。同时，高温气体的能量平衡方程为

$$Q = \dot{m}_H \left[h_{in} \left(T_{H,in} \right) - h_{out} \left(T_H \right) \right] \tag{5.105}$$

当热量来自于辐射换热时，Q 由外部的辐射换热量提供，此时壁面温度 T_w 为辐射接口参数。出口流量 $\dot{m}_{out}$ 由容腔内气体压力 $p = c_t RT$ 与出口间的压差决定，压差-流量特性通常由反应器下游的管路或阀件决定，c_t 为气体总体浓度。

5.6.6　燃烧器模型

本节假设燃烧器中空气过量，燃烧器中主要考虑 CH_4、CO 以及 H_2 的完全燃烧：

$$CH_4 + 2O_2 \rightleftharpoons CO_2 + 2H_2O \tag{5.106}$$

$$CO + \frac{1}{2}O_2 \rightleftharpoons CO_2 \tag{5.107}$$

$$H_2 + \frac{1}{2}O_2 \rightleftharpoons H_2O \tag{5.108}$$

本节中燃烧器模型采用热力学平衡模型，燃烧器出口组分由元素守恒求得。利用出入口气体焓差计算反应放热，燃烧器能量平衡为

$$\sum_i n_{i,in} h_i \left(T_{com,in} \right) = \sum_i n_{i,out} h_i \left(T_{com} \right) + Q_{loss} \tag{5.109}$$

其中，Q_{loss} 为燃烧器热损失。

5.6.7　模拟结果分析

利用本节所建立的系统模型可以对该 SOFC-GT 混合发电系统的稳态性能进行分析。图 5.19 为系统在额定工况下的能流图，可以看到燃料化学能中有 46.4% 在 SOFC 中转化为电能，5.9% 在 GT 中转化为电能，而尾气仍含有 37% 的化学能，

该部分余热仍可进一步加以回收利用,如用于生活热水、区域加热,甚至可提供一定量低品位蒸汽用于工业生产,以进一步提高热电联供系统总体效率。

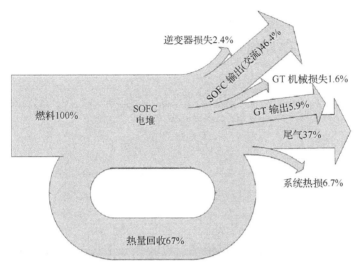

图 5.19　额定工况系统能流图[32]

本章所介绍的系统模型的特色之一是 SOFC 并非采用系统模型中通常采用的热力学平衡模型,而采用适于系统模拟的准二维模型,从而不仅可以对系统及 SOFC 的宏观性能进行分析研究,还可以对 SOFC 内部的参数分布特性进行考察。图 5.20 为模拟计算得到的燃料、空气、膜电极、空气导管沿流道方向的温度分布,利用此结果可以反映电池沿长度方向存在的温度差,进而可以对 SOFC 运行中的热应力进行评估。可以看到电池膜电极温度沿燃料流道方向先升高后下降,在距离入口约 2/3 管长的位置达到最大值。在入口处,由于甲烷重整吸热冷却效应的影响,膜电极温度变化较快,可能会产生较大的热应力,此时空气导管及阴极的空气均可起到能量存储作用,为阳极中的重整反应提供部分能量,从而避免温度降低过快对电池产生破坏。随后随着电化学反应的进行,膜电极温度逐渐升高,最高温度出现在电池中部偏燃料出口附近区域,此时空气导管入口的低温空气对电池起到了冷却作用,从而避免温度过高对电池造成损坏。

对于 SOFC 发电系统而言,应选择合适的运行工况点使电堆保持较高的发电效率,同时保证电堆温度分布均匀。利用系统模型可以研究系统变量对系统性能的影响,进而辅助进行系统操作条件的选取与优化。针对 SWPC-220kW 系统,系统可控变量包括电压(通过控制直流负载调节)、燃料流率、燃料循环比率、阀门(用于调节进入电池堆的空气量)等。

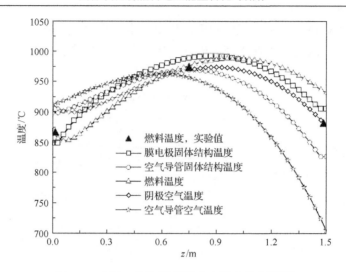

图 5.20　额定工况下沿流道方向温度分布图[32]

　　为了提高 SOFC 电堆的燃料利用率，可以对部分电堆尾气进行循环回收，使这部分尾气与入口燃料混合发生重整反应。图 5.21 为阳极燃料循环比率对 CH_4、H_2 摩尔分数的影响，可以看出，随着燃料循环比率的上升，电池入口燃料被稀释，入口 CH_4 浓度和相应的 H_2 浓度均下降，但出口 H_2 浓度基本保持不变。

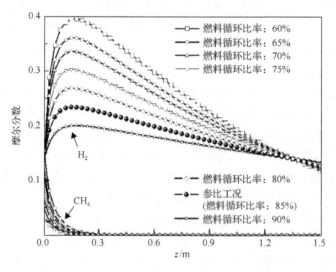

图 5.21　燃料循环比率对 CH_4、H_2 摩尔分数的影响[32]

　　图 5.22（a）为 SOFC 电堆燃料循环比率对电堆功率、系统功率及平均电流密度的影响。燃料循环比率增大导致燃料浓度下降，SOFC 的开路电压随之降低，进一步导致平均电流密度下降，输出功率降低。由图 5.22（b）可以看到，电堆内部燃

料利用率随燃料循环比率的上升明显下降，但整体燃料利用率基本保持不变；空气利用率、电堆及系统净发电效率受燃料循环比率的影响较小。此外，随着燃料循环比率的增大，电堆空气导管入口温度、电堆出口温度、透平入口温度均略有升高，因此，透平输出功率增大，但系统净输出功率仍随燃料循环比率的上升而有所下降（图 5.22(d)）。

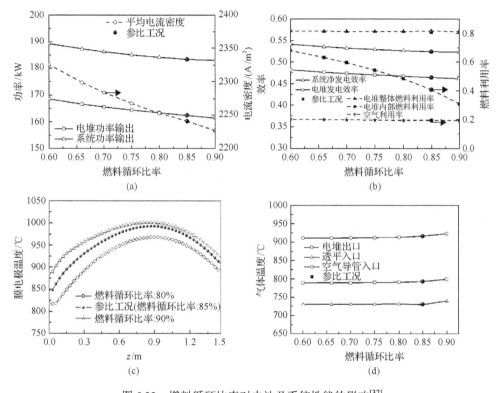

图 5.22　燃料循环比率对电池及系统性能的影响[32]

图 5.22(c)为燃料循环比率对膜电极温度分布的影响，随着燃料循环比率的增加，电池温度由于不可逆放热的增加而有一定升高，特别在燃料入口段（z=0 处）。此外，入口甲烷浓度的减少使内部重整吸热效应降低，从而保持较大的燃料循环比例，可一定程度上避免燃料入口段出现温度骤降而发生热应力破坏。

采用同样的分析过程，可以进一步研究其他系统参数（工作电压、入口燃料流率、旁路空气比率）对 SOFC 电堆及系统性能的影响。由于分析过程与研究燃料循环比率类似，本节仅给出研究结论，具体的分析过程及结果可参见文献[32]。随着电池工作电压的降低，SOFC 电堆平均电流密度、燃料利用率增加，空气利用率减小，电堆输出功率在电池电压为 0.6V 左右达到最大值，系统输出功率在接近参比工作电压 0.639V 时达到最大值。电池工作电压应在 0.6～0.8V 的范围之内调整，以保持较高的发电效率，同时控制温度在合理范围之内。随着燃料流率的增大，电池平均电流密度增大，电池内部及整体燃料利用率以及效率均呈先上升后下降的趋势。电堆出口烟气温度、透平入口温度以及电堆空气入口温度也均有明显上升，系统净发电效率因透平输出功率的增加而上升。随着旁路空气比率的增大，电池温度、电池平均电流密度、电堆输出功率、系统输出功率、电池燃料利用率均略有上升。尽管电池入口空气量减少会使电堆尾部烟气温度、电堆入口空气预热温度升高，但旁路空气与电堆尾部烟气的混合气体温度有所下降，使透平入口温度及输出功率降低。由此可见，利用系统层面的模型可以对 SOFC 电堆在系统中的运行特性进行研究，并可分析系统部件之间的耦合特性，从而为 SOFC-GT 混合发电系统的设计、匹配以及优化提供一定的参考。

5.7 本 章 小 结

SOFC 中涉及化学/电化学反应、质量传递、动量传递、电荷传导以及能量传递等多个物理化学过程，建立可靠的数学模型可鉴别其内部各反应与传递过程的复杂耦合作用机制，获得 SOFC 内部重要参数的空间分布特性，明确操作条件参数以及设计参数对电池性能的影响规律，为电池本体结构优化、电堆运行策略选择、系统集成设计提供理论依据。本章在第 2 章热力学、第 3 章动力学的基础上，进一步耦合燃料电池内部的质量、电荷、动量与能量传递过程，介绍了由膜电极到电堆到系统层面的 SOFC 多尺度建模过程。在膜电极模型中，采用基元反应对阳极化学/电化学反应进行描述，用于辅助电极内部反应机理分析。在 SOFC 电堆模型中，通过建立全三维平板式 SOFC 电堆模型，针对电堆工作中的不均匀性问题进行探讨，为电堆的设计运行提供了一定指导。在发电系统层面，以西门子-西屋公司 220kW 系统为例，阐述了系统层面 SOFC 电堆模型的建模方法，讨论了系统主要可控参数对系统性能的影响，为混合发电系统的设计、稳态运行策略选择提供参考。

参 考 文 献

[1] Fleig J. Solid oxide fuel cell cathodes: Polarization mechanisms and modeling of the electrochemical performance [J]. Annual Review of Materials Research, 2003, 33(1): 361-382.

[2] Costamagana P. Micro-modelling of solid oxide fuel cell electrodes [J]. Electrochimica Acta,1998, 43(3-4): 375-394.

[3] Costamagana P, Costa P, Aratto E. Some more considerations on the optimization of cermets solid oxide fuel cell electrodes [J]. Electrochimica Acta, 1998, 43(8): 967-972.

[4] Chan S H, Xia Z T. Anode micro model of solid oxide fuel cell [J]. Journal of the Electrochemical Society, 2001, 148(4): A388-A394.

[5] Chan S H, Chen X J, Khor K A. Cathode micromodel of solid oxide fuel cell [J]. Journal of the Electrochemical Society, 2004, 151(1): A164-A172.

[6] Sunde S. Calculation of conductivity and polarization resistance of composite SOFC [J]. Journal of the Electrochemical Society, 1995, 142(4): L50-L52.

[7] Dong H J, Jin H N, Kim C J. A random resistor network analysis on anodic performance enhancement of solid oxide fuel cells by penetrating electrolyte structures [J]. Journal of Power Sources, 2005, 139: 21-29.

[8] Yuh C Y, Selman J R. Polarization of the molten carbonate fuel cell anode and cathode [J]. Journal of the Electrochemical Society, 1984, 131(9): 2062-2069.

[9] Sunde S. Monte Carlo simulations of polarization resistance of composite electrodes for solid oxide fuel cells [J]. Journal of the Electrochemical Society, 143(6): 1930-1939.

[10] Fleig J. On the width of the electrochemically active region in mixed conducting solid oxide fuel cell cathodes [J]. Journal of Power Sources, 2002, 105: 228-238.

[11] Debendetti P G, Vayenas C G. Steady-state analysis of high temperature fuel cells [J]. Chemical Engineering Science, 1983, 38(11): 1817-1829.

[12] Wepfer W J, Woolsey M H. High temperature fuel cells for power generation [J]. Energy Conversion and Management, 1985, 25(4): 477-486.

[13] Ni M. Modeling of SOFC running on partially pre-reformed gas mixture [J]. International Journal of Hydrogen Energy, 2012, 37(2): 1731-1745.

[14] Hirano A, Suzuki M, Ippommatsu M. Evaluation of a new solid oxide fuel cell system by non-isothermal modeling [J]. Journal of the Electrochemical Society, 1992, 139(10): 2744-2751.

[15] Hartvigsen J, Elangovan S, Khandkar A. Modeling, design and performance of solid oxide fuel cell [J]. Science and Technology of Zirconia V, 1992, 16-21: 682-693.

[16] Yakabe H, Ogiwara T, Hishinuma M, et al. 3-D model calculation for planar SOFC [J]. Journal of Power Sources, 2001, 102: 144-154.

[17] Menon V, Janardhanan V M, Tischer S, et al. A novel approach to model the transient behavior of solid-oxide fuel cell stacks [J]. Journal of Power Sources, 2012, 214: 227-238.

[18] Massardo A F, Lubelli F. Internal reforming solid oxide fuel cell-gas turbine combined cycles (IRSOFC/GT), part A: Cell model and cycle thermaodynamics analysis [J]. Journal of Engineering for Gas Turbines and Power, 2000, 122(1): 27-35.

[19] Tian Y. Modeling of solid oxide fuel cell-Gas turbine hybrid power plant [D]. Singapore: Nan yang Technological University, 2002.

[20] Zhang W, Croiset E, Douglas P L, et al. Simulation of a tubular solid oxide fuel cell stack using AspenPlusTM unit operation models [J]. Energy Conversion and Management, 2005, 46: 181-196.

[21] Onda K, Iwanari T, Miyauchi N, et al. Cycle analysis of combined power generation by planar SOFC and gas turbine considering cell temperature and current density distributions [J]. Journal of the Electrochemical Society, 2003, 150(12): A1569-A1576.

[22] Song T W, Sohn J L, Kim J H. Performance analysis of a tubular solid oxide fuel cell/micro gas turbine hybrid power system based on a quasi-two dimensional model [J]. Journal of Power Sources, 2005, 142: 30-42.

[23] Bao C, Cai N S, Croiset E. A multi-level simulation platform of natural gas internal reforming solid oxide fuel cell-gas turbine hybrid generation system – part II. Balancing units model library and system simulation [J]. Journal of Power Sources, 2011, 196: 8424-8434.

[24] Braun R J. Optimal design and operation of solid oxide fuel cell systems for small-scale stationary applications [D]. Madison: University of Wisconsin Madison, 2002.

[25] Albrecht K J, Braun R J. Dynamic modeling of SOFC cogeneration systems for light commercial applications [C]. In ASME 2014 12th International Conference on Fuel Cell Science, Engineering and Technology collocated with the ASME 2014 8th International Conference on Energy Sustainability: V001T03A001-V001T03A001).

[26] 徐晗, 党政, 白博峰. 1kW 家用 SOFC-CHP 系统建模及性能分析[J]. 太阳能学报, 2011, 32(4): 604-610.

[27] 李晨. 固体氧化物直接碳燃料电池机理及反应特性研究[M]. 北京: 清华大学出版社, 2010.

[28] Li C, Shi Y, Cai N. Elementary reaction kinetic model of an anode-supported solid oxide fuel cell fueled with syngas [J]. Journal of Power Sources, 2010, 195(8): 2266-2282.

[29] Janardhanan V M, Deutschmann O. CFD analysis of a solid oxide fuel cell with internal reforming: Coupled interactions of transport, heterogeneous catalysis and electrochemical processes [J]. Journal of Power Sources, 2006, 162(2): 1192-1202.

[30] Bieberle A, Gauckler L J. State-space modeling of the anodic SOFC system Ni, H_2-H_2O|YSZ [J]. Solid State Ionics, 2002, 146(1-2): 23-41.

[31] Nagata S, Momma A, Kato T, et al. Numerical analysis of output characters of tubular SOFC with internal reformer [J]. Journal of Power Sources, 2001, 100: 60-71.

[32] 史翊翔. 固体氧化物燃料电池及其混合发电系统模拟研究[D]. 北京: 清华大学, 2008.

[33] Krishna R, Wesselingh J A. The Maxwell-Stefan approach to mass transfer [J]. Chemical Engineering Science, 1997, 52(6): 861-911.

[34] Mason E A, Malinauskas A P. Gas Transport in Porous Media: The Dusty-Gas Model [M]. New York: Elsevier, 1983.

[35] Hecht E S, Gupta G K, Zhu H, et al. Methane reforming kinetics within a Ni-YSZ SOFC anode support [J]. Applied Catalysis A: General, 2005, 295(1): 40-51.

[36] Shi Y, Cai N, Li C, et al. Modeling of an anode-supported Ni-YSZ|Ni-ScSZ|ScSZ| LSM-ScSZ multiple layers SOFC cell: Part Ⅰ. Experiments, model development and validation [J]. Journal of Power Sources, 2007, 172(1): 235-245.

[37] Nam J H, Jeon D H. A comprehensive micro-scale model for transport and reaction in intermediate temperature solid oxide fuel cells [J]. Electrochimica Acta, 2006, 51(17): 3446-3460.

[38] Mitterdorfer A, Gauckler L J. Identification of the reaction mechanism of the Pt, O_2(g)|yttria-stabilized zirconia system. Part Ⅱ: Model implementation, parameter estimation, and validation [J]. Solid State Ionics, 1999, 117(3-4): 203-217.

[39] Shi Y, Cai N, Li C, et al. Simulation of electrochemical impedance spectra of solid oxide fuel cells using transient physical models [J]. Journal of the Electrochemical Society, 2008, 155(3): B270-B280.

[40] 林斌. 平板式固体氧化物燃料电池堆气流分配不均匀性模拟[D]. 北京: 清华大学, 2015.

[41] Lin B, Shi Y X, Ni M. Numerical investigation on impacts on fuel velocity distribution nonuniformity among solid oxide fuel cell unit channels [J]. International Journal of Hydrogen Energy, 2015, 40: 3035-3047.

[42] Leeper J D. The hybrid cycle: Integration of a fuel cell with a gas turbine [C]. ASME 1999 International Gas Turbine and Aeroengine Congress and Exhibition, New York, 1999.

[43] Achenbach E. Three-dimensional and time-dependent simulation of a planar solid oxide fuel cell stack [J]. Journal of Power Sources, 1994, 49(1): 333-348.

[44] Stiller C, Thorud B, Seljebo S, et al. Finite-volume modeling and hybrid-cycle performance of planar and tubular solid oxide fuel cells [J]. Journal of Power Sources, 2005, 141: 227-240.

[45] Celik I, Pakalapati S R, Villalpandao M D S. Theoretical calculation of the electrical potential at the electrode-electrolyte interfaces of solid oxide fuel cells [J]. Journal of Fuel Cell Science and Technology, 2005, 2: 238-245.

[46] Kays W, London A L. 紧凑式热交换器 [M].宣益民,张后雷, 译. 北京: 科学出版社. 1997.

[47] Xu J, Forment G F. Methane steam reforming, methanation and water-gas shift: I. intrinsic kinetics [J]. AIChE Journal, 1989, 35(1): 88-96.

[48] 包成. SOFC-MGT 混合发电系统建模与预集成研究[D]. 北京: 清华大学, 2008.

第6章 固体氧化物火焰燃料电池

6.1 引　　言

第4章中介绍的传统 SOFC 一般为双室构型，即燃料与氧化剂分别通入阳极气室、阴极气室，利用高温密封材料维持阴阳极间的化学势梯度。近年来随着 SOFC 的应用领域由大型系统向小型分布式及便携电源领域拓展，逐渐涌现了一些新型 SOFC 构型以适应小型系统的快速启停需求，其中一类是固体氧化物火焰燃料电池(Solid Oxide Flame Fuel cell, SOFFC)。火焰燃料电池(Flame Fuel Cell, FFC)的概念最初由日本神钢电机株式会社 Horiuchi 等研究者[1]于 2004 年提出，如图 6.1 所示。在 FFC 中，富燃火焰与 SOFC 在"无室"构型下耦合。在燃料电池阳极，富燃火焰消耗阳极侧氧气组分从而保证阴极阳极间的化学势梯度，同时维持 SOFC 所需工作温度。与传统双室 SOFC 相比，FFC 的主要优势在于：①广泛的燃料适应性，可使用多类可燃气体、液体、固体作为燃料；②装置结构简单，无须密封；③尽管发电效率较低，但可望实现燃料化学能梯级利用，获得较高热电联供综合效率；④启动快速，火焰直接可作为 SOFC 启动热源，无须额外配置热量管理系统。这些优点使 FFC 成为一类具有重要应用前景的燃料电池新构型，特别有望应用于小型热电联供系统及天然气分布式发电系统[2]。

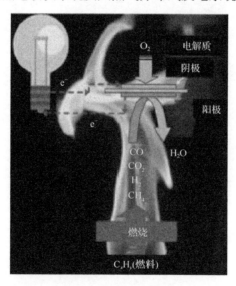

图 6.1　FFC 示意图[3]

从 FFC 的工作过程中可以看到，FFC 中涉及富燃火焰与燃料电池的耦合，从而 FFC 的性能取决于二者的性能及其耦合特性，此外，火焰的引入使 FFC 面临新的挑战，如发电效率低、SOFC 热应力等问题。本章将首先介绍 FFC 的基本原理与发展概况，随后着重对研究者在燃料电池、富燃火焰以及二者耦合特性等方面所做的工作进行相关探讨。

6.2 发展概况及工作原理

6.2.1 发展概况

2004 年，日本神钢电机株式会社的 Horiuchi 等研究者最初提出 FFC 的概念[1]，他们将 SOFC 分别置于丁烷、煤油、固体石蜡及木材的富燃火焰中，对其电化学性能进行了测试，首次发现 SOFC 在富燃火焰中可以发电。由于 FFC 具有结构简单、启动快速等特点，近些年来受到了国内外研究者的广泛关注。目前的主要研究单位有日本神钢电机株式会社[1, 5]、北海道大学[6]，德国杜伊斯堡-艾森大学[7]、海德堡大学[8, 9]，美国雪城大学[10-14]、劳伦斯伯克利国家实验室[15]，英国圣安德鲁斯大学、斯特拉斯克莱德大学[16]等；国内清华大学[4, 17-29]、南京工业大学[30, 31]、哈尔滨工业大学[2, 32]等也展开了相关的研究。研究者分别采用了不同的燃烧器构型以及电池构型，对 FFC 的电化学性能规律及优化策略开展了相关研究，如表 6.1 所示。但整体而言，目前 FFC 的发展仍处在实验室起步阶段，距离技术成熟与商业化应用仍有一定距离[4]。

表 6.1 FFC 主要研究机构及研究概况[4]

国家	研究机构	燃烧器类型	SOFC 类型
日本	神钢电机株式会社	本生灯	电解质支撑平板式
	北海道大学	微型喷射燃烧器	电解质支撑平板式
德国	杜伊斯堡-艾森大学	Mckenna 型平焰燃烧器	电解质支撑平板式
	海德堡大学		
英国	圣安德鲁斯大学	Mckenna 型平焰燃烧器	电解质支撑平板式
	斯特拉斯克莱德大学		
美国	雪城大学	石英管	阳极支撑平式
	劳伦斯伯克利国家实验室	本生灯	金属支撑平板式
中国	南京工业大学	酒精灯	电解质支撑平板式
	哈尔滨工业大学	家用燃气灶	阳极支撑平板式
	清华大学	Hencken 多元扩散燃烧器	阳极支撑平板式
		多孔介质燃烧器	阳极支撑微管式

6.2.2 工作原理

FFC 的主体结构由燃烧器与 SOFC 两大部件组成，如图 6.2 所示。燃烧器是燃料进入电池前的重整器，碳氢燃料在燃烧器中富燃燃烧被部分氧化重整为 CO 与 H$_2$，随后燃料电池利用 CO 与 H$_2$ 作为燃料进行发电。FFC 的工作过程可分为以下几个阶段[4]。

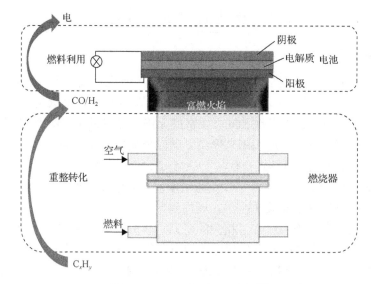

图 6.2　FFC 工作原理示意图[4]

1) 部分氧化重整

燃料在燃烧器内富燃燃烧，被部分氧化重整为合成气，以甲烷为例，该反应为

$$CH_4 + \frac{2}{\phi}(O_2 + 3.76N_2) \longrightarrow aCO_2 + bCO + cH_2O + dH_2 + \frac{2 \times 3.76}{\phi}N_2 \quad (6.1)$$

其中，ϕ 为当量比，其定义为实际的燃料/空气的质量比与当量的燃料/空气质量比的比值，如式 (6.2) 所示：

$$\phi = \frac{(m_{fu} / m_{air})_{act}}{(m_{fu} / m_{air})_{stoic}} \quad (6.2)$$

其中，m_{fu} (kg)、m_{air} (kg) 分别代表燃料和空气的质量。

甲烷富燃燃烧的部分氧化重整效率 η_{re} 为富燃燃烧产物中 H$_2$ 与 CO 的化学能与入口气体燃料化学能之比：

$$\eta_{re} = \frac{\text{富燃燃烧重整所得}H_2\text{和}CO\text{的化学能}}{\text{入口燃料化学能}} \tag{6.3}$$

2) 反应物传输

富燃火焰重整产生的 H_2 和 CO，流经电池阳极，与 SOFC 阳极接触，扩散到电池阳极多孔介质中，同时阴极通入空气，空气通过扩散进入阴极多孔介质中。

3) 电化学反应

在 SOFC 阳极，发生 H_2 与 CO 的电化学氧化反应，消耗氧离子，生成电子：

$$H_2 + O^{2-} \longrightarrow H_2O + 2e^- \tag{6.4}$$

$$CO + O^{2-} \longrightarrow CO_2 + 2e^- \tag{6.5}$$

在 SOFC 阴极，O_2 发生电化学还原反应，消耗电子，生成氧离子：

$$O_2 + 4e^- \longrightarrow 2O^{2-} \tag{6.6}$$

由于气体燃烧反应速率比电化学反应速率快 2～3 个量级[8]，在电化学反应中只有部分 H_2 和 CO 被 SOFC 利用，从而 SOFC 的燃料利用率 η_{fu} 为

$$\eta_{fu} = \frac{\text{SOFC消耗}H_2\text{和}CO}{\text{富燃产物中}H_2\text{和}CO} \tag{6.7}$$

燃料利用率可以进一步由式(6.8)计算[8, 25]：

$$\eta_{fu} = \frac{i}{\varepsilon_{CO} 4F f_{stoich} V_{fuel} / V^M} \tag{6.8}$$

其中，i(A) 为 SOFC 电流；F 为法拉第常数(96485 C/mol)；f_{stoich} 为化学当量时氧气/燃料比；V_{fuel} (m^3/s) 燃料入口体积流量；V^M (m^3/mol) 标准状态下的理想气体摩尔体积(22.4×10^{-3} L/mol)。

4) 电荷传导

FFC 中的电荷传导过程与常规 SOFC 相同，主要由离子与电子的传导过程构成。在电化学反应中，阴阳极发生电子或离子的生成或消耗，为保持电荷平衡，生成的电子或离子必须从相应区域分别传输到消耗电子或离子的区域。电子在电势差的推动下，通过导线传导，从阳极流出，经过负载做功后从阴极流入；氧离子在电势差和浓度差的推动下，通过电解质传导从阴极流到阳极。从而保证电荷的平衡，以及反应的持续进行。

只有在电子导体、离子导体和气体三相界面处才能发生电化学反应，这一阶段定义 SOFC 的发电效率 η_{el}：

$$\eta_{el} = \frac{输出电功}{SOFC消耗H_2和CO化学能} \tag{6.9}$$

由 FFC 的工作过程可以看到，FFC 的总发电效率 η 定义为 FFC 的发电量与入口燃料的化学能之比，可认为由三个部分组成，即燃烧器的重整效率 η_{re}、SOFC 的燃料利用率 η_{fu} 以及 SOFC 的发电效率 η_{el}：

$$\eta = \frac{输出电功}{入口燃料化学能} = \eta_{re}\eta_{fu}\eta_{el} \tag{6.10}$$

此外，富燃火焰产物中还存在 CO、H_2O 以及部分未发生反应的 CH_4，从而在 SOFC 阳极 Ni 催化剂表面还可能发生一系列化学反应，如水气变换(Water Gas Shift，WGS)反应、甲烷直接内部重整(Direct Internal Reforming，DIR)反应等[33]，如表 6.2 所示。

表 6.2　FFC 阳极 Ni 催化剂表面可能发生的主要化学反应

反应名称	化学反应方程式
甲烷直接内部重整反应	$CH_4 + H_2O \rightleftharpoons CO + 3H_2$
水气变换反应	$CO + H_2O \rightleftharpoons CO_2 + H_2$
Boundouard 反应	$2CO \rightleftharpoons CO_2 + C$
甲烷裂解反应	$CH_4 \rightleftharpoons C + 2H_2$

6.3　SOFC 热应力及抗热震性

SOFC 主要采用陶瓷作为电极、电解质材料，热应力是造成 SOFC 失效及寿命降低的主要因素。在针对传统 SOFC 的热应力研究中，通常考虑的是由电极、电解质材料的膨胀系数不匹配带来的残余应力，稳态电化学反应放热产生温度梯度带来的热应力，以及瞬态热循环过程中 SOFC 的抗热震性。与传统 SOFC 不同的是，在 FFC 中火焰作为 SOFC 的启动热源，启动时间短，从而相比于传统 SOFC，FFC 对电池抗热震性的要求更加突出。此外，在 FFC 运行过程中，SOFC 的温度直接由富燃火焰决定，而火焰的空间分布特性也有可能造成 SOFC 存在温度梯度，进而产生热应力。

SOFC 热应力的大小取决于其力学性能与热学性能，并且受到电池几何形状等因素的影响。而电池在升温及运行过程中由温度梯度产生的瞬时热应力很难经过实验手段进行在线测量，因此，数值模拟成为电池热应力及抗热震性研究中不可或缺的手段。本书课题组综合考虑 SOFC 内部的传热及热应力，建立了 FFC 热应力分析模型[4,18]，针对 FFC 启动与运行过程中的热应力进行分析，并将失效概率作为评价指标对 FFC 的抗热震性进行表征。

6.3.1　FFC 热应力分析模型

对 FFC 建立热应力分析模型时，为了简化计算，在此模型中仅考虑 SOFC 内部的传热与热应力，而并未考虑第 5 章中所介绍的 SOFC 内部的化学/电化学反应、质量传递与电荷传导。此外，对传热场及热应力场进行如下简化假设：

（1）忽略固体的辐射导热，仅考虑电池内部的导热过程。

（2）忽略火焰放热及燃烧尾气与 SOFC 的对流换热，通过阳极与气体界面的温度边界设置表示火焰对电池的加热过程。

（3）温度载荷是造成 SOFC 内部应力的唯一因素。

本章模拟中考虑了平板式 SOFC 与微管式 SOFC 在 FFC 中常用的电池构型，二者可分别简化为二维模型与二维轴对称模型，如图 6.3 所示。

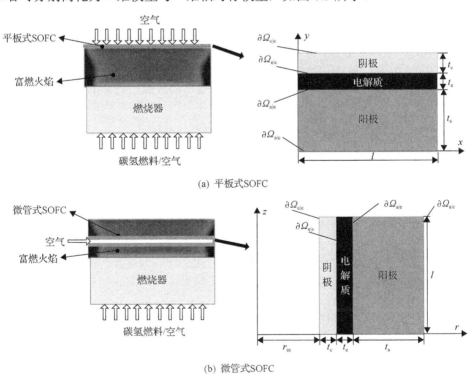

(a) 平板式SOFC

(b) 微管式SOFC

图 6.3　FFC 模型几何结构示意图

电池内部的能量守恒方程为

$$\frac{\partial(\rho c_p T)}{\partial t} + \nabla \cdot (-\lambda \nabla T) = Q \tag{6.11}$$

模型不考虑化学反应与电化学反应，因此热源项 Q 为 0。ρ 为电极密度（kg/m^3），c_p 为比定压热容[$J/(kg \cdot K)$]，λ 为电极或电解质的热导率[$W/(m \cdot K)$]。本章模型中采用的材料热物性参数如表 6.3 所示。

表 6.3　SOFC 各层热物性参数[4]

	密度 ρ /(kg/m^3)	热导率 λ[W/(m·K)]	比定压热容 c_p /[J/(kg·K)]
阳极	3030	6.23	595
电解质	5160	2.7	573
阴极	3310	9.6	606

由热载荷引起的应力方程为

$$\sigma = D(\varepsilon - \varepsilon_{\text{th}}) \tag{6.12}$$

其中，σ 为应力；ε 为应变；ε_{th} 为由温度变化引起的应变，表达式如下：

$$\varepsilon_{\text{th}} = \boldsymbol{\alpha}_{\text{vec}}(T - T_{\text{ref}}) \tag{6.13}$$

其中，T_{ref} 为零应力的参考温度；$\boldsymbol{\alpha}_{\text{vec}}$ 为热膨胀系数向量，对于平面应变问题，有

$$\boldsymbol{\alpha}_{\text{vec}} = \begin{bmatrix} \alpha & \alpha & \alpha \end{bmatrix}^{\text{T}} \tag{6.14}$$

其中，α 为热膨胀系数，对于二维轴对称问题，有

$$\boldsymbol{\alpha}_{\text{vec}} = \begin{bmatrix} \alpha & \alpha & \alpha & 0 \end{bmatrix}^{\text{T}} \tag{6.15}$$

D 为弹性矩阵，对于平面问题，有

$$\boldsymbol{D} = \frac{E(1-\nu)}{(1+\nu)(1-2\nu)} \begin{bmatrix} 1 & \dfrac{\nu}{1-\nu} & 0 \\ \dfrac{\nu}{1-\nu} & 1 & 0 \\ 0 & 0 & \dfrac{1-2\nu}{2(1-\nu)} \end{bmatrix} \tag{6.16}$$

其中，E 为杨氏模量；ν 为泊松比，对于二维轴对称模型，有

$$D = \frac{E(1-\nu)}{(1+\nu)(1-2\nu)} \begin{Bmatrix} 1 & \dfrac{\nu}{1-\nu} & \dfrac{\nu}{1-\nu} & 0 \\[2mm] \dfrac{\nu}{1-\nu} & 1 & \dfrac{\nu}{1-\nu} & 0 \\[2mm] \dfrac{\nu}{1-\nu} & \dfrac{\nu}{1-\nu} & 1 & 0 \\[2mm] 0 & 0 & 0 & \dfrac{1-2\nu}{2(1-\nu)} \end{Bmatrix} \tag{6.17}$$

SOFC 各层材料的结构力学物性参数与温度密切相关，表 6.4 为本章模型中不同温度下相关材料物性参数值。

表 6.4　SOFC 各层材料结构力学物性参数[4]

参数	温度/K	阳极	电解质	阴极
杨氏模量 E/GPa	298	76.75	190	41
	1073	63.4	157	43.4
泊松比 ν	298	0.283	0.308	0.28
	1073	0.286	0.313	0.28
热膨胀系数 α/10^{-6}	298	11.7	7.6	9.8
	1073	12.5	10.5	11.8

温度场边界条件：阳极与气体流道界面的温度边界用于表示火焰对电池的加热过程，在启动过程中为该边界为温度与时间的函数，阴极与气体流道界面设置为对流换热边界，电解与电解质界面设置为连续边界，其余边界为绝热边界。

应力场边界条件：电极电解质界面设置为连续边界，其余设置为无约束边界。

利用上述模型求解得到热应力分布之后，便可以对 FFC 的失效概率进行分析。由于陶瓷材料的抗压强度远高于抗拉强度，SOFC 更容易受到拉应力而产生失效。为了方便对不同构型的 FFC 进行直观对比，利用 Weibull 分布定义 FFC 的失效概率为

$$P = 1 - \exp\left[-\left(\frac{\sigma}{\sigma_0} \right)^{m_{\mathrm{W}}} \right] \tag{6.18}$$

其中，σ_0 为材料的特征强度；m_{W} 为 Weibull 系数。典型 SOFC 材料的特征强度与 Weibull 系数如表 6.5 所示。

表 6.5　典型 SOFC 材料的特征强度性质[4]

参数	阳极 (Ni/YSZ)	电解质 (YSZ)	阴极 (LSM)
特征强度/MPa	79	154	75
Weibull 系数	7	8.6	3.7

6.3.2　FFC 启动中热应力及抗热震性

　　传统 SOFC 的启动过程中，电池温度由热管理系统控制，常规升温时间在 2～8 小时；而在 FFC 中，电池的升温速率由火焰中均相反应放热速率与系统的热容共同决定，而均相反应的特征时间尺度在毫秒量级，因此，相比于常规升温过程，火焰环境下电池的升温过程更加极端。本章通过在模型中设置不同的升温速率边界，对传统 SOFC 及 FFC 操作条件的热应力以及失效概率进行了对比。结果表明，相较于传统 SOFC，FFC 中火焰对电池的快速加热启动使电池内部热应力极大地增加，SOFC 失效概率升高 2～6 个数量级，从而需要从抗热震性角度选择适合 FFC 的电池类型。

　　由于电解质支撑 SOFC 的工作温度相比于其他支撑类型 SOFC 较高，最初 FFC 的研究中普遍采用电解质支撑 SOFC。Wang 等[10]指出，相比于电解质支撑 SOFC，阳极支撑 SOFC 由于其较厚的阳极而具有较好的抗热震性，在研究中 Wang 等首次将阳极支撑 SOFC 应用于 FFC 系统中。本书课题组利用 6.3.1 节所介绍的模型，对比了给定典型火焰操作条件下阳极支撑 SOFC 和电解质支撑 SOFC 的最大拉应力及失效概率，如表 6.6 所示。与阳极支撑 SOFC 不同，电解质支撑 SOFC 阴极内部产生拉应力而非压应力，因此其阴极较阳极支撑型更易失效。相同升温速率下，电解质支撑 SOFC 的失效概率较阳极支撑 SOFC 的失效概率高两个数量级，从而阳极支撑是更适用于 FFC 的支撑体类型。

表 6.6　典型火焰操作条件下不同支撑体结构 SOFC 的最大拉应力与失效概率[4]

参数	阳极支撑	电解质支撑	
		阳极	阴极
最大拉应力/MPa	18	35	20
失效概率	3.2×10^{-5}	3.3×10^{-3}	7.5×10^{-3}

　　此外，从表 6.1 中可以看到，FFC 中使用的电池构型主要包括平板式 SOFC 和微管式 SOFC 两种。最初研究者均采用制造简单、功率密度高的平板式 SOFC 构型。南京工业大学的邵宗平课题组[31]将平板式 SOFC 置于乙醇内焰中，电池峰值功率密度达到了 200mW/cm^2；美国雪城大学 Wang 等[10]将平板式 SOFC 与甲烷富燃火焰耦合，电池最大功率密度达到 791mW/cm^2。平板式 SOFC 虽然具有功率密度高的优势，但研究者随后[30]发现，实验结束后电池阳极产生微裂纹，导致电

池性能下降。相比平板式 SOFC，微管式 SOFC 具有更好的抗热震性和热循环性能。英国伯明翰大学的 Bujalski 等[34]在研究中对微管式 SOFC 进行连续 30 次热循环，启停周期为 10min，热循环后电池仍能保持正常运行。表 6.7 为不同升温速率的火焰操作条件下，数值模拟计算所得阳极支撑平板式 SOFC 和阳极支撑微管式 SOFC 的热应力与失效概率。在快速升温过程中，阳极支撑平板式 SOFC 与阳极支撑微管式 SOFC 的内部最大拉应力均出现在阳极，阴极与电解质均为压应力。可以看到，在不同升温速率下，阳极支撑微管式 SOFC 的最大拉应力均小于阳极支撑平板式 SOFC。当升温时间为 0.1s 时，阳极支撑微管式 SOFC 的失效概率比同等条件下的平板式 SOFC 低 2 个数量级。微管式 SOFC 更适于 FFC 的快速启动，具有更好的抗热震性。在数值模拟的指导下，本书课题组在实验中对比了阳极支撑平板式 SOFC 与微管式 SOFC 在 FFC 中的启动特性，发现在相同火焰启动条件下，平板式 SOFC 发生了电池碎裂的现象，而微管式 SOFC 在 120s 内完成快速启动，且其电池断面无微裂纹出现，证实了微管式 SOFC 是适用于 FFC 的电池类型。

表 6.7　火焰操作条件下不同构型 SOFC 的最大拉应力与失效概率[4]

升温时间	参数	平板式 SOFC	微管式 SOFC
0.1 s	最大拉应力/MPa	83	40
	失效概率	0.76	8.5×10^{-3}
1 s	最大拉应力/MPa	18	11
	失效概率	3.2×10^{-5}	1.0×10^{-6}
50 s	最大拉应力/MPa	10.8	8
	失效概率	8.9×10^{-7}	1.1×10^{-7}

6.3.3　FFC 运行中热应力

除了火焰快速启动带来的热应力，在 FFC 运行中，SOFC 的温度环境直接由富燃火焰决定，而火焰的空间分布特性也会使 SOFC 内部由于温度梯度而产生热应力。为了降低 FFC 运行中 SOFC 的热应力，研究者分别从 SOFC 与富燃火焰两方面进行尝试。

在 SOFC 方面，6.3.2 节提到微管式 SOFC 由于具有较好的抗热震性而适于应用在 FFC 中，然而，在运行过程中，火焰的空间分布特性导致微管式 SOFC 沿轴向方向存在较大的温度梯度，对于一根长度为 10cm 的微管式 SOFC，其轴向温差可高达 300K[19]。微管式 SOFC 运行过程中的温度梯度会造成电池内部热应力，影响电池的长期稳定运行，缩短电池寿命。表 6.8 为利用 6.3.1 节模型计算所得的不同温度梯度下微管式 SOFC 的最大拉应力与失效概率，可以看到，电池内部最大拉应力随轴向温度梯度的增加而增加。若将现有 FFC 的轴向温度梯度减小至一半，可将电池运行过程中的失效概率降低一个量级。

表 6.8　不同温度梯度下微管式 SOFC 的最大拉应力与失效概率

轴向温度梯度/(K/cm)	最大拉应力/MPa	失效概率
30	35.9	4.0×10^{-3}
15	25.8	3.9×10^{-4}
0	17.0	2.1×10^{-5}

　　为了改善 FFC 运行中的热应力问题，在不增加额外能耗的同时降低火焰环境中微管式 SOFC 轴向温度梯度，本书课题组在 FFC 中引入高温热管，如图 6.4 所示[24]。结合 FFC 工作温度，采用液态金属 Na 作为工作介质，设计制备与微管式 SOFC 匹配的环形高温热管，通过蒸发—传递—冷凝过程，高温热管将 FFC 中高温区多余的热量快速传导至低温区，在降低高温区温度的同时提升了低温区温度，进而实现温度的均匀性。引入环形高温热管后，FFC 轴向温差从 31K/cm 减小至 13K/cm，电池所在温度为 800～930℃，更适于 SOFC 的稳定工作[35]。在富燃当量比为 1.7 时，工作电压 0.6V 下 FFC 最大功率密度从 73mW/cm² 增加至 120mW/cm²[35]。高温区温度降低，避免了多孔电极烧结、集流网融化等问题；低温区温度上升，使得低温区电池动力学性能提升，并减少了该区域积碳的形成；

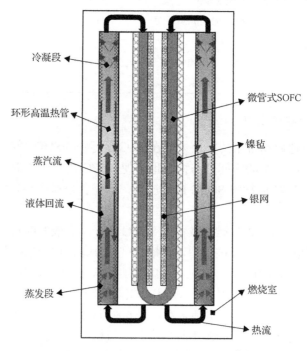

图 6.4　高温热管耦合 FFC 示意图[24]

同时，轴向温度梯度的减小，使得电池内部热应力减小，降低了电池失效概率。综合以上因素，引入高温热管可在一定程度上解决 FFC 运行过程中温度梯度的问题，提升电池运行稳定性和工作寿命。

在富燃火焰方面，最初研究者采用的本生灯[1, 6, 15, 36]、石英管[10, 12, 37, 38]、家用燃气灶[2, 32]、酒精灯[11, 30, 31]等燃烧器均产生锥形火焰，如图 6.5(a) 所示。这种锥形火焰会造成电池阳极表面温度存在明显差异，影响火焰燃料电池的性能和稳定性。为了改善阳极侧火焰的均匀性，德国杜伊斯堡-艾森大学[7]、海德堡大学[8]、英国圣安德鲁斯大学[16]等采用 McKenna 型平焰燃烧器，产生水平方向更为均匀的平面火焰，如图 6.5(b) 所示。McKenna 型平焰燃烧器主要包含其核心结构和一个不锈钢外壳。燃料和氧化剂混合气体通入一个底部由不锈钢或铜制作而成的多孔塞中，使出口火焰能够均匀分布。McKenna 型平焰燃烧器产生的预混火焰可以视为一维平面火焰，其温度、组分分布在火焰径向方向上可保持均匀一致[39, 40]，通常用于光学测量仪器的校准[41-43]和碳烟形成的机理研究等领域。

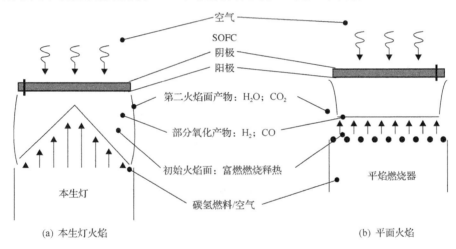

(a) 本生灯火焰　　　　　　　　　　　　(b) 平面火焰

图 6.5　FFC 中典型火焰示意图[7]

同样为了提高火焰分布的均匀性，本书作者所在课题组采用 Hencken 型平焰燃烧器产生多元扩散火焰[4, 21, 23, 25, 27]。Hencken 型平焰燃烧器如图 6.6 所示，主要由蜂窝矩阵及排布于蜂窝矩阵中的管束阵列构成。燃料在独立的密封管中流动，氧化剂在周围的蜂窝矩阵中流动，燃料与氧化剂在燃烧器出口混合可以避免发生回火。实验测试结果表明，火焰在燃烧器平面方向与高度方向均能保持较好的均匀性，沿燃烧器平面方向 40mm 范围内温度变化小于 50℃，沿燃烧器高度方向 10mm 以上火焰恒温区可维持超过 45mm，从而保证了火焰温度分布的均匀性，进一步可降低 FFC 的热应力及失效概率。

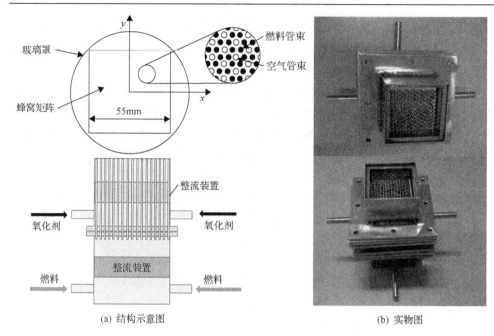

(a) 结构示意图　　　　　　　　　(b) 实物图

图 6.6　Hencken 型平焰燃烧器[4]

6.4　燃烧器富燃重整特性

在 FFC 中，富燃火焰除了需要为 SOFC 提供适宜的温度环境，还需要作为燃料的部分氧化重整器，为 SOFC 提供充足的 H_2 与 CO 燃料，以保证燃料的部分氧化重整效率及 FFC 的发电效率，因此对燃烧器富燃重整特性的研究是提高 FFC 性能与效率的关键。

6.4.1　自由空间富燃燃烧

6.3.3 节提到，研究者分别采用 McKenna 型平焰燃烧器与 Hencken 型平焰燃烧器以保证火焰温度分布的均匀性，降低 FFC 的热应力。然而，由于理论燃烧温度随富燃当量比的升高而降低，Kronemayer 等[7]在研究中发现，为了保证火焰的稳定性，以甲烷为燃料时最高富燃当量比不能超过 1.3，火焰中偏低的 H_2、CO 组分导致电池最大发电效率仅为 0.45%。本书课题组利用 Hencken 型平焰燃烧器产生多元扩散火焰，提高了富燃当量比的调节范围，最高当量比可达到 1.8。然而，研究中发现，当当量比超过 1.3 时火焰中存在碳烟，运行 3h 后电池阳极积碳严重，导致电池性能下降。为了保证无碳烟稳定运行，可通过调节氧化剂中 O_2 与 N_2 的比例，在当量比不变时，增大 N_2 流量促进气体混合，从而可减少碳烟生成，然而

N_2 流量过大时，火焰温度较低会造成火焰失稳，并最终导致火焰吹熄，如图 6.7 所示，从而为了保证火焰无碳烟稳定运行，采用 Hencken 型平焰燃烧器时富燃当量比同样不能超过 1.3，重整效率仅为 16.7%[25]。

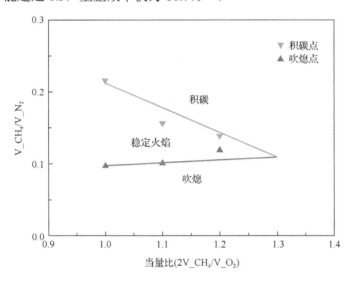

图 6.7　Hencken 型平焰燃烧器稳定无碳烟富燃工况[4]

6.4.2　多孔介质富燃燃烧

为了进一步拓宽火焰富燃极限，提升燃烧器的重整效率，本书课题组[19, 20, 28] 采用在自由空间火焰中引入多孔介质的燃烧方式，即多孔介质燃烧，利用多孔介质固体骨架的热回流预热来流气体，提高了富燃工况下燃烧的稳定性，并进一步提高了燃烧器的重整效率。

在自由空间火焰中引入多孔介质，利用多孔介质固体骨架自我组织的热回流，可将燃烧尾气的热量经由气固对流换热、固体的辐射与导热传至上游，对预混气体进行预热，从而燃烧区放热为预热量与燃烧量的叠加，如图 6.8 所示，可提高富燃工况下燃烧的稳定性，进而可以在更高富燃当量比下实现稳定富燃燃烧以提高燃烧器效率。由于燃烧产生的热量一部分通过热量回流的方式预热新鲜燃料，在某些工况下燃烧产生的最高火焰温度超出燃料本身在传统自由空间燃烧的绝热燃烧温度，这称为"超焓"燃烧。

按照多孔介质内气体与火焰的运动特性，多孔介质燃烧可分为过滤燃烧与驻定燃烧两类，在过滤燃烧中，火焰面随时间在多孔介质内移动和传播，火焰面通常沿燃烧器轴向向下游传播，随着火焰面向下游的传播，入口预混气体可吸收上一时刻火焰面处释放的热量，从而达到对预混气体进行预热的效果。然而由于过

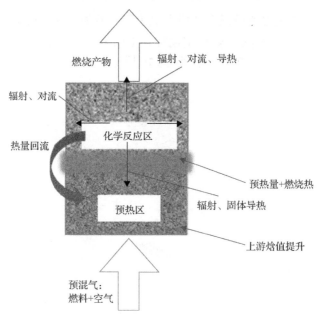

图 6.8　多孔介质燃烧机理[4]

滤燃烧中火焰以燃烧波的形式在多孔介质内传播，燃烧器内温度分布随时间剧烈变化，进而会导致燃料电池承受过多热循环而失效。为了增强火焰稳定性，Hsu等[44]提出在多孔介质上游添加一块小孔泡沫陶瓷，可以在稳定火焰的同时防止回火。由于火焰传播只可能发生在反应产生的热量大于与对外界散热损失的条件下，小孔多孔介质中气体对孔壁的散热量损失较大，可以起到很好的阻燃作用。在多孔介质中火焰能够传播的最小孔径与佩克莱数（Peclet Number, Pe）数有关，Pe 的定义如下：

$$Pe = \frac{S_{\mathrm{L}} d_{\mathrm{m}}}{\alpha} \tag{6.19}$$

其中，S_{L} (m/s) 为层流火焰速度；d_{m} (m) 为当量孔径；α 为混合气体的热扩散率 ($\mathrm{m^2/s}$)。只有当 Pe 数大于临界 Pe_{c} 时，火焰才能在多孔介质内传播。因此，通过改变多孔介质材料物性参数，使得上游多孔介质满足 Pe 数小于临界值，下游多孔介质 Pe 数大于临界值，那么，在一定当量比和流速范围内，可以使火焰稳定在上下游多孔介质交界面，由此可实现两段式多孔介质的稳定燃烧。

　　本书课题组[19, 20, 28]设计了不同构型的两段式多孔介质燃烧器用于 FFC 的研究中，如图 6.9 所示，上游采用小直径堆积氧化铝球作为预热层，下游采用大直径堆积氧化铝球作为反应层，将甲烷富燃火焰稳定在两层多孔介质交界面处，稳定富燃当量比可以达到 1.8，燃烧产物中 H_2 与 CO 含量超过 20%，部分氧化重整效率达到 50%，远高于自由空间富燃燃烧的重整效率。

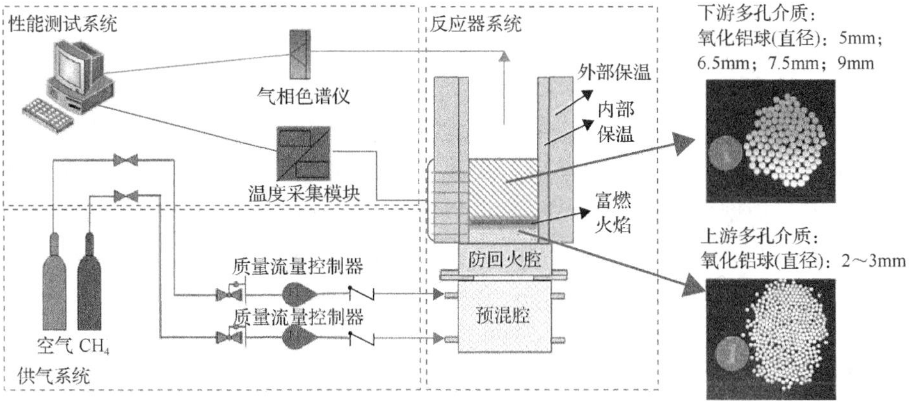

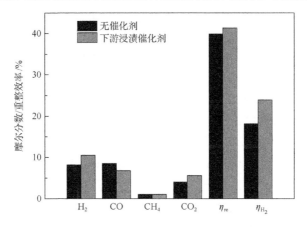

图 6.9　两段式多孔介质燃烧器实验装置[4]

然而，随着富燃当量比的提升，产物中未反应的 CH_4 含量增多，同时产物中 CO 含量高于 H_2 含量，而 CH_4 与 CO 的存在会导致 SOFC 阳极积碳，降低电池性能。与此同时，富燃燃烧产物中含有大量水蒸气可有效抑制积碳生成，为此，本书课题组在传统两段式多孔介质燃烧器的基础上，在下游多孔介质担载 Ni 催化剂，以促进甲烷蒸汽重整反应与水气变换反应，提高富燃产物中 H_2 的含量。当对多孔介质燃烧器进行催化增强后，H_2 与 CO_2 含量均有所上升，CO 含量下降，而 CH_4 含量仅略有下降，相比于无催化情形，CH_4 到 H_2 的重整效率由 18.2%增大到 23.9%，提升了 31.3%(相对值)，提升效果显著，如图 6.10 所示。同时 Ni 催化剂的添加使得产物中 H_2 与 CO 的含量之比由 0.9 上升至 1.6，可进一步降低 SOFC 积碳的可能性。从而采用催化增强两段式多孔介质燃烧器，结合多孔介质固体骨架热回流提高燃烧稳定性与催化燃烧降低反应活化能的优势，提高了甲烷的富燃重整效率。

图 6.10　燃烧器下游浸渍 Ni 催化剂对燃烧组分的影响[4]

6.5　富燃火焰与燃料电池的耦合匹配特性

在 FFC 中不仅需要考虑燃料电池与富燃火焰各自性能的优化，更需要考察二者的耦合匹配特性。最初研究者主要采用纽扣电池构型，针对 FFC 的基础性能规律及积碳特性进行研究；随着研究的深入，在基础性能规律研究的基础上，研究者开发了不同构型的 FFC 电池单元，以提高 FFC 电池单元的发电功率与效率。除了富燃火焰对 SOFC 的影响，研究者进一步探索了 SOFC 对富燃重整的影响机制。本节将分别对上述相关研究内容进行介绍。

6.5.1　FFC 基础性能

纽扣电池尺寸较小，可促进对性能规律的研究，因此，最初 FFC 的研究中通常采用纽扣电池与富燃火焰耦合的形式，调控火焰基本操作条件参数(富燃当量比、入口流速、燃烧器与电池距离)以获得 FFC 的基础性能特性。

6.5.1.1　富燃当量比对电化学性能的影响

在燃烧过程中，对于给定的燃料，当氧化剂的量刚好等于完全燃烧所需的量时，称其为氧化剂的化学当量值。当氧化剂超过化学当量值时，发生贫燃燃烧；当提供的氧化剂少于化学当量值时，发生富燃燃烧。当量比 ϕ 用于定量表示燃料-氧化剂混合物是富燃、贫燃或是化学当量的，式(6.2)给出了当量比的计算式。在 FFC 中，只有在富燃工况下，燃烧产物中产生 CO 与 H_2，SOFC 才会有相应的电流输出。通常情况下，正如 6.4 节中所提到的，提高燃烧器富燃当量比，可以有效促进碳氢燃料向合成气的转化，提高燃烧器重整效率。进一步地，随着富燃当量比的提高，参与 SOFC 电化学反应的有效组分(H_2 与 CO)含量增加，可促进 FFC 整体性能提升。然而，随着富燃当量比的增加，理论燃烧温度降低，火焰逐渐趋于富燃极限，当当量比超过临界值时，可能出现"脱火"等现象，很难继续维持稳定燃烧。因此，在一定范围内，尽可能提高富燃火焰稳定的临界当量比，可以提高燃烧器的重整效率，进而提升 FFC 性能。

许多研究学者都发现当量比对于 FFC 电化学性能具有显著的影响[1,7,8]。Kronemayer 等[7]采用直径 45mm 的平焰燃烧器和直径 13mm 的纽扣 SOFC 研究了当量比对 FFC 性能的影响。在化学当量或贫燃工况下($\phi \leqslant 1.0$)，SOFC 开路电压为 0V，FFC 没有电能输出，只有在富燃火焰下($\phi > 1.0$)FFC 才有相应电压和电能输出。在入口气体流速为 20cm/s，电池与燃烧器距离为 10mm 时，对于甲烷、丙烷和丁烷燃料，峰值功率密度随当量比的变化如图 6.11 所示。由实验结果可知，在一定范围内，随着当量比的增加，富燃燃烧尾气中 H_2 和 CO 的浓度增加，FFC

的性能提升，峰值功率密度逐渐增加；但随着当量比的继续提升，当 $\phi \geqslant 1.5$ 时，由于火焰提供的温度降低，且温度降低的影响大于燃料浓度增加的影响，FFC 峰值功率密度将会有所下降。

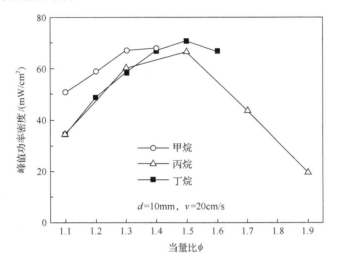

图 6.11　峰值功率密度随当量比的变化[7]

6.5.1.2　入口流速对电化学性能的影响

由于 FFC 中 SOFC 所处的工作温度由燃烧器产生的富燃火焰决定，考虑到环境散热损失等因素的影响，为维持 SOFC 合适的温度环境，燃烧器流速需要调节至一定的范围。当燃烧器入口流量较小时，随着流速的增加，富燃火焰为 SOFC 提供更高温的环境，FFC 性能明显提升；随着流量的进一步增加，FFC 性能提升有限，同时可能造成燃料利用率的下降等问题。同时，燃烧器内气体流速还会影响燃烧器的富燃重整性能，进而改变燃烧器出口组分(即阳极燃料组分)[20]，对 FFC 的电化学工作特性产生影响。

Vogler 等[8]采用 McKenna 型平焰燃烧器在不同当量比条件下（$\phi=1.1$ 和 $\phi=1.3$），研究了燃烧器入口气体流速对 FFC 性能的影响，如图 6.12 所示。实验结果表明，在同一当量比下，随着燃烧器入口气体流速的增加，FFC 电化学性能显著提升，这主要是由于入口流速提升带来的 SOFC 温度提升引起的。

另外，对于普通平板结构的 FFC，为防止阳极侧燃料扩散到阴极消耗氧化剂，需要在阴极通入一定的空气以维持稳定的氧浓差。然而，当阴极侧空气流速过大时，阴极的空气又可能扩散到阳极，与阳极燃料发生反应。因此，对于给定 FFC 构型，阴极空气流量同样需要控制在一定的范围内。

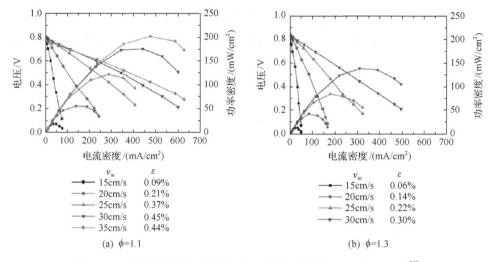

(a) $\phi=1.1$　　　　　　　　　　　(b) $\phi=1.3$

图 6.12　不同燃烧器入口流速下 FFC 极化曲线（$\phi=1.1$ 和 $\phi=1.3$）[8]

Zhu 等[2]采用家用燃气灶和液化石油气研究了阴极空气对 FFC 微型电堆的影响，不同阴极空气流量下 FFC 的开路电压如图 6.13（a）所示。当入口阴极空气流量太低时（<150mL/min），阳极侧的燃料很容易扩散到阴极侧，造成开路电压较低。当阴极空气流量为 150mL/min 时，FFC 的开路电压为 0.9V，与理论开路电压基本相符。然而，当入口阴极空气流量过高时，其对开路电压的影响相对较小，阴极空气向阳极扩散，释放热量，因此在一定范围内增加阴极空气流量，可以提升阴极氧分压和 SOFC 温度，进而提升 FFC 性能。

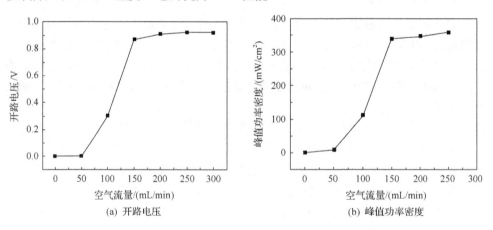

(a) 开路电压　　　　　　　　　　(b) 峰值功率密度

图 6.13　阴极空气流量对 FFC 电化学性能的影响[2]

6.5.1.3　燃烧器与电池距离的影响

当采用如图 6.5 所示的 FFC 构型时，燃烧器与 SOFC 的相对位置也会对 FFC

的电化学性能产生显著的影响。如果燃烧器富燃火焰与电池相距过远，SOFC 所处位置的温度太低，则会导致 FFC 的电化学性能较低。反之，如果火焰与电池距离太近，阴极侧氧气的分压不够，同样会降低 FFC 性能。因此，优化燃烧器富燃火焰与 SOFC 的距离，有利于提升 FFC 性能和保证其稳定工作。

Zhu 等[32]研究发现，燃烧器与 SOFC 的距离主要通过影响 SOFC 温度进而影响其性能。当 SOFC 与燃烧器的距离从 2cm 逐渐增加到 10cm 时，FFC 的峰值功率密度逐渐降低，如图 6.14 所示。在燃烧器与 SOFC 距离为 2cm 时，SOFC 阴极侧温度达到 880℃，峰值功率密度达到 238mW/cm²。在一定范围内，SOFC 温度的提升可以有效提升电解质的离子电导率以及电池阳极、阴极的动力学特性，进而提升 FFC 的电化学性能。

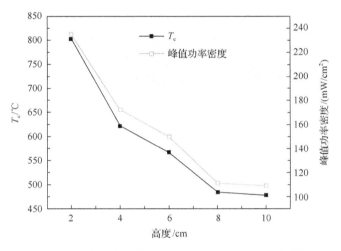

图 6.14　峰值功率密度和阴极温度随电池位置的变化[32]

南京工业大学的邵宗平课题组[31]将酒精灯火焰与 SOFC 直接耦合组成 FFC，研究了火焰不同位置处的温度和组分对 SOFC 电化学性能的影响。尽管外焰温度最高，但由于外焰处燃料完全燃烧，氢气浓度很低，SOFC 几乎没有电化学性能。酒精灯内焰和焰心处均可以视为富燃火焰。焰心处氢气浓度最高，但由于燃烧产生的热量很少，SOFC 温度较低，电极活性较低，欧姆阻抗较大，FFC 电化学性能较差。相比焰心和外焰，酒精灯内焰的温度和组分环境更适于 SOFC 的工作。

6.5.1.4　积碳特性

相比于传统 SOFC，FFC 中的燃料电池面临更严重的积碳问题。这是由于火焰在富燃燃烧的工况下容易产生碳烟，同时，富燃重整产生的 CO 和未完全反应的 CH₄ 在 SOFC 阳极也有可能发生积碳反应。阳极积碳会在一定程度上堵塞阳极孔道，影响阳极气体的扩散，同时覆盖阳极 Ni 催化表面反应活性位和电化学反应活性位，破坏电池结构，降低电池性能。图 6.15 为 FFC 实验测试后阳极内部的微观扫描电子显微镜(Scanning Eclectron Microscopy，SEM)图。

图 6.15　FFC 阳极内部 SEM 图[35]

对于甲烷燃料，常见的积碳反应包含甲烷裂解反应、歧化反应和水气变换逆反应[45]。

甲烷裂解反应：

$$CH_4 \longrightarrow C + 2H_2 \quad \Delta H_{298K}^0 = 74.8kJ/mol \tag{6.20}$$

歧化反应：

$$2CO \longrightarrow C + 2CO_2 \quad \Delta H_{298K}^0 = -172.4kJ/mol \tag{6.21}$$

水气变换逆反应：

$$CO + H_2 \longrightarrow C + H_2O \quad \Delta H_{298K}^0 = -131.0kJ/mol \tag{6.22}$$

甲烷裂解反应通常在温度较高的情况下较为明显，如果对 SOFC 阳极通入纯甲烷，需要在 700℃以上才会出现甲烷裂解积碳[46]。通常而言，对于富燃燃烧，甲烷的转化率随着当量比的增加而降低，因此甲烷的不完全反应通常在富燃当量比较高的情况下发生，但由于富燃燃烧温度随着当量比的增加而降低，甲烷裂解积碳在 SOFC 阳极的作用并不明显。由于富燃重整过程中产生大量的 CO，作为 SOFC 阳极燃料的一部分，歧化反应是 FFC 阳极积碳的主要反应。

缓解积碳问题可以从改善阳极材料和反应条件调节两个方面考虑。从材料的角度看，Ni 是很好的促进 C-C 结合的催化剂，因此单纯使用 Ni-YSZ 作为电池阳极材料很容易造成积碳。在阳极中掺杂少量贵金属，如 Ru、Ag 等，可以促进碳气化反应 $C+H_2O \longrightarrow CO+H_2$，达到抑制积碳的效果[47, 48]。二氧化铈是一种良好的抗积碳材料，在 SOFC 阳极掺杂二氧化铈，也可以大大减少积碳[49]。在反应条件方面，一方面可通过调整燃烧方式以减少火焰中的碳烟(如增强混合、采用多孔介质燃烧等)；另一方面，可改变燃料或氧化剂气体组分，如在反应物中添加二氧化碳或水蒸气，或者采用含有 CO_2 的生物沼气作为燃料，可以在一定程度上抑制积碳[28]。

6.5.2   FFC 电池单元构型

采用纽扣电池可忽略电池与燃烧器尺寸的影响，从而获得 FFC 的基础性能规律。然而，纽扣电池的反应面积较小，发电功率有限，促进 FFC 的实际应用需要考虑尺度较大的 FFC 电池单元构型设计问题。FFC 电池单元内涉及富燃火焰与 SOFC 之间流动和传热特性的耦合匹配。最初研究中采用滞止火焰与平板式 SOFC 直接耦合的电池单元构型，如图 6.16(a)所示。随着对电池抗热震性及启动特性的关注，本书课题组提出了采用微管式 SOFC 与富燃火焰耦合的构型，如图 6.16(b)所示。然而在这两种构型中，阳极滞止流的存在导致反应物的停留时间短，进一步限制了 FFC 发电效率的提升。同时，自由空间火焰存在 6.4 节所提到的重整效率较低的问题。

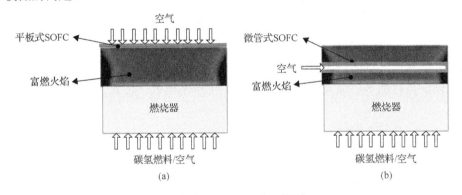

图 6.16   FFC 电池单元构型

采用多孔介质燃烧器可极大地提升燃烧器的重整效率，为此，本书课题组提出了耦合多孔介质燃烧器与微管式 SOFC 的 FFC 电池单元构型，如图 6.17 所示。甲烷与空气在两段式多孔介质燃烧器中富燃燃烧，含有 H_2 与 CO 的燃烧尾气顺流掠过微管式 SOFC 的阳极，同时阴极通入空气。在当量比为 1.6 时，FFC 电池单元功率达到 1.5W。然而，由于燃烧区域化学反应时间尺度远小于电化学反应时间尺度，部分 CO 与 H_2 并未参与电化学反应而直接流出反应器，从而电池单元的燃料利用率不到 1%，限制了 FFC 发电效率的提升。

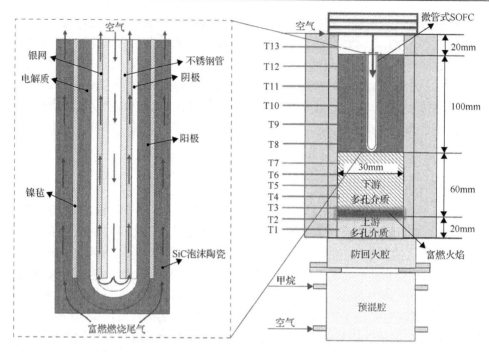

图 6.17 基于多孔介质燃烧器与微管式 SOFC 的 FFC 电池单元[4]

　　为了进一步提高 FFC 的燃料利用率,本书课题组在以上 FFC 电池单元的基础上,进一步考虑富燃燃烧区与微管式 SOFC 的流动和传热特性,在多孔介质燃烧器下游设计扩口结构将 SOFC 区域面积扩大,如图 6.18(a)所示,以降低流速、延长电化学反应区域的停留时间。在实验中对 4 管并联微管式 SOFC 管堆模块的电化学性能进行测试,最大功率达到 3.6W,电堆发电效率达到 6%。

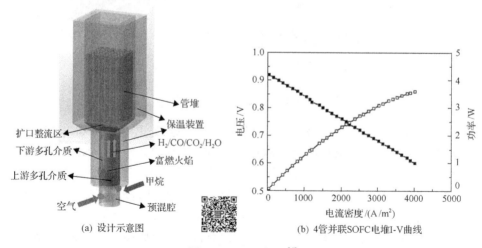

(a) 设计示意图　　　　　　　　　(b) 4管并联SOFC电堆I-V曲线

图 6.18　FFC 电堆 [4]

6.5.3　SOFC 与富燃火焰耦合作用机制

前面主要介绍了富燃火焰及其操作条件对 SOFC 性能的影响，反之，SOFC 也有可能会对富燃重整过程产生影响。在 FFC 中，富燃火焰与 SOFC 之间涉及化学/电化学反应以及传热过程的耦合作用，难以通过实验对二者的耦合作用进行剥离分析，所以建立数值模型成为分析 SOFC 与富燃火焰耦合机制的必要手段。Vogler 等针对耦合平面火焰与平板式 SOFC 的 FFC 建立了一维模型，认为 SOFC 电化学反应产物并不会对富燃火焰产生影响[8]。然而，该结论仅适用于火焰面远离 SOFC 的 FFC 构型(图 6.16)。本书课题组针对耦合多孔介质富燃燃烧与微管式 SOFC 的 FFC 电池单元建立了二维轴对称模型，模型综合考虑了火焰区的化学反应、电极内部的化学/电化学反应、多孔介质与电极内的流动、传热与传质过程、电极内的扩散和电荷传导等物理化学过程，利用该模型分析了 SOFC 阳极与富燃火焰之间的耦合作用机制。具体模型建立、参数选取以及边界条件设置等细节参见文献[4]。模拟结果表明，SOFC 阳极与燃料电池之间既存在化学/电化学反应的耦合，也存在热效应的耦合。图 6.19 为 SOFC 阳极 Ni 催化剂对多孔介质富燃重整产物的影响，由于 Ni 表面发生水气变换反应与 CH_4 的内部重整反应，考虑 Ni 表面化学反应后，电池阳极 H_2、CO_2 含量增加，CO 与 CH_4 含量减少，即 SOFC 阳极 Ni 催化剂对多孔介质富燃重整具有一定的促进作用。此外，模拟结果表明，电化学反应放热以及生成的 H_2O 也促进了重整区水气变换反应的进行，从而沿电池轴向方向，H_2 的摩尔分数首先因为电化学反应的消耗而下降，随后由于水气变换反应的生成而上升，如图 6.20 所示。

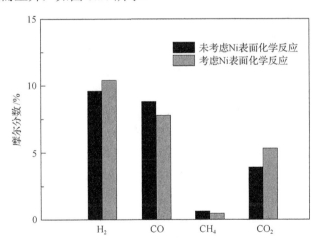

图 6.19　SOFC 阳极 Ni 催化剂对富燃重整组分影响[4]

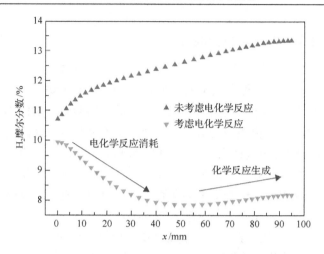

图 6.20　H₂ 摩尔分数沿微管式 SOFC 轴向分布图[4]

6.6　FFC 热电联供系统

尽管研究者从优化燃烧器重整特性以及火焰-电池耦合特性角度来提升 FFC 发电效率，但燃料的部分化学能不可避免地在富燃燃烧过程中转化为热能，导致其发电效率仍低于传统 SOFC。在 FFC 中，热管理与燃料处理过程都可以通过富燃燃烧实现，从而相比传统 SOFC，FFC 具有装置结构简单、启动快速的优点，同时避免了小型系统中频繁启停带来的密封失效的问题，在小型热电联供系统中极具应用前景。对于家用系统而言，电能和热能均为不可或缺的能源，且在冬夏季节所需的热量或冷量一般远大于所需的电能，因此，利用 FFC 构建合理的家用冷热电联供系统具有实际意义。此外，随着我国能源结构调整步伐的加快，天然气在能源供应领域发挥着越来越重要的作用，利用 FFC 可以在原有燃气热水器的基础上耦合 SOFC，这是实现天然气分布式冷热电联供的途径之一。

Milcarek 等[13]提出将 FFC 的概念整合到传统的家用锅炉或热水器中，实现一个家用微型热电联供系统，同时具有黑启动能力。如图 6.21[13]所示，天然气在燃烧器中进行富燃燃烧，产生一定热量的同时，通过部分氧化将燃料重整为 H₂ 和 CO。富燃产生的尾气流经管式 SOFC，产生电能供冰箱等基本电器使用或者储存到蓄电池中，与此同时产生少量热能。FFC 后端剩余的燃料气体通过尾部贫燃燃烧转化为热量，烟气中的热量通过换热器等部件为用户提供热能。整个系统结构简单紧凑，仅在常规锅炉或热水器中添加了 FFC 单元，可在不需要额外供能的情况下实现自行启动和热电联供。

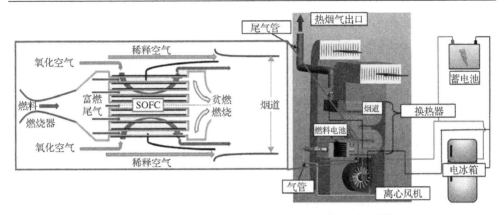

图 6.21　基于 FFC 的家用微型热电联供系统示意图[13]

在 FFC 运行过程中，燃料部分化学能在燃烧过程中转化为热能，所以如何将 FFC 与其他部件组成热电联供系统将这部分热能进行回收成为系统研究的重点。在系统设计中，通过构建系统模型对热电联供系统进行设计分析是推动系统实际应用的重要手段。本书课题组采用商用过程模拟软件 gPROMS 构建了基于 FFC 的微型冷热电三联供系统（Combined Coolina, Heatina and Power，CCHP）模型，对系统的稳态运行特性进行了模拟分析，为基于 FFC 的微型热电联供系统的设计与运行策略提供了一定的参考。

6.6.1　基于 FFC 的微型冷热电联供系统模型

基于 FFC 的微型冷热电三联供系统如图 6.22 所示，该系统主要包含一个 FFC 模块、一个热水器模块和一个制冷器模块。FFC 模块中，甲烷与空气经过富燃燃烧转化成为包含 H_2、CO、CO_2、H_2O、O_2、N_2 等的混合气体，作为 SOFC 电堆的燃料。混合气体流经 SOFC 阳极，同时向管堆阴极通入过量空气。其中，SOFC 管堆与阴极空气均由富燃燃烧尾气加热，维持高温电化学反应所需的温度。SOFC 内电化学反应将一部分化学能直接转换为电能输出。SOFC 电堆尾气中未反应完全的部分燃料与环境中的空气进一步进行完全燃烧，转化成为热烟气（主要包含 CO_2、H_2O、O_2、N_2 等），产生的热烟气携带大量的高温余热，可同时为热水器和制冷器提供热量。热水器模块通过与 FFC 模块出口的热烟气进行热量交换，为用户提供热水。制冷器模块中，燃烧尾气提供的热量可作为双效吸收式制冷器的热源为用户制冷。双效吸收式制冷器的主要部件包括蒸发器、吸收器、冷凝器、低压发生器、高压发生器、换热器、循环泵、节流阀等多个部件。高压发生器中的溴化锂水溶液吸收外界燃烧尾气提供的热量不断汽化，产生一级蒸汽，原溴化锂水溶液浓度不断升高，溶液经过换热器后进入低压发生器，进一步由一级蒸汽加热产生二级蒸汽与浓溶液。随后，浓溶液流经低温换热器，进入吸收器；一级、二级蒸汽在冷凝器中冷凝，冷凝水进一步在蒸发器中低压下蒸发，吸收循环水的热量，使其温度下降。最后，蒸发器中产生的水蒸气在吸收器中被浓溶液吸收变成稀溶液，稀溶液进入高压发生器后开始进行下一个循环，实现制冷过程[50, 51]。

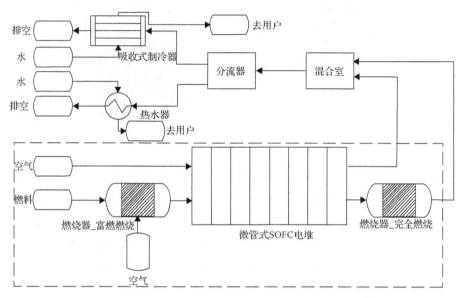

图 6.22　基于 FFC 的微型冷热电三联供系统示意图[4, 29]

为了对系统的性能进行评价，这里定义了相关评价参数：SOFC 的燃料利用率（U_f）、阴极过量空气系数（e_{air}）、SOFC 电堆发电效率（$\eta_{SOFC,E}$）、系统发电效率（$\eta_{Sy,E}$）、系统热电联供效率（η_{CHP}）和系统冷热电三联供效率（η_{CCHP}）和系统热电比（Thermal- to-Electric Ratio，TER）。各性能参数的表达式如下：

$$U_f = \frac{\dot{m}_{\text{电化学反应消耗}H_2} + \dot{m}_{\text{电化学反应消耗}CO}}{\dot{m}_{H_2,\text{an,in}} + \dot{m}_{CO,\text{an,in}}} \tag{6.23}$$

$$e_{air} = \frac{\dot{m}_{O_2,\text{ca,in}}}{0.5\left(\dot{m}_{H_2,\text{an,in}} + \dot{m}_{CO,\text{an,in}}\right)} \tag{6.24}$$

$$\eta_{SOFC,E} = \frac{P_{DC}}{\dot{m}_{H_2,\text{an,in}}LHV_{H_2} + \dot{m}_{CO,\text{an,in}}LHV_{CO}} \tag{6.25}$$

$$\eta_{Sy,E} = \frac{P_{AC}}{\dot{m}_{CH_4,\text{Sy,in}}LHV_{CH_4}} \tag{6.26}$$

$$\eta_{\mathrm{CHP}} = \frac{P_{\mathrm{AC}} + \dot{Q}_{\mathrm{heat}}}{\dot{m}_{\mathrm{CH_4,Sy,in}} \mathrm{LHV}_{\mathrm{CH_4}}} \tag{6.27}$$

$$\eta_{\mathrm{CCHP}} = \frac{P_{\mathrm{AC}} + \dot{Q}_{\mathrm{heat}} + \dot{Q}_{\mathrm{cold}}}{\dot{m}_{\mathrm{CH_4,Sy,in}} \mathrm{LHV}_{\mathrm{CH_4}}} \tag{6.28}$$

$$\mathrm{TER} = \frac{\dot{Q}_{\mathrm{heat}}}{P_{\mathrm{AC}}} \tag{6.29}$$

其中，$\dot{Q}_{\mathrm{heat}}$ 为制热量；$\dot{Q}_{\mathrm{cold}}$ 为制冷量；各燃料低位热值为 $\mathrm{LHV}_{\mathrm{CH_4}} = 50184.5\mathrm{kJ/kg}$，$\mathrm{LHV}_{\mathrm{CO}} = 10125.1\mathrm{kJ/kg}$，$\mathrm{LHV}_{\mathrm{H_2}} = 120.1\mathrm{MJ/kg}$；交流功率为 $P_{\mathrm{AC}} = P_{\mathrm{DC}} \times \eta_{\mathrm{DC\text{-}AC}}$，$P_{\mathrm{DC}}$ 为 SOFC 电堆的输出功率，$\eta_{\mathrm{DC\text{-}AC}}$ 为直流交流的转换效率。

6.6.2　富燃当量比对系统性能的影响

　　与传统的 SOFC 热电联供系统相比，基于 FFC 的微型热电联供系统的一个显著特征在于 SOFC 的燃料和热量均由富燃火焰提供，因此富燃火焰的工况条件，尤其是当量比对于系统性能的影响显著。给定燃烧器入口燃料流量 $1.35 \times 10^{-4}\mathrm{kg/s}$，维持恒定的燃料利用率 $U_{\mathrm{f}} = 60\%$，通过改变燃烧器入口空气流量改变富燃当量比，调节 SOFC 阴极空气流量以维持电堆温度为 1123K，计算得到不同当量比下 SOFC 性能和系统性能如图 6.23 所示。

　　随着当量比的增加，燃烧温度逐渐降低，因此 SOFC 阴极过量空气系数 e_{air} 减小。当量比增加，富燃燃烧产物中 H_2 和 CO 的含量增加，SOFC 阳极组分中有效燃料增加，因此 SOFC 电堆的输出功率 P_{DC} 增大。但当量比的增加同时会引起入口燃料的增加，且入口燃料的增加幅度大于发电功率的增加幅度，使得 SOFC 电堆的发电效率 $\eta_{\mathrm{SOFC,E}}$ 由当量比 1.4 时的 28.6%降低至当量比 2.0 的 26.2%。当当量比从 1.4 增加到 2.0 时，FFC 系统交流电功率 P_{AC} 从 684W 增加至 1080W，因此调节当量比可以在一定范围内调节系统的交流电输出，满足不同用户的用电需求，高当量比更适用于高用电需求的用户。从图 6.23 可以看到，随着当量比的增加，由于燃料的化学能更多地转化为电能，系统 TER 从当量比 1.4 时的 7.81 降低至当量比 2.0 时的 4.62，系统 TER 相对较高，更适于用热需求远高于用电需求的场合，如北方的冬季。此外，由于 SOFC 电堆阴极过量空气系数随着当量比的增加逐渐降低，整个系统的对外热损失降低，尽管系统出口温度略有上升，系统热电联供效率 η_{CHP} 仍稍有提升。由于 FFC 中有一大部分化学能通过燃烧转化为热能，尽管系统的发电效率 $\eta_{\mathrm{Sy,E}}$ 只有 10%～16%，但系统热电联供效率可达 90%左右，因此基于 FFC 的系统更适于热电联供或冷热电三联供，而非单独发电。

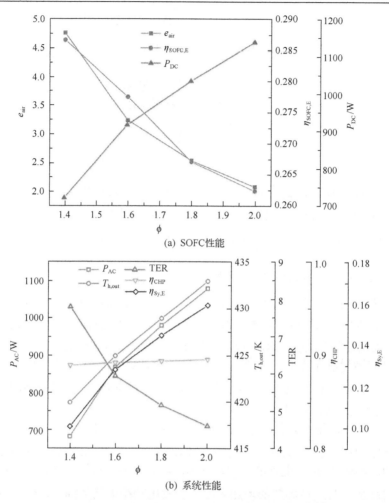

(a) SOFC性能

(b) 系统性能

图 6.23　不同当量比下 SOFC 性能和系统性能 [4, 29]

　　当量比为 2.0 时，系统能流图如图 6.24 所示。入口甲烷的化学能经过 FFC 模块后，有 16.8%转化为直流电能，其余 83.2%能量转化为热能。在富燃燃烧过程中，有 35.5%的燃料化学能直接转化为热能，此外，电化学反应以及未发生电化学反应的剩余燃料尾燃也释放出大量热能。FFC 模块产生的直流电能进一步通过 DC/AC 转换器转化为交流电，为用户供电，期间损耗为 0.8 %的入口燃料化学能。FFC 模块产生的热烟气经由热水器与冷水换热，为用户制热，由于系统出口尾气温度约为 430K，尾气排出造成的热损失为入口能量的 9.6 %。由系统分析结果可以看出，基于 FFC 的系统 TER 较高，此系统适用于用热需求远高于用电需求的场合。

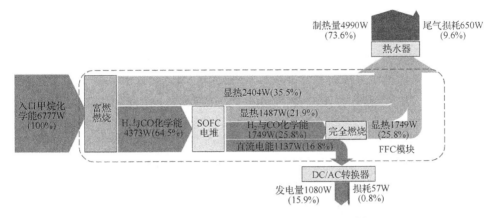

图 6.24　FFC 系统能流图（当量比为 2.0 时）[4]

6.6.3　燃料利用率对系统性能的影响

给定当量比为 1.6，改变阳极入口气体流量，并通过调节阴极空气流量维持电堆温度为 1123 K，计算得到不同燃料利用率下系统性能参数如表 6.9 所示。当燃料利用率从 50%增加到 70%，SOFC 发电功率 P_{DC} 提升，进而 SOFC 电堆发电效率 $\eta_{SOFC,E}$ 及系统的发电效率 $\eta_{Sy,E}$ 提升，系统 TER 下降。燃料利用率增加，SOFC 电堆的电流密度增大，从而导致电堆放热量增加，因此 SOFC 阴极过量空气系数 e_{air} 增大。当燃料利用率从 50%提高到 60%时，系统的热电联供效率 η_{CHP} 从 82% 增加到 89%，继续提高燃料利用率至 70%，热电联供效率 η_{CHP} 几乎不变，提升 SOFC 电堆的燃料利用率主要提升系统的发电效率，对系统的热电联供效率影响相对较小。

表 6.9　不同燃料利用率下系统性能参数[4]

U_f /%		50	60	70
SOFC 性能	e_{air}	3.01	3.23	3.55
	P_{DC}	810	915	970
	$\eta_{SOFC,E}$	0.25	0.28	0.30
系统性能	P_{AC}	770	869	922
	$T_{h,out}$	429	425	420
	TER	6.24	5.96	5.56
	η_{CHP}	82%	89%	89%
	$\eta_{Sy,E}$	11%	13%	14%

6.6.4　不同系统构型比较

　　FFC 在燃烧过程中产生大量的热量，通过热水器或制冷器将该部分热量用于制热或制冷，均可实现较为高效紧凑的能量利用。调控 FFC 模块尾气用于制热和制冷的比例(维持当量比为 1.6，燃料利用率为 70%)，得到不同系统构型下系统相关性能参数如表 6.10 所示。当系统用于热电联供时效率为 89.2%，低于系统用于冷电联供时的效率(96.5%)，当系统用于冷热电三联供时，随着系统制热比例的增加，系统的联供效率下降。原因在于双效吸收式制冷器的制冷能效比(Coefficient of Performance，COP)为 1.005，制冷量稍大于输入的热量，随着系统制冷比例增加，系统整体上可以为外界提供更多的能量，总体效率提高。从系统总效率的角度出发，提高制冷量的比例有助于提升系统的效率，但由于双效吸收式制冷器相比于热水器而言较为昂贵，对于三联供系统的整体优化设计需要更加详细的系统技术经济分析。

表 6.10　不同系统构型下的性能参数[4]

系统构型		制热量/W	制冷量/W	发电量/W	系统效率/%
两联供	热电	5124	0	922	89.2
	冷电	0	5615	922	96.5
三联供	20%热+80%冷+电	1025	4329	922	93.4
	50%热+50%冷+电	2740	2562	922	91.9
	80%热+20%冷+电	4100	1096	922	90.3

6.7　挑战与展望

　　固体氧化物火焰燃料电池是一种新型 SOFC，将富燃火焰与 SOFC 直接耦合，降低了 SOFC 系统燃料处理及热管理的复杂度，在小型天然气分布式供能及热电联供系统中极具应用前景。目前 FFC 仍处在实验室研发阶段，虽然国内外研究者针对 FFC 的基础性能特性、燃料电池热应力及抗热震性、燃烧器的富燃特性以及二者的耦合匹配特性开展了相关研究，但推进其商业应用仍存在许多挑战，还需从以下多个方面开展深入的研究与开发工作：在 SOFC 热管理方面，仍需进一步降低 SOFC 运行中的轴向温度梯度，提高 FFC 的热循环性能及长期运行稳定性；在富燃火焰方面，需进一步探索燃烧器对多种燃料的适应性，实现丙烷、丁烷甚至汽油、柴油等液体燃料的稳定富燃燃烧，拓宽 FFC 的燃料选择性；在电堆规模放大方面，需考虑电堆串并联、集流设计以及电堆与富燃火焰耦合等问题，采用模块化构型实现电堆放大；在系统集成层面，仍需开展技术经济性分析，对 FFC 微型冷热电三联供在家用领域的经济可行性进行分析，在此基础上，进一步构建以天然气为燃料的微型冷热电联供示范系统样机，推动其在分布式供能系统中的实际应用。

参 考 文 献

[1] Horiuchi M, Suganuma S, Watanabe M. Electrochemical power generation directly from combustion flame of gases, liquids, and solids[J]. Journal of the Electrochemical Society, 2004,151(9): A1402.

[2] Zhu X, Wei B, Lü Z, et al. A direct flame solid oxide fuel cell for potential combined heat and power generation[J]. International Journal of Hydrogen Energy, 2012,37(10): 8621-8629.

[3] Walther D C, Ahn J. Advances and challenges in the development of power-generation systems at small scales[J]. Progress in Energy and Combustion Science, 2011,37(5): 583-610.

[4] 王雨晴. 固体氧化物火焰燃料电池机理与性能研究[D]. 北京: 清华大学, 2017.

[5] Horiuchi M, Katagiri F, Yoshiike J, et al. Performance of a solid oxide fuel cell couple operated via in situ catalytic partial oxidation of n-butane[J]. Journal of Power Sources, 2009,189(2): 950-957.

[6] Endo S, Nakamura Y. Power generation properties of direct flame fuel cell (DFFC)[J]. Journal of Physics Conference Series, 2014, 557(1): 012119.

[7] Kronemayer H, Barzan D, Horiuchi M, et al. A direct-flame solid oxide fuel cell (DFFC) operated on methane, propane, and butane[J]. Journal of Power Sources, 2007,166(1): 120-126.

[8] Vogler M, Barzan D, Kronemayer H, et al. Direct-flame solid-oxide fuel cell (DFFC): A thermally self-sustained, air self-breathing, hydrocarbon-operated SOFC system in a simple, no-chamber setup[J]. ECS Transactions, 2007, 7(1): 555-564.

[9] Vogler M, Horiuchi M, Bessler W G. Modeling, simulation and optimization of a no-chamber solid oxide fuel cell operated with a flat-flame burner[J]. Journal of Power Sources, 2010,195(20): 7067-7077.

[10] Wang K, Zeng P, Ahn J. High performance direct flame fuel cell using a propane flame[J]. Proceedings of the Combustion Institute, 2011,33(2): 3431-3437.

[11] Kang W. An experimental study of flame-assisted fuel cells[D]. Syracuse: Syracuse University, 2014.

[12] Wang K, Milcarek R J, Zeng P, et al. Flame-assisted fuel cells running methane[J]. International Journal of Hydrogen Energy, 2015,40(13): 4659-4665.

[13] Milcarek R J, Wang K, Falkenstein-Smith R L, et al. Micro-tubular flame-assisted fuel cells for micro-combined heat and power systems[J]. Journal of Power Sources, 2016,306: 148-151.

[14] Milcarek R J, Garrett M J, Wang K, et al. Micro-tubular flame-assisted fuel cells running methane[J]. International Journal of Hydrogen Energy, 2016,41(45): 20670-20679.

[15] Tucker M C, Ying A S. Metal-supported solid oxide fuel cells operated in direct-flame configuration[J]. International Journal of Hydrogen Energy, 2017,42(38): 24426-24434.

[16] Hossain M M, Myung J, Lan R, et al. Study on direct flame solid oxide fuel cell using flat burner and ethylene flame[J]. ECS Transactions, 2015,68(1): 1989-1999.

[17] 王雨晴, 史翊翔, 余先恺, 等. 直接火焰燃料电池热应力分析及性能研究[J]. 燃烧科学与技术, 2014(3): 238-244.

[18] Wang Y, Shi Y, Yu X, et al. Thermal shock resistance and failure probability analysis on solid oxide electrolyte direct flame fuel cells[J]. Journal of Power Sources, 2014,255: 377-386.

[19] Wang Y, Zeng H, Cao T, et al. Start-up and operation characteristics of a flame fuel cell unit[J]. Applied Energy, 2016,178: 415-421.

[20] Wang Y, Zeng H, Shi Y, et al. Power and heat co-generation by micro-tubular flame fuel cell on a porous media burner[J]. Energy, 2016,109: 117-123.

[21] Wang Y, Shi Y, Cai N, et al. Performance characteristics of a micro-tubular solid oxide fuel cell operated with a fuel-rich methane flame[J]. ECS Transactions, 2015,68(1): 2237-2243.

[22] Wang Y, Zeng H, Shi Y, et al. Mathematical modeling of a porous media burner based methane flame fuel cell[J]. Journal of The Electrochemical Society, 2017,164(11): E3627-E3634.

[23] Wang Y Q, Shi Y X, Yu X K, et al. Integration of solid oxide fuel cells with multi-element diffusion flame burners[J]. Journal of the Electrochemical Society, 2013,160(11): F1241-F1244.

[24] Zeng H, Wang Y, Shi Y, et al. Highly thermal-integrated flame fuel cell module with high temperature heatpipe[J]. Journal of the Electrochemical Society, 2017,164(13): F1478-F1482.

[25] Wang Y Q, Shi Y X, Yu X K, et al. Experimental characterization of a direct methane flame solid oxide fuel cell power generation unit[J]. Journal of the Electrochemical Society, 2014,161(14): F1348-F1353.

[26] Wang Y, Shi Y, Luo Y, et al. Dynamic analysis of a micro CHP system based on flame fuel cells[J]. Energy Conversion and Management, 2018,163: 268-277.

[27] Wang Y, Shi Y, Yu X, et al. Direct flame fuel cell performance using a multi-element diffusion flame burner[J]. ECS Transactions, 2013,57(1): 279-288.

[28] Zeng H, Wang Y, Shi Y, et al. Biogas-fueled flame fuel cell for micro-combined heat and power system[J]. Energy Conversion and Management, 2017,148: 701-707.

[29] Wang Y, Shi Y, Ni M, et al. A micro tri-generation system based on direct flame fuel cells for residential applications[J]. International Journal of Hydrogen Energy, 2014,39(11): 5996-6005.

[30] Sun L, Hao Y, Zhang C, et al. Coking-free direct-methanol-flame fuel cell with traditional nickel-cermet anode[J]. International Journal of Hydrogen Energy, 2010,35(15): 7971-7981.

[31] Wang K, Ran R, Hao Y, et al. A high-performance no-chamber fuel cell operated on ethanol flame[J]. Journal of Power Sources, 2008,177(1): 33-39.

[32] Zhu X, Lue Z, Wei B, et al. Direct flame SOFCs with $La_{0.75}Sr_{0.25}Cr_{0.5}Mn_{0.5}O_3$-delta/Ni coimpregnated yttria-stabilized zirconia anodes operated on liquefied petroleum gas flame[J]. Journal of the Electrochemical Society, 2010,157(12): B1838-B1843.

[33] Hecht E S, Gupta G K, Zhu H, et al. Methane reforming kinetics within a Ni‐YSZ SOFC anode support[J]. Applied Catalysis A: General, 2005, 295(1): 40-51.

[34] Bujalski W, Dikwal C M, Kendall K. Cycling of three solid oxide fuel cell types[J]. Journal of Power Sources, 2007,171(1): 96-100.

[35] Zeng H, Wang Y, Shi Y, et al. Highly thermal integrated heat pipe-solid oxide fuel cell[J]. Applied Energy, 2018,216: 613-619.

[36] Nakamura Y, Endo S. Power generation performance of direct flame fuel cell (DFFC) impinged by small jet flames[J]. Journal of Micromechanics and Microengineering, 2015, 25(10): 104015.

[37] Milcarek R, Wang K, Falkenstein-Smith R, et al. Flame-assisted fuel cell operating with methane for combined heating and micro power[C]// Proceedings of the ASME 2015 13th International Conference on Fuel Cell Science, Engineering and Technology, San diego, 2015.

[38] Falkenstein-Smith R, Wang K, Milcarek R, et al. Integrated anaerobic digester and fuel cell power generation system for community use[C]// ASME 2015 13th International Conference on Fuel Cell Science, Engineering and Technology, San diego, 2015.

[39] Speelman N, Kiefer M, Markus D, et al. Validation of a novel numerical model for the electric currents in burner-stabilized methane–air flames[J]. Proceedings of the Combustion Institute, 2015,35(1): 847-854.

[40] Senser D W, Morse J S, Cundy V A. Construction and novel application of a flat flame burner facility to study hazardous waste combustion[J]. Review of Scientific Instruments, 1985,56(6): 1279-1284.

[41] Cheskis S. Quantitative measurements of absolute concentrations of intermediate species in flames[J]. Progress in Energy and Combustion Science, 1999, 25(3): 233-252.

[42] Chen Y L, Lewis J W L, Parigger C. Probability distribution of laser-induced breakdown and ignition of ammonia[J]. Journal of Quantitative Spectroscopy and Radiative Transfer, 2000, 66(1): 41-53.

[43] Meier W, Vyrodov A O, Bergmann V, et al. Simultaneous Raman/LIF measurements of major species and NO in turbulent H 2/air diffusion flames[J]. Applied Physics B, 1996, 63(1): 79-90.

[44] Hsu P F, Howell J R, Matthews R D. A numerical investigation of premixed combustion within porous inert media[J]. Journal of Heat Transfer, 1993, 115(3): 744-750.

[45] Li C, Shi Y, Cai N. Carbon deposition on nickel cermet anodes of solid oxide fuel cells operating on carbon monoxide fuel[J]. Journal of Power Sources, 2013, 225: 1-8.

[46] Murray E P, Tsai T, Barnett S A. A direct-methane fuel cell with a ceria-based anode[J]. Nature, 1999, 400(6745): 649-651.

[47] Takeguchi T, Kikuchi R, Yano T, et al. Effect of precious metal addition to Ni-YSZ cermet on reforming of CH$_4$ and electrochemical activity as SOFC anode[J]. Catalysis Today, 2003, 84(3-4): 217-222.

[48] Wang K, Ran R, Hao Y, et al. A high-performance no-chamber fuel cell operated on ethanol flame[J]. Journal of Power Sources, 2008,177(1): 33-39.

[49] Patel S, Jawlik P F, Wang L, et al. Impact of cofiring ceria in Ni/YSZ SOFC anodes for operation with syngas and n-butane[J]. Journal of Fuel Cell Science and Technology, 2012, 9(4): 041002.

[50] Florides G A, Kalogirou S A, Tassou S A, et al. Design and construction of a LiBr–water absorption machine[J]. Energy Conversion and Management, 2003, 44(15): 2483-2508.

[51] Patek J, Klomfar J. A computationally effective formulation of the thermodynamic properties of LiBr-H$_2$O solutions from 273 to 500K over full composition range[J]. International Journal of Refrigeration, 2006, 29(4): 566-578.

第 7 章　固体氧化物直接碳燃料电池

7.1　引　言

直接碳燃料电池（Direct Carbon Fuel Cell，DCFC）以固体碳燃料作为燃料，通过电化学反应直接产生电能。与其他类型燃料电池不同，DCFC 不需要气体或液体燃料，而是以各种各样的固体碳作为燃料，包括煤、炭黑、生物质，甚至含碳垃圾等。与基于 Rankine 循环发电的燃煤电厂相比，DCFC 具有高效、燃料加工成本低和污染易于控制的独特优势。高效的 DCFC 可以利用更少的碳燃料(意味着排放更少的 CO_2)产生相同的能量，因此尽管 DCFC 反应中也生成 CO_2，它仍然是更加绿色低碳的技术。此外，由于 DCFC 反应只产生 CO_2，对其进行碳捕集的成本也低于燃煤电厂。

DCFC 根据燃料利用方式命名，按照 DCFC 所用电解质的不同，又可分为三种类型，即熔融碳酸盐电解质 DCFC、熔融氢氧化物电解质 DCFC 和固体氧化物电解质 DCFC。电解质是燃料电池的核心部件，不同电解质材料的导电离子不同，进而工作原理也不完全相同，在电池材料、结构和燃料供给等方面也存在差异。固体氧化物直接碳燃料电池(Solid Oxide Direct Carbon Fuel Cell, SO-DCFC)采用固体氧化物作为电解质，对碳燃料的纯度要求最低，可以采用已有的燃烧设备(如流化床)解决碳燃料的给料问题，因此受到国内外研究者的关注。

对 SO-DCFC 的研究可以追溯到 1965 年，Zahradnik 等[1]提出将煤气化单元与高温 SOFC 相结合的发电系统。而后，1988 年 Nakagawa 等[2]将炭置于 SOFC 阳极腔室中，最先对 SO-DCFC 进行了探索性研究。随着能源和环境问题的加剧以及 SOFC 技术的发展，SO-DCFC 的研究引起了各国的重视，研究者对电池阳极结构改进、电池机理及特性、原型电池制作与优化等方面进行了深入研究。目前主要的研究单位有美国的斯坦福大学[3-6]、阿克伦大学[7, 8]、斯坦福国际研究院[9, 10]、宾夕法尼亚大学[11-15]；英国的圣安德鲁斯大学[16-24]、剑桥大学[25]；日本东京工业大学[26-30]以及澳大利亚昆士兰大学[31-34]等。相应地，国内广泛地开展了 DCFC 的研究，目前在机理研究以及应用推广方面都处于世界先进水平。国内主要的研究单位有清华大学[35-40]、中国科学院上海硅酸盐研究所[41-43]、华中科技大学[44-46]、华南理工大学[47-50]、中国矿业大学[51, 52]、南京工业大学[53, 54]、香港理工大学[55, 56]、山西大学[57]、哈尔滨工业大学[58]等。

SO-DCFC 由阳极、阴极及固体氧化物离子导体电解质组成。在阳极，固体碳燃料和其他中间还原剂通过电化学反应（$C + 2O^{2-} \longrightarrow CO_2 + 4e^-$）为整个电化学反应提供电子；在阴极，氧气通过还原反应得到阳极产生的电子并生成氧离子（$O_2 + 4e^- \longrightarrow 2O^{2-}$）。两个电极之间的固体氧化物电解质则用于运输氧离子，实现整个电化学反应平衡，并隔绝阴极与阳极之间的电子输运。DCFC 的总反应为 $C + O_2 \longrightarrow CO_2$。在这类电池中，阴极的电位高于阳极，这一电位差即电池电压，驱动着电子从阳极通过外电路流向阴极产生电流。

对于燃料电池，固体碳燃料产量大、价格低，并且具有比气体或液体燃料更高的能量密度。但固体碳燃料也存在明显的缺点，如反应速率低、阳极反应区燃料输运困难等。因此，为了提高碳转化速率，大部分 DCFC 在 600～1000℃的高温下工作。人们还将含氧物质输送到碳燃料中，以将固体碳燃料转化为气体燃料。在提高 DCFC 的碳反应速率的研究工作中，碳的转化机理扮演着一个重要角色。

采用含碳燃料的高温燃料电池需要面临的最致命的问题之一是阳极积碳，这会覆盖反应活性位点并使电极失活。其积碳机理分别为烃类燃料裂解反应（吸热）和 CO Boudouard 反应的逆反应（放热）。

CO 积碳：$\qquad\qquad\qquad 2CO \longrightarrow C + CO_2$ $\qquad\qquad\qquad$ (7.1)

烃类燃料裂解积碳：$\qquad C_xH_y \longrightarrow xC + \dfrac{y}{2}H_2$ $\qquad\qquad\qquad$ (7.2)

引入固体碳作为燃料催化后，相同工作温度下阳极载气中 CO 含量增大，更容易发生阳极积碳。

关于 SOFC 阳极积碳的研究非常广泛，研究者主要针对烃类化合物燃料进行。研究主要集中在碳氢化合物内部重整动力学分析[59-61]、积碳对阳极微观结构[62]和电化学性能[63]影响，阳极通过添加其他氧化物（CeO_2、CuO 等）以抑制积碳[63, 64]等。研究表明积碳程度主要与燃料 H_2O/C 比、工作温度、阳极材料、电流密度等因素有关。对于烃类裂解积碳，增大 H_2O/C 比、降低工作温度、提高电流密度能抑制阳极积碳[65]。

由于 CO 积碳与烃类燃料裂解积碳机理不同，阳极积碳形态与抑制积碳的方法也不尽相同。因此，研究 CO 阳极积碳过程，分析运行工况对阳极积碳程度影响，对改善 SO-DCFC 性能与寿命非常重要。

在本书课题组的前期研究中，首先通过阳极积碳实验，在 0.7V 恒压放电工况下实际测量放电时间、工作温度和阳极载气组分（CO/CO_2）对阳极积碳程度的影响；其次采用拉曼光谱对阳极 CO 积碳形态进行表征分析，并与 CH_4 裂解积碳进行对比，主要结果如下。

与烃类（CH_4）裂解积碳不同，CO 积碳的 X 射线光电子能谱分析（X-ray Photoelectron Spectroscopy，XPS）谱图中，C 元素峰值单一，主要表现为石墨化的碳，对应于标准谱图中的 C_{1s} 峰。积碳主要发生在催化剂 Ni 表面，且随着 CO 浓度的升高逐渐加重，几乎不存在 C═O 羰基结构。这导致 SO-DCFC 中阳极 CO 积碳很难通过直接电化学反应而被消耗，对 Ni 催化活性和电池性能的降低具有一定不可逆性。

优化阳极材料及相关的微观结构、改善碳燃料的化学成分、控制碳的沉积与转化，是提高阳极寿命、燃料电池效率以及性能的关键。

虽然 DCFC 技术在能源转化领域有着实际应用前景，但仍然存在许多尚未解决的问题，包括碳燃料中的杂质对燃料电池性能的影响，碳燃料转化后遗留灰分的处理，先进碳转换电极的研发，以及利用固体碳燃料的 DCFC 的系统设计。为了全面了解 DCFC 技术的研究与开发，本章介绍 SO-DCFC 电极材料和电极/电池设计与结构的最新进展，以及对 DCFC 基本原理与高温电化学反应碳转化机理的理解和认识，最后还将讨论 DCFC 所面临的技术挑战，并提出应对这些挑战可能的研究方向。

7.2　DCFC 热力学分析

7.2.1　DCFC 的开路电压

开路电压(Open Circuit Voltage, OCV)或 Nernst 电位(E)是碳-空气燃料电池的一个重要参数。它可以通过 Nernst 方程确定：

$$E = \frac{RT}{nF} \ln\left(\frac{p_{O_2,\text{ca}}}{p_{O_2,\text{an}}}\right) \tag{7.3}$$

其中，$p_{O_2,\text{ca}}$ 与 $p_{O_2,\text{an}}$ 分别为氧在阴极与阳极的分压；R [8.314 J/(mol·K)]为理想气体常数；T(K)为工作温度；n 为每摩尔碳被氧化转移的电子数(mol/mol)；F 为法拉第常数。

碳氧化反应的总反应为

$$C + O_2 \Longrightarrow CO_2 \tag{7.4}$$

从中可以得到 $n=4$。阳极中的氧分压可用 Van't Hoff 方程计算：

$$\ln\left(\frac{p_{CO_2}}{p_{O_2,\text{an}}\gamma_C}\right) = -\frac{\Delta G_C}{RT} \tag{7.5}$$

其中，p_{CO_2} (atm)为 CO_2 在阳极的分压；ΔG_C (J/mol)为在给定温度下反应的 Gibbs 自由能变；γ_C 为碳的活度。因此，开路电压可以表示为

$$E = \frac{RT}{nF} \ln\left(p_{O_2,\text{ca}}\right) - \frac{\Delta G_C}{nF} - \frac{RT}{nF} \ln\left(\frac{p_{CO_2}}{\gamma_C}\right) \tag{7.6}$$

如果将空气作为氧化剂，则阴极的氧分压为 0.21atm，p_{CO_2} 与 γ_C 的值也一同取理论值，那么在 700～1000℃ 下计算的电池电压为 0.993～0.984V。

7.2.2　DCFC 的理论效率

从热力学角度分析，相比于煤气化产生 CO 或 H_2 再氧化，碳的直接氧化发电更高效。在恒定工作温度 T(K) 下，电化学反应的理论效率 η_{theo} 可以表示为

$$\eta_{theo} = \frac{\Delta G}{\Delta H} \times 100\% = \left(1 - T\frac{\Delta S}{\Delta H}\right) \times 100\% \tag{7.7}$$

其中，ΔG (J/mol) 为碳氧化反应的 Gibbs 自由能变；ΔH (J/mol) 为同一反应的焓变；ΔS 为熵变。图 7.1(a) 比较了几种燃料在不同工作温度下，以空气为氧化剂进行电化学氧化反应的理论效率。

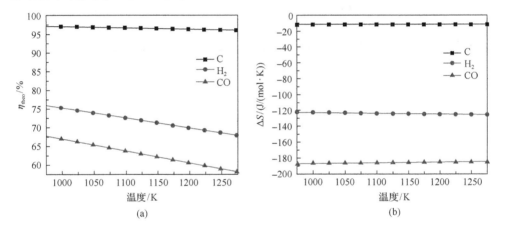

图 7.1　C、H_2 和 CO 电化学氧化的理论效率 η_{theo} 和熵变 ΔS

如图 7.1(b) 所示，由于碳直接氧化形成 CO_2 熵变小，固体碳直接电化学氧化可以达到很高的理论效率，如在 1000K 下可以超过 95%。然而，固体碳作为燃料使用时，这种优势常常被大的活化极化与缓慢的碳直接氧化反应所抵消。虽然气体燃料的电化学氧化的理论热力学效率相对较低，但是使用煤气化燃料可以避免与固体碳相关的动力学问题。

7.2.3　DCFC 实际效率分析

碳直接氧化发电的高理论效率不一定能转化为令人满意的电化学性能。碳燃料的反应活性、催化剂的种类、燃料电池的结构和工作条件是影响燃料电池性能的几个重要因素。因此，碳-空气燃料电池的实际效率是根据实际测试结果来评估的。实际效率（η_{pra}）定义为

$$\eta_{pra} = \frac{W_{el}}{Q_{fuel}} \times 100\% \tag{7.8}$$

其中，W_{el} (J) 为燃料电池产生的电能；Q_{fuel} (J) 为燃料中的总化学能。W_{el} 可以由电功率对时间的积分计算得出

$$W_{el} = \int UI dt \tag{7.9}$$

其中，U (V) 和 I (A) 为燃料电池的工作电压和电流，这两个值可以直接从燃料电池实验中测得。Q_{fuel} 由燃料热值和所使用的碳燃料的质量决定：

$$Q_{fuel} = (LHV或HHV)_{fuel,in} m_{fuel,in} - (LHV或HHV)_{fuel,res} m_{fuel,res} \tag{7.10}$$

其中，LHV (J/kg) 与 HHV (J/kg) 分别为燃料的低位热值与高位热值；$m_{fuel,in}$ (kg) 为碳燃料送入燃料电池的质量，但在某些情况下，一些碳基燃料可能无法被完全利用，因此必须考虑燃料的剩余质量 $m_{fuel,res}$ (kg)。值得注意的是：燃料可能在高温燃料电池操作过程中经历热解过程，因此送入的碳燃料和剩余燃料的热值是不同的。

7.3 SO-DCFC 结构及分类

为了优化 SO-DCFC 的阳极反应特性和改进阳极结构，进而提高电池性能，国内外研究者提出了不同的解决途径。本节将介绍几种 SO-DCFC 电池结构与材料。

7.3.1 多孔固体阳极 SO-DCFC

SOFC 是一种高温燃料电池，目前已得到了广泛的研究。SOFC 常采用固体 ZrO_2 基 (如 YSZ) 或 CeO_2 基 (如氧化钆掺杂氧化铈 (Gadolinia-Doped Ceria，GDC)) 离子导体作为电解质。多孔阳极采用 Ni 金属与含 Ni 的离子导体陶瓷，阴极则采用多孔钙钛矿型陶瓷。SOFC 的工作温度一般在 600~1000℃，这一温度适合于碳的氧化以及含碳燃料 (如合成气和天然气) 的重整。由于固体碳燃料可以直接送入 SOFC 的阳极室作为燃料使用，SOFC 也可以被看做 SO-DCFC。典型的 SO-DCFC 反应过程与结构如图 7.2 所示，其中碳粉被直接送入阳极室，在阳极表面形成碳床。

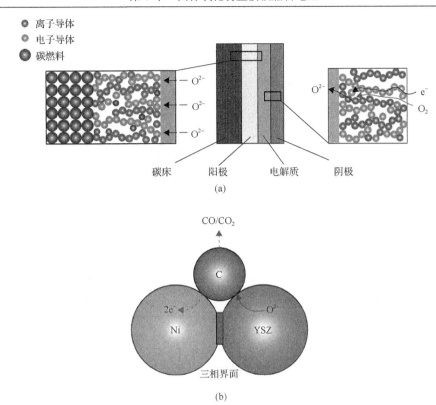

图 7.2　SO-DCFC 反应过程和理想的碳氧化机理示意图

在 SO-DCFC 工作过程中，空气中的氧在阴极被还原成氧离子(O^{2-})，并被导入固体氧化物电解质，最后输运到阳极。氧还原和输运的过程与 SOFC 的电解质以及阴极中氧还原和输运的过程完全相同。燃料与到达阳极的氧离子反应，完成燃料的氧化过程并产生电能。在以碳为燃料的情况下，氧离子导体(如 YSZ)和电子导体(如金属 Ni)三相边界的电化学反应可用式(7.11)和式(7.12)表示：

$$C + 2O^{2-} \longrightarrow CO_2 + 4e^- \tag{7.11}$$

$$C + O^{2-} \longrightarrow CO + 2e^- \tag{7.12}$$

对 SO-DCFC 来说，由于固体碳燃料与阳极之间的固-固界面难以提供让离子和电子转移的条件，固体碳燃料被氧离子直接氧化反应的发生较为困难。就燃料输运而言，多孔阳极的空隙通常小于 1μm，小于碳颗粒进入阳极室的尺寸(通常直径为 50~200μm)，因此碳燃料很难到达位于阳极内部深处的 Ni-YSZ 三相界面。

由于在 SO-DCFC 中，碳颗粒在阳极难以直接被氧化，研究人员采用了多种方法加速碳转化，包括将熔融媒介作为额外的氧来源或燃料载体，以及将固态碳转化为气态燃料，如 CO 或合成气。更详细的碳转化机制和方法将在本章后面的章节中讨论。

7.3.2 熔融碳酸盐阳极 SO-DCFC

熔融碳酸盐广泛用于 DCFC 的电解质。熔融碳酸盐共晶混合物（通常是 Li_2CO_3、Na_2CO_3 与 K_2CO_3 的二元或三元混合物）凭借其离子电导率以及对产物中 CO_2 的耐受力常被应用于 DCFC 中。这种利用熔融碳酸盐作为电解质的 DCFC 称为熔融碳酸盐直接碳燃料电池（Molten Carbonate Direct Carbon Fuel Cell，MC-DCFC）。

在 MC-DCFC 中，多孔陶瓷材料被用作液态电解质载体，阴极则由锂化的氧化镍（NiO）材料构成。在燃料电池工作过程中，熔融碳酸盐填满陶瓷支撑体的孔隙，并形成连接阴极和阳极的离子传输通道。由碳粉与熔融碳酸盐混合制成的碳浆被送入阳极，与由熔融碳酸盐电解质传导的离子反应并被氧化产生电能。两个电极上的反应可表示为式(7.13)和式(7.14)[66]。

阳极：

$$C + 2CO_3^{2-} \longrightarrow 3CO_2 + 4e^- \tag{7.13}$$

阴极：

$$O_2 + 2CO_2 + 4e^- \longrightarrow 2CO_3^{2-} \tag{7.14}$$

由式(7.13)表示的阳极反应表明碳和碳酸盐阴离子（CO_3^{2-}）均会在碳的氧化过程中被消耗。因此，需要向阴极持续供给 CO_2，以补偿式(7.13)中的离子消耗。Cherepy 等[66]在 800℃下，将摩尔比为 32∶68 的 Li-K 共晶熔融碳酸盐混合了包括活性炭、生物质炭、裂解得到的炭黑、石油焦在内的多种碳燃料用于 MC-DCFC 实验，得到的峰值功率密度在 40～100mW/cm² 。由于结晶参数改变了各种碳燃料在反应活性方面的化学性质，不同燃料间的性能差异与碳微结构密切相关。

将熔融介质与多孔载体相结合，需要对多孔介质中的熔融碳酸盐进行适当的管理。这是因为一旦载体中缺乏熔融碳酸盐，离子将只能通过陶瓷载体数量有限的离子运输通道进行输运，导致 DCFC 产生非常高的电阻。然而，如果碳酸盐过多，则有可能浸没阴极，使阴极失活。为解决这一问题，研究人员研制了倾斜电解质支撑体，以防阴极被完全浸没。此外，DCFC 还需要一个收集在阴极端溢出的熔融碳酸盐并返回阳极侧的碳酸盐循环系统[67]。

从结构而言，由于 SOFC 的工作过程不需要经历电极之间的 CO_2 循环与碳酸化，与使用熔融介质作电解质的技术相比，使用固体氧化物电解质的 SOFC 更加稳定，但是 SO-DCFC 中碳燃料与电极的直接接触条件差，碳燃料的传质速率慢。因此，熔融碳酸盐与固体电解质的结合是一种很有前途的碳转化方式。采用这种方式，致密的固体电解质可以防止熔融介质的泄漏，熔融碳酸盐则可以作为碳转化的理想介质。

美国斯坦福国际研究院的 Balachov 等[9]和英国圣安德鲁斯大学的 Pointon 等[68]采用熔融的 Li_2CO_3/K_2CO_3 混合碳酸盐作为阳极，以 CO_3^{2-} 作为载流离子实现碳的直接电化学氧化，称为杂化型直接碳燃料电池（Hybrid Direct Carbon Fuel Cell，HDCFC）。熔融碳酸盐阳极 SO-DCFC 的工作原理如图 7.3[9]所示，熔融碳酸盐阳极内部主要发生两步反应：①氧离子与 CO_2 反应生成CO_3^{2-}；②碳燃料与碳酸根离子反应生成 CO_2。

$$CO_2 + O^{2-} \longrightarrow CO_3^{2-} \tag{7.15}$$

$$C + 2CO_3^{2-} \longrightarrow 3CO_2 + 4e^- \tag{7.16}$$

熔融碳酸盐阳极 SO-DCFC 兼具 SO-DCFC 和 MC-DCFC 各自的优点，有效地避免了熔融碳酸盐电解质的损耗，无须外部 CO_2 气体循环。而且作为液态电极，熔融碳酸盐阳极内部易于形成均一的温度场，避免局部超温。

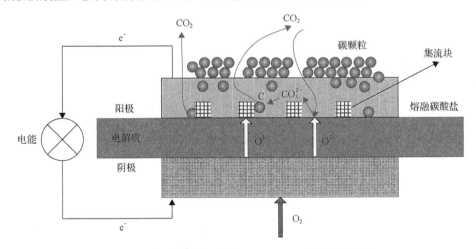

图 7.3　熔融碳酸盐阳极 SO-DCFC 工作原理示意图

Pointon 等[68]证明了熔融碳酸盐和固体电解质结合的 DCFC 的可行性。在其结构中，一根 YSZ 盲管被插入熔融碳酸盐中，管内是铂阴极。这一 DCFC 系统在 665℃与 700℃的温度下，以 0.5V 的恒定工作电压运行。在 9h 的测试后，观察到功率密度从 20mW/cm² 急剧衰减为 10mW/cm²。造成这种性能衰减的主要原因是在 YSZ-熔融碳酸盐的界面处形成了 CO_2 气泡，以及 YSZ 在熔融碳酸盐中发生腐蚀。腐蚀结果表明，氧化铈基的电解质在 Li-K 混合物中表现稳定，YSZ 与 Na-K 熔融混合物和共晶熔体组成的 Na_2CO_3 及 Li_2CO_3 相容性良好。

Nabae 等[69]将碳与 Li-K 熔融碳酸盐混合的碳浆（碳：碳酸盐=1∶1，摩尔比）加入 YSZ 支撑型 SOFC 的阳极区，在 900℃下峰值功率密度达 13mW/cm²。研究者认为加入碳酸盐能够将固体阳极的电化学反应位点扩展到碳酸盐熔体中，从而有助于碳燃料的输运。据 Kaklidis 等的研究，熔融碳酸盐的中间介质作用对于提高燃料电池的性能是十分重要的。他们在实验中将碳与熔融 Li-K 碳酸盐混合的碳浆（碳：碳酸盐=4∶1，摩尔比）加入 YSZ 支撑型 SOFC 的阳极区，在 800℃的工作条件下功率密度由 15mW/cm² 提升到 25mW/cm²。

Jiang 等[19]通过阳极支撑的 SOFC 和由 LSC($La_{0.6}Sr_{0.4}CoO_{3-\delta}$)制成的高性能阴极，实现了在 700℃下功率密度保持在 140～200mW/cm² 恒压放电 13h 的性能。在惰性和还原气氛下，YSZ 电解质对 Li-K 熔融碳酸盐的腐蚀表现出了良好的耐受力。

碳燃料在熔融碳酸盐中的氧化可能有多种机理。Jain 等[20]认为 CO_3^{2-} 是与碳反应的离子，碳被碳酸盐氧化的过程遵循式(7.16)。他们认为燃料电池反应过程中消耗的 CO_3^{2-} 可以由生成的 CO_2 和被运输的 O^{2-} 通过电化学反应再生，如式(7.17)所示：

$$CO_2 + O^{2-} \longrightarrow CO_3^{2-} \tag{7.17}$$

由于有充足的氧离子被供应到阳极，氧离子参与碳氧化的机理也被提出。多孔固体阳极和熔融碳酸盐阳极之间唯一的区别是发生氧化反应的位置。在 SOFC 的多孔固体阳极中，碳只能接触到被输运到三相界面的氧离子；而在熔融碳酸盐阳极中，氧离子可以与液态阳极中的碳发生反应。在这两种情况下，氧离子由式(7.18)生成：

$$CO_3^{2-} \rightleftharpoons CO_2 + O^{2-} \tag{7.18}$$

由于式(7.18)的存在，共晶混合物既可以作为碳酸根导体也可以作为氧离子导体，所以在燃料氧化过程中，这两种氧化途径可能同时发生。

除了电解质的腐蚀，熔融碳酸盐阳极的另一个问题是它的电子电导率很低。Deleebeeck 等[70]报导了集流材料与燃料电池功率密度之间的强相关性。当使用镍网集流时，工作在 800℃下的 Li-K 混合熔融碳酸盐(Li：K=62∶38，摩尔比)系统峰值功率密度可达 30.6mW/cm²。作为对比，其他集流方式的峰值功率密度如下：铂网 23mW/cm²、银网 19.8mW/cm²、金网 9.8mW/cm²。Deleebeeck 等[70]将峰值功率密度的差别归因于各种金属的催化作用和化学稳定性差异。将电化学试验前后各种金属丝网进行对比,发现银网颜色发生了显著变化,由银白色变为灰色;金网中的金属丝变薄;镍网中出现了孔洞;而铂网的结构发生了显著变化。这些外观上的变化间接反映了在与熔融碳酸盐接触的过程中金属表面物理性质的变化,以及随之而来的金属电子电导率的变化。Xu 等用三维集流装置(用铜箔轧制的螺旋管)代替了原来的二维集流装置(金网),将熔融碳酸盐阳极的功率密度由 40mW/cm² 提升到了 120mW/cm²。因此,提升 DCFC 的碳转化率需要开发导电性更强的阳极。

7.3.3　液态金属阳极 SO-DCFC

金属 Sn 已被用于 SOFC 阳极,以抑制在使用碳燃料氧化过程中结焦对燃料电池性能的影响。Myung 等[71]在以 CH₄ 为燃料的 SOFC 中,将 Sn 加入 Ni-GDC 阳极。该阳极掺锡的电池在 650℃ 下工作时,在 0.5A/cm² 的电流密度下持续工作了 250h 且未发生性能衰减;而阳极未掺 Sn 的电池在相同工作环境下仅仅运行了 1.5h 就因为阳极积碳而导致电池失效。Yang 等进一步证实了这一观点[72]。在他们的实验中,在 700℃ 的 CH₄ 气氛下,相比未掺 Sn 的阳极,掺杂 Sn 的 Ni-SDC 阳极表现出了更好的稳定性。显微照片显示,阳极中形成了高活性的 Sn-Ni 金属间化合物,可以作为提升燃料电池性能的活性反应位点。

液态金属 Sn 被认为是更适于固体碳燃料转化的电极材料。Ju 等将 Sn 与炭黑的混合物加入电解质支撑的 SOFC 的 Ni-YSZ 阳极中,在 900℃ 的工作温度下峰值功率密度由 14mW/cm² 提升为 60mW/cm²。在相同的工况与操作方式下,以 CO 为燃料的电池功率密度由 20mW/cm² 提升为 200mW/cm²,这表明金属 Sn 还有提升碳氧化产生电能过程中气态中间产物的转化率的能力。此外,液态金属 Sn 可作为碳颗粒的分散剂,将碳燃料输送到 Ni 阳极的孔隙中;也可以通过改善阳极区碳燃料与固体阳极的接触条件及催化促进碳氧化过程中 CO 的生成,加速碳氧化的过程。因此,液态 Sn 可以通过显著促进碳与 CO 的氧化过程,使 DCFC 性能得到提升。

在另一种类型的液态金属阳极 SO-DCFC 中,液态金属取代了固体阳极。这一概念已被 Tao 等[73]与 Jayakumar 等[13]独立实现。在液态金属阳极中,金属首先被电化学氧化成金属氧化物,随后被碳燃料还原。反应过程如式(7.19)与式(7.20)所示:

$$M + nO^{2-} \longrightarrow MO_n + 2ne^- \tag{7.19}$$

$$MO_n + \frac{n}{2}C \longrightarrow M + \frac{n}{2}CO_2 \tag{7.20}$$

液体金属阳极 DCFC 示意图如图 7.4 所示。

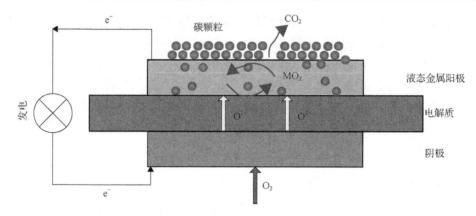

图 7.4　液态金属阳极 DCFC 示意图

Jayakumar 等开发了一种液态 Sb 阳极 DCFC，其电解质支撑体材料为 ScSZ（Sc-stabilized zirconia），阴极材料为 LSF-ScSZ（$La_{0.8}Sr_{0.2}FeO_3$）。这种燃料电池在 700℃下能保持 350mW/cm^2 的稳定性能。由于 Sb_2O_3 的密度小于 Sb，这使得 Sb_2O_3 可以浮至液态 Sb 表面，将反应区分离。当 Sb_2O_3 被碳燃料还原为金属 Sb 时，金属 Sb 可以沉回底部的电化学反应区。Sb_2O_3 与 Sb 的这一循环使燃料电池可以在供给固体碳燃料的情况下连续运行，并且避免燃料中灰分对燃料电池性能的影响。一种该类型 DCFC 系统的示意图如图 7.5 所示。

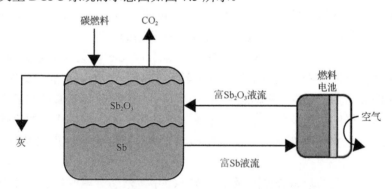

图 7.5　液态 Sb 阳极 DCFC 还原循环示意[11]

如果碳燃料的供应不足，燃料电池系统将继续通过消耗金属 Sb 储存的化学能来产生能量，从而导致电池性能衰减。

液态金属阳极面临着若干挑战，其中之一是生成的金属氧化物对反应的阻断作用。大多数金属氧化物的熔点都远高于其金属本身，甚至高于 DCFC 的工作温度，导致反应界面的阻塞。例如，Sn 的熔点是 232℃，而 SnO_2 的熔点高达 1630℃，远高于 DCFC 的工作温度。虽然如前面所述，Sn 在碳转化上有着极佳的效果，但当大电流通过阳极时，固体、绝缘的 SnO_2 薄层将沉积在阳极-电解质界面处。这阻碍了电化学反应的进一步进行，导致燃料电池功率急剧下降。尽管如此，Sn 仍然被认为是一种很有前途的液态金属碳转化阳极。第一，Sn 在高温下的蒸气压较低，尤其是与其他金属(如 Sb)相比时。在 800℃下，Sn 的蒸汽压 9.53×10^{-5} Pa，而在同一温度下 Sb 的蒸气压为 20.2 Pa，较小的蒸气压意味着高温下 Sn 的逸出速度要慢得多。第二，从热力学的观点来看，在 800℃下，Sn 阳极-空气的开路电压测量值为 0.9 V，高于 Sb 阳极-空气的开路电压(800℃时为 0.7 V)。对液态 Sn 阳极而言，采取措施防止液态 Sn 阳极形成 SnO_2 绝缘膜是亟待解决的关键问题。为了解决这一问题，研究人员通过采用有穿透性的强还原剂(如 H_2)[74]或适当地选择和补充碳燃料来减少 SnO_2 薄膜的形成。其他需要解决的技术问题还有如蒸发引起的液态金属或金属氧化物损失、碳燃料中灰分含量的影响以及燃料电池的稳定性等。

　　除了活性阳极，基于银的"惰性"液态金属阳极也正在被开发。液态银能溶解大量的氧(在 1000℃下为 4.4×10^{-8} mol/cm^3)，可以为碳的氧化提供一个适宜的氧源。Javadekar 等在他们测试的 DCFC 中，将液态银阳极作为碳氧化的储氧区。在这种结构中，液态银作为碳粉的分散剂，形成碳浆并被送入阳极，液态银中溶解的氧则被用于连续收集电子。在 DCFC 的工作温度下银的氧化物(Ag_2O)是热力学不稳定的，因此在 DCFC 工作时银会保持金属状态，所以，液态银阳极被认为是"惰性"的。液态银阳极 DCFC 工作在 1000℃下时开路电压为 1.12 V，但由于在液态银内部氧传输速率慢，阳极阻抗高达 100Ω·cm^2。对液态银阳极的分析表明，液态银应用于 DCFC 碳转化阳极时，阳极区氧的输运对碳燃料的氧化是至关重要的。

　　SO-DCFC 中使用熔融介质优化了碳与阳极的接触条件，提高了碳输运速度。在高活性熔融碳酸盐和液态金属的协助下，碳的输运与转化过程变得不那么缓慢。然而，在液相高温燃料电池系统中，熔融介质的稳定性与腐蚀性仍是需要面临的挑战。活性组分的输运及兼具高效率与高性能的活性熔融介质仍需要被研究。

7.4　多孔固体阳极 SO-DCFC

　　在 DCFC 中，固体碳燃料粉末被直接送入阳极室。在传统的 Ni-YSZ 阳极体系中，固体碳和氧离子之间的直接反应很少发生，因为 YSZ 的离子电导率远小于 Ni 的电子电导率。因此，阳极上的电化学反应通常发生在电解质附近的区域。在使用固体碳燃料时，碳颗粒的粒径(通常是几百微米)比阳极孔(通常是几微米)大得多，这使得碳粒通过多孔阳极传输到电化学反应界面几乎是不可能的。Kulkarni 等[75]利用离子-电子混合导体(Mixed Ion and Electronic Conductor, MIEC)作为碳转换电极，以明确离子导体阳极是否可以为碳与阳极直接接触的阳极外表面提供足够的氧离子来氧化碳燃料。然而，他们在实验中发现，由于固相之间的接触条件差,固体碳和固体阳极之间的反应受到了限制。即便是在阳极上沉积碳(碳与电极接触条件较好)的情况下,碳氧化过程仍然受到高活化极化的影响。在 SO-DCFC 的固体阳极中被消耗的碳燃料往往被转化为 CO 这种比固体碳具有更高扩散率的气体燃料,因此,CO 在 DCFC 阳极的固体碳转化中发挥着重要作用。本节将讨论 CO 在 DCFC 中发挥的作用,并综述促进阳极 CO 生成的几种方法。

7.4.1　CO 反应传递影响

当使用炭黑作为 DCFC 燃料时,在固体碳燃料氧化过程中可以在阳极观察到 CO,这是因为炭黑是良好的氧、H_2O 和其他含氧物质的吸附剂。这些被吸附的高温分子在高温下与碳反应并将其氧化。此外,通过电解质输运到阳极的氧也可以氧化碳燃料,生成 CO 或 CO_2[76]。在工作温度低至 600℃的中温 DCFC 中,仍会发生 Boudouard 反应($C+CO_2 \rightarrow 2CO$)生成 CO。

当气体(CO、CO_2)被引入 DCFC 阳极室后,反应就会开始。根据 Gür 的理论,反应的持续进行得益于"CO 穿梭"机理[77]。实际上,这相当于是有固体碳存在时以 CO 为燃料的 SOFC 反应过程,即在阳极中形成的 CO 会扩散到多孔阳极并被电化学氧化为 CO_2,随后这些 CO_2 又被碳还原为 CO。只要保证碳燃料的供给,这个"CO-CO_2"循环将可以持续为 DCFC 的运行提供燃料。在阳极不同氩气流率下 DCFC 的不同表现是"CO 穿梭"机理在 DCFC 中发挥重要作用的有力佐证。Li 等[78]将固体碳与阳极直接物理接触,在不同氩气流量下开展了 DCFC 测试实验。实验结果显示,在较小的氩气流量下,燃料电池的性能比在较大氩气流量下要好,这表明 DCFC 的主要动力是由 CO 的电化学氧化提供的。因为在较小的氩气流量下,由 Boudouard 反应生成的 CO 可以在阳极及其附近积聚,使性能提升;而在较大的氩气流量下,生成的 CO 被气流迅速冲淡,导致 DCFC 性能下降。

碳与二氧化碳间的反应机理也得到了系统的研究[79, 80]。Lee 等[81]提出了一种 DCFC 工作过程中 C-CO-CO_2 反应系统机理。由于碳材料颗粒大小千差万别,他们考虑了两种尺寸的碳粒。在他们提出的机理中,C_f 表示可用于吸附的自由碳微粒,C_b 则表示自由碳微粒被从碳燃料表面移去后暴露出来的大尺寸碳粒。另外,他们对吸附粒子(如吸附氧的碳($O(C)$)及吸附 CO 的碳($CO(C)$))也进行了相关讨论。在他们提出的反应机理中,碳气化生成 CO 的方式由式(7.21)~式(7.23)表示:

$$CO_2 + C_f \Longleftrightarrow CO + O(C) \tag{7.21}$$

$$C_b + O(C) \longrightarrow CO + C_f \tag{7.22}$$

$$C_b + CO_2 + O(C) \longrightarrow 2CO + O(C) \tag{7.23}$$

在他们提出的机理中还讨论了通过消耗 CO 生成 CO_2 的途径，如式(7.24)和式(7.25)所示：

$$C_f + CO \Longleftrightarrow CO(C) \tag{7.24}$$

$$CO + CO(C) \longrightarrow CO_2 + 2C_f \tag{7.25}$$

通常来说，碳的气化是一种在材料表面发生非均相反应的过程。当原有的孔隙随着燃料的消耗而渐渐消失时，埋藏在表层下的孔隙就会随着燃料的消耗渐渐显露出来。多孔材料气化中的随机孔模型(式(7.26))可用于评估碳反应过程中的比表面积：

$$S_{gC} = S_{gC,0}\sqrt{1 - \psi\ln(1 - x_C)} \tag{7.26}$$

其中，$S_{gC,0}$ 为比表面积的初始值(m^2/g)；x_C 为碳转化率(随时间变化的碳转化率与初始摩尔碳量之比)；ψ 为由测量的比表面积确定的结构参数。

碳燃料与 DCFC 阳极的直接接触可以为"CO 穿梭"机理提供额外的热力学促进作用，如燃料电池工作期间来自电化学反应或焦耳热的热量。额外产生的热量可以散去以保持最佳的燃料电池工作温度，预热碳燃料；此外，由于 Boudouard 反应是吸热的，这些热量还能用于保持 CO 的生成。这种电化学与碳气化的耦合反应，或者简单来说，燃料电池向固体碳的传热，提高了效率，也降低了 DCFC 系统的复杂程度。

上述讨论表明，在固体碳燃料直接被送入多孔阳极的 DCFC 中，碳氧化反应主要是通过 CO 的氧化，而少有氧离子(O^{2-})直接将碳氧化。因此，增大 CO 生成速率是提升 DCFC 性能的一个富有前景的方法。由于 Boudouard 反应是吸热反应，它将受益于更高的燃料电池工作温度，使 CO 与 CO_2 之间的反应平衡移向 CO 一方。除了足够的燃料供应，在更高的温度下改善离子电导率和活性反应机理也能提高 DCFC 的功率密度，而且需要采取一定的措施来抑制阳极积碳反应的发生或者寻求去除阳极积碳的方法。

7.4.2　水蒸气气化的影响

在阳极室中引入二氧化碳或水蒸气作为碳的气化剂，可以增加 CO/H_2 燃料(合成气)的量。水蒸气和碳之间的理想反应可用式(7.27)表示：

$$C + H_2O \Longleftrightarrow H_2 + CO \tag{7.27}$$

当同时提供碳和 CO 时，Boudouard 反应及其逆反应可表示为式(7.28)：

$$C + CO_2 \rightleftharpoons 2CO \tag{7.28}$$

如果过量的蒸汽被供应到阳极，也可能发生水气变换反应，如式(7.29)所示：

$$CO + H_2O \rightleftharpoons H_2 + CO_2 \tag{7.29}$$

生成 CO 的两个反应都是吸热的。在 800℃下，式(7.27)的焓变为+135.7kJ/mol，式(7.28)的焓变为+174.6kJ/mol。式(7.29)则是一个弱放热反应，在 800℃下焓变为–34.1kJ/mol。因此，为达到令人满意的平衡，式(7.27)、式(7.28)通常与式(7.29)分开。由于气化过程需要很高的温度，纯氧常被引入气化炉中以燃烧部分煤来产生热量(N_2 常被排除在反应系统之外，以防稀释生成气，同时避免碳捕集的困难)。在气化和变换过程中产生的 H_2 和 CO，无论是何种来源，都被输送到燃料电池，并用于产生电力。在 DCFC 中，与 CO_2 气化相比，利用蒸汽进行碳的气化不那么受欢迎。这是因为它需要更多热量用于预热及额外的水分输入(至少在启动时)。然而，蒸汽气化的速率比 CO_2 气化[82, 83]的速率高 6~8 倍，而产生的富 H_2 燃料气在阳极可以被氧化得更快，从而改善燃料电池性能。

Zhou 等[42]利用 Ni-ScSZ 阳极开发了阴极支撑的管式 DCFC。蒸汽被注入一个独立的碳床并产生富氢燃料气，在 850℃下，使用这种燃料气的燃料电池峰值功率密度为 91.1mW/cm²，而在 900℃下，峰值功率密度可达 172.7mW/cm²。Deng 等[84]进一步优化了该系统。在其结构中，含有催化剂(占碳总质量的 1%)的炭黑被封闭到阳极支撑燃料电池的内部空间中。他们将载气(N_2)通过恒定 70℃的热水，以确保充足的蒸汽。在所有被测试的蒸汽气化催化剂(CeO_2、K_2O 和 CaO)中，在 850℃下，CeO_2 具有最优性能，峰值功率密度达 214mW/cm²。据观察，在 750℃下，过量的水进入阳极可能会氧化阳极的金属 Ni；同时吸热的蒸汽气化反应会影响燃料电池的温度。

气化过程与燃料电池的系统集成，称为整体煤气化燃料电池(Integrated Gasification Fuel Cell，IGFC)，已作为一种煤炭清洁高效利用技术被提出[85, 86]。干煤粉和水煤浆均可以作为气化的原料，使得气体发生装置的选择更广。然而，将蒸汽气化产生的燃料气作为 SOFC 的燃料仍有几个需要考虑的问题。一个问题是这种燃料电池系统需要供应大量的水，因为生成燃料气需要蒸汽作为变换反应的反应物。另一个问题是在高 H_2 含量的情况下，煤中的一些杂质元素在还原性气氛下可能会形成一些挥发性化合物，如 H_2S、NH_3、PH_3 与 AsH_3。这些都是阳极催化剂的潜在威胁，因此，需要精心设计燃料气体净化工艺。

7.4.3 催化气化反应的影响

加入催化剂可以促进碳转化率的提升。铈基陶瓷[87, 88]和钙钛矿型材料[89]已被用作碳转化的催化阳极。然而，这些类型的 DCFC 中决定速率的反应步骤是碳气化生成 CO，因此需要更高的温度与压力。为加快 CO 的生成，催化剂通常与碳一起被引入 DCFC 阳极。碳燃料中加入铁基[90, 91]和碱性催化剂[92, 93]得到了广泛的研究。

Tang 等制备了一种采用 GDC-Ag 混合阳极的电解质支撑管式 DCFC，燃料使用混入铁基催化剂的活性炭（C：Fe=4：1，质量比）。使用这种配比后，在 800℃下峰值功率密度由 24mW/cm² 提升为 45mW/cm²。Tang 等将这一性能上的提升归功于 CO 生成率的提高。在 700℃与 850℃下进行的加入铁基催化剂的气化反应实验中，CO 在生成气中的含量得到了提升。在这些反应中，CO 是由 Fe 的价态变化生成的，如式 (7.30) 和式 (7.31) 所示：

$$Fe_mO_n + CO_2 \longrightarrow Fe_mO_{n+1} + CO \tag{7.30}$$

$$Fe_mO_{n+1} + C \longrightarrow Fe_mO_n + CO \tag{7.31}$$

Li 等[35]在商业炭黑中加入钾基催化剂（C：K=10：1，质量比）。实验中对碳床与阳极支撑（Ni-YSZ 为阳极）的 DCFC 的温度分别进行了控制，碳床的温度为 700～1000℃，间隔为 50℃，燃料电池的温度保持在 750℃。当加入钾基催化剂的炭黑被加热到 850℃时，峰值功率密度可达 185mW/cm²，是相同工作条件下不加催化剂的 DCFC 的 5 倍。在不同工况下的原位气相色谱分析结果表明，当 CO_2 以 50mL/min 的速率被送入阳极室后，产品气中 CO 占 40%（摩尔比）。Yu 等[40]提出了一种详细的催化气化机理，这种碳的钾基催化气化机理包括：K_xO_y 作为钾基催化剂中的富钾簇合物（[KO]），氧复合物"溶解"在富钾簇合物中（O[KO]），并被吸附在碳表面（O[KO](C)）。在这里，碳原子分为两种类型：游离碳原子（C_f，可吸附的碳原子）和体相碳原子（C_b，一种表面下的原子，如果从固体碳燃料中释放出游离碳原子，则可以暴露出来）。CO 可以通过氧溶解在富钾团簇中产生，如式 (7.32) 所示：

$$CO_2 + [KO] \longrightarrow CO + O[KO] \tag{7.32}$$

由溶解氧和富钾簇合物组成的复合物可以与游离碳原子反应，如公式 (7.33) 所示：

$$C_f + O[KO] \longrightarrow O[KO](C) \tag{7.33}$$

碳、氧和钾形成络合物（O[KO](C)），随后可以将体相碳（C_b）转变成游离碳（C_f）并生成 CO，如式 (7.34) 所示：

$$C_b + O[KO](C) \longrightarrow CO + C_f + [KO] \tag{7.34}$$

对在气化模型计算结果的基础上建立的平衡机制(式(7.32)、式(7.33)及式(7.34))而言,在相同的工作温度下,Boudouard 反应的 CO 生成速率在有催化剂的情况下比没有催化剂的情况下提高两个数量级,这证明了气化反应中催化剂的必要性。

Wu 等[94]利用同组金属及碱金属/碱土金属,开发了一组由 Fe_2O_3、Li_2O、K_2O 与 CaO 组成的复合催化剂,并将其引入不同类型的炭黑与石墨燃料中。结果表明,该催化剂对 CO 产率的促进作用与碳床温度和碳比表面积密切相关。在 850℃下,Ni-ScSZ 阳极支撑 SOFC 峰值功率密度达 $297mW/cm^2$。SEM 照片表明由于"CO穿梭"机制会使三相界面上形成二氧化碳并从阳极扩散出去,可能导致阳极及其附近区域 CO_2 浓度变高,有效抑制 Ni 基阳极的积碳。Yang 等[95]将混有复合催化剂的炭黑用于管式 SOFC 的燃料。他们认为,最大限度地减少阳极 CO 损失的关键是提高燃料效率,并提出将一种用熔融碳酸盐(碳酸锂、碳酸钠和碳酸钾三元混合物)浸渍的多孔陶瓷基体(由 SDC 制成)安装在管状燃料电池的开口处,作为二氧化碳渗透膜。这种膜由氧离子(O^{2-})和导体组成,是一种仅能渗透二氧化碳的选择性膜,将一氧化碳保留在阳极室,同时将 CO_2 作为尾气排出。然而这种膜增加了燃料电池中燃料再生的难度。研究人员将这种类型的电化学装置称为"碳-空气"电池,但这种电池仍能被认为是一种 DCFC,因为这种"碳-空气"电池的反应机理与 SO-DCFC 相同。借助选择性膜和复合催化剂,可以实现高浓度的 CO,在850℃下,Ni-YSZ 阳极支撑的燃料电池峰值功率密度可达 $279.3mW/cm^2$。当 DCFC放电结束时,阳极内仍有未反应的碳,只有 14.36% 的碳被转化为电能。研究人员将碳的残留归因于 DCFC 在高温下工作时催化剂因烧结或团聚失活。Zhong 等[96]采用与 Yang 等相同的管式 DCFC,将 Al_2O_3 作为 Fe_2O_3-K_2O 混合催化剂的烧结抑制剂进行实验,成功避免了催化剂的烧结,达到了 $292mW/cm^2$ 的峰值功率密度及98.7% 的高燃料利用率。

7.4.4　碳间接反应的影响

如上所述,DCFC 和阳极的积碳或被引入阳极的碳燃料表现出燃料电池与碳之间的强耦合关系。由碳床产生的气化产物可以作为燃料电池的动力,反应后的氧化产物(如 CO_2 与 H_2O)又可以通过扩散返回阳极作为气化剂使用。电化学反应放出的热量可以使碳层升温,促进吸热反应的发生。由于燃料电池阳极与用于氧化的碳是直接接触的,这种类型的燃料电池被认为是碳的"直接"利用。

虽然这种燃料电池的效率很高,但是固体碳造成的严峻挑战仍然存在。纯化的炭黑、活性炭或石墨是主要用于 DCFC 测试的燃料。然而,现实世界中的碳材料,如煤、焦炭、生物质或垃圾中复杂的有毒元素会在碳的气化过程中形成气态化合物,使得这些元素从燃料中转移到阳极,使阳极催化剂失活。放热的电化学反应和吸热的气化反应的耦合会产生固体的热传导与气体流动的热对流及燃料电池阳极横向热梯度。工作负荷变化时，这种梯度会变得更大。为了增大在燃料电池工作温度和压力下的碳气化速率，催化气化过程是必要的。然而，回收煤中的催化剂是非常困难的，需要通过新的催化剂装载方法或开发廉价催化剂来解决。一些研究表明，即使制作了可行的 DCFC 堆栈操作[95, 97]，碳的连续进料在扩大的 DCFC 系统仍是具有挑战性的。例如，Lee 等[98]和 Li 等[99]提出了一种很有前途的加料方法。碳材料由流化床供应给 DCFC，但流化碳燃料对阳极的磨损仍是一个问题。

因为大多数的挑战是由碳转化引起的，其他的技术方法，如从阳极把碳分离出来，甚至将气化反应独立放入气化反应炉中，成为驱动燃料电池的可能途径。尽管这些途径产生的气体仍然是被注入阳极室中使用，但碳和燃料电池之间的能量传递在很大程度上被扩大的距离或分离的化学反应的位置削弱了。研究人员进行了多次控制碳床和燃料电池温度的实验[35, 76]，这种类型的燃料电池称为间接碳燃料电池(Indirect Carbon Fuel Cell，ICFC)。本节中"直接"或"间接"的概念只与碳和燃料电池之间的联系有关，"间接"一词表示碳气化反应与发电之间耦合较少的情形。Ong 等[100]提出了一种新的 ICFC 系统概念。碳燃料在气化炉中发生气化反应，气化反应所需的热量由燃料电池中电化学反应释放的热量通过换热器传递给气化器(热量的传递通过优良的高温换热器，如高温热管实现)。这种 ICFC 系统综合了更强的能量传递，同时具有将碳从阳极中分离出来的优点。

ICFC 系统将燃料电池中的碳转化过程转移到气化炉中，提高了系统设计的灵活性。许多基于燃料电池的混合发电系统以及其他的系统方案已被提出[85, 101]。例如，"FutureGen"的发电厂将一台蒸汽气化炉与燃料电池、GT 和蒸汽轮机进行集成。美国国家能源技术实验室(National Energy Technology Laboratory，NETL)和燃料电池能源公司(FuelCell Energy，FCE)测试了一个大型的燃料电池/涡轮混合发电系统。他们将一座 220kW 的燃料电池与 Capstone 的 30kW 以及一个 60kW 的改进的微型涡轮发电机相结合，实现稳定运行，累计运行时间超过 6800h，达到52%的发电效率。

NETL 还进行了整体煤气化燃料电池(Integrated Coal Gasification Fuel Cell Cycle，IGFC)系统[102, 103]的污染物近零排放和碳捕获研究。IGFC 系统是整体煤气化联合循环(IGCC)与高温燃料电池相结合的系统。该煤基混合循环发电厂的原理如图 7.6 所示，IGFC 系统主要由 ConocoPhilips E-Gas™气化炉与一个运行在常压下的 SOFC 电堆组成。气化炉中产生的合成气经过净化步骤后被送入 SOFC 电堆。加压容器通过合成气膨胀机与 SOFC 电堆连接，以回收部分能量。

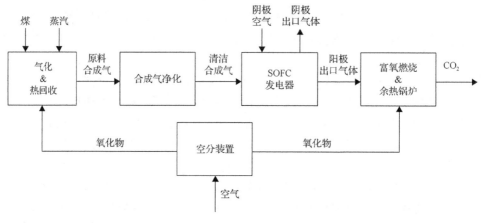

图 7.6　IGFC 系统方案[103]

近年来气候变化日益加剧,温室气体排放控制已成为世界范围内的热门话题。发展中国家和发达国家的政府在选择减少全国范围的"碳足迹"与发展国内经济之间都面临着同样的抉择。因此,CO_2 排放少且易于捕集的技术,如 IGFC,是解决能源需求和环境问题的可能方案。

NETL 提出的对 IGFC 的分析基于净容量为 500MW 的大型系统,这个分析提供了 IGFC 系统与其他先进燃煤发电技术在同一水平进行直接比较的机会。CO_2 容易捕集、丰富的副产品(硫)、对水的需求量少、净效率较高、煤基燃料电池系统的优点在 IGFC 中都得到了很好的证明。IGFC 的这些优势将吸引各国政府和投资者的关注,推动碳基燃料电池的研究和开发。

7.5　熔融碳酸盐阳极 SO-DCFC

熔融介质(如熔融碳酸盐和液体金属)通常被用于 SO-DCFC 阳极以促进碳转化过程。在熔融介质中发生的碳转化过程正在被深入研究,这些过程与采用固体阳极但在熔融碳酸盐中发生碳转化过程的熔融碳酸盐燃料电池(MCFC)是不同的。但由于 SO-DCFC 与 MCFC 的相似性,部分以往的研究结论也可以直接被采用。

7.5.1　熔融碳酸盐浸润特性的影响

熔融碳酸盐的润湿性对于 MC-DCFC 来说是非常重要的,因为这决定了电极反应区的形成,影响燃料电池的性能。Yoshikawa 等[104]研究了反应区熔融碳酸盐和固体颗粒之间的接触角函数,如图 7.7 所示。

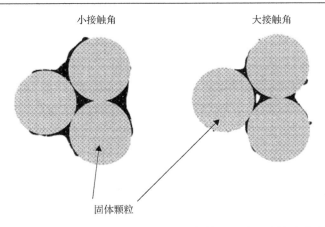

图 7.7　接触角表现的润湿性(左侧较小，右侧较大，暗区为熔融碳酸盐)[104]

　　熔融碳酸盐对固体碳燃料的润湿对于 MC-DCFC 来说是至关重要的。碳转化的初始步骤是在熔融碳酸盐和固体碳粒子之间建立电双层，这对于碳的电化学氧化过程中的质量和电荷转移都是不可或缺的。然而 Peelen 等[105]提出了碳与熔融碳酸盐之间的湿润性是有限的，实验中将石墨棒插入熔融碳酸盐熔池中(Li∶K=62∶38，摩尔比)作为消耗型工作电极，光学检测结果证明了碳润湿性不足。石墨具有典型的层状织构，其外表面几乎没有阳极反应所需的晶格缺陷或活性表面碳原子，表面缺乏亲水性表面官能团也使石墨对熔盐等离子液体的吸引力减弱。因此，引入亲水性表面官能团有助于提高碳表面的润湿性，促进碳燃料与熔融碳酸盐之间的反应。Li 等[106, 107]通过对各种类型的碳样品进行酸洗(盐酸、HNO_3 和 HF)或空气等离子体处理，将碳燃料进行了表面改性，与原始样品相比，处理后的碳样品的晶格参数(X 射线衍射(X-ray Diffraction，XRD)测试)和比表面积均无明显变化。将处理后的碳样品(颗粒状)与 Li∶Na∶K=32∶34∶34，摩尔比)的 Li-Na-K 共晶碳酸盐熔体混合，发现表面处理后样品的电化学性能优于未处理样品。以用 HNO_3 进行表面处理的样品为例：在 700℃下，原始碳样品作燃料的功率密度为 53mW/cm²，而在相同的工作条件下，经 HNO_3 处理后的样品作燃料时功率密度增加为 74mW/cm²。这一功率密度的提升可以归因于酸性处理导致的含氧表面官能团增加。早先的研究[108]也观察到了酸洗过程中这种表面官能团的变化。正如在前述实验中所观察到的，被各种酸的水溶液洗涤后的碳在化学性质上有很大变化，但物理性质基本上没有被改变。硝酸处理会产生大量的表面官能团，如羰基(C═O)和羧基(—COOH)，盐酸处理可以导致单键氧官能团，如酚类(芳香烃组与—OH 的直接键合)、醚类(R—O—R)和内酯(同一分子中既含有羧基，又含有羟基，其为二者脱水生成的有机物)的增加。

　　Chen 等[109]观察到碳材料与熔融碳酸盐之间的润湿性的瞬态特性。他们在研究中，将一个连接了金线的石墨棒浸入 Li∶K=62∶38(摩尔比)的 Li-K 混合熔融碳酸盐中作为工作电极。实验中，燃料电池工作在 650℃下，一台数码相机被连接到测试装置上，同时进行光学观察与电化学测试。由于碳电极的渐进润湿性，DCFC 的开路电压由最初低至 0.5V 的起点迅速在 1.5h 内增加到 0.67V。较低的初始值(0.5V)标志着三相界面处 CO 分压较低或充斥着惰性碳燃料。一旦碳酸盐与石墨棒接触，通过 Boudouard 反应产生 CO 的过程被大大促进，熔体中的氧离子(O^{2-})很快被碳吸附。O^{2-}的吸附可显著改变碳表面的润湿性，难润湿表面向可润湿表面的转变使得在毛细现象作用下碳酸盐熔体更容易渗入石墨棒的孔隙中。在这个过程中，碳酸盐作为离子导体，石墨棒既是电子导体，又是燃料。这个电化学系统的三相界面是通过电解质对碳燃料的润湿而建立的，并通过碳及 CO 的反应使 DCFC 的开路电压得以提升。相同的测试条件下，Cooper 和 Selman[110]观察到类似的开路电压对浸泡时间的依赖性，开路电压达到准稳态需要大约 25h。Peelen 等[105]也观察到这种随时间变化的润湿过程，在他们的 EIS 测试中，在碳负极在 750℃的熔融碳酸盐中浸泡 24h 后，电荷传递阻抗降低到初始值的十分之一（$35\Omega/cm^2$ 至 $3\Omega/cm^2$）。电荷转移阻抗的变化表明浸泡 24h 后润湿性显著增强。

在熔融碳酸盐中浸泡以提升润湿性的过程耗时较长，可以通过提高温度、将碳酸盐与碳混合作阳极以及预浸渍碳燃料等来加速这一过程。Chen 等[111]制备了由针状焦和模压碳酸盐组成的复合阳极，并将其置于 Li：K=62：38(摩尔比)的 Li-K 混合熔融碳酸盐系统中，观察到在 650℃下，峰值功率密度由 $141mW/cm^2$ 提升至 $187mW/cm^2$。复合阳极使熔融碳酸盐更容易润湿硬质碳阳极的内孔壁，而不是仅仅润湿纯碳颗粒的外表面。Jain 等[112]进行了一种类似的燃料预处理措施，他们将一个几乎是电化学惰性的热解碳放入 Li：K=62：38(摩尔比)的 Li-K 混合熔融碳酸盐系统中，在 750℃下开路电压达到 0.5V，表示其被 Li-K 碳酸盐浸润了。在相同温度下，开路电压最终提升至 0.63V，而当热解碳在进入燃料电池前在熔融碳酸盐中浸泡后，开路电压进一步提升至了 1V。

在处理实际煤样的过程中，杂质(灰分含量)也可能改变碳燃料的润湿性。Tulloch 等[113]研究了灰分含量对碳的电化学反应性能的影响。实验中，不含杂质的石墨样品直接压制烧结成石墨块，含杂质的煤样品按一定比例与石墨均匀混合后以同样方法烧结。不同样品的电化学性能通过将其分别浸入 Li：Na：K=43.5：31.5：25(摩尔比)的 Li-Na-K 碳酸盐熔体中进行测试。实验结果表明，高岭土、蒙脱石等黏土材料的混入可以促进碳燃料的氧化。金属氧化物和硫化物，如锐钛矿、氧化铝和黄铁矿也能略微增加碳氧化反应产生的电流。然而，二氧化硅的加入抑制了碳燃料的氧化。通过引入杂质引起的燃料电池性能提高过程似乎过于复杂，难以解释。金属离子和杂质还可以作为氧离子交换的中介物促进催化作用。黏土材料，如高岭石和蒙脱石表面含有大量氧化物[114]，这是富有吸引力的熔融碳酸盐熔体(亲水性表面官能团)。这种类型的杂质可能使熔融碳酸盐和碳之间的接触更紧密，提高碳表面的润湿性。Allen 等[115]还报导了煤灰含量对润湿性的影响。

除了对碳燃料进行改性，通过使用较小表面张力的碳酸盐熔体，可以减小接触角，也可以改善固体碳燃料和熔体之间的接触条件。Kojima 等研究了 Li-Na-K 三元熔融碳酸盐体系的电导率和表面张力。根据他们的研究，Li-K 二元熔融系统表面张力为 175~241mN/m。这一数值低于 Li-Na 系统（220~241mN/m），同时与 Yoshikawa 提供的接触角数据有关。表面张力和等效电导率的数据有助于选择合适的熔融混合物。Kouchachvili 等[116]报导了在 700℃下，将 Cs_2CO_3 引入 Li：Na：K=43.5：31.5：25（摩尔比）的 Li-Na-K 碳酸盐熔体系统中后，以石油焦为燃料的 MC-DCFC 峰值功率密度由 $7.5mW/cm^2$ 提升至 $27mW/cm^2$。引入 Cs 或 Rb 的碳酸盐熔融系统的概念最初是由 Kojima 等[117]提出的，这样可以降低熔融混合物的表面张力，降低熔融温度和提高气体溶解度。

7.5.2　熔融碳酸盐阳极反应机理

Nabae 等[69]构建了一个将 Li：K=62：38（摩尔比）的 Li-K 混合熔融碳酸盐与 Ni-YSZ 阳极结合的熔融碳酸盐阳极 SO-DCFC，其在 700℃与 800℃下开路电压达到 1.2V。Jiang 等[118]基于相同的电化学系统也观测到了相似的开路电压数值。Nabae 等[119]认为，产生这样较高的开路电压值的原因是碳与 CO 和 Li^+ 的相互作用，碳和 CO 与锂的氧化物在高温下（如 700℃）工作时通过式(7.35)和式(7.36)发生反应：

$$C + O_2 + Li_2O \rightleftharpoons Li_2CO_3 \qquad (7.35)$$

$$2CO + O_2 + 2Li_2O \rightleftharpoons 2Li_2CO_3 \qquad (7.36)$$

式(7.35)的 Gibbs 自由能变化为–471.0kJ/mol，由此分析，如果这个反应在阳极反应中占据主导地位，那么燃料电池的开路电压值可达 1.22V。对式(7.36)所示的与 CO 相关的反应来说，由于其自由能变化达–547.0kJ/mol，相应的电池开路电压可达 1.42V。上述反应中的锂氧化物可由碳酸盐熔体中的碳酸盐分解生成，如式(7.37)所示：

$$Li_2CO_3 \rightleftharpoons Li_2O + CO_2 \qquad (7.37)$$

这些开路电压值高于熔融碳酸盐体系中的碳氧化过程，证明这些燃料电池对外电路有很强的供电能力。这可以用在阳极上发生的反应的热效应来解释。在 700℃下，式(7.37)的焓变为+206.3kJ/mol，而在此温度下 Boudouard 反应需要吸收 170.9kJ 热量以生成 2mol CO 使式(7.35)与式(7.36)的反应得以发生，表明这两个反应都是吸热的。因此，文献[119]中测试的纽扣电池需要持续为其提供热量以保持燃料电池工作所需的温度。总体来说，这一反应系统吸收周围环境的热量，然后将其储存在化学物质中，然后再转化为电能。从能量转换的观点来看，这种系统可以同时将碳的化学能和从加热元件中吸收的热能转化为电能。虽然熔融碳酸盐(通常指含有碳酸根离子(CO_3^{2-})的离子液体)对反应过程至关重要，但在介质中活性氧离子的存在也很重要。Cherepy 等[66]提出了一个与铝冶金过程中牺牲碳电极机理相似的详细的碳转化机理。在他们提出的机理中，碳氧化是由碳酸盐分解产生的 O^{2-} 启动的。熔融碳酸盐中的活性氧离子被吸附在碳表面的活性位点上以供接下来的反应发生(吸附碳原子记作 C_{RS}，通常指碳表面的边缘、缺口、阶槽或其他表面缺陷处的碳原子，这些原子比其他碳原子更具有反应活性)，这一吸附反应可以表示为式(7.38)：

$$C_{RS} + O^{2-} \rightleftharpoons C_{RS}O^{2-} \tag{7.38}$$

随后发生的是两个快速反应，每个反应中都有一个电子的电荷转移：

$$C_{RS}O^{2-} \rightleftharpoons C_{RS}O^- + e^- \tag{7.39}$$

$$C_{RS}O^- \rightleftharpoons C_{RS}O + e^- \tag{7.40}$$

第二个氧离子接着被刚刚生成的 $C_{RS}O$ 吸附，这被认为是决定整个碳氧化过程速率的步骤，如式(7.41)所示：

$$C_{RS}O + O^{2-} \rightleftharpoons C_{RS}O_2^{2-} \tag{7.41}$$

在吸附过程后，发生类似于式(7.39)和式(7.40)的电荷转移反应，以完成整个碳的氧化过程，并生成 CO_2，如式(7.42)和式(7.43)所示：

$$C_{RS}O_2^{2-} \rightleftharpoons C_{RS}O_2^- + e^- \tag{7.42}$$

$$C_{RS}O_2^- \rightleftharpoons CO_2(g) + e^- \tag{7.43}$$

Cooper 和 Selman[120]进一步完善了这一机理，加入了 CO 的解吸附过程：

$$C_{RS}O \rightleftharpoons CO(g) \tag{7.44}$$

由此产生的机理表明不同的反应在不同的过电位下发生，解释了经常在 MC-DCFC 测试中观察到的"低电流段"和"高电流段"曲线，如图 7.8 所示。

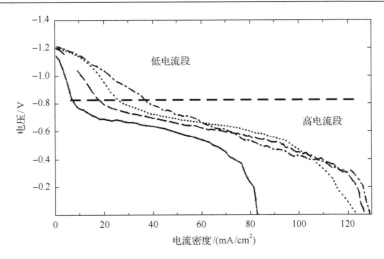

图 7.8　使用不同的碳燃料观察到的一系列 MC-DCFC 的 I-V
曲线中的"低电流段"和"高电流段"

在 IV 测试的初始阶段，燃料电池的过电位较小，CO_2 和 CO 通过式(7.43)和式(7.44)产生，导致碳孔隙中 CO_2 含量增加。CO_2 的积累抑制了碳酸盐离子的分解，导致氧离子浓度降低。由于反应介质中的氧离子浓度降低，进而如式(7.38)所示的吸附速率降低了。因此，初始吸附物质的消耗抑制了吸附，使气体产物阻碍了物质运输途径，增加了"低电流段"的阻抗。随着 MC-DCFC 工作电压降低，过电位增加，CO 在三相界面及其附近区域积累，阻碍如式(7.44)所示的 CO 解吸附过程。因此，被认为是反应速率控制步骤的二级吸附过程(式(7.41))由于 C_{R_SO} 含量的增加而加速，使燃料电池在这个区域的阻抗降低。在低工作电位区(低于0.4V)观测到的大阻抗清楚地表现了质量运输引起的损失。

如前所述，碳氧化需要氧离子(O^{2-})的存在。因此，碳的连续转化需要足够的氧离子补充。在常规 MCFC 的 NiO 阴极，这一需求可以通过氧分解实现。然而对固体氧化物电解质和碳酸盐熔体串联的混合 DCFC 而言，在阳极区域需要通过氧离子的非均相输运为熔融碳酸盐提供氧离子。Xu 等[34]研究了不同界面条件下的氧离子传递。他们测试了三种不同的类型：一种是在氧化钐掺杂的氧化铈(Sm-Doped Ceria，SDC)支持体上浸渍 Ni 制成的阳极，一种是通过流延法制备的均相 Ni-SDC 阳极，还有一种是空白型 SDC 支持体阳极。三者被浸入混入碳粉的 Li：K=62：38(摩尔比)的 Li-K 熔融碳酸盐中。当采用气体燃料时，这三种 DCFC 的阳极的峰值功率密度完全不同。当燃料为碳时，具有高三相界面密度的浸渍 Ni 阳极[121]，在 650℃下表现出了最低的峰值功率密度，为 $36.0mW/cm^2$。空白型 SDC 支持体阳极由于没有 Ni-SDC 三相界面，无法电化学氧化任何气体燃料，却在相同温度下表现出了最高的峰值功率密度，为 $40.5mW/cm^2$。流延法制备的均相 Ni-SDC 阳极在相同的工作条件下峰值

功率密度为 $36.7mW/cm^2$。这三种 DCFC 的功率密度表明碳的转化机理与气体燃料的转化机理完全不同。以 H_2 电化学转化为例,在电化学反应发生之前,H_2 必须先扩散到多孔电极的三相界面中。因此,阳极高三相界面密度能带来更好的电化学性能。然而,固体碳颗粒很难扩散到阳极的孔隙中,碳燃料更容易被碳酸盐熔体中的活性物质(如氧离子)氧化,而不是在三相界面处被氧化。因此,三相界面密度不再是决定 DCFC 性能的关键参数,而离子导体与熔融碳酸盐的界面条件成为决定性能的关键因素。在不同的固-液界面条件下,氧的非均相输运如图 7.9 所示。

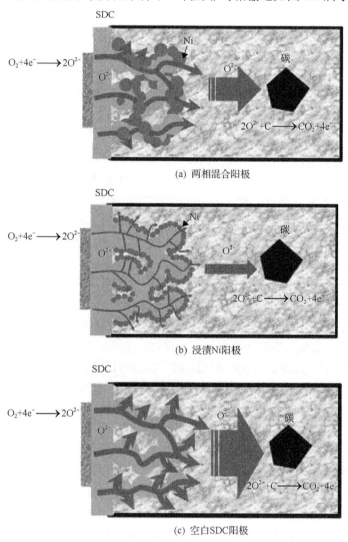

(a) 两相混合阳极

(b) 浸渍Ni阳极

(c) 空白SDC阳极

图 7.9 在不同界面条件下氧离子(O^{2-})的传输[34]

对于浸渍 Ni 阳极,如图 7.9(b) 所示,从 SDC 向熔融碳酸盐的氧离子输运被覆盖在 SDC 结构表面的 Ni 颗粒堵塞。然而在空白 SDC 支撑体阳极的情况下,如图 7.9(c) 所示,在 SDC 和熔融碳酸盐之间的氧离子输运更多的是直线前进,这使得熔融碳酸盐中碳的转化所需的氧离子得到充分供应,使之达到三者中的最佳性能。在流延制备的 Ni-SDC 阳极中,氧离子的运输条件则居于空白型 SDC 支撑体阳极与浸渍 Ni 阳极之间。这三个例子表明,如果采用单独的集流装置,则碳酸盐-固体氧化物混合体系中不需要固体阳极中的 Ni 相。Lipilin 等[122, 123]研究了这种固体氧化物电解质与熔融碳酸盐阳极的组合,他们将 YSZ 盲管插入 Li-Na-K 三元熔融碳酸盐中,并用贵金属网作为阳极集流装置。在他们的研究中,在 950℃下,峰值功率密度能够达到 110mW/cm²。

7.6 液态金属阳极 SO-DCFC

将液态金属作为 SO-DCFC 的阳极时,反应可以分为两步:①将金属氧化为金属氧化物;②碳还原金属氧化物。基于目前液态金属阳极的研究,金属的电化学氧化仍占主导地位,是燃料电池有效电流的主要贡献者。因此,液态金属阳极开路电压的特点是始终低于碳直接氧化的开路电压,对金属氧化动力学的研究将有助于提高燃料电池性能。在碳的相关反应中,除了还原在燃料电池工作过程中产生的金属氧化物,更需要开发适当的碳燃料输送方法,以抑制影响燃料电池性能的氧化物隔膜的形成,提升液态金属阳极 DCFC 的效率。

7.6.1 金属氧化物对液态金属阳极的影响

氧气对金属的氧化是在阳极电解质界面发生的非均相反应,因此,固体氧化物电解质与液态金属阳极界面的形貌在金属氧化动力学中起着重要作用。Wang 等[124]制作了电解质表面粗糙度不同的液态 Sb 阳极 DCFC。在其结构中,液态阳极与固体电解质直接接触,这使得电解质的表面粗糙度成为描述液态金属阳极和电解质之间界面形态的参数。"粗糙的电解质"使用的 YSZ 粉体平均粗糙度为 540nm,而"光滑的电解质"平均粗糙度低至 0.69nm。在燃料电池工作过程中,阳极未加入碳燃料,以简化反应系统,使得在电解质界面处发生的唯一反应为金属 Sb 的氧化反应,如式 (7.45) 所示:

$$2Sb + 3O^{2-} \rightleftharpoons Sb_2O_3 + 6e^- \tag{7.45}$$

电解质粗糙度不同的两个燃料电池的交换电流密度通过 Tafel 公式拟合计算得到,使用光滑的电解质的 Sb 阳极交换电流密度为 1.5mA/cm²,使用粗糙的电解质的阳极的交换电流密度为 2mA/cm²。因此,通过增加界面粗糙度,阳极的交换电流密度可提高 33%。在 800℃下，使用粗糙电解质的 DCFC 的峰值功率密度达到了 31.5mW/cm², 而在同一温度下使用光滑的电解质的 DCFC 的峰值功率密度只能达到 15mW/cm²。

van Arkel 等[125]的研究显示，Sb 氧化形成的 Sb₂O₃ 是一种氧离子导体。式(7.46) 描述了 Sb₂O₃ 的离子电导率与温度的函数关系。式中 $\sigma_{Sb_2O_3}$ 为 Sb₂O₃ 的离子电导率 (S/m)，T 为温度(K)：

$$\sigma_{Sb_2O_3} = 10^{-2} \times \exp\left(-128.78 + \frac{2.9859 \times 10^5}{T} - \frac{1.7571 \times 10^8}{T^2}\right) \tag{7.46}$$

通过计算式(7.46)，可以发现在 800℃下 Sb₂O₃ 的离子电导率为 4.42S/m (1073K)。相比之下，由 Shi 等[126]提供的公式计算得出在 800℃时 YSZ 的电导率为 2.23S/m(1073K)。因此，Sb₂O₃ 可以被视为一种离子导体材料。在燃料电池阳极产生的 Sb₂O₃ 液滴可以将 YSZ 电解质与金属 Sb 紧密接触，形成离子导路。如果将 Sb₂O₃ 作为离子导体，Sb 为电子导体与反应物，Sb₂O₃ 和金属 Sb 之间的界面更可能成为电化学活性位点。在这个新形成的反应界面的帮助下，使用光滑的电解质的 DCFC 性能可以得到改善。如图 7.10(a)所示，恒电位放电开始时性能即开始

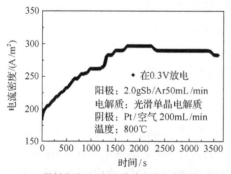

(a) 燃料电池0.3V恒电位放电的电流密度

(b) 阳极-电解质界面的SEM照片

(c) 由EDS得到的界面区域Sb元素分布，白点为Sb元素

(d) 界面区域O元素分布，白点为O元素

图 7.10　液态 Sb 阳极的性能与界面处元素分布[128]

提升，并随着持续放电，用光滑电解质制备的燃料电池功率密度达到峰值(粗糙电解质的情况将在本节后面的部分讨论)。界面区的离线 SEM 照片(图 7.10(b))中发现了阳极-电解质界面附近的 $Sb-Sb_2O_3$ 混合物(由能谱仪(Energy Dispersive Spectroscopy，EDS)获得的 Sb 和 O 元素的分布如图 7.10(c)及图 7.10(d)所示)，证明了 $Sb-Sb_2O_3$ 界面的存在。Cao 等[127]利用渗流理论构建了一个数学模型，对 $Sb-Sb_2O_3$ 界面及液态 Sb 阳极内部的电化学反应位点的形成过程进行了模拟。

在燃料电池阳极朝上放置的结构中，由于金属 Sb 的密度高于 Sb_2O_3，有可能发生 Sb_2O_3 从电解质的表面分离并上浮的情况。然而，Sb_2O_3 上升的驱动力是不够的，因为金属液的浮力来自 Sb_2O_3 液滴底部和顶部之间的压力差，这一压力差源于连续环绕它的金属 Sb 的重量。因此，要在 Sb 池中提升 Sb_2O_3，在 Sb_2O_3 下方存在 Sb 是必要的。然而，只要电解质是水平的，那么在阳极-电解质界面上 Sb_2O_3 实际上就是附着在电解质上的[129]。在接触 YSZ 电解质的 Sb_2O_3 的促进作用下，Sb 的电化学氧化过程不再局限于发生在阳极-电解质界面处。此外，通过控制界面区域的 Sb_2O_3 含量，液态 Sb 阳极性能可以得到控制和提升。Javadekar 等证明了在液态 Sb 中 Sb_2O_3 可被电化学还原(电解)成金属 Sb，论证了液态 Sb 阳极内氧离子输运途径的存在。电解生成的 Sb 使得液态金属阳极能够以化学能的形式储存能量，满足储能市场的需求。

液态 Sb 阳极中也存在润湿性的问题。由于熔融状态的 Sb 具有相对较大的表面张力 (375.3mN/m [130])，液态 Sb 很难到达 YSZ 电解质粗糙表面的凹槽中。在纽扣式和管式液态 Sb 阳极 DCFC 中都发现了这样的润湿性问题。在燃料电池结构中生成 Sb_2O_3 可以较好地解决这一问题。熔融 Sb_2O_3 的表面张力比液态 Sb 小得多(熔点温度下为 98mN/m[131]，高温时甚至更小)，润湿 YSZ 电解质粗糙表面也相对更容易。考虑到其离子电导率，YSZ 与金属 Sb 之间的 Sb_2O_3 能为电解质和阳极之间提供更好的接触条件。Bi_2O_3 也是一种离子导体，因而研究者类似地对金属 Bi 也进行了测试[14]，但是液态 Bi 阳极的开路电压太低。

其他液态金属阳极由于反应中在阳极-电解质界面处生成了氧化物隔膜并沉积于此，阻碍电荷和质量传递[132]，具有一定的局限性。然而，提高工作温度是一种可能的解决办法。Jayakumar 等[13]制造与测试了一种液态 Pb 阳极燃料电池，并观察到当工作温度为 700℃ 与 800℃ 时，由于在阳极-电解质界面处形成的 PbO 的阻碍作用，燃料电池性能突然下降。然而当工作温度提高到 900℃(高于 PbO 的熔点 888℃)时，燃料电池性能突然下降的现象消失了，液态 Pb 阳极燃料电池功率密度达到 $200mW/cm^2$。然而金属对应氧化物熔点太高(如 Sn)时，该方法将难以使用。

为了避免 SnO_2 膜的阻碍作用以及减少液态 Sn 中的 SnO_2 含量,人们将气态燃料通入液态 Sn 中以还原 SnO_2。然而，对于连续工作的燃料电池来说，只有 H_2

还原 SnO_2 的速度是足够快的，CO 至少需要 45min 才能扩散到厚度为几毫米的液态 Sn 阳极下[133]。也有人提出在液态 Sn 阳极中使用较小的工作电流，试图使 SnO_2 的迁移和生成达到平衡[134]。然而，SnO_2 在液态 Sn 中的输运速度非常慢，这一输运速度限制了电流密度，从而导致功率密度很低。

研究人员从液态 Sb 阳极的工作过程出发，提出了一种可能的防止 Sn 阳极形成氧化膜的方法。在 Sb 阳极燃料电池的工作过程中，阳极和电解质之间的 Sb_2O_3 可提高金属 Sb 与 YSZ 电解质之间的接触条件。在液态 Sn 阳极的情况下，液态氧离子介质，如熔融碳酸盐，可以用于促进氧离子输运。熔融碳酸盐覆盖电解质部分表面后，Sn 的氧化可发生在 Sn-电解质界面处与 Sn-熔融碳酸盐界面处。在 Sn-熔融碳酸盐界面形成的 SnO_2 薄膜比其在 Sn-电解质界面处形成的膜的稳定性降低，因为它的"固体"基础较少。由于熔融碳酸盐的流动性，其表面上的质量变化(即表面上新形成的 SnO_2)很容易引起熔融碳酸盐液滴的变形，从而使 SnO_2 从 Sn-熔融碳酸盐界面处分离出来。分离出的 SnO_2 碎片将被周围的液态 Sn 抬升，并留下一个可供 Sn 进一步氧化的干净的反应界面。

7.6.2　液态金属阳极中的碳转化机理

液态金属阳极 DCFC 的碳转化效率是液态金属阳极碳转化研究与开发中最重要的参数之一。如上所述，金属的氧化过程是燃料电池产生有效电流的主要方式。以液态 Sb 阳极为例，液态金属 Sb 的氧化可以表示为式(7.47)：

$$2Sb + 1.5(O_2 + 3.76N_2) \rightleftharpoons Sb_2O_3 + 5.64N_2 \tag{7.47}$$

碳被用于还原生成的 Sb_2O_3，如果碳被完全氧化，那么反应方程式可表达为式(7.48)(注意：碳被用于还原式(7.47)中生成的 Sb_2O_3)：

$$Sb_2O_3 + 1.5C \rightleftharpoons 2Sb + 1.5CO_2 \tag{7.48}$$

用于还原 Sb_2O_3 的化学能可通过计算式(7.49)的焓变得到

$$1.5C + 1.5O_2 \rightleftharpoons 1.5CO_2 \tag{7.49}$$

液态 Sb 阳极的燃料利用率可通过计算在 Sb_2O_3 的还原反应中 CO/CO_2 的平衡(式(7.50))得到

$$3CO + Sb_2O_3 \rightleftharpoons 2Sb + 3CO_2 \tag{7.50}$$

当式(7.50)所示的反应体系达到 DCFC 工作温度下(800℃)的平衡时，CO 的分压小于 0.01(在 800℃下，Sn 与 SnO_2 的活度被认为是相等的)。因此，假设碳燃料会像式(7.48)中那样被完全氧化成 CO_2 是合理的，如果燃料电池结构设计得比较完美，则碳燃料可以在液态 Sb 阳极中完全氧化。液态 Sb 阳极 DCFC 的理论效率可以根据最大有用功来计算。液态 Sb 阳极 SO-DCFC 的理论效率可以通过将电化学反应能(式(7.47)中 Gibbs 自由能的变化)除以反应系统引入的化学能(式(7.49)的焓变)得到，如式(7.51)所示：

$$\eta_{\text{Theo,Sb}} = \frac{\Delta G_{\text{Sb-O}}}{\Delta H_{\text{(C-O)}_{\text{Sb}}}} \times 100\% \tag{7.51}$$

其中，$\eta_{\text{Theo,Sb}}$ 为液态 Sb 阳极 DCFC 的理论效率；$\Delta G_{\text{Sb-O}}$ 为式(7.47)的 Gibbs 自由能变(J/mol)；$\Delta H_{\text{(C-O)}_{\text{Sb}}}$ 为式(7.49)的焓变(J/mol)。

如果将还原性更强的金属(如 Sn)作为液态金属阳极，则必须考虑燃料效率。下面对式(7.52)CO 和 CO_2 的气相平衡进行计算：

$$2CO + SnO_2 \rightleftharpoons Sn + 2CO_2 \tag{7.52}$$

为了充分还原 1mol 的 SnO_2，超过 1mol 的 C 必须被送入反应系统。这是因为一部分的 C 部分氧化到 CO，而不能被进一步氧化。还原 1 mol 的 SnO_2 所需的 C 量可用式(7.53)表示：

$$\left[\frac{2 + 2\exp\left(-\frac{\Delta G_{\text{Sn-CO}}}{2RT}\right)}{1 + 2\exp\left(-\frac{\Delta G_{\text{Sn-CO}}}{2RT}\right)}\right] C + SnO_2 \rightleftharpoons Sn + \left[\frac{2}{1 + 2\exp\left(-\frac{\Delta G_{\text{Sn-CO}}}{2RT}\right)}\right] CO$$

$$+ \left[\frac{2\exp\left(-\frac{\Delta G_{\text{Sn-CO}}}{2RT}\right)}{1 + 2\exp\left(-\frac{\Delta G_{\text{Sn-CO}}}{2RT}\right)}\right] CO_2 \tag{7.53}$$

其中，$\Delta G_{\text{Sn-CO}}$ 为式(7.52)的 Gibbs 自由能变(J/mol)。van 't Hoff 定律用于计算式(7.52)平衡压力，Sn 和 SnO_2 的活度可由式(7.54)计算：

$$2\ln\left(\frac{\dfrac{p_{\text{CO}_2}}{p_\theta}}{\dfrac{p_{\text{CO}}}{p_\theta}}\right) - \frac{\Delta G_{\text{Sn-CO}}}{RT} \tag{7.54}$$

空气将金属 Sn 氧化的总反应可由式(7.55)表示：

$$Sn + O_2 + 3.76N_2 \rightleftharpoons SnO_2 + 3.76N_2 \tag{7.55}$$

用于式(7.55)中产生的 SnO_2 所需的化学能可通过计算式(7.56)的焓变得到

$$\left[\frac{2+2\exp\left(-\dfrac{\Delta G_{Sn-CO}}{2RT}\right)}{1+2\exp\left(-\dfrac{\Delta G_{Sn-CO}}{2RT}\right)}\right]C+\left[\frac{1+\exp\left(-\dfrac{\Delta G_{Sn-CO}}{2RT}\right)}{1+2\exp\left(-\dfrac{\Delta G_{Sn-CO}}{2RT}\right)}\right]$$

$$O_2 \rightleftharpoons \left[\frac{2+2\exp\left(-\dfrac{\Delta G_{Sn-CO}}{2RT}\right)}{1+2\exp\left(-\dfrac{\Delta G_{Sn-CO}}{2RT}\right)}\right]CO_2 \tag{7.56}$$

液态 Sn 阳极 DCFC 的理论效率可与前述的液态 Sb 阳极 DCFC 以同样的方式表达，如式(7.57)所示：

$$\eta_{Theo,Sn} = \frac{\Delta G_{Sn-O}}{\Delta H_{(C-O)_{Sn}}} \times 100\% \tag{7.57}$$

其中，$\eta_{Theo,Sn}$ 为液态 Sn 阳极 DCFC 的理论效率；ΔG_{Sn-O} 为式(7.55)的 Gibbs 自由能变(J/mol)，$\Delta H_{(C-O)_{Sn}}$ 为式(7.56)的焓变(J/mol)。

根据式(7.51)和式(7.57)，计算得到液态 Sb 和液态 Sn 阳极的理论效率,如图 7.11 所示。根据式(7.50)和式(7.52)计算得到的气体平衡数据也在图 7.11 中作为燃料电

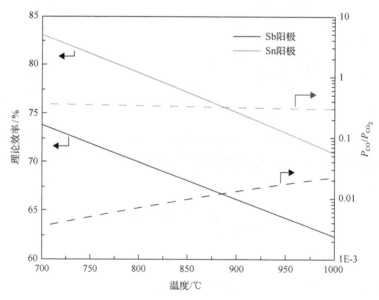

图 7.11　液态 Sb 和液态 Sn 阳极 DCFC(氧化金属与供应碳燃料)的理论效率及
金属氧化物还原过程中的平衡气体含量与温度的函数关系

池效率评估中的一个重要参数给出。图 7.11 表明,在仅仅考虑开路电压时,液态 Sn 阳极的理论效率远远高于液态 Sb 阳极,然而更高的开路电压也意味着尾气中更高的 CO 含量。

碳燃料[135, 136]和富碳燃料[137]均可加入液态金属阳极作为燃料。Jayakumar 等在 700℃下将生物质与木炭作为 ScSZ 电解质液态 Sb 阳极 DCFC 的燃料,在 200h 恒压(0.5V)放电的燃料电池放电实验中,DCFC 表现出稳定的功率密度(230~290mW/cm^2)。研究发现 Sb 氧化过程占据了开路电压的主导地位,因为液态 Sb 能覆盖阳极-电解质界面,碳则作为 Sb$_2$O$_3$ 的还原剂。Cao 等[138]在 800℃下的碳-Sb 阳极工作过程中观察到了短暂的超过 1.0V 的高开路电压。短暂出现的高开路电压表明在液态 Sb 阳极中高度非平衡态的存在,说明碳或碳相关的物质在它们被输送到阳极-电解质界面时会在电化学反应中起作用。Xu 等[139]研究了几种碳燃料对 SnO$_2$ 还原反应的反应活性。当反应活性最大的活性炭与 Sn 混合时,在 800℃下,液态 Sn 阳极 DCFC 的开路电压达到并稳定保持 1.0V,峰值功率密度达 133.0mW/cm^2。加入了这种活性炭的液态 Sn 阳极 DCFC 在 850℃下进行了恒压 (0.5V)放电,在超过 10h 的放电中功率密度稳定在 92.5~107.5mW/cm^2。离线 SEM 和 EDS 分析证实了高活性炭对 SnO$_2$ 的还原作用,在电化学反应表面未发现 SnO$_2$ 阻隔膜。Cao 等[140, 141]在管式液态 Sb 阳极 DCFC 中设计实现了混合均匀的燃料-液态金属体系。在他们的实验中,利用 Ar 载气将脱灰煤送入液态 Sb 表面下,并在液态 Sb 池中实现了煤的悬浮。由于燃料与阳极-电解液界面直接接触,开路电压达到了超乎平常的 0.83V。与纽扣式电池的燃料输运相比,管式液态 Sb 阳极燃料电池中燃料的质量输运是不同的。对于垂直的阳极-电解质界面而言,界面处的 Sb$_2$O$_3$ 的浮力扩散过程比在纽扣式电池中更为显著[142]。液态 Sb 池的流态化可以通过提高阳极内的质量输运来改善燃料电池的性能。流态化阳极使得碳燃料连续供给阳极的过程变得更简单。通过将更多的管式燃料电池置于液态 Sb 池中,可实现系统功率的放大。

Tao 等[136, 143]研制了一种管式液态 Sn 阳极燃料电池。这种液态 Sn 阳极燃料电池的特点之一是一个可以维持液态 Sn 薄层与几百微米厚的 YSZ 电解质相连的多孔陶瓷分离器。分离器的孔径为 100μm,液态 Sn 被约束在电解质和分离器之间。分离器的平均孔隙率大于 60%[143],并允许燃料分子扩散到阳极。这一燃料电池的阴极在已被气密 YSZ 电解质层覆盖的管内。在燃料电池工作过程中,位于电解质和多孔分离器之间的液态 Sn 阳极被从电解质中输送的氧离子氧化,同时,生成的 SnO$_2$ 在阳极-电解质界面上被输送过阳极薄层的还原物质所还原。图 7.12 给出了这种液态 Sn 阳极管式燃料电池的详细结构。

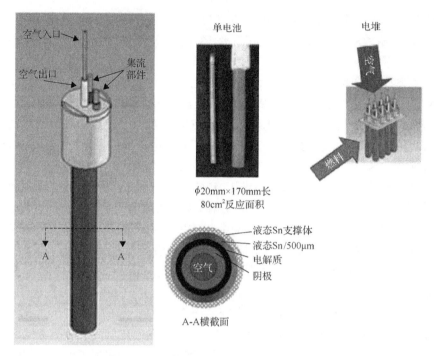

图 7.12　液态 Sn 阳极管式燃料电池设计[144]

　　该系统的一个令人印象深刻的特点是可以灵活地使用各种燃料。小分子(H_2、天然气)、重碳燃料(JP-8 煤油、生物柴油)和固体碳材料都可以被消耗以产生能量。液态 Sn 阳极燃料电池还表现出令人满意的耐硫性,硫含量为 1400×10^{-6} 的 JP-8(喷气推进剂 8,一种美国军队中广泛使用的喷气燃料)被送入阳极室,且未经过脱硫或其他燃料预处理过程。在这一耐硫性测试中,连续 200h 未观察到明显的性能下降。根据 Tao 等的研究[136],硫是液态 Sn 阳极中的燃料而不是毒物。一个长度为 10cm,周长为 1cm 的管式电池单元可以产生 3W 的功率。当使用 JP-8 为燃料时,在 1000℃下,液态 Sn 阳极燃料电池的功率密度可由 40mW/cm^2 提升至 150mW/cm^2。

　　以上的讨论主要针对活性的金属阳极。对于惰性液态金属阳极,如液体银阳极,碳不是被银的氧化物所氧化,而是被溶解在液态银中的氧所氧化。这是因为在银的熔化温度下,氧化银是热力学不稳定的。Gopalan 等[145]提出了液态银中的碳转化机理,YSZ 晶格中的氧离子可以溶解在液态银[记作 O(Ag)]中,如式(7.58)所示:

$$O^{2-}(YSZ) \rightleftharpoons O(Ag) + 2e^- \tag{7.58}$$

　　碳的部分和完全氧化在高温下可以在液态银中发生,如式(7.59)和式(7.60)所示:

$$C + O(Ag) \rightleftharpoons CO \tag{7.59}$$

$$C + 2O(Ag) \rightleftharpoons CO_2 \tag{7.60}$$

溶解氧迁移速度缓慢阻碍了整个反应过程的持续进行。然而，改进液态银中氧输运的方法有助于实现"直接"的碳氧化过程。

7.7 DCFC 电堆及系统

碳基燃料电堆的开发是将固体碳燃料应用于实际发电中所必需的。与其他先进的煤基能源转化方式(如 IGCC 或超临界煤粉锅炉)不同，大部分的能量直接从燃料电池中获得，而不是燃烧过程。DCFC 被认为是一种高效节能的固体碳燃料能量转化技术。

如前面所述，许多研究人员已经论证了 DCFC 中的碳转化过程，但几乎没有一种燃料电池结构在放大和连续工作方面表现出可行性。在各种 DCFC 结构中，劳伦斯利弗莫尔国家实验室(Lawrence Livermore National Laboratory, LLNL)通过布置 150cm^2 的板式 MCFC，提出了一种有潜力的板式燃料电池结构[146]。在 750℃下，这一燃料电池结构可以产生高达 30W 直流电。当采用熔融碳酸盐作为电解质时，需要考虑煤中的灰分(通常是硫酸钙和硅酸铝、硅酸盐)对电解质的污染，当碳酸盐中灰分含量超过 10%时，应更换电解质以维持燃料电池的性能。因此，LLNL 的 MC-DCFC 系统必须保证供给的脱灰煤中总灰分含量保持在 0.1%～0.2%以下。在灰分含量为 0.18%的情况下，燃料电池的电解质必须每 1.5 年更换一次。美国电力研究协会(Electric Power Research Institute, EPRI)的报告显示[147]，原料煤的燃料费用(俄亥俄煤)为 1.42 美元/GJ(2006 年)，而脱灰煤的燃料费用为 3.98 美元/GJ(2006 年)。燃料成本的急剧上涨导致发电成本大幅增加，其中脱灰煤成本占发电成本的 36.8%[即 59 美元/(MW·h)(2006 年)，不考虑 CO$_2$ 封存成本]。

板式燃料电池具有组合放大的潜力，可以通过串联燃料电池提升电压或通过并联增大电流输出。然而，板式燃料电池有几个难以回避的问题，如密封困难；碳燃料难以连续地被送入薄的阳极室；由于碳酸盐熔体浸入电解质支撑体中，不能在燃料电池工作过程中更换熔融碳酸盐。

还有一些 DCFC 系统使用管式固体氧化物电解质燃料电池的结构。Li 等[99] 实现了一种基于流态化碳燃料的 SO-DCFC，但由于他们使用超厚(1.3mm)的 YSZ 管作为 SOFC 的电解质，燃料电池的性能受到限制。在 900℃下，当使用 0.2mm 厚的 YSZ 圆片作为电解质时，燃料电池在相同的 He 流化床中达到 22mW/cm^2 的峰值功率密度。同样在 900℃下，当流化气改为 CO$_2$ 时，使用另一个薄 YSZ 圆片作为燃料电池电解质支撑体的 DCFC 峰值功率密度增加到 43mW/cm^2[98]。使用阳极作为支撑体时，燃料电池可以实现 200mW/cm^2 的功率密度[148]。这些研究中的功率密度表明了采用流化床阳极放大 DCFC 的可能性。可以通过将多个管状 SOFC 插入流化床反应器实现大功率输出，并避免密封问题，同时可以串联同一反应器中的燃料电池以提高电压。如前面所述，燃料电堆需要更大的流化床，使用大直径反应器对连续燃料供给与灰分处理都有益处，这两种技术都是锅炉中常用的技术。DCFC 阳极流化还能带来其他的好处，如一个 8mm 厚的固定碳床上下表面之间的温差可以达到 100℃[149]，通过流体对流可以强化碳床中的传热；流态化还能缓解同一管式燃料电池单元中反应区段与非反应区段的温差。阳极室中碳层的流态化可以通过阳极尾气相对简单的循环实现。然而，碳阳极流化床也存在一些问题，例如，阳极磨损可能是功率密度衰减的主要原因，这需要对流态化过程进行详细设计以延长燃料电池寿命。

　　对 DCFC 电堆进行规模放大，还可以采用 YSZ 管与熔融媒介相结合的方法。例如，Lipilin 等[122]将 Li-Na-K 三元熔融碳酸盐与 SOFC 技术结合，他们最新的设计中包括一个支撑燃料电池的内管支撑体并将一层薄 YSZ 作为电解质，而不包含 SOFC 中常见的固体阳极。在 700℃下，这种半电池插入碳酸盐熔体功率密度可达 280mW/cm^2[147]。虽然该系统也使用熔融碳酸盐作为碳转化介质，但 YSZ 层的气密性使得它不需要向阴极提供二氧化碳。与 LLNL 的技术相比，这个系统中的灰分处理要容易得多，因为在这个管式反应器中可以实现碳酸盐熔体的循环。由于灰分密度(约 3.3t/m^3)大于熔融碳酸盐密度(约 2.4t/m^3)，污染的熔融碳酸盐可以从燃料电池装置底部释放，并在回流到反应器之前进行脱灰。熔融碳酸盐的循环也为实现燃料电池系统运行中的温度控制提供了机会。电化学反应释放的多余热量可以通过热交换器回收，熔融碳酸盐被冷却到 450℃并加热底循环工质。熔融碳酸盐阳极的流态化也可增强燃料的质量传递。由于熔融碳酸盐的离子导电性，难以将几个使用同一个熔融碳酸盐池的燃料电池串联来提高电压。因此，在 SRI 的技术中，单个反应堆中的燃料电池并联在一起以增大功率输出，并且必须串联几个反应堆以提供更高的工作电压。

　　CellTech Power LLC 提出了[150, 151]一种将液态 Sn 阳极与 SOFC 技术结合的液态 Sn DCFC 堆。对于这种亚千瓦级的液态 Sn 阳极 DCFC 堆，煤首先在 DCFC 阳极室被气化。随后，气化产物渗过多孔陶瓷分离器并用于发电过程，含二氧化碳的阳极尾气作为气化剂被送回碳层。对于较大的系统，增加电池管的数量将需要对单个单元进行简化，因此，此时不再需要前面所提到的每个单元的多孔陶瓷分离器，取而代之的是将涂有薄 YSZ 层的阴极支撑管直接浸入 1000℃的 Sn 池中。当燃料电池发电时，金属 Sn 被电化学氧化。金属中的氧含量被控制在 0.1wt%以下，以避免形成致密的 SnO$_2$ 薄膜。这种结构的液态 Sn 金属以与 SRI 的技术相同的方式循环,氧饱和的液态 Sn 进入一个以碳燃料为还原剂的独立 Sn 还原装置中。由于 SnO_2 的还原是一个吸热反应,Sn 液温度降低至 973℃。脱除煤灰的方式类似于现代浮法玻璃行业,煤中的灰/渣(密度约 $3.3t/m^3$)浮在 Sn 液(密度约 $6.6t/m^3$)上,可撇去大部分在熔融 Sn 中不溶或溶解度很低的盐和氧化物。从而,煤灰被隔离在阳极室外,如硫这样的元素在 Sn 还原反应器中得到富集。还原后的 Sn 液被进一步冷却到 961.7℃以平衡 Sn 氧化过程中释放的热量,并被送回阳极室中。Jayakumar[11]在液态 Sb 系统中也提出了类似的高温流体循环方案,但这些方案在液态 Sn 阳极的情况中更具说服力,因为 Sn 液可以被冷却到低至 250℃。这项技术的主要挑战是在液态 Sn 中维持较低的氧含量需要较大的 Sn 流量。例如,在一个液态 Sn 阳极燃料电堆中,如果单电池工作在 0.654V 的典型工作电位下,Sn 流量必须维持在 0.13kg/s 左右,以保证连续产生 1.0kW 的功率。液态 Sn 的电子导电性也使得在同一液体 Sn 槽内不可能将几个管式燃料电池串联以提升电压。

　　DCFC 系统的效率是相当可观的,即使是对最低效的液态 Sn 阳极 DCFC 技术而言。以煤的高热值计算且不考虑碳捕集时,DCFC 系统的总效率可高达 61%(考虑碳捕集则为 57%)[147]。在一个 DCFC 电堆中,阴极尾气的热量通常用来预热注入阴极的新鲜空气;而通常以热的液态工质或煤的热解产物的形态存在的阳极产生的热量,则由一个底循环回收。在一些研究[147, 152]中 Rankine 循环被选为底循环,但往往效果并不好。通常情况下,一个工质为较低温度和压力的流体的小型涡轮,如一台 10MW 规模的工业汽轮机需要提供 480～505℃的蒸汽,而在 DCFC 系统中阳极排气温度或熔融液态工质循环往往是在 700℃或更高(有时高达 1000℃)的温度下进行的。此时,由于热源与工质之间的温差过大,换热过程中会产生较大的㶲损失。工质在较高温度(565～585℃)下工作的汽轮机,输出功率(150～250MW)对于 DCFC 混合能源系统而言则过大。由于一个底循环在混合动力系统的功率输出中往往占到 5%～15%,选择良好的热机将提高 DCFC 系统的效率。

　　除了底循环和其他辅机设备,DCFC 堆的制造是一个非常重要的方面。即便是一个 1MW 的小规模系统,也需要大量的管、单电池和反应器。为满足碳转换阳极和燃料补充的特殊要求,须制造阴极支撑管式 SOFC 半电池。据 SRI 估计,具有 $9423cm^2$ 有效面积并能提供约 2.7kW 的输出功率的大型管式单电池,每根管将耗费 1000 美元(2006 年)[147]。如果还考虑集流、外壳和堆栈成本(往往占成堆成本的三分之一[153]),DCFC 堆的成本将大大超过由美国能源部设置的 448 美元/kW 的目标(2006 年)[154](原始数据为 400 美元/kW(2002 年),2002 年与 2006 年的数据之间已考虑 12.1%的通货膨胀率)。根据 DCFC 系统发展和制造的早期阶段对 DCFC 系统资本成本进行估计是看似高度合理的。而且,还有几个原因使得 DCFC 系统"允许"高价:电池的高效率降低了燃料需求量、系统更简单减少了对劳动力的需求、更少的燃料处理费用以及易于 CO_2 捕集等。

7.8　挑战与展望

为满足能源需求和环境保护之间相互矛盾的要求，急需发展先进的碳转化技术和新的电网结构。碳基燃料电池或其混合动力系统可以作为补充技术模式，满足用户的分布式能源需求，减少甚至消除污染物排放。清洁、高效的 DCFC 发电或热电联供系统可以为片区、独栋房屋、偏远的村庄与离岛提供电和热。使用碳燃料的燃料电池系统有几种潜在的分布式发电方式。

生物质储量相对丰富，具有中等的高热值(15～20MJ/kg)。相比煤而言，生物质水分含量高，灰分含量低，元素组成简单。因此，生物质燃料是分布式电力系统的理想选择(在集中式系统中，生物质燃料的低成本将被燃料集中成本所抵消)，并可以通过先进的气化炉[155]消化，生产净化燃料气供下游燃料电池系统使用或被送入熔融介质 DCFC 中。在现代物流网络的帮助下，DCFC 也可以实现分布式碳基发电。商业化碳燃料可通过电子商务平台提供，其中脱灰煤、炭黑和纯净水煤浆可通过互联网订购，并在数小时至数天内运送到客户手中。脱灰碳燃料使得气化炉和燃料电池中的灰分处理更简易。如果碳燃料中的污染物在被送入系统之前除去，则将降低燃料电池系统在技术上面临的挑战。

一种更大胆的分布式发电方式是将一个小区内的若干电力系统连接起来形成一个微电网。微电网中的多电源与储能装置可以提升系统稳定性，连接到主电网的电线费用及远距离输电造成的损失可以最小化。这种方式可以通过批量使用前面所提到的液态 Sb 阳极 DCFC 实现。液态 Sb 金属本身是一种很好的碳转化电极，金属 Sb 中的化学能也可通过氧化作为动力源。因此，液态 Sb 阳极 DCFC 可以通过消耗 Sb 本身实现在无碳燃料时的供电。这可以作为液态 Sb 阳极 DCFC 工作中的"电池模式"。液态 Sb 放电过程是可逆的，在 Sb 氧化中形成的 Sb_2O_3 可以通过引入碳燃料还原。液态 Sb 电极的另一个优点是在金属池中的常见相 Sb_2O_3 可以被电解[12]，使产生的过量电力以液态 Sb 金属的形式得以储存。在这种分布式能源系统中，Sb 金属既可看作碳转转化媒介，又可作为储能介质。因此，由多个液态 Sb DCFC 组成的微电网可以根据用户的需求生产和储存能源，也可以通过最新的信息技术甚至人工智能来控制和管理能源。

7.8.1　DCFC 的技术挑战

除了前述碳转化中的困难，碳作为燃料的使用还面临着其他技术挑战，包括集流、熔融介质稳定性和在煤中杂质污染情况下维持燃料电池的性能。

1) DCFC 集流器

高温燃料电池的集流对保证燃料电池性能是十分关键的，尤其是在采用熔融碳酸盐作为碳转换电极的 DCFC 中。对于插入熔融介质中同时作为燃料消耗和集流棒的碳棒，电子电导率和燃料反应性之间存在相对的平衡[156]。通常会首选高度规整的晶格(即石墨)，因为这种晶格具有更高的电子电导率；但从高反应活性方面考虑，则应该选择有更多微观缺陷的晶格(如活性炭)。同样的问题也出现在使用碳-熔融碳酸盐浆作燃料的 MCFC 中，在阳极通过碳颗粒实现集流。此结构中的集流是通过紧密堆积的碳颗粒[157]实现的，但颗粒之间的接触电阻会非常大。虽然模拟中完全填充的碳床阳极集流效果很好，但还应考虑模型与实际 DCFC 工况的偏差。由于碳在 DCFC 工作过程中被消耗，这些碳颗粒的半径会不断减小，导致碳堆积得更松散，在阳极较小的碳颗粒之间会失去接触，导致集流失效。

虽然液态金属阳极可以实现更高的电子电导率，但集流也是一个问题，用于集流的金属往往会溶于液态金属阳极。例如，Ni 在 800℃ 的液态 Sn 中的溶解度高达 20%，使得大多数不锈钢材料不能被用作集流器。铁素体合金中的金属元素，如铁、铬和锰，一般比液态金属阳极材料还原性更强，因此，在燃料电池工作过程中，它们比阳极金属更容易被氧化。铼(Re)是目前唯一用于液态金属阳极的稳定的集流材料。如果要建造由几个独立反应堆组成的大型燃料电堆，必须开发新的集流方法。

DCFC 的相关研究通常侧重于碳转化的机理或发展碳转化电极材料。一些新的 SOFC 结构设计对 DCFC 的设计也有很大启发。图 7.13 展示了西门子-西屋公司开发的氧化性气氛被密封在管内的阴极支撑管式燃料电池，这种燃料电池展现了利用重整天然气令人满意的性能及电池成堆化的可行性。这种电池结构的一个显著优点是它可以在还原气氛下从阴极集流，高导电性的金属可以用作阳极和阴极集流器。

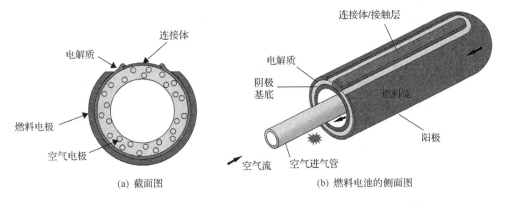

(a) 截面图　　　　　　(b) 燃料电池的侧面图

图 7.13　西门子-西屋公司开发的阴极支撑管式燃料电池示意图[158]

如果将阳极室外置，并用大阳极室容纳反应堆，那么 DCFC 的成组也可以被简化。如果在阳极室中实现阴极集流[159, 160]，则可以在很大程度上避免集流过程中的损失。

2) 熔融介质稳定性

熔融碳酸盐等熔融介质是具有高度腐蚀性的。例如，作为常用的电极材料，Ni 和 NiO 在熔融碳酸盐中是不稳定的，并且会被慢慢溶解[161, 162]。这种腐蚀作用会腐蚀 MC-DCFC 的阴极及熔融碳酸盐阳极 SO-DCFC 的 Ni 基阳极。熔融碳酸盐阳极 SO-DCFC 中熔融碳酸盐和固体材料之间的相容性是人们面临的另一个挑战。尽管 YSZ 电解质在还原性气氛下在 Li-K 熔融碳酸盐中被认为是稳定的，但实际上，人们发现 YSZ 电解质在惰性和氧化性气氛下被腐蚀。在燃料电池工作过程中，碳的氧化和氧化性物质的输运会导致某些局部区域氧分压的升高，导致其成为熔融碳酸盐易于腐蚀电解质的区域。替代电解质材料(如 GDC)或腐蚀性与导电性更低的 K-Na 碳酸盐熔体可以实现更好的燃料电池稳定性[68]。

在液态金属作为阳极时也出现了电解质的腐蚀现象。研究者发现纯 Sb 与 Sb-Bi 合金会腐蚀 ScSZ 电解质；而当液态 Sb 作为阳极时，YSZ 电解质没有明显变薄。YSZ 较高的稳定性可以归因于 Y^{3+} 的原子半径大于 Sc^{3+}，这使得掺杂离子从电解质的晶格迁移到液态金属变得更难[135]。随后对一个类似的测试结构的研究进一步证明了这一点，实验中 YSZ 被液态 Sb 阳极腐蚀，腐蚀效应与液态金属的流动方向密切相关。因此，当使用液态 Sb 作电极时，将管式燃料电池插入液态 Sb 池中是一种很有前景的减弱电解质腐蚀的方法。除了燃料电池隔离层，熔化介质对电流收集器也有负面影响，如熔融碳酸盐对金属网的腐蚀，及钢基合金在液态金属池中的溶解。

3) 煤中的灰分与杂质

煤中的灰分是燃料电池煤转化技术研究的最具挑战性的部分。目前的 DCFC 研究中，大多数研究者使用炭黑或脱灰煤作燃料作为研究碳转化动力学时简化反应系统的一种手段。然而，无灰碳燃料(灰分含量在 0.2%左右)价格是原煤的 1.8 倍，因此处理碳燃料中的灰分是直接碳转化不可避免的问题。固体和熔融阳极中的灰分积累会终止燃料电池的反应。灰分中的碱金属、碱土金属及铁元素由于其在碳的气化反应中的催化作用往往被视为助剂，而其他的物质，如氧化铝和二氧化硅，由于占据反应界面或阻碍多孔阳极中的质量输运，被认为会抑制 DCFC 的反应。这些物质的影响可以通过在 DCFC 阳极中分别添加相应的化合物[163]确定。

Tao 等[164]进行了一个破坏性实验以研究矿物质在液态 Sn 阳极 DCFC 中的毒性作用。400×10^{-6} 的 As、Cr、V 元素和 200×10^{-6} 的金属 Nb 和 Mo，共计含量为 1600×10^{-6} 在液态 Sn 中可溶的污染物被添加入液态 Sn 池中。添加的五种元素的量均高于直接使用实际煤作为 DCFC 燃料时所可能面对的最坏情况,因为在煤中这些元素更有可能形成化学键而不是以单质形式出现。这些元素的氧化物、硅酸盐、硫酸盐和氯化物在液态 Sn 中的溶解度比它们的单质形式要小得多。因此,实验可用于研究可溶性污染物对 DCFC 的加速中毒作用。在被污染的液态 Sn 池中的 DCFC 的表现证实了由于阳极污染所造成的 3%/100h 的快速电压衰退。YSZ 电解质的离线表征中发现,氧化铬和氧化钒覆盖了电解质表面的大量区域,同时污染造成了表面腐蚀和晶粒剥落。其他的灰分,如硅和铝的氧化物及硫酸盐、在液态 Sn 池中以颗粒或炉渣形式存在的铁等可以通过过滤除去。

除了固体灰分,杂质气体也可能成为 DCFC 阳极的威胁。硫元素是固体碳燃料和气体燃料中广泛存在的杂质,也是被研究最多的杂质。煤中的硫存在于有机和无机两种形态中,当碳燃料发生气化或热解时,在还原性气氛下硫以 H_2S 和 COS 的形式从固相向气相迁移。基于局部平衡反应模型,研究者在一个 Ni-S-O-H-C 系统中将 Ni 基阳极的硫中毒情况作为工作电位与温度的函数进行了热力学预测[165]。由于 H_2S 的电化学氧化和 Ni-S 共晶液的形成,在三相界面处会形成硫元素的积累,当 SOFC 过电位显著增加时,硫中毒程度显著提升。Ni-S 化合物或液相产物的形成将加速 Ni 迁移,导致催化剂损失、渗漏,以及阳极电子传导率下降[166]。在这方面,抗硫阳极材料及其机理已被开发和综述[167, 168]。

煤中的其他杂质,如 PH_3、AsH_3 与 HCl 也会对燃料电池工作造成负面影响,详细的中毒机理已由 Cayan 等[169]进行综述。由于在阳极区形成了低导电性的 AsNi,0.1×10^{-6} AsH_3 即会降低燃料电池的性能[170]。由于其在阳极中与等量的 Ni 反应,As 被认为是一种致命的威胁,其主要损害三相界面区域。Marina 等[171]发现,800℃下低至 2×10^{-6} 的 PH_3 即可导致燃料电池不可逆的性能衰减。不同杂质间的协同作用非常复杂。Trembly 等[170]研究了在 800℃下连续给入 20×10^{-6} HCl 的情况下连续工作 100h 后,燃料电池性能出现了可逆的 17.4%的衰退。然而,当其他污染物也存在于阳极室中时,Cl 则成为一种性能稳定剂。在含有 PH_3 或 AsH_3 的氛围下,以 CH_3Cl 的形式引入氯元素能降低燃料电池的性能衰退速率。这是因为 Cl 能与 Ni-P 合金反应生成气态 NiCl,重建催化剂表面结构[172]。而如果硫存在于 As/P 系统中,则协同效应可能是非常有害的[173]。

合成气净化系统也可能会对燃料气体造成二次污染,因此采用高温净化是处理粗合成气的一种更节能的方法。一个氧化锌反应器可以作为末端脱硫装置。但在提纯后的气体中也会发现锌蒸汽,其被怀疑会致使燃料电池劣化[169]。

7.8.2　展望

我国是世界上最大的煤炭生产和消费国,煤炭消耗量占到一次能源总量的70%以上,其中超过 50%的煤炭用于火力发电。以煤为主的能源结构在很长一段时间内不会发生改变。但目前我国能源浪费和环境污染状况严重，燃煤发电效率有待进一步提高；同时，作为世界上 CO_2 排放第一大国，我国面临着巨大的 CO_2 减排压力，而且燃煤火电又是我国最大和最集中的 CO_2 排放源。因此，探索高效的洁净煤发电技术是能源工业发展的必然方向。

SO-DCFC 作为一种能直接将固体碳燃料中的化学能清洁高效地转化为电能的技术，是一种在不久的将来实现煤炭清洁高效利用的有效途径。SO-DCFC 采用具有气密性、离子导电性的固体陶瓷作为电解质进行碳的电化学转化。然而，固体燃料很难通过利用气态或液态燃料驱动的传统燃料电池的多孔阳极输运。因此，由于气相反应物的缺乏以及碳燃料与电化学反应位点之间的分离，电池性能受到限制。为了解决这个问题，研究人员开发了各种方法以加速碳转化，提高燃料电池的功率密度：

(1)将热解碳涂覆在多孔阳极上，通过直接裂解烃燃料以改善电化学反应位点的接触情况。

(2)使用离子-电子混合导电阳极以向碳供应更多的氧离子。

(3)采用熔融介质（如熔融金属和熔融碳酸盐）改善碳与阳极之间的接触环境，加快碳燃料的氧化速率。

(4)将二氧化碳作为碳床的气化剂，以促进碳的气化过程。研究表明，氧向碳表面的迁移对碳的气化和电化学氧化过程都至关重要。

近来，研究人员还开始关注 SO-DCFC 另一个新兴的领域，即发电和储能的双重功能。相比其他类型的燃料电池系统，这一双重功能使 SO-DCFC 更具有独特的优势。

当前 SO-DCFC 技术面临的主要问题是集流、熔融介质稳定性及碳燃料中污染物对燃料电池的损害。SO-DCFC 的研究重点是提高功率密度以及长期稳定性，同时保持高效率和低排放。已有的燃料电池相关的研究，已经为 SO-DCFC 的进一步示范和产业化奠定了良好的技术，通过进一步的研究工作，SO-DCFC 在煤基分布式发电、清洁高效煤基发电等领域将逐步实现大范围应用，推进能源技术革命。

参 考 文 献

[1] Zahradnik R L, Elikan L, Archer D H. A coal-burning solid-electrolyte fuel cell power plant[J]. American Chemical Society, Division of Petroleum Chemistry, 1964, 8(1).

[2] Nakagawa N, Ishida M. Performance of an internal direct-oxidation carbon fuel cell and its evaluation by graphic exergy analysis[J]. Industrial & Engineering Chemistry Research, 1988, 27(7): 1181-1185.

[3] Gür T M. Progress in carbon fuel cells for clean coal technology pipeline[J]. International Journal of Energy Research, 2016, 40(1): 13-29.

[4] Cai W, Zhou Q, Xie Y, et al. A direct carbon solid oxide fuel cell operated on a plant derived biofuel with natural catalyst[J]. Applied energy, 2016, 179: 1232-1241.

[5] Cao T, Huang K, Shi Y, et al. Recent advances in high-temperature carbon–air fuel cells[J]. Energy & Environmental Science, 2017, 10(2): 460-490.

[6] Gur T. Direct carbon fuel cell with molten anode[Z]. Google Patents, 2006.

[7] Chuang S S C. Carbon-Based Fuel Cell[Z]. USA: The University of Akron, 2006.

[8] Siengchum T, Guzman F, Chuang S S. Analysis of gas products from direct utilization of carbon in a solid oxide fuel cell[J]. Journal of Power Sources, 2012, 213: 375-381.

[9] Balachov I I, Hornbostel M D, Lipilin A S. Direct coal fuel cells (DCFC): clean electricity from coal and carbon based fuels[C].The Carbon Fuel Cell Seminar, Palm Springs, 2005.

[10] Lipilin A, Balachov I, Dubois L, et al. Liquid anode electrochemical cell[Z]. Google Patents, 2007.

[11] Jayakumar A, Küngas R, Roy S, et al. A direct carbon fuel cell with a molten antimony anode[J]. Energy & Environmental Science, 2011, 4(10): 4133-4137.

[12] Javadekar A, Jayakumar A, Gorte R J, et al. Energy storage in electrochemical cells with molten Sb electrodes[J]. Journal of The Electrochemical Society, 2012, 159(4): A386-A389.

[13] Jayakumar A, Vohs J M, Gorte R J. Molten-metal electrodes for solid oxide fuel cells[J]. Industrial & Engineering Chemistry Research, 2010, 49(21): 10237-10241.

[14] Jayakumar A, Lee S, Hornes A, et al. A comparison of molten Sn and Bi for solid oxide fuel cell anodes[J]. Journal of the electrochemical society, 2010, 157(3): B365-B369.

[15] Javadekar A, Jayakumar A, Gorte R J, et al. Characteristics of molten alloys as anodes in solid oxide fuel cells[R]. United States: USDOE Office of Science (SC), Basic Energy Sciences (BES) (SC-22), 2011.

[16] Bonaccorso A D, Irvine J T. Development of tubular hybrid direct carbon fuel cell[J]. International Journal of Hydrogen Energy, 2012, 37(24): 19337-19344.

[17] Chien A C, Corre G, Antunes R, et al. Scaling up of the hybrid direct carbon fuel cell technology[J]. International Journal of Hydrogen Energy, 2013, 38(20): 8497-8502.

[18] Jiang C, Ma J, Corre G, et al. Challenges in developing direct carbon fuel cells[J]. Chemical Society Reviews, 2017, 46(10): 2889-2912.

[19] Jiang C, Irvine J T. Catalysis and oxidation of carbon in a hybrid direct carbon fuel cell[J]. Journal of Power Sources, 2011, 196(17): 7318-7322.

[20] Jain S L, Nabae Y, Lakeman B J, et al. Solid state electrochemistry of direct carbon/air fuel cells[J]. Fuel Cells Bulletin, 2008, 2008(10): 10-13.

[21] Nabae Y, Pointon K D, Irvine J T. Electrochemical oxidation of solid carbon in hybrid DCFC with solid oxide and molten carbonate binary electrolyte[J]. Energy & Environmental Science, 2008, 1(1): 148-155.

[22] Jain S L, Lakeman J B, Pointon K D, et al. A novel direct carbon fuel cell concept[J]. Journal of Fuel Cell Science and Technology, 2007, 4(3): 280-282.

[23] Jain S L, Lakeman B, Pointon K D, et al. Carbon-air fuel cell development to satisfy our energy demands[J]. Ionics, 2007, 13(6): 413-416.

[24] Jain S, Lakeman B, Pointon K D, et al. Carbon content in a direct carbon fuel cell[J]. Ecs Transactions, 2007, 7(1): 829-836.

[25] Dudek M, Tomov R I, Wang C, et al. Feasibility of direct carbon solid oxide fuels cell (DC-SOFC) fabrication by inkjet printing technology[J]. Electrochimica Acta, 2013, 105: 412-418.

[26] Ihara M, Matsuda K, Sato H, et al. Solid state fuel storage and utilization through reversible carbon deposition on an SOFC anode[J]. Solid State Ionics, 2004, 175(1-4): 51-54.

[27] Ihara M, Hasegawa S. Quickly rechargeable direct carbon solid oxide fuel cell with propane for recharging[J]. Journal of the Electrochemical Society, 2006, 153 (8): A1544-A1546.

[28] Saito H, Hasegawa S, Ihara M. Effective anode thickness in rechargeable direct carbon fuel cells using fuel charged by methane[J]. Journal of the Electrochemical Society, 2008, 155 (4): B443-B447.

[29] Hasegawa S, Ihara M. Reaction mechanism of solid carbon fuel in rechargeable direct carbon SOFCs with methane for charging[J]. Journal of the Electrochemical Society, 2008, 155 (1): B58-B63.

[30] Ihara M, Kusano T, Yokoyama C. Competitive adsorption reaction mechanism of Ni/Yttria-stabilized zirconia cermet anodes in H_2 H_2O solid oxide fuel cells[J]. Journal of the Electrochemical Society, 2001, 148 (3): A209-A219.

[31] Xu X, Zhou W, Zhu Z. Samaria-doped ceria electrolyte supported direct carbon fuel cell with molten antimony as the anode[J]. Industrial & Engineering Chemistry Research, 2013, 52 (50): 17927-17933.

[32] Xu X, Zhou W, Zhu Z. Stability of YSZ and SDC in molten carbonate eutectics for hybrid direct carbon fuel cells[J]. RSC Advances, 2014, 4 (5): 2398-2403.

[33] Xu X, Zhou W, Liang F, et al. A comparative study of different carbon fuels in an electrolyte-supported hybrid direct carbon fuel cell[J]. Applied Energy, 2013, 108: 402-409.

[34] Xu X, Zhou W, Liang F, et al. Optimization of a direct carbon fuel cell for operation below 700 C[J]. International Journal of Hydrogen Energy, 2013, 38 (13): 5367-5374.

[35] Li C, Shi Y, Cai N. Performance improvement of direct carbon fuel cell by introducing catalytic gasification process[J]. Journal of Power Sources, 2010, 195 (15): 4660-4666.

[36] Li C, Shi Y, Cai N. Effects of temperature on direct carbon fuel cell anode reaction characteristics (fuel cell-1) [C]. The Japan Society of Mechanical Engineers, 2009.

[37] Li C, Shi Y, Cai N. Elementary reaction kinetic model of an anode-supported solid oxide fuel cell fueled with syngas[J]. Journal of Power Sources, 2010, 195 (8): 2266-2282.

[38] 李晨, 史翊翔, 蔡宁生. 直接碳燃料电池技术研究进展分析[J]. 热能动力工程, 2007 (1): 1-5.

[39] Yu X, Shi Y, Wang H, et al. Experimental characterization and elementary reaction modeling of solid oxide electrolyte direct carbon fuel cell[J]. Journal of Power Sources, 2013, 243: 159-171.

[40] Yu X, Shi Y, Wang H, et al. Using potassium catalytic gasification to improve the performance of solid oxide direct carbon fuel cells: Experimental characterization and elementary reaction modeling[J]. Journal of Power Sources, 2014, 252: 130-137.

[41] Liu R, Zhao C, Li J, et al. A novel direct carbon fuel cell by approach of tubular solid oxide fuel cells[J]. Journal of Power Sources, 2010, 195 (2): 480-482.

[42] Zhou J, Ye X F, Shao L, et al. A promising direct carbon fuel cell based on the cathode-supported tubular solid oxide fuel cell technology[J]. Electrochimica Acta, 2012, 74: 267-270.

[43] 王绍荣, 刘仁柱, 赵春花, 等. 固体电解质直接碳燃料电池: CN101540411 [P]. 2009-09-23.

[44] Xu K, Li Z, Shi M, et al. Investigation of the anode reactions in SO-DCFCs fueled by Sn-C mixture fuels[J]. Proceedings of the Combustion Institute, 2017, 36 (3): 4435-4442.

[45] Duan N, Cao Y, Hua B, et al. Tubular direct carbon solid oxide fuel cells with molten antimony anode and refueling feasibility[J]. Energy, 2016, 95: 274-278.

[46] Duan N, Tan Y, Yan D, et al. Biomass carbon fueled tubular solid oxide fuel cells with molten antimony anode[J]. Applied Energy, 2016, 165: 983-989.

[47] Cai W, Zhou Q, Xie Y, et al. A facile method of preparing Fe-loaded activated carbon fuel for direct carbon solid oxide fuel cells[J]. Fuel, 2015, 159: 887-893.

[48] Tang Y, Liu J. Effect of anode and Boudouard reaction catalysts on the performance of direct carbon solid oxide fuel cells[J]. International Journal of Hydrogen Energy, 2010, 35(20): 11188-11193.

[49] Xie Y, Tang Y, Liu J. A verification of the reaction mechanism of direct carbon solid oxide fuel cells[J]. Journal of Solid State Electrochemistry, 2013, 17(1): 121-127.

[50] Cai W, Liu J, Yu F, et al. A high performance direct carbon solid oxide fuel cell fueled by Ca-loaded activated carbon[J]. International Journal of Hydrogen Energy, 2017, 42(33): 21167-21176.

[51] Song S, Han M, Zhang J, et al. NiCu-Zr0.1Ce0.9O2-delta anode materials for intermediate temperature solid oxide fuel cells using hydrocarbon fuels[J]. Journal of Power Sources, 2013, 233: 62-68.

[52] Yang C, Yang Z, Jin C, et al. Sulfur-Tolerant redox-reversible anode material for direct hydrocarbon solid oxide fuel cells[J]. Advanced Materials, 2012, 24(11): 1439-1443.

[53] Jiao Y, Tian W, Chen H, et al. In situ catalyzed Boudouard reaction of coal char for solid oxide-based carbon fuel cells with improved performance[J]. Applied Energy, 2015, 141: 200-208.

[54] Jiao Y, Zhao J, An W, et al. Structurally modified coal char as a fuel for solid oxide-based carbon fuel cells with improved performance[J]. Journal of Power Sources, 2015, 288: 106-114.

[55] Xu H, Chen B, Tan P, et al. Performance improvement of a direct carbon solid oxide fuel cell through integrating an Otto heat engine[J]. Energy Conversion and Management, 2018, 165: 761-770.

[56] Xu H, Chen B, Liu J, et al. Modeling of direct carbon solid oxide fuel cell for CO and electricity cogeneration[J]. Applied Energy, 2016, 178: 353-362.

[57] Jiao Y, Xue X, An W, et al. Purified high-sulfur coal as a fuel for direct carbon solid oxide fuel cells[J]. International Journal of Energy Research, 2018.

[58] Liu J, Ye K, Zeng J, et al. A novel electrolyte composed of carbonate and $CsVO_3$-MoO_3 for electrochemical oxidation of graphite[J]. Electrochemistry Communications, 2014, 38: 12-14.

[59] Cimenti M, Hill J M. Thermodynamic analysis of solid oxide fuel cells operated with methanol and ethanol under direct utilization, steam reforming, dry reforming or partial oxidation conditions[J]. Journal of Power Sources, 2009, 186(2): 377-384.

[60] Yang Y, Du X, Yang L, et al. Investigation of methane steam reforming in planar porous support of solid oxide fuel cell[J]. Applied Thermal Engineering, 2009, 29(5-6): 1106-1113.

[61] Laosiripojana N, Assabumrungrat S. Kinetic dependencies and reaction pathways in hydrocarbon and oxyhydrocarbon conversions catalyzed by ceria-based materials[J]. Applied Catalysis B: Environmental, 2008, 82(1-2): 103-113.

[62] Finnerty C M, Ormerod R M. Internal reforming over nickel/zirconia anodes in SOFCS oparating on methane: Influence of anode formulation, pre-treatment and operating conditions[J]. Journal of Power Sources, 2000, 86(1-2): 390-394.

[63] McIntosh S, Vohs J M, Gorte R J. Role of hydrocarbon deposits in the enhanced performance of direct-oxidation SOFCs[J]. Journal of the Electrochemical Society, 2003, 150(4): A470-A476.

[64] Nakagawa N, Sagara H, Kato K. Catalytic activity of Ni--YSZ--CeO_2 anode for the steam reforming of methane in a direct internal-reforming solid oxide fuel cell[J]. Journal of Power Sources, 2001, 92(1-2): 88-94.

[65] Singh D, Hern ández-Pacheco E, Hutton P N, et al. Carbon deposition in an SOFC fueled by tar-laden biomass gas: A thermodynamic analysis[J]. Journal of Power Sources, 2005, 142(1-2): 194-199.

[66] Cherepy N J, Krueger R, Fiet K J, et al. Direct conversion of carbon fuels in a molten carbonate fuel cell[J]. Journal of the Electrochemical Society, 2005, 152(1): A80-A87.

[67] Cooper J F. Direct conversion of coal and coal-derived carbon in fuel cells[C]. The 2nd International Conference on Fuel Cell Science, Engineering and Technology, New York, 2004.

[68] Pointon K, Lakeman B, Irvine J, et al. The development of a carbon‐air semi fuel cell[J]. Journal of Power Sources, 2006, 162(2): 750-756.

[69] Nabae Y, Pointon K D, Irvine J T S. Electrochemical oxidation of solid carbon in hybrid DCFC with solid oxide and molten carbonate binary electrolyte[J]. Energy & Environmental Science, 2008, 1(1): 148.

[70] Deleebeeck L, Hansen K K. Hybrid direct carbon fuel cell performance with aode current collector material[J]. Journal of Electrochemical Energy Conversion and Storage, 2015, 12(6): 64501.

[71] Myung J, Kim S, Shin T H, et al. Nano-composite structural Ni‐Sn alloy anodes for high performance and durability of direct methane-fueled SOFCs[J]. Journal of Material Chemistry A, 2015, 3(26): 13801-13806.

[72] Yang Q, Chen J, Sun C, et al. Direct operation of methane fueled solid oxide fuel cells with Ni cermet anode via Sn modification[J]. International Journal of Hydrogen Energy, 2016, 41(26): 11391-11398.

[73] Tao T, Slaney M, Bateman L, et al. Anode polarization in liquid tin anode solid oxide fuel cell[J]. ECS Transactions, 2007, 7(1): 1389-1397.

[74] Toleuova A, Maskell W C, Yufit V, et al. Mechanistic studies of liquid metal anode SOFCs I. Oxidation of hydrogen in chemical-electrochemical mode[J]. Journal of the Electrochemical Society, 2015, 162(9): F988-F999.

[75] Kulkarni A, Ciacchi F T, Giddey S, et al. Mixed ionic electronic conducting perovskite anode for direct carbon fuel cells[J]. International Journal of Hydrogen Energy, 2012, 37(24): 19092-19102.

[76] Gür T M, Huggins R A. Direct electrochemical conversion of carbon to electrical energy in a high temperature fuel cell[J]. Journal of the Electrochemical Society, 1992, 139(10): L95-L97.

[77] Gür T M. Mechanistic modes for solid carbon conversion in high temperature fuel cells[J]. Journal of the Electrochemical Society, 2010, 157(5): B751-B759.

[78] Li C, Shi Y, Cai N. Effect of contact type between anode and carbonaceous fuels on direct carbon fuel cell reaction characteristics[J]. Journal of Power Sources, 2011, 196(10): 4588-4593.

[79] Mitchell R E, Ma L, Kim B. On the burning behavior of pulverized coal chars[J]. Combustion and Flame, 2007, 151(3): 426-436.

[80] Koenig P C, Squires R G, Laurendeau N M. Char gasification by carbon dioxide: Further evidence for a two-site model[J]. Fuel, 1986, 65(3): 412-416.

[81] Lee A C, Mitchel R E, Gur T M. Modeling of CO_2 gasification of carbon for integration with solid oxide fuel cells[J]. AIChE Journal, 2009, 55(4): 983-992.

[82] Mühlen H, van Heek K H, Jüntgen H. Kinetic studies of steam gasification of char in the presence of H_2, CO_2 and CO[J]. Fuel, 1985, 64(7): 944-949.

[83] Harris D J, Smith I W. Intrinsic reactivity of petroleum coke and brown coal char to carbon dioxide, steam and oxygen[J]. Symposium (International) on Combustion, 1991, 23(1): 1185-1190.

[84] Deng B, Wei T, Ye X F, et al. Effect of catalyst on the performance of a solid oxide-based carbon fuel cell with an internal reforming process[J]. Fuel Cells, 2014, 14(6): 991-998.

[85] Williams M C, Strakey J, Sudoval W. U.S. DOE fossil energy fuel cells program[J]. Journal of Power Sources, 2006, 159(2): 1241-1247.

[86] Rady A C, Giddey S, Badwal S P S, et al. Review of fuels for direct carbon fuel cells[J]. Energy & Fuels, 2012, 26(3): 1471-1488.

[87] Rady A C, Giddey S, Kulkarni A, et al. Direct carbon fuel cell operation on brown coal with a Ni-GDC-YSZ anode[J]. Electrochimica Acta, 2015, 178: 721-731.

[88] Dudek M, Tomczyk P. Composite fuel for direct carbon fuel cell[J]. Catalysis Today, 2011, 176(1): 388-392.

[89] Xiao J, Han D, Yu F, et al. Characterization of symmetrical SrFe0.75Mo0.25O3−δ electrodes in direct carbon solid oxide fuel cells[J]. Journal of Alloys and Compounds, 2016, 688: 939-945.

[90] Suzuki T, Inoue K̇, Watanabe Y. Temperature-programmed deposition and CO_2-pulsed gasification of sodium- or iron-loaded yallourn coal char[J]. Energy & Fuels, 1988, 2(5): 673-679.

[91] Tanaka S, U-emura T, Ishizaki K, et al. CO_2 Gasification of iron-loaded carbons: Activation of the iron catalyst with CO[J]. Energy & Fuels, 1995, 9(1): 45-52.

[92] Li X, Wu H, Hayashi J, et al. Volatilisation and catalytic effects of alkali and alkaline earth metallic species during the pyrolysis and gasification of Victorian brown coal. Part VI. Further investigation into the effects of volatile-char interactions[J]. Fuel, 2004, 83(10): 1273-1279.

[93] Yu X, Shi Y, Cai N. Electrochemical impedance characterization on catalytic carbon gasification reaction process[J]. Fuel, 2015, 143: 499-503.

[94] Wu Y, Su C, Zhang C, et al. A new carbon fuel cell with high power output by integrating with in situ catalytic reverse Boudouard reaction[J]. Electrochemistry Communications, 2009, 11(6): 1265-1268.

[95] Yang B, Ran R, Zhong Y, et al. A carbon-air battery for high power generation[J]. Angewandte Chemie International Edition, 2015, 54(12): 3722-3725.

[96] Zhong Y, Su C, Cai R, et al. Process investigation of a solid carbon-fueled solid oxide fuel cell integrated with a CO_2-permeating membrane and a sintering-resistant reverse Boudouard reaction catalyst[J]. Energy&Fuels, 2016, 30(3): 1841-1848.

[97] Bai Y, Liu Y, Tang Y, et al. Direct carbon solid oxide fuel cell—a potential high performance battery[J]. International Journal of Hydrogen Energy, 2011, 36(15): 9189-9194.

[98] Lee A C, Li S, Mitchell R E, et al. Conversion of solid carbonaceous fuels in a fluidized bed fuel cell[J]. Electrochemical and Solid-State Letters, 2008, 11(2): B20-B23.

[99] Li S, Lee A C, Mitchell R E, et al. Direct carbon conversion in a helium fluidized bed fuel cell[J]. Solid State Ionics, 2008, 179(27-32): 1549-1552.

[100] Ong K M, Ghoniem A F. Modeling of indirect carbon fuel cell systems with steam and dry gasification[J]. Journal of Power Sources, 2016, 313: 51-64.

[101] Williams M C, Strakey J P, Surdoval W A. The U.S. department of energy, office of fossil energy stationary fuel cell program[J]. Journal of Power Sources, 2005, 143(1-2): 191-196.

[102] Iyengar A K S, Newby R A, Keairns D L. Techno-economic analysis of integrated gasification fuel cell systems[R]. 2014.

[103] Newby R, Keairns D. Analysis of integrated gasification fuel cell plant configurations[R]. 2011.

[104] Yoshikawa M, Bodén A, Sparr M, et al. Experimental determination of effective surface area and conductivities in the porous anode of molten carbonate fuel cell[J]. Journal of Power Sources, 2006, 158(1): 94-102.

[105] Peelen W H A, Olivry M, Au S F, et al. Electrochemical oxidation of carbon in a 62/38 mol% Li/K carbonate melt[J]. Journal of Applied Electrochemistry, 2000, 30(12): 1389-1395.

[106] Li X, Zhu Z, De Marco R, et al. Modification of coal as a fuel for the direct carbon fuel cell[J]. The Journal of Physical Chemistry A, 2010, 114(11): 3855-3862.

[107] Li X, Zhu Z, Chen J, et al. Surface modification of carbon fuels for direct carbon fuel cells[J]. Journal of Power Sources, 2009, 186(1): 1-9.

[108] Chen J P, Wu S. Acid/base-treated activated carbons: Characterization of functional groups and metal adsorptive properties[J]. Langmuir, 2004, 20 (6): 2233-2242.

[109] Chen C C, Maruyama T, Hsieh P H, et al. Wetting behavior of carbon in molten carbonate[J]. Journal of the Electrochemical Society, 2012, 159 (10): D597-D604.

[110] Cooper J F, Selman J R. Electrochemical oxidation of carbon for electric power generation: A review[J]. ECS Transactions, 2009, 19 (14): 15-25.

[111] Chen M, Wang C, Niu X, et al. Carbon anode in direct carbon fuel cell[J]. International Journal of Hydrogen Energy, 2010, 35 (7): 2732-2736.

[112] Jain S L, Barry Lakeman J, Pointon K D, et al. Electrochemical performance of a hybrid direct carbon fuel cell powered by pyrolysed MDF[J]. Energy & Environmental Science, 2009, 2 (6): 687-693.

[113] Tulloch J, Allen J, Wibberley L, et al. Influence of selected coal contaminants on graphitic carbon electro-oxidation for application to the direct carbon fuel cell[J]. Journal of Power Sources, 2014, 260: 140-149.

[114] Castellano M, Turturro A, Riani P, et al. Bulk and surface properties of commercial kaolins[J]. Applied Clay Science, 2010, 48 (3): 446-454.

[115] Allen J A, Glenn M, Donne S W. The effect of coal type and pyrolysis temperature on the electrochemical activity of coal at a solid carbon anode in molten carbonate media[J]. Journal of Power Sources, 2015, 279: 384-393.

[116] Kouchachvili L, Ikura M. Performance of direct carbon fuel cell[J]. International Journal of Hydrogen Energy, 2011, 36 (16): 10263-10268.

[117] Kojima T, Yanagida M, Tanimoto K, et al. The surface tension and the density of molten binary alkali carbonate systems[J]. Electrochemistry, 1999, 67 (6): 593-602.

[118] Jiang C, Ma J, Bonaccorso A D, et al. Demonstration of high power, direct conversion of waste-derived carbon in a hybrid direct carbon fuel cell[J]. Energy & Environmental Science, 2012 (5): 6973-6980.

[119] Nabae Y, Pointon K D, Irvine J T S. Ni/C slurries based on molten carbonates as a fuel for hybrid direct carbon fuel cells[J]. Journal of the Electrochemical Society, 2009, 156 (6): B716-B720.

[120] Cooper J F, Selman J R. Analysis of the carbon anode in direct carbon conversion fuel cells[J]. International Journal of Hydrogen Energy, 2012, 37 (24): 19319-19328.

[121] Gorte R J, Vohs J M. Nanostructured anodes for solid oxide fuel cells[J]. Current Opinion in Colloid & Interface Science, 2009, 14 (4).

[122] Lipilin A S, Balachov I I, Dubois L H, et al. Liquid anode electrochemical cell: U.S. Patent 8,101,310[P]. 2012-1-24.

[123] SRI unveils direct carbon fuel cell technology[J]. Fuel Cells Bulletin, 2006, 2006 (1): 11.

[124] Wang H, Shi Y, Cai N. Effects of interface roughness on a liquid-Sb-anode solid oxide fuel cell[J]. International Journal of Hydrogen Energy, 2013, 38 (35): 15379-15387.

[125] van Arkel A V, Flood E A, Bright N F H. The electrical conductivity of molten oxides[J]. Canadian Journal of Chemistry, 1953, 31 (11): 1009-1019.

[126] Shi Y, Cai N, Li C, et al. Modeling of an anode-supported Ni－YSZ|Ni－ScSZ|ScSZ|LSM－ScSZ multiple layers SOFC cell Part I. Experiments, model development and validation[J]. Journal of Power Sources, 2007, 172 (1): 235-245.

[127] Cao T, Shi Y, Wang H, et al. Numerical simulation and experimental characterization of the performance evolution of a liquid antimony anode fuel cell[J]. Journal of Power Sources, 2015, 284: 536-546.

[128] Wang H, Shi Y, Cai N. Polarization characteristics of liquid antimony anode with smooth single-crystal solid oxide electrolyte[J]. Journal of Power Sources, 2014, 245: 164-170.

[129] Xu X Y, Zhou W, Zhu Z H. Samaria-doped ceria electrolyte supported direct carbon fuel cell with molten antimony as the anode[J]. Industrial & Engineering Chemistry Research, 2013, 52(50): 17927-17933.

[130] Aqra F, Ayyad A. Theoretical estimation of temperature-dependent surface tension of liquid antimony, boron, and sulfur[J]. Metallurgical and Materials Transactions B, 2011, 42(3): 437-440.

[131] Davis J K, Bartell F E. Determination of suface tension of molten materials-adaptation of the pendant drop method[J]. Analytical Chemistry, 1948, 20(12): 1182-1185.

[132] Jayakumar A, Javadekar A, Küngas R, et al. Characteristics of molten metals as anodes for direct carbon solid oxide fuel cells[J]. ECS Transactions, 2012, 41(12): 149-158.

[133] Wang H, Shi Y, Cai N. Characteristics of liquid stannum anode fuel cell operated in battery mode and CO/H₂/carbon fuel mode[J]. Journal of Power Sources, 2014, 246: 204-212.

[134] Otaegui L, Rodriguez-Martinez L M, Wang L, et al. Performance and stability of a liquid anode high-temperature metal - air battery[J]. Journal of Power Sources, 2014, 247: 749-755.

[135] Jayakumar A, Javadekar A, Gissinger J, et al. The stability of direct carbon fuel cells with molten Sb and Sb–Bi alloy anodes[J]. AIChE Journal, 2013, 59(9): 3342-3348.

[136] Tao T, Bateman L, Bentley J, et al. Liquid tin anode solid oxide fuel cell for direct carbonaceous fuel conversion[J]. ECS Transactions, 2007, 5(1): 463-472.

[137] McPhee W A, Boucher M, Stuart J, et al. Demonstration of a liquid-tin anode solid-oxide fuel cell (LTA-SOFC) operating from biodiesel fuel[J]. Energy & Fuels, 2009, 23(10): 5036-5041.

[138] Cao T, Wang H, Shi Y, et al. Direct carbon fuel conversion in a liquid antimony anode solid oxide fuel cell[J]. Fuel, 2014, 135: 223-227.

[139] Xu K, Li Z, Shi M, et al. Investigation of the anode reactions in SO-DCFCs fueled by Sn-C mixture fuels[J]. Proceedings of the Combustion Institute, 2017, 3: 4435-4442.

[140] Cao T, Shi Y, Cai N. Liquid antimony anode fluidization within a tubular direct carbon fuel cell[J]. Journal of the Electrochemical Society, 2016.

[141] Cao T, Shi Y, Cai N. Introducing anode fluidization into a tubular liquid antimony anode direct carbon fuel cell[J]. ECS Transactions, 2015, 68(1): 2703-2712.

[142] Gorte R J, Oh T. Direct carbon fuel cell and stack designs: U.S. Patent 9,979,039[P]. 2018-5-22.

[143] Tao T, McPhee W A, Koslowske M T, et al. Advancement in liquid tin anode-solid oxide fuel cell technology[J]. ECS Transactions, 2008, 12(1): 681-690.

[144] Carlson E J. Assessment of a novel direct coal conversion—fuel cell technology for electric utility markets[R]. EPRI report, 2006.

[145] Gopalan S, Ye G, Pal U B. Regenerative, coal-based solid oxide fuel cell-electrolyzers[J]. Journal of Power Sources, 2006, 162(1): 74-80.

[146] Cooper J F, Krueger R. Direct carbon (coal) conversion batteries and fuel cells[R]. 2003.

[147] Chen T P. Program on technology innovation: Systems assessment of direct carbon fuel cells technology[R]. Electric Power Research Institute 1016170, 2008.

[148] Lee A C, Mitchell R E, Gür T M. Thermodynamic analysis of gasification-driven direct carbon fuel cells[J]. Journal of Power Sources, 2009, 194(2): 774-785.

[149] Armstrong G J, Alexander B R, Mitchell R E, et al. Modeling heat transfer effects in a solid oxide carbon fuel cell[J]. ECS Transactions, 2013, 50(45): 143-150.

[150] Tao T. Novel fuel cells for coal based systems[R]. 11th Annual SECA Workshop, 2010.

[151] Tao T. Direct coal conversion in liquid tin anode SOFC[R]. 12th Annual SECA Workshop, 2011.

[152] Campanari S, Gazzani M, Romano M C. Analysis of direct carbon fuel cell based coal fired power cycles with CO_2 capture[J]. Journal of Engineering for Gas Turbines and Power, 2013, 2013(1): 11701.

[153] Ghezel-Ayagh H. Solid Oxide Fuel Cell Program at FuelCell Energy Inc[C]//Tenth Annual SECA Workshop, Pittsburgh, PA. 2009.

[154] Tam S S. Clean coal energy research[R]. 11th Annual SECA Workshop, 2010.

[155] Sikarwar V S, Zhao M, Clough P, et al. An overview of advances in biomass gasification[J]. Energy & Environmental Science, 2016, 9(10): 2939-2977.

[156] Zecevic S, Patton E M, Parhami P. Carbon - air fuel cell without a reforming process[J]. Carbon, 2004, 42(10): 1983-1993.

[157] Zhang H, Chen L, Zhang J, et al. Performance analysis of a direct carbon fuel cell with molten carbonate electrolyte[J]. Energy, 2014, 68: 292-300.

[158] Huang K, Singhal S C. Cathode-supported tubular solid oxide fuel cell technology: A critical review[J]. Journal of Power Sources, 2013, 237: 84-97.

[159] Yoshida Y, Hisatome N, Takenobu K. Development of SOFC for products[J]. Mitsubishi Heavy Industries, Ltd. Technical Review, 2003, 40(4): 1-5.

[160] Vora S D. SECA program review of siemens energy[R]. 10th Annual SECA Workshop, 2009.

[161] Cassir M, Olivry M, Albin V, et al. Thermodynamic and electrochemical behavior of nickel in molten Li_2CO_3-Na_2CO_3 modified by addition of calcium carbonate[J]. Journal of Electroanalytical Chemistry, 1998, 452(1): 127-137.

[162] Kudo T, Hisamitsu Y, Kihara K, et al. X-ray diffractometric study of in situ oxidation of Ni in Li/K and Li/Na carbonate eutectic[J]. Journal of Power Sources, 2002, 104(2): 272-280.

[163] Li X, Zhu Z, De Marco R, et al. Evaluation of raw coals as fuels for direct carbon fuel cells[J]. Journal of Power Sources, 2010, 195(13): 4051-4058.

[164] Tao T, McPhee W, Koslowske M, et al. Liquid tin anode SOFC for direct fuel conversion-impact of coal and JP-8 impurities[J]. ECS Transactions, 2009, 25(2): 1115-1124.

[165] Kishimoto H, Horita T, Yamaji K, et al. Sulfur poisoning on SOFC Ni anodes: Thermodynamic analyses within local equilibrium anode reaction model[J]. Journal of the Electrochemical Society, 2010, 157(6): B802-B813.

[166] Lussiera A, Sofieb S, Dvoraka J, et al. Mechanism for SOFC anode degradation from hydrogen sulfide exposure[J]. International Journal of Hydrogen Energy, 2008, 33(14): 3945-3951.

[167] Cheng Z, Zha S, Liu M. Stability of materials as candidates for sulfur-resistant anodes of solid oxide fuel cells[J]. Journal of The Electrochemical Society, 2006, 153(7): A1302.

[168] Gong M, Liu X, Trembly J, et al. Sulfur-tolerant anode materials for solid oxide fuel cell application[J]. Journal of Power Sources, 2007, 168(2): 289-298.

[169] Cayan F N, Zhi M, Pakalapati S R, et al. Effects of coal syngas impurities on anodes of solid oxide fuel cells[J]. Journal of Power Sources, 2008, 185(2): 595-602.

[170] Trembly J P, Gemmen R S, Bayless D J. The effect of coal syngas containing HCl on the performance of solid oxide fuel cells: Investigations into the effect of operational temperature and HCl concentration[J]. Journal of Power Sources, 2007, 169(2): 347-354.

[171] Marina O A, Coyle C A, Thomsen E C, et al. Degradation mechanisms of SOFC anodes in coal gas containing phosphorus[J]. Solid State Ionics, 2010, 181(8-10): 430-440.

[172] Bao J, Krishnan G N, Jayaweera P, et al. Impedance study of the synergistic effects of coal contaminants: Is Cl a contaminant or a performance stabilizer[J]. Journal of the Electrochemical Society, 2010, 157(3): B415-B424.

[173] Bao J, Krishnan G N, Jayaweera P, et al. Effect of various coal gas contaminants on the performance of solid oxide fuel cells: Part Ⅲ. Synergistic effects[J]. Journal of Power Sources, 2010, 195(5): 1316-1324.

第8章 固体氧化物电解池及其可逆化操作

8.1 引 言

电解池是将电能转化为化学能的反应装置。以水电解为例，在电能驱动下电解池可以将水分解为氢气和氧气。当前主要研究或应用的电解池有三类：碱性电解池(Alkaline Electrolysis Cell，AEC)、质子交换膜电解池(Proton Exchange Membrane Electrolysis Cell，PEMEC)以及固体氧化物电解池(SOEC)。其中，碱性电解池和质子交换膜电解池属于低温电解池，工作温度通常在 200℃以下，而SOEC，作为 SOFC 的逆过程，工作温度与 SOFC 一致，属于高温电解池，通常工作在 600～1000℃。图 8.1 给出了热力学上 CO_2 和 H_2O 电解反应的总能量需求(焓变 ΔH)、电能需求(Gibbs 自由能变化 ΔG)以及热能需求(温度与熵变的乘积，$T\Delta S$)。由图 8.1 可知，在忽略相变的情况下，随着温度升高，电解反应的总能量需求基本保持不变，电能需求逐渐降低，对应的热能需求逐渐增高。工作在 750℃下的 SOEC 电解，相比于低温电解理论电能消耗可降低至少 30%。此外，SOEC电解工作温度高、全固态结构、电解质为氧离子导体等特点，使其与低温电解相

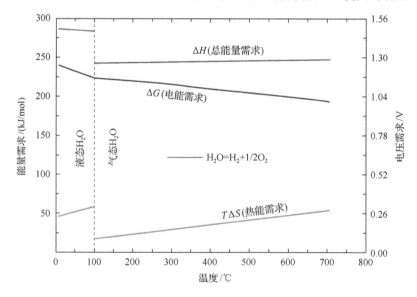

图 8.1 热力学上温度对电解反应的能量需求的影响

比，其还具有反应动力学快、转化效率高、全固态结构避免电解质的腐蚀/流失、能直接电化学转化 CO_2 等优势，尤其在热电联供的分布式能源系统中可以通过能量梯级利用促进系统能效的提升。

SOEC 的发展要追溯到 20 世纪六七十年代。由于其系统简单、可灵活调控、产物易分离的特点，美国航空航天局(National Aeronautics and Space Administration, NASA)将 SOEC 作为当时最有前景的制氧技术进行研究，以为潜艇或者太空飞船等封闭空间提供持续的氧气从而维持生命活动[1-3]，该研究一直持续到 21 世纪[4,5]。1980 年，德国的 Doenitz 等[6]采用管式 SOEC 电解制氢，效率可达 40%以上，较传统的碱性电解池制氢技术(25%~28%)提升了 12 个百分点以上，首次将 SOEC 技术由航天领域转向民用领域。从此，SOEC 的研究重点逐渐从氧气制备技术转向氢气制备技术。20 世纪 90 年代，由于化石燃料价格降低，SOEC 制氢方面的研究发展相对缓慢[7]。直至 21 世纪以来，伴随着能源短缺和温室效应问题的日益加剧，SOEC 应用于可再生能源和核能领域能够高效清洁制氢，重新受到了关注与重视[8,9]。美国爱达荷国家实验室在美国能源部的支持下，自 2003 年以来从事 SOEC 制氢技术的研发，实现了 15kW 电堆的稳定运行，氢气产率可达 $5.7\text{Nm}^3/\text{h}$[10]，但性能存在着迅速衰减的问题。美国爱达荷国家实验室进一步优化了 SOEC 电堆，于 2012 年实现了多个 SOEC 电堆 1000h 的稳定运行，性能衰减速率降至 3.2%/1000h[11]。同年，德国欧洲能源研究院与于利希研究中心[12]实现了 SOEC 单电池片在 1A/cm^2、780℃下 9000h 的稳定运行，性能衰减率为 3.8%/1000h。

随着二氧化碳捕集、利用与存储(CO$_2$ Capture, Utilization and Storage, CCUS)技术的兴起，美国爱达荷国家实验室于 2006 年提出了 SOEC 共电解 H_2O/CO_2 制备合成气($CO+H_2$)的概念[13]，以同步实现 CO_2 减排与资源化利用。SOEC 共电解 H_2O/CO_2 可制备组分可调的合成气，从而进一步通过下游的费-托合成生成甲醇、汽油、柴油等烃类、醇类燃料。该路线被认为是 CO_2 和 H_2O 制取燃料最有前景也是最可行的路线之一[14]。目前，我国正大力发展以风能、太阳能为代表的可再生能源，但风电、光伏等可再生能源电力具有间歇性、波动性等特点，难以大规模并网，造成了大规模可再生能源弃置的问题。目前我国弃风、弃光、弃水等可再生能源电力"三弃"问题严重。2016 年，我国风电累计装机容量达 1.49 亿 kW，总发电量达 2410 亿 kW·h，全年弃风电量 497 亿 kW·h，弃风率高达 17.1%[15]；我国光伏发电累计装机容量 7742 万 kW，居全球第一，全年发电量 662 亿 kW·h[16]，弃光问题以西北最为严重，西北五省的弃光电量已达 70.4 亿 kW·h，弃光率为 19.8%[17]；我国水力发电累计装机容量达 3.32 亿 kW，总发电量达 12026 亿 kW·h[18]，弃水电量约 600 亿 kW·h[19]，我国西南地区弃水问题尤为严重。2016 年，我国风光水电弃置总量已超过 1100 亿 kW·h[19]，相当于三峡电站全年发电量的 1.2 倍，可再生能源电力弃置总量规模空前。面对"三弃"电力问题，需要借助季节性储能技术,从时域上对电能供需进行调配。基于 SOEC 电解 H_2O 或者共电解 H_2O/CO_2 技术,将间歇性、不稳定的可再生能源电力以氢气、合成气或者碳氢燃料的形式存储,能够实现可再生能源的跨季节存储,尤其当以甲烷的形式存储时,能借助已有的天然气管网额外满足家家户户的用气需求;以液体燃料形式存储时,同样可便于可再生能源电力的广域共享和输运。随着 SOEC 朝着可逆化发展[20,21],即可逆固体氧化物电池(Reversible Solid Oxide Cell,RSOC),当用户侧电能负荷增加时,SOEC 还有望工作在 SOFC 模式下,将存储的燃料高效地转化为电能,形成一个完整的储能-释能循环。

SOEC 的应用潜力吸引了国内外研究学者和研究机构近十年来针对其反应机理、基础性能、电极材料、数值模拟优化、电解池单元/电堆运行稳定性以及系统基础与经济性分析等方面进行了一定的探索[1,9,22,23]。与 SOFC 一样,SOEC 涉及化学/电化学反应以及流动、扩散、传热、电荷传递等多物理场在不同尺度的耦合,本章将从不同尺度对 SOEC 的研究进行介绍。

8.2　SOEC 的基本原理

SOEC 作为 SOFC 逆过程,其结构与 SOFC 一致,主要由多孔的燃料极(阴极,也是负极)、致密的电解质、多孔的氧气极(阳极,也是正极)三部分组成。由于 SOEC 与 SOFC 两种模式的阴阳极相反,本章涉及 SOEC 及 RSOC 的综述,为避免产生混淆,本章直接采用电极材料或者以"燃料极""氧气极"来代指 SOEC 或者 RSOC 的两个电极。

如图 8.2 所示,以 SOEC 共电解 H_2O/CO_2 为例,在电极两侧施加高于开路电

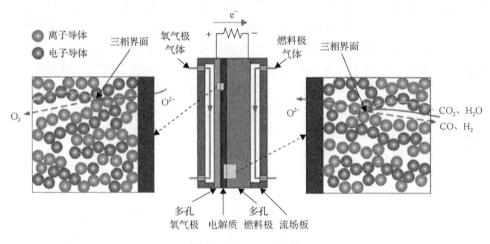

图 8.2　SOEC 示意图

压的直流电压，在 600～1000℃下，将 CO_2 和 H_2O 混合气通入燃料极，SOEC 可将 CO_2 和 H_2O 共电解生成 CO 和 H_2，同时在氧气极释放氧气。H_2O/CO_2 共电解总反应如下：

$$H_2O + CO_2 \longrightarrow H_2 + CO + O_2 \tag{8.1}$$

混合气通过流道到达燃料极表面，通过质量扩散到达多孔电极内部离子导体、电子导体和气孔的交界处，即三相界面，在三相界面发生 CO_2 和 H_2O 的电化学还原反应，通过竞争电解消耗电子，生成 CO、H_2 和 O^{2-}：

$$H_2O + 2e^- \longrightarrow H_2 + O^{2-} \tag{8.2}$$

$$CO_2 + 2e^- \longrightarrow CO + O^{2-} \tag{8.3}$$

在浓度梯度的驱动下，生成的 CO 和 H_2 扩散至燃料极流道，随燃料极气流流出。O^{2-} 通过离子导体的传导，穿过电解质层，抵达氧气极的三相界面处，发生电化学氧化反应，生成 O_2 并释放电子：

$$2O^{2-} \longrightarrow O_2 + 4e^- \tag{8.4}$$

释放的电子通过外电路传导至燃料极，从而形成持续的电流。

与 SOFC 的电极材料一致，燃料极通常采用 Ni-YSZ 电极。燃料极气体在燃料极内的催化剂（如 Ni）表面还会发生可逆水气变换反应：

$$H_2 + CO_2 \rightleftharpoons H_2O + CO \tag{8.5}$$

可逆水气变换反应的速率一般远大于电化学反应[24,25]。同时，CO 还会在 Ni 表面形成积碳，发生逆向 Boudouard 反应，并释放热量[26]：

$$2CO \rightleftharpoons C + CO_2 \tag{8.6}$$

高极化电压下，CO 还会被还原成碳元素[27]：

$$CO \rightleftharpoons C + \frac{1}{2}O_2 \tag{8.7}$$

积碳会覆盖电极表面活性位，导致电极催化活性降低、孔堵塞、极化阻抗增加，进而导致 SOEC 性能迅速下降，严重时甚至会导致电极结构被破坏，SOEC 失效。此外，SOEC 在低温化操作下，Ni 表面还可能发生甲烷化反应[28]：

$$CO + 3H_2 \rightleftharpoons CH_4 + H_2O \tag{8.8}$$

随着高温 SOFC/SOEC 一体化和可逆化运行技术的发展，有望通过电压调节，辅以入口气体与温度调控，实现电解/燃料电池双模式的灵活切换，即 RSOC。当可再生能源电力过剩时，RSOC 可工作在开路电压以上，即 SOEC 模式，将过剩或不稳定的电力转化成稳定的燃料气；反之，当可再生能源电力不足时，RSOC 可工作在开路电压以下，即 SOFC 模式，向用户侧提供持续、稳定的电力，平抑电能供需的不平衡。图 8.3 展示了典型 RSOC 的极化曲线以及功率密度曲线[29]，SOEC 与 SOFC 两种模式下相同的电荷转移意味着 SOEC 模式下燃料气的生成量与 SOFC 模式下燃料气的消耗量一致，从而可形成一个闭环的电-气-电的循环过程。该过程中，SOFC 的气电转化效率 η_{SOFC}^{el}、SOEC 的电气转化效率 η_{SOEC}^{el} 以及循环效率 η_{cyc}^{el} 分别为

$$\eta_{SOFC}^{el} = \frac{W_{SOFC}}{W_{ideal}} = \frac{V_{SOFC}}{V_{OCV}} = \frac{V_{OCV} - \eta_{SOFC}}{V_{OCV}} \tag{8.9}$$

$$\eta_{SOEC}^{el} = \frac{W_{ideal}}{W_{SOEC}} = \frac{V_{OCV}}{V_{SOEC}} = \frac{V_{OCV}}{V_{OCV} + \eta_{SOEC}} \tag{8.10}$$

$$\eta_{cyc}^{el} = \eta_{SOEC}^{el} \eta_{SOFC}^{el} = \frac{V_{SOFC}}{V_{SOEC}} = \frac{V_{OCV} - \eta_{SOFC}}{V_{OCV} + \eta_{SOEC}} \tag{8.11}$$

其中，W_{SOFC}、W_{SOEC} 分别为相同电荷转移下的 SOFC 模式发电量和 SOEC 模式用电量；V_{SOFC}、V_{SOEC} 则分别为两个模式下对应的电压值(V)；η_{SOFC}、η_{SOEC} 为两个模式下的极化电压(V)；V_{OCV} 为 RSOC 开路电压(V)。极化损失增大，导致 RSOC 循环效率的降低。为兼顾循环效率与 RSOC 装置规模，需开发高性能 RSOC 材料，以满足低极化电压运行要求。循环效率仅代表着 RSOC 中电的转化效率，实际 RSOC 在高温下工作，其中热的耦合利用也十分关键。在不考虑散热的情况下，RSOC 的热效应可从热力学与动力学角度分析得到

$$\dot{Q}_{RSOC} = \frac{iT\Delta S}{nF} - i\eta \tag{8.12}$$

其中，ΔS 为总反应的熵变(SOFC 模式 $\Delta S<0$，SOEC 模式 $\Delta S>0$，J/mol)；n 为电化学反应电荷转移数；F 为法拉第常数(96485 C/mol)；i 为工作电流密度(SOFC 模式 $i>0$，SOEC 模式 $i<0$，A/m²)。在 SOFC 模式下，$\dot{Q}_{RSOC}<0$，SOFC 处于放热状态。在 SOEC 模式下，随着极化电压的变化 SOEC 可能处于放热、吸热或者热中性状态。当极化电压 η 较小时，$\dot{Q}_{RSOC}>0$，SOEC 处于吸热状态；当极化电压 η 较大时，$\dot{Q}_{RSOC}<0$，SOEC 处于放热状态；当 SOEC 处于热中性时，$\dot{Q}_{RSOC}=0$，由 $\eta = V_{cell} - V_{OCV}$ (V_{cell} 为电池电压)与 $V_{OCV} = \Delta G / nF$ 可推得热中性电

压 V_{TNV} 为

$$V_{TNV} = \Delta H_{SOEC} / nF \qquad (8.13)$$

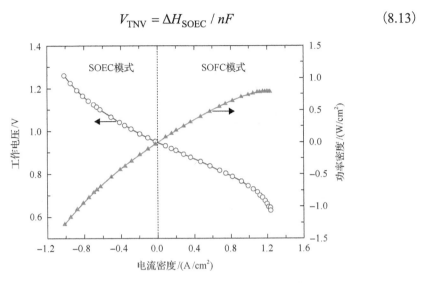

图 8.3 典型 RSOC 极化曲线及功率密度曲线[29]

700℃下，电解 H_2O 反应的热中性电压为 1.283V，电解 CO_2 的热中性电压为 1.466V，而在共电解 H_2O/CO_2 模式下，由于入口组分不同，热中性电压应为 1.283～1.466V。本书课题组前期研究中[30]，基于管式 SOEC 多物理场模型，计算入口组分为 40% H_2O/40% CO_2/10% H_2/10% CO 下的热中性电压为 1.33V。因此，RSOC 应用于可再生能源与天然气融合的分布式系统时，可根据热、电负荷的大小，合理调控工作电压与入口组分，有望通过热、电、气的相互转化灵活调配热/电/气输出比例，从而实现热、电、气多能源联储联供。

8.3 三相界面的电化学反应机理

明确 SOEC 电解 H_2O/CO_2 的电化学反应机理是研究其反应机理的基础和重点。与 SOFC 类似，三相界面被普遍认为是 SOEC 电化学反应的活性界面。作为 SOFC 的逆过程，SOEC 同样常用多孔电极，如图 8.4(a) 所示。这对于指导 SOEC 工程应用能够起到良好的促进作用，但是多孔电极微观结构复杂且不规律，不易准确定量调控反应活性面积等重要反应动力学参数，且电极中存在气体扩散和电荷传递特性的影响，给电化学反应机理的鉴别造成了困难。图案电极可望消除多孔结构对电化学反应机理研究的影响[31,32]。如图 8.4(b) 所示，通过光刻蚀、蒸发镀膜或磁控溅射等方法，在光滑的电解质基片上镀上一层图案金属所形成的图案电极，可灵活设计图案几何结构，精确定量调控三相界面长度与金属表面积，从而区分化学、电化学反应区域，为本征反应动力学数据的获取提供有效的实验工具。正如第 4 章所提到的，图案电极实验手段已被广泛地应用于 SOFC 电化学机理鉴别，主要采用的电极材料是 Ni 金属和 YSZ 基片，但对逆过程 SOEC 的研究鲜有报道。

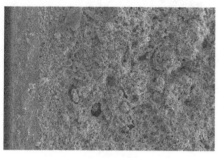

(a) 多孔电极　　　　　　　　　　　　(b) 图案电极

图 8.4　微观结构扫描电镜图

8.3.1　H_2O/H_2 电化学转化

一般认为，H_2O/H_2 组分下 Ni 电极发生的总包电化学反应方程式为

$$H_2O + 2e^- \underset{\text{SOFC}}{\overset{\text{SOEC}}{\rightleftharpoons}} H_2 + O^{2-} \tag{8.14}$$

其电流密度与极化电压的关系可用 Butler-Volmer 方程表示：

$$i = i_0\left\{\exp\left(\alpha\frac{n_e F \eta_{\text{Ni}}}{RT}\right) - \exp\left[-(1-\alpha)\frac{n_e F \eta_{\text{Ni}}}{RT}\right]\right\} \tag{8.15}$$

其中，n_e 为电化学反应电子转移数目(此处 n_e=2)；F 为法拉第常数；R 为理想气体常数；T 为反应温度；η_{Ni} 为 Ni 图案电极极化电压；α 为电荷传递系数。当 Ni 图案电极极化电压 η_{Ni} 趋近于 0 时，Butler-Volmer 方程(8.15)可简化为

$$i \approx \frac{n_e F}{R}\cdot\frac{i_0}{T}\eta_{\text{Ni}}, \quad \eta_{\text{Ni}} \to 0 \tag{8.16}$$

交换电流密度 i_0 可以写成与气体浓度、温度相关的 Arrhenius 形式[33]：

$$i_0 = \gamma\left(p_{\text{H}_2}\right)^a\left(p_{\text{H}_2\text{O}}\right)^b\exp\left(-\frac{E_{\text{act}}}{RT}\right) \tag{8.17}$$

实验测试中，改变 p_{H_2} 和 $p_{\text{H}_2\text{O}}$，通过对数线性拟合可求得式(8.17)中的动力学参数 a 和 b。在某一极化电压 η^* 下，极化阻抗 R_{pol} 可由 i-η 极化曲线的斜率求得

$$R_{pol} = \left| \frac{d\eta^*}{di} \right| \tag{8.18}$$

结合式(8.16)、式(8.17)与式(8.18)，可求得电化学反应活化能 E_{act}：

$$E_{act} = R \left. \frac{d\ln(R_{pol}/T)}{d(1/T)} \right|_{OCV} \tag{8.19}$$

结合式(8.15)与式(8.18)，可以推导出 R_{pol}：

$$\frac{1}{R_{pol}} = \left| \frac{di}{d\eta_{Ni}} \right| = i_0 \frac{n_e F \xi}{RT} \tag{8.20}$$

$$\xi = \alpha \exp\left(\frac{\alpha n_e F \eta^*}{RT} \right) - (1-\alpha)\exp\left[\frac{-(1-\alpha)n_e F \eta^*}{RT} \right] = f(\alpha, \eta^*, T) \tag{8.21}$$

其中，ξ 仅取决于电荷转移系数 α、Ni 图案电极极化电压 η^* 以及温度 T。因此，动力学参数 a 和 b 可以通过式(8.22)和式(8.23)的对数线性拟合得到

$$a = \left. \frac{\partial \ln(i_0)}{\partial \ln(p_{H_2})} \right|_{\eta^*,T,p_{H_2O}} = \left. \frac{\partial[\ln(i_0) + \ln(\xi n_e F) - \ln(RT)]}{\partial \ln(p_{H_2})} \right|_{\eta^*,T,p_{H_2O}}$$

$$= -\left. \frac{\partial \ln(R_{pol})}{\partial \ln(p_{H_2})} \right|_{\eta^*,T,p_{H_2O}} \tag{8.22}$$

$$b = \left. \frac{\partial \ln(i_0)}{\partial \ln(p_{H_2O})} \right|_{\eta^*,T,p_{H_2}} = \left. \frac{\partial[\ln(i_0) + \ln(\xi n_e F) - \ln(RT)]}{\partial \ln(p_{H_2O})} \right|_{\eta^*,T,p_{H_2}}$$

$$= -\left. \frac{\partial \ln(R_{pol})}{\partial \ln(p_{H_2O})} \right|_{\eta^*,T,p_{H_2}} \tag{8.23}$$

在忽略表面扩散对电化学性能的影响的前提下，电荷传递系数 α 可由 i-η 极化曲线在高极化电压的 Tafel 曲线斜率拟合得到，当极化电压 η_{Ni} 较大时，SOFC 模式下 Tafel 曲线斜率接近于 $\alpha \cdot 2F/RT$，SOEC 模式下斜率接近于 $-(1-\alpha)\cdot 2F/RT$。

针对 H_2/H_2O 组分下的 SOFC 燃料极反应机理已得到较系统的实验和模型研究，第 4 章对目前主流的几种机理，包括氢溢出机理、氧溢出机理以及氢填隙电荷转移机理进行了较为详细的介绍。而对于逆过程 SOEC 反应机理的实验研究鲜有报道，仅在 Vogler 等[34]和 Luo 等[35]的模型计算中进行了简单的预测。Vogler 等

的模拟结果发现 SOEC 模式的极限电流密度显著小于 SOFC，推测可能是因为表面基元的扩散过程，但因缺乏相关实验验证，该模型并未深入分析 SOEC 的反应机理。本书课题组[35]在 H_2/H_2O 气氛下测试了条纹宽度为 100μm、厚度为 800nm 的 Ni 图案电极分别在 SOEC 与 SOFC 模式下的电化学性能，研究了图案电极在 600~700℃、水分压 p_{H_2O}=0.03~0.07atm、氢分压 p_{H_2}=0.30~0.60atm 操作条件下参数的影响规律，通过 Pt 对称电极及其 EIS 曲线剥离氧气极与电解质的极化阻抗获得 Ni 图案电极的极化阻抗，从而拟合获得 RSOC 中 H_2/H_2O 可逆电化学转化的本征动力学参数。图案电极在不同温度、不同 p_{H_2O} 与不同 p_{H_2} 下的极化曲线如图 8.5 所示[35]。从图 8.5 可以看到，在 SOEC 和 SOFC 两种模式下，p_{H_2}、p_{H_2O} 和温度均与极化阻抗呈负相关，且 p_{H_2} 对阻抗的影响小于 p_{H_2O}，SOFC 模式下的实验结果与 Bieberle 等[31]和 Utz 等[33]的实验结果相一致。对比 SOEC 和 SOFC 两种模式，p_{H_2O} 对 SOEC 模式的电化学性能的影响显著强于 SOFC 模式。相同温度组分下，SOEC 电化学反应速率为 SOFC 速率的 1/2~1/3，p_{H_2} 和 p_{H_2O} 以及表面扩散对 SOEC 性

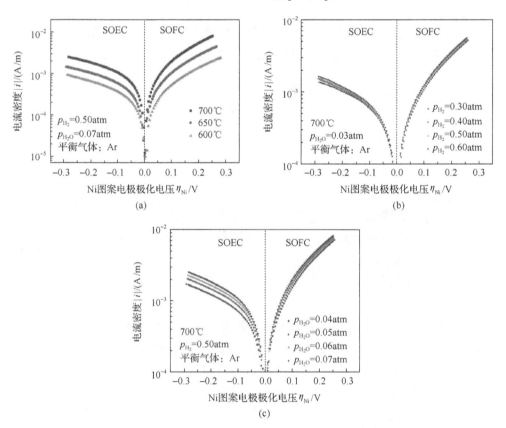

图 8.5　不同温度、不同 p_{H_2} 和不同 p_{H_2O} 的图案电极极化曲线[35]

能的影响大于 SOFC。结合图 8.5 的实验数据，根据式 (8.19)，将不同温度下的开路电压的极化阻抗 R_{pol} 进行对数线性拟合，可以得到 H_2/H_2O 电化学反应活化能 $E_{act}=93.35kJ/mol$，即 $0.967eV$[36]。根据式 (8.22) 和式 (8.23)，分别对动力学参数 a 和 b 进行对数线性拟合，得到在 SOEC 模式下，动力学参数 a 在 $0.226\sim0.425$，动力学参数 b 在 $0.612\sim0.820$；在 SOFC 模式下，动力学参数 a 在 $0.075\sim0.165$，动力学参数 b 在 $0.179\sim0.445$。通过 Tafel 极化曲线在高电压下的斜率，近似估计 SOFC 模式下电荷转移系数 α 为 0.34，SOEC 模式下为 0.85。这些动力学参数在 SOEC 和 SOFC 模式下的区别，意味着 SOEC 和 SOFC 反应机理可能存在着差异。

本书课题组利用 4.4 节所介绍的 Lee 等[37]提出的机理分析方法，将表 4.2 得到的氢溢出机理各个基元反应作为速率控制步骤时的动力学参数 a、b 值，与基于图 8.5 拟合得到的 SOFC 模式与 SOEC 模式图案电极动力学参数进行对比，对 SOFC 与 SOEC 模式下的反应速率控制步骤进行分析，推断 SOEC 模式下的速率控制步骤可能是电荷转移反应 $H_2O\,(YSZ)+(Ni)+e^- \longrightarrow H\,(Ni)+OH^-\,(YSZ)$，SOFC 模式下的速率控制步骤可能是电荷转移反应 $H\,(Ni)+O^{2-}\,(YSZ) \longrightarrow (Ni)+OH^-\,(YSZ)+e^-$。

8.3.2　CO_2/CO 电化学转化

CO_2/CO 组分下 Ni 电极发生的总包电化学反应方程式为

$$CO_2 + 2e^- \underset{SOFC}{\overset{SOEC}{\rightleftharpoons}} CO + O^{2-} \tag{8.24}$$

此外，在高电压下 CO 还有可能电化学还原成 C[27]：

$$CO + 2e^- \underset{SOFC}{\overset{SOEC}{\rightleftharpoons}} C + O^{2-} \tag{8.25}$$

其电流密度与极化电压的关系同样可用 Butler-Volmer 方程 (式 (8.15)) 表示。交换电流密度 i_0 可以写成与气体浓度、温度相关的 Arrhenius 形式[38]：

$$i_0 = \gamma \left(p_{CO}\right)^c \left(p_{CO_2}\right)^d \exp\left(-\frac{E_{act}}{RT}\right) \tag{8.26}$$

实验测试中，改变 p_{CO} 和 p_{CO_2}，通过对数线性拟合可求得式 (8.26) 中的动力学参数 c 和 d。根据与 8.3.1 节相同的推导方法，可同样求得电化学反应活化能 E_{act}：

$$E_{act} = R \left.\frac{d\ln(R_{pol}/T)}{d(1/T)}\right|_{OCV} \tag{8.27}$$

因此，动力学参数 c 和 d 可以通过式 (8.28) 和式 (8.29) 的对数线性拟合得到

$$c = \frac{\partial \ln(i_0)}{\partial \ln(p_{CO})}\bigg|_{\eta^*,T,p_{CO_2}} = \frac{\partial[\ln(i_0) + \ln(\xi n_e F) - \ln(RT)]}{\partial \ln(p_{CO})}\bigg|_{\eta^*,T,p_{CO_2}}$$

$$= -\frac{\partial \ln(R_{pol})}{\partial \ln(p_{CO})}\bigg|_{\eta^*,T,p_{CO_2}} \tag{8.28}$$

$$d = \frac{\partial \ln(i_0)}{\partial \ln(p_{CO_2})}\bigg|_{\eta^*,T,p_{CO}} = \frac{\partial[\ln(i_0) + \ln(\xi n_e F) - \ln(RT)]}{\partial \ln(p_{CO_2})}\bigg|_{\eta^*,T,p_{CO}}$$

$$= -\frac{\partial \ln(R_{pol})}{\partial \ln(p_{CO_2})}\bigg|_{\eta^*,T,p_{CO}} \tag{8.29}$$

相对于 H_2/H_2O 电化学转化反应机理，目前关于 Ni 图案电极 CO_2/CO 电化学转化反应机理的研究相对较少，主要集中于 SOFC 模式下，第 4 章对其进行了较为详细的介绍，在此不再赘述，这里将主要对本书课题组针对 CO_2/CO 体系下 SOEC 与 SOFC 电化学反应机理的对比研究进行介绍。本书课题组针对条纹宽度为 $10\sim100\mu m$、厚度为 800nm 图案电极 CO_2/CO 可逆电化学转化开展了积碳特性与电化学反应机理研究[39-41]。实验利用能谱仪原位检测 Ni 图案电极表面的积碳程度，发现电化学反应方向及大小对 CO_2/CO 组分图案电极的积碳程度有明显影响。SOEC 模式 Ni 表面的积碳程度显著大于 SOFC 模式；增大电流，SOEC 模式积碳程度显著加重，而 SOFC 模式积碳被消耗。此外，拉曼光谱仪分析显示 Ni 条纹中间与近三相界面处的碳元素百分比和碳结构组成差别明显。SOEC 模式近三相界面处积碳程度和石墨化碳结构比例较 Ni 条纹中间更多，而 SOFC 模式近三相界面处积碳程度和石墨化碳结构比例较条纹中间明显较少；增大极化电压均能扩大此变化趋势。由实验规律推测 CO_2/CO 气氛下图案电极积碳机理如图 8.6 所示，电能可直接生成碳或消耗碳 $CO(Ni) + (YSZ) + 2e^- \rightleftharpoons C(Ni) + O^{2-}(YSZ)$，且拉曼光谱仪显示电化学积碳或消耗碳均以石墨化碳为主。

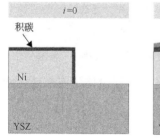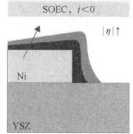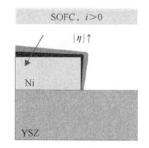

图 8.6 CO_2/CO 气氛下图案电极积碳机理

在 100μm 宽的图案电极研究中，SOEC 和 SOFC 模式的电化学转化 CO_2/CO 的性能均与温度、极化电压、p_{CO} 呈正相关，但 p_{CO_2} 对电化学性能无明显影响[40]。这是由于纯 Ni 金属表面的 CO_2 吸附位非常少。在纯过渡金属表面，CO_2 只能在低温下 (80～100K) 发生物理吸附，很难发生化学吸附[42]。CO_2 的化学吸附只能在特定情况下发生，如金属表面原子排列非常混乱，存在大量表面缺陷[43]。在 100μm 宽的图案电极研究中，发现过宽的图案电极条纹可能大大增加 CO 的表面扩散阻抗。为降低表面扩散阻抗的影响，本书课题组将图案电极的条纹宽度降至 10μm，测得不同温度、不同 p_{CO} 和不同 p_{CO_2} 下的极化曲线，如图 8.7 所示[41]。与 100μm 宽的图案电极相比，温度、极化电压、p_{CO} 与 10μm 宽的图案电极的电化学性能同样呈正相关，p_{CO_2} 对电化学性能的影响较 100μm 宽的图案电极更加明显，但仍只是弱正相关性，尤其在 SOEC 模式下[41]。通过采用和 8.3.1 节同样的对数线性拟合，可以得到 CO_2/CO 电化学转化的动力学参数[41]：电化学反应活化能 $E_{act}=160.54kJ/mol$，即 1.66eV；在 SOEC 模式下，动力学参数 c 在 0.308～0.367，动力学参数 d 在 0.080～0.091；在 SOFC 模式下，动力学参数 c 在 0.247～0.434，动力学参数 d 在 0.160～0.380。通过 Tafel 极化曲线在高电压下的斜率，近似估计 SOFC 模式下电荷转移系数 α 为 0.44，SOEC 模式下为 0.50。通过对比 SOEC 和 SOFC 模式下的动力学数据，可以发现式 (8.26) 中交换电流密度 i_0 表达式中 p_{CO_2} 指数 d，在 SOFC 模式下显著高于 SOEC 模式。这也意味着 SOEC 和 SOFC 在 CO/CO_2 反应机理下可能存在着差异。此外，图 8.7(d) 对比了 10μm 宽的图案电极在入口气体分别为 25% CO+75% Ar、25% CO_2+75% Ar 以及 25% CO+25% CO_2+50% Ar 下测试的极化曲线，可以看到在 SOEC 模式下，在入口气体无 CO 的工况下 (仅 CO_2) Ni 图案电极电化学性能明显低于入口气体无 CO_2 的工况 (仅 CO)，这意味着 SOEC 模式下 CO 的电化学还原积碳反应很可能是主导的反应。

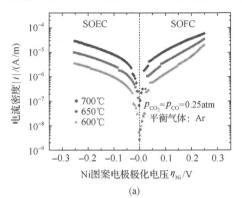

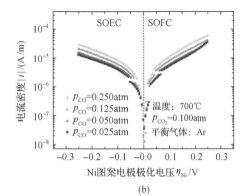

(a)　　　　　　　　　　　　　　(b)

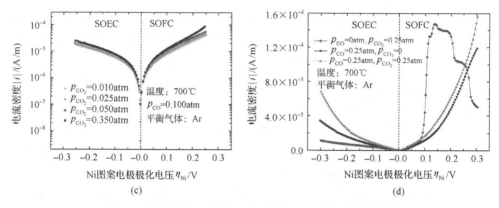

图 8.7　不同温度、不同 p_{CO} 和不同 p_{CO_2} 下的极化曲线[41]

在 CO/CO_2 气氛中，CO 在 Ni 表面是强吸附相，因此通常被认为是 Ni 表面的主要吸附态组分[44,45]。根据前述的实验结果，考虑 CO 可能通过电化学还原积碳，以及 CO_2 在 Ni 表面吸附位点少，提出了以下简化模型[41]：

Ni 表面的吸附/解吸附：

$$CO(g) + (Ni) \rightleftharpoons CO(Ni) \tag{8.30}$$

$$C + (Ni) \rightleftharpoons C(Ni) \tag{8.31}$$

三相界面的电荷转移反应：

$$CO_2(g) + (YSZ) + 2e^- \underset{SOFC}{\overset{SOEC}{\rightleftharpoons}} CO(Ni) + O^{2-}(YSZ) \tag{8.32}$$

$$CO(Ni) + (YSZ) + 2e^- \underset{SOFC}{\overset{SOEC}{\rightleftharpoons}} C(Ni) + O^{2-}(YSZ) \tag{8.33}$$

这里采用和 H_2O/H_2 可逆电化学转化机理类似的方法论，考虑其中一个反应为反应速率控制步骤，其他步骤处于平衡状态。不同在于，这里的两步电荷转移反应并不是链式反应，而是可并行的两步反应，为鉴别这两步电荷转移反应中哪一步是主导，在分析过程中考虑其中一步电荷转移反应的时候，忽略另外一步。计算的各步骤作为速率控制步骤时的交换电流密度表达式如表 8.1 所示。由于实验拟合的 SOEC 和 SOFC 模式下电荷转移系数大约在 0.5，将其带入表 8.1 得到的各个基元反应作为速率控制步骤时的动力学参数 c、d 值，并与基于图 8.7 拟合得到的 SOFC 模式与 SOEC 模式图案电极动力学参数进行对比，发现在 SOEC 模式下 p_{CO}、p_{CO_2} 相关的动力学参数 c、d 与式(8.33)的动力学参数相一致；在 SOFC 模式下 p_{CO}、p_{CO_2} 相关的动力学参数 c、d 与式(8.32)的动力学参数相一致。因此，SOEC 模式下的速率控制步骤可能是电荷转移反应 $CO(Ni) + (YSZ) + 2e^- \longrightarrow C(Ni) +$

$O^{2-}(YSZ)$，SOFC 模式下的速率控制步骤可能是电荷转移反应 $CO(Ni)+O^{2-}(YSZ)\longrightarrow$ $CO_2(Ni)+(YSZ)+2e^{-}$[41]。当采用多孔电极进行 CO_2/CO 电化学转化时，三相界面密度可提升至约 $10^{12}m/m^3$，较图案电极高了三个数量级，这可为 CO_2 提供更多的吸附位点，从而促进 CO_2 的电化学还原。

表 8.1　CO_2/CO 气氛下各基元反应作为速率控制步骤时的交换电流密度
表达式和电荷转移系数[41]

速率控制步骤	$i_0(\propto p_{H_2}{}^a p_{H_2O}{}^b)$，$\xi / \zeta$ 为 $p_{H_2} p_{H_2O}$ 无关量	α
式(8.30)，忽略式(8.32)	ξp_{CO}	1
式(8.30)，忽略式(8.33)	$\xi \dfrac{p_{CO}}{\zeta + p_{CO_2}}$	0
式(8.32)	$\xi p_{CO}{}^{1-\alpha} p_{CO_2}{}^{\alpha}$	$\alpha_{R8.32}$
式(8.33)	$\xi \dfrac{p_{CO}{}^{\alpha}}{\dfrac{1}{K_{R8.30}} + p_{CO}}$	$\alpha_{R8.33}$

8.4　多孔电极中多相催化与电化学反应耦合

多孔电极是 SOEC 实际应用最常见的电极构型，其多孔结构既能保证电解池具有一定的机械强度，又能为气体提供扩散通道。Ni-YSZ 金属陶瓷是最常用的燃料极材料，具有电导率高、催化活性高、机械和化学稳定性好等特点。对于 H_2O/CO_2 共电解反应体系，Ni 金属不仅可在高温下促进电化学反应，还可高效地催化发生可逆的水气变换反应，并发生积碳和甲烷生成等副反应。此外，多孔电极内存在质量传递和电荷传递等物质输运过程，对共电解电化学性能规律有较大影响。因此，掌握多孔电极 SOEC H_2O/CO_2 共电解电化学性能、积碳以及产物规律，有助于更好地理解共电解反应机理，进一步提升电池性能。由于实验研究易受其他非可控因素的干扰，难以测量高温下各参数的分布情况，对物理和化学过程的解释深度有限，有必要建立 SOEC 的机理模型，对 H_2O/CO_2 共电解过程中复杂的反应和传递过程进行深入的研究与分析，这有利于进一步解释实验现象、优化电池性能。

8.4.1　基本电化学性能

图 8.8(a) 是组分为 H_2O/CO_2 共电解模式下不同温度的多孔燃料极支撑型 SOEC 的极化曲线(I-V 曲线)[46]。可以看到，SOEC 模式中提高温度或者增大电压，可降低电化学反应活化能垒，减小活化阻抗，提高电化学反应速率。图 8.8(b) 和图 8.8(c) 分别对比了多孔燃料极支撑型 SOEC 和电解质支撑型 SOEC 在共电解

H₂O/CO₂ 和单电解 H₂O、单电解 CO₂ 的电化学性能。从图中可以看到，电解 H₂O 的电化学反应速率明显大于电解 CO₂。Ni-YSZ 金属陶瓷多孔电极中，电解 H₂O 速率一般是电解 CO₂ 的 1.5～5 倍[7,47,48]。但不同之处在于，当 H₂O/H₂ 组分中一部分的惰性载气由与电解反应物 H₂O 一样多的 CO₂ 替代后，多孔燃料极支撑型 SOEC 的电化学性能并未得到提升，反而有所降低；而电解质支撑型 SOEC 的电化学性能却几乎与 H₂O/H₂ 气氛下的电化学性能相重合。丹麦科技大学 Ebbesen 等[49] 和本书课题组[46]基于多孔燃料极支撑型 SOEC 的实验结果，推测 H₂O 和 CO₂ 存在竞争电解；而美国爱达荷国家实验室的 Stoots 等[48]和韩国先进科学技术研究所[47] 基于电解质支撑型 SOEC 的实验结果，推测 CO₂ 几乎不参与电化学反应，主要通过逆向水气变换参与多相催化反应。该实验现象分歧在本书课题组的前期工作[24]，以及清华大学于波、东华大学乔锦丽和加拿大国家研究院张久俊联合发表的综述文章[23]中报道。该实验现象分歧将在 8.4.5 节中作出解释。

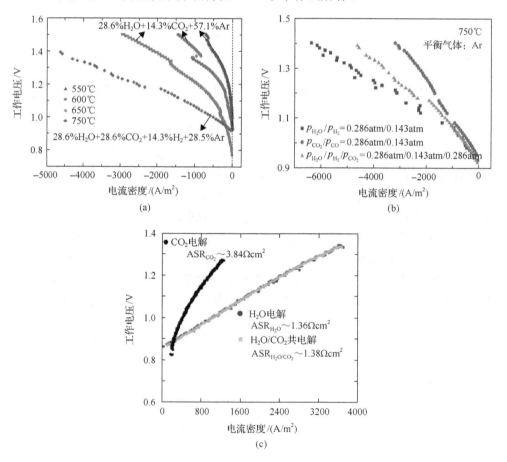

图 8.8　不同条件下 SOEC 电化学性能

8.4.2　燃料极空间积碳特性

本书课题组在 CO_2/CO 组分下对电池进行恒压放电积碳,采用 XPS 和 X 射线能谱仪表征技术,检测了 CO_2/CO 组分下 Ni-YSZ 燃料极断面的积碳程度和沿厚度方向的积碳分布,对比了电池运行在 SOEC 和 SOFC 模式的燃料极积碳程度与积碳分布的差异性[26]。实验结果显示,SOEC 比 SOFC 更易积碳,在 750℃、$CO_2/CO=1/1$ 组分下 SOEC 积碳程度是 SOFC 的 1.3 倍。两种模式的 CO_2/CO 积碳均主要发生在燃料极表面。积碳可被 SOFC 直接电化学消耗,则燃料极近电解质处积碳程度明显减弱,而 SOEC 由于 CO 电化学积碳反应在近电解质处的积碳程度反而加重。通过浸渍微量 Ru 金属可以有效地抑制 SOEC 燃料极积碳,积碳程度降低了近 45%,可显著提升 SOEC 共电解 H_2O/CO_2 的电化学速率[26]。

8.4.3　共电解 H_2O/CO_2 直接合成甲烷机理

SOEC 共电解 H_2O/CO_2 可制取组分可调的合成气 H_2/CO,伴随着 SOEC 温度降低至 700℃ 以下,在 SOEC 燃料极中 Ni 的催化作用下,还有望进一步合成甲烷[27]。利用管式 SOEC H_2O/CO_2 共电解直接合成甲烷,有望实现电解的吸热过程与甲烷化的放热过程的原位热耦合,从而降低 SOEC 的热中性电压,允许 SOEC 在低极化下稳定运行,提升电到气的转化效率[50]。本书作者所在课题组使用气相色谱检测 H_2O/CO_2 共电解在 550~650℃ 下燃料极产物组成,如表 8.2 所示[26]。当温度为 650℃、入口组分为 p_{H_2O}/p_{CO_2}=0.286atm/0.143atm 时,随着放电电压增大,产物中 H_2、CO 浓度显著提高,CO_2 浓度明显下降。由于共电解中电解 H_2O 的速率快于电解 CO_2,而且 650℃ 下水气变换反应 Gibbs 自由能 $\Delta G<0$(图 8.9),反应正向自发进行,CO 会与 H_2O 反应生成 H_2 和 CO_2,因此综合两方面影响,H_2 浓度在 1V、1.5V 和 2V 放电电压下的增加量均大于 CO 浓度的增加量。当放电电压增大到 2V 时,产物中可检测到微量(0.019%)的 CH_4 气体,表明 650℃ 共电解 H_2O/CO_2 可直接生成 CH_4。当放电电压不变,温度下降时,产物中 CH_4 的浓度有微小的提升,600℃、550℃ 的 CH_4 检测量为 0.023% 和 0.025%。由图 8.10 可知,温度降低有利于甲烷化反应正向移动,反应平衡下 CH_4 在 H_2、CO、CO_2 混合气体中的浓度提升。但是由于 SOEC 性能下降,相同 2V 电压下的平均电流明显减小,因此 CH_4 生成量并未明显增加。H_2 浓度对 CH_4 生成量的影响显著。650℃ 电池不通电时,将 25mL/min 惰性载气替换成 H_2,产物中可由无 CH_4 增加至含 0.031% 的 CH_4[26,46]。这是由于 CO_2 和 H_2 反应生成 CO,CO 可在 Ni 催化剂表面与 H_2 发生加氢反应生成 CH_4。当电压增至 2V 后,产物中的 CH_4 量显著提高到 0.286%,较

不通电时增大了 8 倍，而相同条件下 CO 仅增加 1.65 倍，可推测 CH_4 可由与电化学反应有关的反应路径生成。

表 8.2　SOEC H_2O/CO_2 共电解产物气体组分[26,46]

工况	入口气体组分/(mL/min)				放电电压/V	平均电流/A	产物气体组分/%			
	H_2O	H_2	CO_2	Ar			H_2	CO	CH_4	CO_2
650℃	50	0	25	100	开路电压	0	0.289	0.071	0	99.640
					1	0.101	0.657	0.216	0	99.127
					1.5	0.676	7.653	2.814	0	89.533
					2	1.095	13.685	7.110	0.019	79.186
650℃	50	25	25	75	开路电压	0	37.676	5.626	0.031	56.667
					2	0.991	42.132	9.278	0.286	48.304
600℃	50	0	25	100	开路电压	0	0.175	0.049	0	99.776
					2	0.779	10.860	4.216	0.023	84.901
550℃	50	0	25	100	开路电压	0	0.119	0.020	0	99.861
					2	0.608	7.793	1.659	0.025	90.523
650℃ 浸渍 Ru	50	0	25	100	开路电压	0	0.752	0.073	0	99.175
					1.1	0.131	3.532	0.552	0	95.916
					2	1.323	21.853	5.336	0	72.811
650℃ 浸渍 Ru	50	25	25	75	开路电压	0	51.428	3.192	0	45.380
					2	1.165	55.289	6.100	0.077	38.534

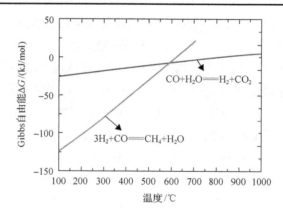

图 8.9　不同温度下水气变换反应和甲烷化反应的 Gibbs 自由能

结合以上实验规律，H_2O/CO_2 共电解在 550～650℃生成 CH_4 可能有以下几种路径，如图 8.10 所示：①CO_2 直接与 H_2 合成 CH_4(R5)；②电解 CO_2 和水气变换生成的 CO 与 H_2 合成 CH_4(R6)；③SOEC 电解积碳 C 直接与 H_2 合成 CH_4(R7)。因此，当入口气体中无 H_2 或者无电解 H_2O 反应发生时，产物中均无 CH_4 生成。由于 CO_2 和 CO 加氢反应在 650℃的 Gibbs 自由能 ΔG 均大于 0(图 8.9)，在此温度下 R5 和 R6 反应平衡不易生成 CH_4，因此入口气体通入一定的 H_2 后 CH_4 生成量仍较少。当增大电解电流时，由前期图案电极实验[39,41]以及文献[27]可知 SOEC 在高极化电压时可发生 CO 电化学积碳反应 R4，因此增大电流可显著增加 Ni 表面的 C 元素浓度，进而使 C 直接与 H_2 合成 CH_4。2015 年 Menon 等[51]也通过基元反应模型计算发现共电解中约 13%的 C 基元可通过加氢反应生成 CH_4。R7 反应路径的存在也是实验中增大电流后的 CH_4 增加率(9.2 倍)远大于 H_2 或 CO 增加率(1.1 倍或 1.6 倍)的主要原因之一。

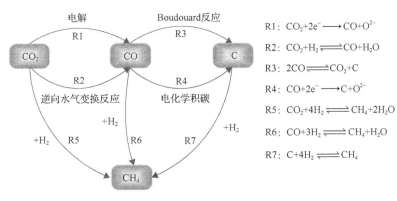

图 8.10　H_2O/CO_2 共电解的反应路径[26,46]

在 8.4.2 节已介绍了浸渍微量 Ru 可有效地减轻 Ni-YSZ 电极在 SOEC 模式中的积碳程度，为进一步证实积碳与 CH_4 合成的关联性(R7)，本书课题组还测试了浸渍 Ru 后共电解生成 CH_4 的特性，如表 8.2 所示。当电池浸渍 Ru 后，不通入 H_2 工况均未检测到 CH_4 产物，而通入 H_2 并增大放电电压至 2V，才能产生约 0.077%的 CH_4，显著低于浸渍前相同工况的浓度 0.286%。数据表明，添加抗积碳催化剂 Ru 后可显著抑制 CH_4 的生成，CH_4 合成的确与积碳具有一定的关联机制。

8.4.4　介尺度多孔电极基元反应模型

近年来，研究者在 SOFC 模型研究基础上已发展出多种不同维度的 SOEC 模型，针对电解 H_2O[52-58]、电解 CO_2[45,59]已进行了相关反应机理分析和性能改进优化。随着 SOEC 制取合成气和甲烷逐渐成为研究热点，H_2O/CO_2 共电解的模型研究[51,60-67]也逐渐增多。相对于单电解，H_2O/CO_2 共电解燃料极内反应较为复杂，电化学反应和化学反应互相耦合，实验现象难以直接区分，因此大部分共电解模型重点分析运行工况对燃料极内部反应和产物的影响。

　　虽然现有模型已考虑了电极内的传递过程，对 SOEC 共电解 H_2O/CO_2 进行了较好的物理化学过程阐释，但并未深入探讨传递过程是如何影响化学反应和电化学反应的，也未能很好地解释实验关于 CO 可基本由逆向水气变换生成的现象。事实上，燃料极内的气体吸附/解析附反应、水气变换反应等均为非均相基元反应，而为了简化模型计算量，大部分模型采用总包反应形式描述电极内的反应过程，模拟精确度有限。2005～2006 年，德国卡尔斯鲁厄大学的 Deutschmann 研究团队[68,69]提出了一种适用于 220～1700℃以 CH_4 燃料、Ni 为催化剂的 SOFC 燃料极中的 42 步非均相基元反应机理及相应的动力学数据，如表 8.3 所示。该基元反应机理可模拟由 $H_2/H_2O/CO/CO_2/CH_4$ 中任意几种组分组成的气氛中的多相催化反应过程，并且可与电荷转移反应机理直接耦合，能更好地从机理层面解释实验现象。该方法已在 SOFC 模型研究中得到广泛应用[70,71]，并逐渐开始应用于 SOEC 的模拟分析[45,51]。

表 8.3　SOFC/SOEC 中 Ni 催化下的多相催化基元反应及其动力学数据[69]

	基元反应	$A/(cm, mol, s)^a$	n^a	$E/(kJ/mol)^a$
	吸附			
1[f]	$H_2(g)+(Ni)+(Ni)\longrightarrow H(Ni)+H(Ni)$	1.000×10^{-2b}	0.0	0.00
2[f]	$O_2(g)+(Ni)+(Ni)\longrightarrow O(Ni)+O(Ni)$	1.000×10^{-2b}	0.0	0.00
3[f]	$H_2O(g)+(Ni)\longrightarrow H_2O(Ni)$	0.100×10^{-0b}	0.0	0.00
4[f]	$CO_2(g)+(Ni)\longrightarrow CO_2(Ni)$	1.000×10^{-5b}	0.0	0.00
5[f]	$CO(g)+(Ni)\longrightarrow CO(Ni)$	5.000×10^{-2b}	0.0	0.00
6[f]	$CH_4(g)+(Ni)\longrightarrow CH_4(Ni)$	8.000×10^{-3b}	0.0	0.00
	解吸附			
1[r]	$H(Ni)+H(Ni)\longrightarrow H_2(g)+(Ni)+(Ni)$	2.545×10^{19}	0.0	81.21
2[r]	$O(Ni)+O(Ni)\longrightarrow O_2(g)+(Ni)+(Ni)$	4.283×10^{23}	0.0	474.95
3[r]	$H_2O(Ni)\longrightarrow H_2O(g)+(Ni)$	3.732×10^{12}	0.0	60.79
4[r]	$CO_2(Ni)\longrightarrow CO_2(g)+(Ni)$	6.447×10^{07}	0.0	25.98
5[r]	$CO(Ni)\longrightarrow CO(g)+(Ni)$	3.563×10^{11}	0.0	111.27
6[r]	$CH_4(Ni)\longrightarrow CH_4(g)+(Ni)$	8.705×10^{15}	0.0	37.55

续表

	基元反应	$A/(\text{cm, mol, s})^a$	n^a	$E/(\text{kJ/mol})^a$
	表面反应			
7^f	$H(Ni) + O(Ni) \longrightarrow OH(Ni) + (Ni)$	5.000×10^{22}	0.0	97.90
7^r	$OH(Ni) + (Ni) \longrightarrow H(Ni) + O(Ni)$	1.781×10^{21}	0.0	36.09
8^f	$H(Ni) + OH(Ni) \longrightarrow H_2O(Ni) + (Ni)$	3.000×10^{20}	0.0	42.70
8^r	$H_2O(Ni) + (Ni) \longrightarrow H(Ni) + OH(Ni)$	2.271×10^{21}	0.0	91.76
9^f	$OH(Ni) + OH(Ni) \longrightarrow H_2O(Ni) + O(Ni)$	3.000×10^{21}	0.0	100.00
9^r	$H_2O(Ni) + O(Ni) \longrightarrow OH(Ni) + OH(Ni)$	6.373×10^{23}	0.0	210.86
10^f	$C(Ni) + O(Ni) \longrightarrow CO(Ni) + (Ni)$	5.200×10^{23}	0.0	148.1
10^r	$CO(Ni) + (Ni) \longrightarrow C(Ni) + O(Ni)$	1.354×10^{22}	-3.0	116.12
11^f	$CO(Ni) + O(Ni) \longrightarrow CO_2(Ni) + (Ni)$	2.000×10^{19}	0.0	123.60
11^r	$CO_2(Ni) + (Ni) \longrightarrow CO(Ni) + O(Ni)$	4.653×10^{23}	-1.0	89.32
12^f	$HCO(Ni) + (Ni) \longrightarrow CO(Ni) + H(Ni)$	3.700×10^{21}	0.0	0.00
12^r	$CO(Ni) + H(Ni) \longrightarrow HCO(Ni) + (Ni)$	4.019×10^{20}	-1.0	132.23
13^f	$HCO(Ni) + (Ni) \longrightarrow CH(Ni) + O(Ni)$	3.700×10^{24}	-3.0	95.80
13^r	$CH(Ni) + O(Ni) \longrightarrow HCO(Ni) + (Ni)$	4.604×10^{20}	0.0	109.97
14^f	$CH_4(Ni) + (Ni) \longrightarrow CH_3(Ni) + H(Ni)$	3.700×10^{21}	0.0	57.70
14^r	$CH_3(Ni) + H(Ni) \longrightarrow CH_4(Ni) + (Ni)$	6.034×10^{21}	0.0	61.58
15^f	$CH_3(Ni) + (Ni) \longrightarrow CH_2(Ni) + H(Ni)$	3.700×10^{24}	0.0	100.00
15^r	$CH_2(Ni) + H(Ni) \longrightarrow CH_3(Ni) + (Ni)$	1.293×10^{22}	0.0	55.33
16^f	$CH_2(Ni) + (Ni) \longrightarrow CH(Ni) + H(Ni)$	3.700×10^{24}	0.0	97.10
16^r	$CH(Ni) + H(Ni) \longrightarrow CH_2(Ni) + (Ni)$	4.089×10^{24}	0.0	79.18
17^f	$CH(Ni) + (Ni) \longrightarrow C(Ni) + H(Ni)$	3.700×10^{21}	0.0	18.80
17^r	$C(Ni) + H(Ni) \longrightarrow CH(Ni) + (Ni)$	4.562×10^{22}	0.0	161.11
18^f	$CH_4(Ni) + O(Ni) \longrightarrow CH_3(Ni) + OH(Ni)$	1.700×10^{24}	0.0	88.30
18^r	$CH_3(Ni) + OH(Ni) \longrightarrow CH_4(Ni) + O(Ni)$	9.876×10^{22}	0.0	30.37
19^f	$CH_3(Ni) + O(Ni) \longrightarrow CH_2(Ni) + OH(Ni)$	3.700×10^{24}	0.0	130.10

续表

基元反应		$A/(\text{cm, mol, s})^a$	n^a	$E/(\text{kJ/mol})^a$
	表面反应			
19^r	$CH_2(Ni)+OH(Ni)\longrightarrow CH_3(Ni)+O(Ni)$	4.607×10^{21}	0.0	23.62
20^f	$CH_2(Ni)+O(Ni)\longrightarrow CH(Ni)+OH(Ni)$	3.700×10^{24}	0.0	126.80
20^r	$CH(Ni)+OH(Ni)\longrightarrow CH_2(Ni)+O(Ni)$	1.457×10^{23}	0.0	47.07
21^f	$CH(Ni)+O(Ni)\longrightarrow C(Ni)+OH(Ni)$	3.700×10^{21}	0.0	48.10
21^r	$C(Ni)+OH(Ni)\longrightarrow CH(Ni)+O(Ni)$	1.625×10^{21}	0.0	128.61
	电荷转移反应			
22^f	$O(Ni)+(YSZ)+2e^- \xrightarrow{\text{SOEC}} (Ni)+O^{2-}(YSZ)$	$\dfrac{i_0}{FS_{TPB}c^0_{O(Ni)}c^0_{(YSZ)}}$	0	$2(1-\alpha)F\eta_{FE}$
22^r	$(Ni)+O^{2-}(YSZ) \xrightarrow{\text{SOFC}} O(Ni)+(YSZ)+2e^-$	$\dfrac{i_0}{FS_{TPB}c^0_{(Ni)}c^0_{O^{2-}(YSZ)}}$	0	$2\alpha F\eta_{FE}$

a. 反应速率常数表示为 Arrhenius 形式：$k=AT^n\exp(-E/RT)$。

b. 黏附系数。

f. 表示正向反应。

r. 表示逆向反应。

在 8.3 节中已经介绍了，尽管 SOEC 是 SOFC 的逆运行，SOFC 与 SOEC 两种模式下的 H_2O/H_2 气氛下和 CO_2/CO 气氛下的电化学转化机理均存在差异。结合可靠的实验数据，建立更接近实际反应过程的基元反应机理模型，掌握电极结构和操作条件参数对 SOEC 共电解 H_2O/CO_2 性能影响规律，分析共电解过程中燃料极内部反应与传递过程的耦合特性，可为进一步阐释实验现象、优化电极结构和改善电池性能奠定理论基础。本书课题组综合考虑电极微观几何结构、电荷转移反应、吸附/解析附及表面基元反应、质量和电荷传递过程，开发了一维多物理场耦合的 SOEC H_2O/CO_2 共电解基元反应模型[24,25,72]，并根据前期实验数据对模型参数进行校准和验证。模型对 H_2O/CO_2 共电解各基元反应进行敏感性分析，在 700℃下忽略甲烷和积碳相关的基元反应，将表 8.3 中的反应 1~5、反应 7~9 以及反应 11 的正逆反应共 18 个基元反应速率单独依次增大 10%，对比增大前后 1.4V 电压下电流密度的变化率，如图 8.11 (a) 所示[24,26]。电流密度变化率的相对大小反映了该非均相基元反应对电化学性能的影响强弱。由图 8.11 (a) 可知，在 H_2O/CO_2 共电解工况中，O_2 的吸附/解吸附反应（反应 2^f 和 2^r）和 $OH(Ni)+OH(Ni)\rightleftharpoons H_2O(Ni)+O(Ni)$（反应 9^f 和 9^r）反应对 1.4V 下 SOEC 的电流密度几乎无影响，说明这 4 个基元反应不是速率控制步骤。对比其余 4 种气相组分的吸附/解吸附反应对电化学性能影响大小，其正向影响强弱顺序如下：H_2 解吸附（反应 1^r）>H_2O 吸附（反应 3^f）>

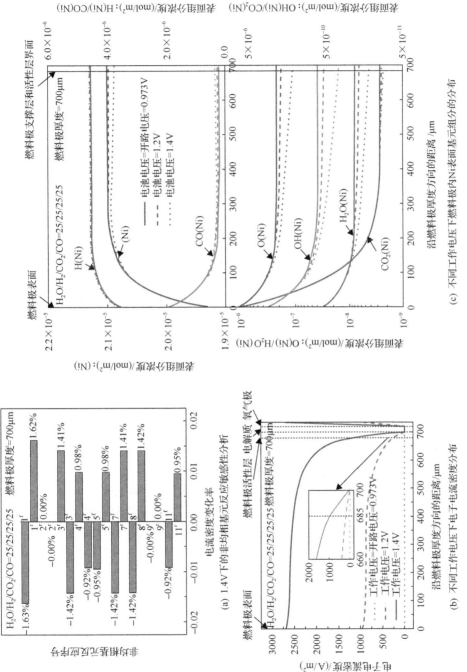

图 8.11　700℃下 H_2O/CO_2 共电解的燃料极浓度分析

CO 解吸附（反应 5^r）$\approx CO_2$ 吸附（反应 4^f）。其次，对性能影响明显的表面基元反应按正向影响大小依次为：$H_2O(Ni)+(Ni) \longrightarrow H(Ni)+OH(Ni)$（反应 8^r）$>$ $OH(Ni)+(Ni) \longrightarrow H(Ni)+O(Ni)$（反应 7^r）$>CO_2(Ni)+(Ni) \longrightarrow CO(Ni)+O(Ni)$（反应 11^r）。此外，对比 H_2O 转化为 H_2 的反应链（反应 3^f—7^r—6^r—1^r）以及 CO_2 转化为 CO 的反应链（反应 4^f—9^r—5^r），前者的电流密度变化率大后者约 1.4 倍。这表明，H_2O/H_2 组分体系产生的参与电化学反应的 $O(Ni)$ 量比 CO_2/CO 组分体系多，进而使得 H_2O/CO_2 共电解过程中电解 H_2O 的电化学反应速率比电解 CO_2 更快，此结论与实验现象（图 8.8(b)）一致。

H_2O/CO_2 共电解过程中电极内的电子电流密度分布如图 8.11(b) 所示[24,26]。电压增大可显著提高电极内的电子电流密度。由图 8.11(b) 可知，燃料极内的电化学反应可由活性层扩散至支撑层，主要发生在近电解质约 200μm 范围内。图 8.11(c) 给出了 700℃、SOEC 共电解 H_2O/CO_2 在不同工作电压下的燃料极内 Ni 催化剂表面基元组分的分布[24,26]。图 8.11(c) 中开路电压工况的基元组分分布表明，当电池无电流时，气相组分可通过非均相基元反应在距燃料极表面约 200μm 处达到反应平衡。燃料极内主要的表面基元组分为 $H(Ni)$ 和 $CO(Ni)$。$CO_2(Ni)$ 表面基元浓度最小，比 $CO(Ni)$ 浓度低超过 5 个数量级。相对 Ni 金属表面，尽管 CO_2 更易在 Ni-YSZ 金属陶瓷材料上吸附，但 $CO_2(Ni)$ 依然很难稳定，主要解离生成 $CO(Ni)$ 和 $O(Ni)$。随着工作电压增大，$H(Ni)$ 和 $CO(Ni)$ 基元浓度增加，而 $O(Ni)$、$OH(Ni)$、$H_2O(Ni)$、$CO_2(Ni)$ 以及自由活性位 (Ni) 浓度相应减小。

8.4.5 多孔燃料极的化学/电化学反应分区

图 8.12 为 700℃燃料极厚度分别为 30~700μm 时三种组分体系的 I-V 曲线[24,26]。图中结果表明，燃料极厚度的确对三种体系的相对电化学性能存在显著影响。通常，燃料极支撑型 SOEC 的燃料极厚度在几百微米甚至近 1mm[46,49]，电解质支撑型 SOEC 的燃料极厚度在几十微米[47]。当燃料极厚度为 700μm 时，H_2O/CO_2 共电解的 I-V 曲线处于单电解 H_2O 和单电解 CO_2 之间，且更靠近单电解 CO_2。当燃料极厚度逐渐减至 30μm，H_2O/CO_2 共电解的 I-V 曲线逐渐偏向单电解 H_2O，直到两条曲线接近重合。此模拟结果与图 8.8(c) 实验结果[48]一致，即电池构型为电解质支撑型、燃料极厚度约为 30μm 时共电解电化学性能十分接近电解 H_2O；而电池构型为燃料极支撑型、燃料极厚度大于 300μm 时，共电解电化学性能处于单电解 H_2O 和单电解 CO_2 之间。此外，电极厚度对 H_2O/CO_2 共电解的绝对电化学性能也存在影响。当燃料极厚度较薄，如 30μm 时，电极内的三相界面活性位有限，会使电化学速率相应地减小。同样，当燃料极厚度过厚时，质量传递和电荷传递阻抗增大，进而也会减小电化学反应速率。因此，存在一个最优电极厚度，如图 8.12 所示，此计算工况下燃料极厚度为 60μm 时 H_2O/CO_2 共电解性能在当前电极结构

参数下为最优[24,26]。

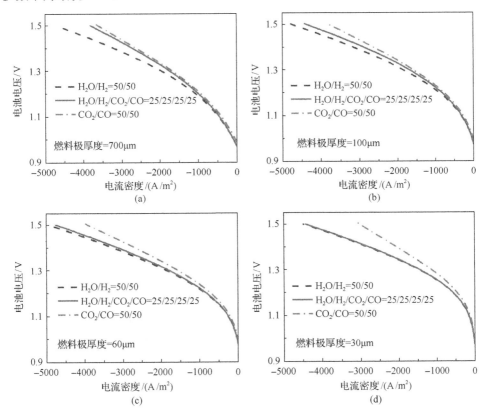

图 8.12 700℃不同燃料极厚度下单电解 H_2O、单电解 CO_2 和共电解 H_2O/CO_2 的 I-V 曲线[24,26]

为了进一步确认燃料极厚度如何影响电极的非均相化学反应、电化学反应以及传递过程的耦合作用，图 8.13 详细对比了单电解 H_2O、单电解 CO_2 和共电解 H_2O/CO_2 三种组分体系下燃料极中电荷转移反应（图 8.13(a)）、基元反应（图 8.13(b)～(d)）及 O(Ni) 表面基元浓度（图 8.13(e)）分布情况。对于单电解体系，电化学反应和非均相化学反应均主要发生在近电解质处，二者反应速率大小均在 10^2 数量级。而对于 H_2O/CO_2 共电解体系，对于燃料极厚度为 700μm 的工况，电化学反应主要发生在近电解质界面约 200μm 范围内，而非均相化学反应主要发生在近燃料极表面约 200μm 范围内。对比不同类型的反应速率可发现，近燃料极表面处，电化学反应速率大约比非均相化学反应速率低 3 个数量级；而近电解质处，电化学反应速率反而是非均相化学反应速率的 2～10 倍。然而，当燃料极厚度减小至 100μm 和 30μm 时，近电解质处非均相化学反应速率却可达电化学反应速率的 10 倍和 500 倍以上。数据表明，对于 H_2O/CO_2 共电解体系，电极内非均相化学反应平均速率显著大于电化学反应平均速率。由于反应活性位的限制，燃料极厚度的减小会导致电化学反应和非均相化学反应区域重合，使二者发生竞争反应。

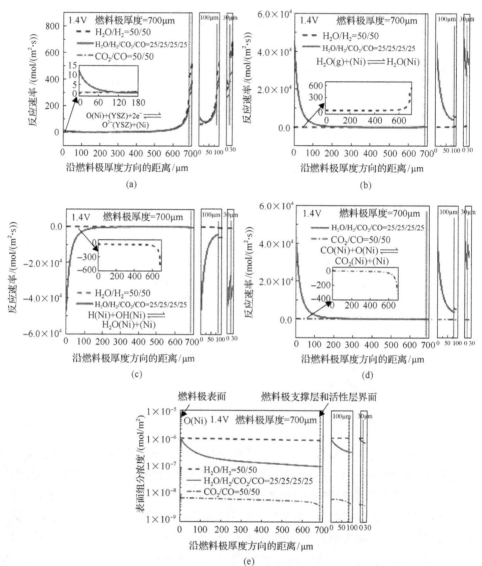

图 8.13　700℃不同燃料极厚度下单电解 H_2O、单电解 CO_2 和共电解 H_2O/CO_2 在 1.4V 时的电荷转移反应速率、基元反应速率与 O(Ni) 表面基元浓度的对比[24,26]

　　综上所述，可明显发现 H_2O/CO_2 共电解时燃料极内存在两个反应区域：非均相化学反应主要发生在近电极表面处，电化学反应主要发生在近电解质处，如图 8.14 所示。非均相化学反应速率比电化学反应速率高近 2 个数量级，因此对于同一厚度方向位置的反应活性位，若反应气体未达到平衡，则气体更倾向于先发生非均相化学反应，再发生电化学反应。

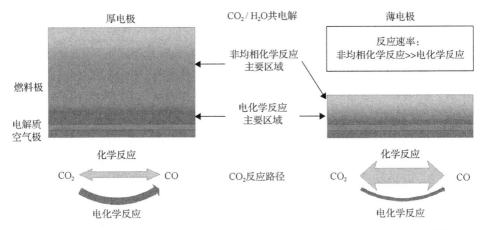

图 8.14　燃料极内非均相化学反应和电化学反应分区及 CO_2 反应路径示意图[25,26]

　　燃料极较厚(如 700μm)时，非均相化学反应和电化学反应的主要区域分隔较开，互相影响不大。此时，反应气体通过扩散可先在近电极表面处发生非均相反应，达到平衡后再于近电解质处参与电化学反应。因此 H_2O/CO_2 共电解中 CO_2 既可通过水气变换生成 CO，也可被电解还原为 CO，共电解电化学性能处于电解 H_2O 和电解 CO_2 之间。

　　而燃料极足够薄(如 30μm)时，电极内非均相化学反应和电化学反应主要区域相互重叠，二者发生竞争反应。由于非均相化学反应的竞争能力远高于电化学反应，反应气体更倾向于先发生非均相化学反应。因此，当反应活性位有限时，CO_2 基本上只参与水气变换反应，较难通过电解方式生成 CO，宏观上使得 H_2O/CO_2 共电解中基本只存在电解 H_2O 反应，共电解电化学性能与电解 H_2O 十分接近。

　　此计算结果成功地解释了 8.4.1 节中提及的各研究机构针对 H_2O/CO_2 共电解中 H_2O 和 CO_2 竞争电解行为实验结论不一致的现象，统一了由电极几何尺度带来的分歧。

8.4.6　电极反应与传递过程耦合

　　燃料极内非均相化学反应和电化学反应的大小及相互影响程度可直接决定反应气体参与化学以及电化学反应路径的比例，进而影响共电解中的电解 H_2O 和电解 CO_2 的比例。而反应区域的大小又与电极内气体的质量传递和氧离子的电荷传递紧密相关[25,26]。燃料极内的传递过程决定了反应区域的大小、CO_2 参与非均相化学反应和电化学反应的比例以及 H_2O/CO_2 共电解中电解 H_2O 和电解 CO_2 的比例。非均相化学反应区域大小受质量传递通量 $D\nabla c$ 控制，而电化学反应区域大小受电荷传递通量 $\sigma\nabla V$ 控制。当 $D\nabla c$ 增大时，非均相化学反应区域扩大，更大比

例的 CO_2 可通过非均相化学反应路径生成 CO,电解 CO_2 的比例相应减少,H_2O/CO_2 共电解电化学性能向电解 H_2O 靠近;当 $\sigma \nabla V$ 增大时,电化学反应区域扩大,参与非均相化学反应的 CO_2 比例减小,电解 CO_2 的比例相应增加,H_2O/CO_2 共电解电化学性能向电解 CO_2 靠近[25,26]。燃料极的电极微观结构参数(孔隙率和颗粒直径)、材料物性参数(离子电导率)和操作条件参数(载气组分和温度)可通过影响电极内的质量传递和电荷传递过程,来改变非均相化学反应和电化学反应区域的大小,进而使得 H_2O/CO_2 共电解中电解 H_2O 和电解 CO_2 的比例发生变化。

氧气极在 SOEC 和 SOFC 模式中的 O_2 传递方向与电化学反应方向相反,使得在相同电化学反应速率下的 SOEC 和 SOFC 模式的浓差极化存在较大差异。本书课题组进一步利用基元反应模型分析了 SOEC 和 SOFC 的 I-V 曲线、电子电流密度分布、O_2 浓度分布等,对比了电极在两模式中反应和传递过程的差异,采用极化分离研究了氧气极厚度、孔隙率、颗粒直径和温度对电池总极化与浓差极化的影响规律,各参数对两种模式下的电池性能影响规律存在明显差异[26,72]。相同工况和电化学反应速率下,SOEC 的氧气极 O_2 浓度显著高于 SOEC,使得 SOEC 的电子电流密度也高于 SOFC。因此,SOFC 的浓差极化远大于 SOEC,可达 SOEC 的 7.2 倍,浓差极化占总极化的比例可为 SOEC 的 3.1 倍[26,72]。各参数对 SOFC 氧气极浓差极化的影响明显强于 SOEC。随着电极厚度的增加,氧气极浓差极化增大,由于反应活性位的影响,总极化先增大后减小。在 700℃、燃料极通入 25% H_2O+25% H_2+25% CO+25% CO_2、氧气极通入空气以及工作电流密度为 $\pm 3000 A/m^2$ 工况下的最优氧气极厚度约为 $100 \mu m$[26,72]。增大氧气极孔隙率和颗粒直径均可减小浓差极化。特别是当孔隙率小于 0.2 时,SOFC 模式中的浓差极化可呈指数增长。孔隙率对氧气极浓差极化的影响强于反应面积,因此电极存在最优孔隙率,SOEC 的最优孔隙率为 0.25~0.30,而 SOFC 的最优孔隙率为 0.20~0.45,最优孔隙率值随氧气极厚度增加而增大[26,72]。温度对电化学反应的提升更强于扩散,浓差极化占总极化的比例随温度的升高而显著增大。由于温度对 SOEC 和 SOFC 模式的 O_2 浓度变化方向影响相反,SOEC 的浓差极化随温度的升高而增大,SOFC 反而相应减小[26,72]。

8.4.7 辅助电解降低电耗

SOEC 电解过程中,随着温度升高,电解过程所需的电能(ΔG)减少,所需的热能增加($T\Delta S$),即反应所需的电能(ΔG)可以部分被反应所需的热能($T\Delta S$)替代,但是在实际可行的工作温度下电解制备氢气/合成气仍然需要消耗大量的电能。如果所需的电能并非来自于可再生能源或者废弃能源,而是来源于非可再生能源,那么制备成本会大大增加,约为甲烷水蒸气重整反应制取氢气/合成气的成本的

$3 \sim 4$ 倍[73]。因此，寻求降低 SOEC 电能消耗的方式具有重要意义。近些年来，固体氧化物电解池燃料辅助电解 (Solid Oxide Fuel-Assisted Electrolysis Cells，SOFEC) 引起了研究者的广泛关注。不同于 SOEC，在 SOFEC 模式下，燃料 (如一氧化碳、甲烷、碳、生物质或者其他碳氢燃料) 被送入电解池阳极加速消耗通过电解质从阴极输运过来的氧。图 8.15 展示了 SOFEC 电解水的工作原理[74,75]。SOEC 和 SOFEC 的阴极半反应均为

$$H_2O + 2e^- \longrightarrow H_2 + O^{2-} \tag{8.34}$$

SOEC 的阳极半反应为

$$O^{2-} \longrightarrow \frac{1}{2}O_2 + 2e^- \tag{8.35}$$

对于 SOFEC 的阳极半反应，以 CO、CH_4 和碳作为辅助燃料为例，阳极半反应 (完全氧化) 分别为

CO 辅助：

$$CO + O^{2-} \longrightarrow CO_2 + 2e^- \tag{8.36}$$

CH_4 辅助：

$$\frac{1}{4}CH_4 + O^{2-} \longrightarrow \frac{1}{2}H_2O + \frac{1}{4}CO_2 + 2e^- \tag{8.37}$$

C 辅助：

$$C + CO_2 \longrightarrow 2CO$$
$$CO + O^{2-} \longrightarrow CO_2 + 2e^- \tag{8.38}$$

因此，SOEC 和 SOFEC 总的电池反应分别为

SOEC：

$$H_2O \longrightarrow \frac{1}{2}O_2 + H_2 \tag{8.39}$$

CO 辅助 SOFEC：

$$CO + H_2O \longrightarrow CO_2 + H_2 \tag{8.40}$$

CH_4 辅助 SOFEC：

$$\frac{1}{2}H_2O + \frac{1}{4}CH_4 \longrightarrow \frac{1}{4}CO_2 + H_2 \tag{8.41}$$

C 辅助 SOFEC：

$$\frac{1}{2}C + H_2O \longrightarrow \frac{1}{2}CO_2 + H_2 \tag{8.42}$$

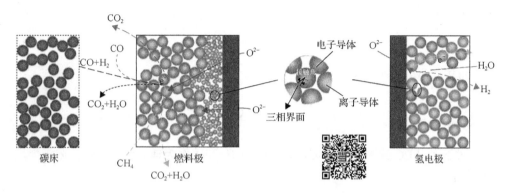

图 8.15　SOFEC 电解水工作原理图[74,75]

　　从工作原理来看，SOFEC 实际上是一种电化学重整反应。从热力学上分析，在阳极加入辅助燃料大大降低了电池可逆电压（Nernst 电压 E），因为发生燃料的氧化反应比发生 O_2 生成的半反应要容易得多。图 8.16 展示了在 $100 \sim 1000$℃ 范围内 SOEC 和 SOFEC 电解水理论上所需的电能消耗。可以看出，SOFEC 的理论可逆电压比 SOEC 至少低了 1.0V。SOEC 和 SOFEC 的典型极化曲线如图 8.17 所示。电池的功率密度 $P(W/m^2)$ 可以表示为

$$P = iV_{cell} \tag{8.43}$$

其中，i 为电流密度（A/m^2）；V_{cell} 为工作电压（V）。将 SOEC 模式下的电流密度（电流由正极（阳极，O_2 生成）流向负极（阴极，H_2 生成））规定为正值，则工作电压也为正值。当电流密度为负值时，电池工作在 SOFC 模式。通常，SOFEC 的开路电压为负值，在这种情况下，电池在低电流下的功率密度也为负值，表明 SOFEC 在电解产生 H_2 的同时还能对外输出电能，这部分能量主要由燃料氧化的化学能驱动。当电流密度增大到一定程度时，工作电压将会变为正值，表明还需要有额外的电能消耗来加快 H_2 产生的速率，但所需要的电能消耗远低于 SOEC 模式下所需的电能供给。通常，对于相同的 H_2 产生的速率，节省的电能消耗相比于 SOEC 的电能消耗可以通过式（8.44）给出：

$$\frac{E_{SOEC} - E_{SOFEC}}{E_{SOEC}} = \frac{V_{SOEC} - V_{SOFEC}}{V_{SOEC}} \tag{8.44}$$

因此，通过一些廉价的燃料辅助电解，可以在极小的电能消耗下获得较高的电流密度（H_2 产生速率）。

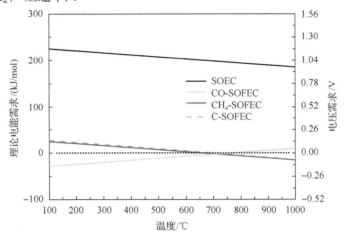

图 8.16　SOEC 和 SOFEC 模式下电解水过程的电能消耗曲线

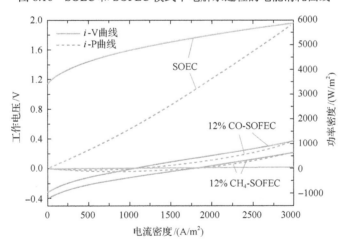

图 8.17　SOEC 和 SOFEC 典型的 i-V 曲线和 i-P 曲线[74]

虽然 SOFEC 所需的电能消耗非常小，但对其进行效率分析也很有必要。SOEC 和 SOFEC 对应的能量流动总结如图 8.18(a) 所示，效率分析的结果如图 8.18(b) 所示。可见，当电池的不可逆热损失用于提供电池所需的可逆热（CO-SOFEC 除外）时，添加辅助燃料明显提升了电池效率。

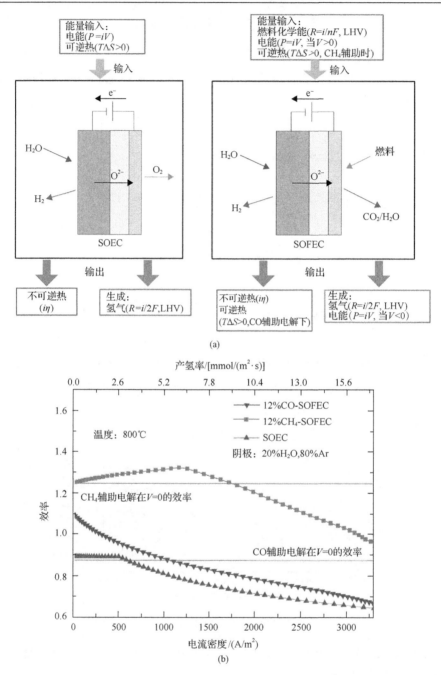

图 8.18　SOEC 和 SOFEC 的效率分析与对比[74]

　　在所有可能的阳极辅助燃料中，碳或者碳质固体燃料相比于其他气态燃料更具优势。这些优势包括更广的来源、更低廉的成本以及更低的品质要求。碳或者碳质固体燃料，包括煤炭以及生物质，拥有更高的理论效率以及更高的 CO_2 减排潜力。通过直接碳辅助电解水可以制取 H_2/CO 比例灵活可调的合成气(在阳极产生 CO，在阴极产生 H_2)，这对于以合成气为原料制取其他化学品的化工过程具有重要意义[75-79]。在一个纽扣式碳辅助电解池上不同电流密度下获得的 CO 和 H_2 生成速率如图 8.19 所示。

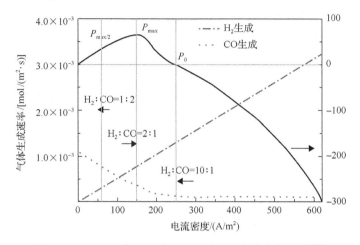

图 8.19　SOFEC 制取合成气速率随电流密度变化曲线[75]

8.5　管式单元产物定向调控和动态特性

小型的纽扣式 SOEC 常用于机理研究,而实际工程应用的是尺度较大的 SOEC 单元，单元内气体浓度、温度、电流密度等参数分布不均匀，还会受到管内流动和传热过程的影响。而且，纽扣式 SOEC 反应面积小，在面向工程应用的更大尺度的 SOEC 单元反应面积可提升一个数量级，甚至更大，这将大幅度提升反应物转化率和产物产率。管式固体氧化物电池单元相对平板式具有密封简单、抗热震性和机械强度良好的特点，更易组装成大功率电池组，是实现 SOEC 商业化应用最具潜力的构型之一。经过近半个世纪的发展，管式电池单元已成功应用于 25～220kW 的 SOFC 发电系统[80]，正在向商业化逐步迈进。而目前管式 SOEC 单元的相关研究仍处于起步阶段。掌握操作条件对管式 SOEC 共电解 H_2O/CO_2 性能和产物组成的影响规律十分重要，可为后期管式 SOEC 电堆集成和产物定向调控提供基础数据。探索管式 SOEC 单元内的流动、传热过程与化学/电化学反应的耦合机制，掌握其动态特性，可为产物定向调控以及应用于可再生能源的动态操作提供理论指导。

8.5.1　管式 SOEC 单元共电解 H_2O/CO_2 电化学性能

本书课题组采用由中国科学院上海硅酸盐研究所提供的燃料极支撑型管式 SOEC，测试其电化学性能。测试的管式 SOEC 实物图、微观 SEM 图以及 I-V 曲线图如图 8.20 所示[81]。管式 SOEC 由 Ni-YSZ 燃料极支撑层（760μm）、Ni-ScSZ 燃料极活性层（10μm）、ScSZ 电解质层（10μm）和 LSM-ScSZ 氧气极层（15μm）四层结构组成，外径约为 6.7mm，有效反应面积约为 14.73cm^2。该电池各层界面紧密连接、无明显破裂和脱落，电极微观孔隙结构良好、浓差极化较小，具有较好的机械强度和抗热震性。从图 8.20（c）可以看到，650℃、1.4V 条件下管式 SOEC 电流可达 1.0A，电流密度为 680A/m^2，较纽扣电池有所下降。随着温度降低，与纽扣 SOEC 实验（图 8.8）一致，管式 SOEC 电化学性能显著降低。在入口无还原性气体时，管式 SOEC 开路电压降至 0.7V 以下，因此相同工作电压下电流较入口加入氢气的工况高。

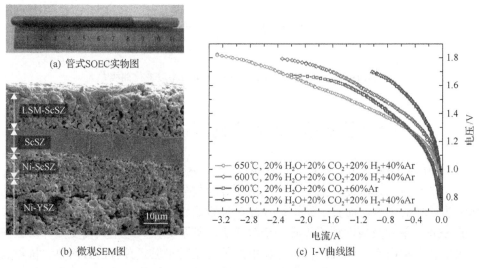

(a) 管式SOEC实物图

(b) 微观SEM图　　　　　　　(c) I-V曲线图

图 8.20　管式 SOEC 及其 I-V 曲线[81]

8.5.2　管式 SOEC 共电解 H_2O/CO_2 甲烷生成特性

在 8.5.1 节的管式 SOEC 电化学性能测试基础上，本节在同一管式 SOEC 上开展甲烷生成特性实验。该实验通过气相色谱仪对燃料极出口产物进行了成分分析。表 8.4 列出了各工况下 H_2O/CO_2 共电解的产物气体组分情况[26,81]。气相色谱仪测试的出口气体组分经过干燥除水，这里假设燃料极积碳量对浓度影响较小，则可近似认为入口和出口气体中 C 原子守恒，即可根据出口气体组分近似计算出 CH_4 的转化率，计算公式如下：

$$\frac{c_{CH_4}}{c_{CO} + c_{CO_2} + c_{CH_4}} \tag{8.45}$$

表 8.4　中低温管式 SOEC H_2O/CO_2 共电解产物气体组分[26,81]

温度 /℃	入口气体组分/(mL/min)				放电电压/V	平均电流/A	产物气体体积分数/%				CH₄转化率/%
	H₂O	H₂	CO₂	Ar			H₂	CO	CH₄	CO₂	
650	20	0	20	60	开路电压	0	0.11	0.03	0	99.86	0
					1.5V	1.50	7.68	0.17	0	92.16	0
650	20	20	20	40	开路电压	0	24.62	7.31	0.22	67.84	0.30
					1.5V	1.27	35.14	18.93	2.69	43.24	4.14
600	20	0	20	60	开路电压	0	0.92	0.10	0	98.98	0
					1.5V	0.97	7.45	4.28	0.03	88.23	0.03
600	20	20	20	40	开路电压	0	28.95	9.94	2.85	58.26	4.01
					1.5V	0.79	30.96	11.51	5.08	52.45	7.36
550	20	0	20	60	开路电压	0	2.17	0.34	0.01	97.48	0.01
					1.5V	0.60	2.06	0.62	0.05	97.27	0.05
550	20	20	20	40	开路电压	0	7.33	7.23	8.77	76.68	9.46
					1.5V	0.41	19.43	6.85	9.94	63.78	12.34

当入口气体无 H_2 时，仅当温度降至 550℃才可检测到微量的 CH_4(0.01%)。而入口气体 H_2 流量增加 20mL/min 后，产物在 650℃、600℃、550℃的开路电压工况下的 CH_4 体积分数分别为 0.22%、2.85%、8.77%。可见，CO_2 和 CO 加氢生成 CH_4 的反应对温度和 H_2 浓度非常敏感，此实验规律与纽扣式 SOEC 生成 CH_4 的规律一致。当电池通电后，由 8.4.3 节的 CO_2/H_2O 共电解生成 CH_4 反应路径可知，电解可生成一定量的 H_2，同时电解可促进 Ni 表面积碳，显著增加产物的 CH_4 浓度。当入口气体通入 H_2 时，1.5V 通电对 CH_4 转化率的提升更加明显。650℃时 CH_4 转化率可由 0.30%提高到 4.14%，增大了近 13 倍。尽管温度下降到 550℃后，CH_4 体积分数可显著提升至 9.94%，转化率可达 12.34%，但是由于电化学性能降低，600℃和 550℃时 1.5V 电解较开路电压工况的 CH_4 转化率增大了 84%和 30%。

8.5.3　多物理场耦合的管式 SOEC 热电模型

基于管式 SOEC 电化学性能与出口产物实验数据，本书课题组进一步建立了二维多物理场耦合的管式 SOEC H_2O/CO_2 共电解热电模型，该模型综合考虑了电池单元内流动和传热、电极内扩散和电荷传导、化学/电化学反应以及电极微观几何结构[30,82]，模型计算域如图 8.21 所示。该模型经过管式 SOEC 实验数据的有效验证，管式 SOEC 单元内离子电流密度、气体浓度以及速度分布如图 8.22 所示。

由图 8.22(a)中管中部横截面的电流密度分布可知电化学反应主要发生在燃料极近电解质处。而且由于流动和传热的影响，离子电流密度沿高度方向的分布并不均匀。随着电化学反应的进行，从管底部到顶部，电解反应物 H_2O 和 CO_2 浓度逐渐减小，产物 H_2 和 CO 浓度逐渐增大，因此管顶部的离子电流密度显著减小。如图 8.22(c)的流场分布所示，燃料极反应气体流从横截面积较小的入口铜管流入面积更大的流道，流速显著减小。多孔介质内仅存在微小的由压力梯度趋势的 Darcy流动，速度约为 $1 \times 10^{-3} m/s$，比宏观流动小近 3 个数量级。

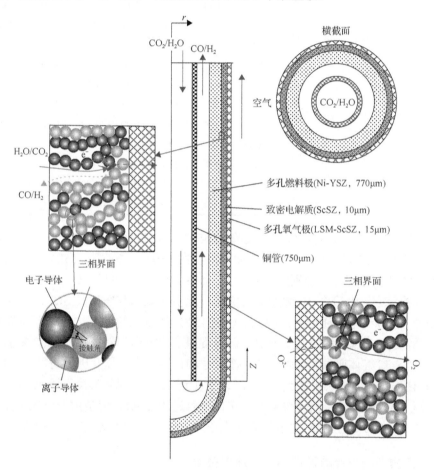

图 8.21 管式 SOEC 轴对称几何结构及计算域示意图[26]

为进一步分析管式 SOEC 的电解性能，在此对转化率和效率进行详细定义：转化率 ε 等于电池出口产物 H_2 和 CO 的增加量与入口反应物 H_2O 和 CO_2 的流量之比。效率 η 等于基于低位热值的产物化学能除以所耗电能与入口反应物预热量之和。对于图 8.22 的计算工况，共电解 CO_2/H_2O 的转化率为 92.82%。该工况下产物化学能为 4.33J/s，电解功率为 4.87W，入口反应物携带的热量为 0.79J/s，因此整个电池单元效率约为 76.34%。当入口气体经过出口气体充分换热或者工业余热的充分预热时，整个电池单元效率可进一步提升。

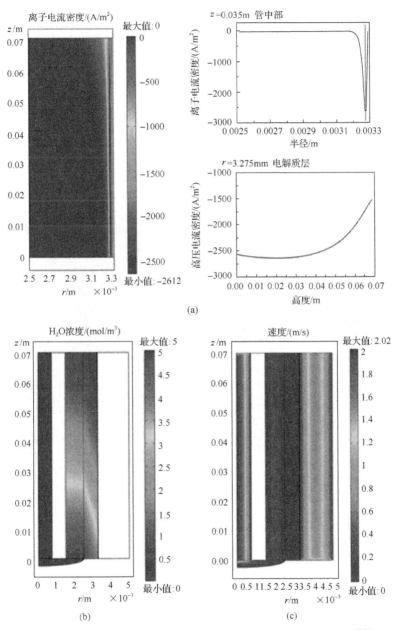

图 8.22　管式 SOEC 单元内离子电流密度、气体浓度及速度分布[26]

700℃，1.4V，燃料极入口气体组分设为 40%H$_2$O+40%CO$_2$+10%H$_2$+10%Ar，氧气极入口气体为空气，

气体入口速度均为 1m/s

8.5.4　管式 SOEC 的热效应

管式 SOEC 温度分布是热传导、热对流、逆向水气变换放热、逆向内部重整反应吸热、电化学反应吸热以及极化放热过程的耦合结果。图 8.23 给出了工作电压分别为 1.10V、1.25V 和 1.30V 时电池内的温度分布。当电压为 1.25V 时，电池内部的温度变化很小，分布接近均匀，整个管式 SOEC 处于热中性状态。可定义此电压为热中性电压。当电压为 1.30V、大于热中性电压时，极化放热量显著大于电化学反应的吸热量，可使电池整体处于放热状态，最高温度在管中部附近。当电压为 1.10V、小于热中性电压时，极化放热量小于电化学反应的吸热量，使得电池内部整体处于吸热状态。极化放热对温度分布影响显著，改变工作电压对管式 SOEC 内部的热效应有明显影响。

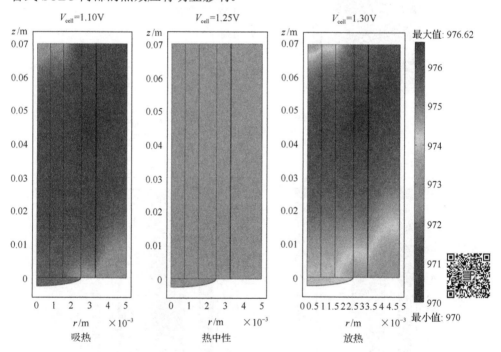

图 8.23　工作电压对管式 SOEC 内部温度(K)分布的影响[26]

700℃，燃料极入口气体组分设为 40%H₂O+40%CO₂+10%H₂+10%Ar，氧气极入口气体为空气，
气体入口速度均为 1m/s

8.5.5　管式 SOEC 甲烷合成定向调控

本节经过 8.5.2 节的出口组分测试数据验证，进一步探索了甲烷合成定向调控特性。基于 YSZ 材料体系的管式 SOEC 通常操作在 700℃以上，以保证提供足够

高的电解速率；而甲烷化反应受到热力学平衡的限制，反应平衡随着温度的升高向着甲烷消耗的方向移动，在标准工况下甲烷化反应在低于 620℃的条件下才能自发进行(图 8.9)。因此，H_2O/CO_2 共电解与甲烷化反应之间存在竞争电解。中国科学技术大学夏长荣课题组与南卡罗来纳大学 Frank Chen 课题组[83,84]采用通管式 SOEC，通过将部分管式 SOEC 置于室温，形成了上游高温、下游低温的管式 SOEC 温度梯度分布，将甲烷产率提升至 11.8%以上。本书课题组的实验研究采用盲管式结构，燃料极入口的冷气流通过入口铜管的快速导热，可降低盲管式 SOEC 下游(近管口处)的局部温度，促进下游甲烷化反应向右移动。然而，实验中管式 SOEC 的燃料极和空气极入口分别布置于管式 SOEC 的两端，在管式 SOEC 膜电极表面两极气流向同一方向流动，因此称为顺流模式。顺流模式下，管式 SOEC 温度场如图 8.24(a)中左图所示。室温燃料气被通入管式 SOEC 中，导致管式 SOEC 两端温度低于炉温。空气极入口的冷气流导致管底形成低温区，从而影响上游电化学性能。

为避免上游产生低温区，促进下游低温区温度进一步降低，可将空气极入口布置于管式 SOEC 管口处，将空气极气流的流动方向由原来的自下往上改为自上往下，即逆流模式。图 8.24 给出了管式 SOEC 顺流、逆流模式下的温度场分布(图 8.24(a))和甲烷转化率随流道分布(图 8.24(b))对比图。逆流模式下，管式 SOEC 可天然形成与文献[83]和文献[84]相似的梯度化温度场，将上游低温区转移至下游，管式 SOEC 上游(管底)温度较顺流模式可提升 50℃以上，促进管式 SOEC 的 H_2O/CO_2 共电解反应过程；而下游在近出口处两入口冷气流的叠加影响下，温

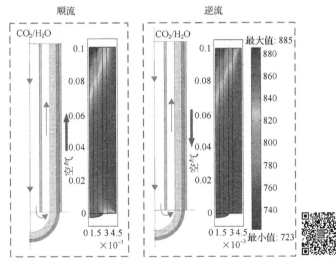

(a) 不同流动模式下的温度场

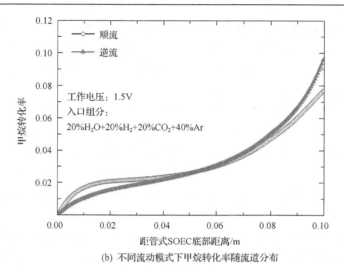

(b) 不同流动模式下甲烷转化率随流道分布

图 8.24　顺逆流模式下的温度场分布和甲烷转化率随流道分布[81]

度降低了 20～30℃。由图 8.24(b)可以看到，顺流模式因为上游低温区，甲烷转化率上升速率快于逆流模式；但随着反应流道的发展，在近出口处甲烷转化率迅速上升，最后出口转化率较顺流模式高 2%以上。为保证其准确性，该模拟基于已验证的实验工况开展，因此操作工况、电极材料等并未进行优化，甲烷转化率提升空间也受到限制。

　　为进一步优化工况，图 8.25 分析了逆流模式下不同入口水分压(图 8.25(a))和不同工作压力(图 8.25(b))下的甲烷转化率[85]。随着入口水分压的升高，甲烷化逆向进行，因此甲烷转化率也降低。如果工作电流能与入口水分压匹配，则入口水分压能够充分电化学还原为 H_2，有望提升甲烷转化率。工作压力对甲烷产率的影响更加显著。一方面是因为工作压力能促进甲烷化反应向右移动，工业化的

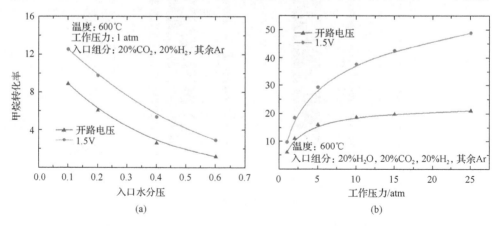

图 8.25　逆流模式下不同入口水分压和不同工作压力下的甲烷转化率[85]

甲烷化过程通常需要在 18bar 以上[86]。在开路电压下，工作压力由常压升至 25atm，甲烷转化率由 6%提升至超过 20%。另一方面，工作压力的提升也能提升管式 SOEC 的电化学性能，Jensen 等[87,88]通过实验测试发现加压操作可降低电极极化阻抗，尤其是低频段的电极活化阻抗[87]，SOEC 电极极化阻抗与工作压力呈负相关，指数因子约为-0.31[88]。因此，在 25atm 下，入口组分 20% H_2O/20% CO_2/20% H_2/40% Ar 的管式 SOEC，在逆流模式、600℃下甲烷转化率可达 49%。

8.5.6　管式 SOEC 动态特性

同样基于已开发的管式 SOEC 单元反应测试体系以及多物理场模型，本书课题组进一步开展了管式 SOEC 动态操作研究，为基于可再生能源储能的 SOEC 电制气系统集成管控提供部件级别的基础数据和稳定运行准则。实验表明，从短时间尺度来看，电压改变管式 SOEC 需 2s 使得电流基本稳定，如图 8.26(a) 和图 8.26(b) 所示[85]。基于动态多物理场管式 SOEC 单元模型，研究者分离了管式 SOEC 的电荷传递、质量传递以及热量传递的动态响应特性[30]，如图 8.26(c)、图 8.26(d) 和图 8.26(e) 所示。动态模型指出，电荷传递过程需要大约 11ms 可基本达到稳定，远快于质量传递过程的动态响应(需要 0.26s)；而质量传递过程的动态响应远快于热量传递过程(需要 515s)。此外，通过电荷、质量和热量传递过程的动态耦合操作，有望提升时均下的 SOEC 电解效率及转化率。研究发现，电压微秒级尺度骤降+秒级尺度回升能提升时均效率，H_2O 分压秒级骤降+分钟级回升(或者 CO_2 分压秒级骤增+分钟级回落)的循环操作能提升时均效率与时均转化率[30]。对不同传递过程的解耦分析，对应用于可再生能源的 SOEC 操作与管控策略具有指导意义。

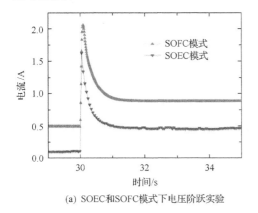

(a) SOEC 和 SOFC 模式下电压阶跃实验

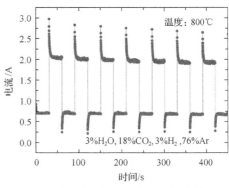

(b) 1.2~1.4V 循环切换暂态响应测试

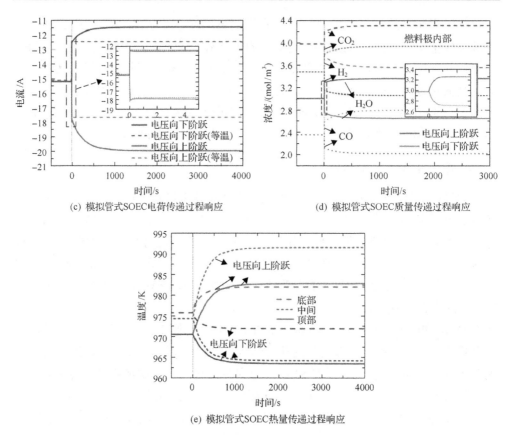

(c) 模拟管式SOEC电荷传递过程响应   (d) 模拟管式SOEC质量传递过程响应

(e) 模拟管式SOEC热量传递过程响应

图 8.26   管式 SOEC 单元的动态响应特性及其动态模型分析[30,85]

8.6   可再生能源电制气分布式储能系统能效与稳定性

当 SOEC 应用于分布式可再生能源系统中时，还需要与许多关键部件集成耦合以利用电能制取氢气、合成气、甲烷(电制气(Power-to-Gas，PtG))，进一步还可耦合费-托反应等过程进一步制取燃料或者化学品[1]。图 8.27 在文献[89]总结电解制氢技术路线的基础上，进一步概括了不同电解技术的 PtG 技术的主要转化路径和后续的应用场合。目前主流的 PtG 技术通常先通过电解水制取氢气后，直接利用氢气作为储能载体发电、供热或者少量并入气网，或再通过后续甲烷化或者费-托合成进一步转化为甲烷或者其他碳氢燃料和化学品[90]。氢气虽然具有很高的单位质量能量密度，但因过于活泼，存储的经济性与安全性问题仍然是限制氢能推广和利用的主要因素之一。甲烷因其储量大、合成工艺成熟，且依托当前已有的天然气网可实现甲烷的灵活输运，成为技术和实际应用中更为可行的能量载体；

此外，甲烷是一类清洁的化石燃料和碳载体，电制甲烷（Power-to-Methane，PtM）耦合了可再生能源电力储能与天然气合成，有助于实现 CO_2 的资源化利用与碳中性。主流的 PtM 转化路径通常耦合电解水技术与 CO_2 加氢甲烷化过程，但该过程与电制氢技术相比，因新增甲烷化反应装置，额外增加了 8% 的能量损耗[91]。基于中高温 SOEC 的 PtG 技术，因具备 H_2O/CO_2 共电解能力，提供了新型转化路径，可通过 H_2O/CO_2 共电解制取组分可调的合成气，甚至还能直接合成甲烷。

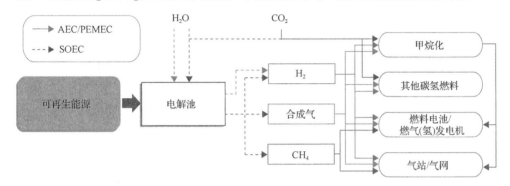

图 8.27　不同电解技术的 PtG 技术的主要转化路径和后续的应用场合

8.6.1　SOEC 可逆化操作实现多能源转化

SOEC 的可逆化运行，可在中高温下实现电-气之间的双向转化。此外，可逆 SOEC 伴随着高品位热的消耗与生成，因此能够实现热、电、气多能源间的相互转化，从而灵活调控分布式能源系统的热、电、气配比。图 8.28 结合热力学和动力学给出了在法拉第效率为 100% 时可逆 SOEC 在不同工作电压下的热、电、气产出量，以及气电、热电比。这里的电化学性能参考了图 8.3 中的 I-V 曲线[29]。在电解模式（SOEC）下，SOEC 在将电转化为燃料气的过程中，伴随着热的消耗或者产生。当工作电压低于热中性电压时，SOEC 消耗电能和热能，转化为燃料气中的化学能；当工作电压高于热中性电压时，SOEC 消耗电能产生热能和化学能。在燃料电池模式（SOFC）下，SOFC 则消耗燃料气中的化学能产生电能和热能。在可逆化操作下，热电比范围在 $-0.1 \sim 2.3$，气电比范围在 $-3.3 \sim -0.9$。在燃料电池模式下，SOFC 可利用燃料气进行热电联产，其热电联产热电比调节范围为 $0.4 \sim 2.3$，在靠近开路电压时其发电效率最高，可达 71%；在电解模式下，SOEC 可利用工业高温余热降低最多可达 29% 的电耗，$1kW \cdot h$ 电最高可产 $1.4kW \cdot h$ 的气。因此，根据系统热电气需求，可灵活调节 SOEC 工作电压，辅以其他的能源转化设备，如热泵、余热锅炉等，实现多能源的联合供给。

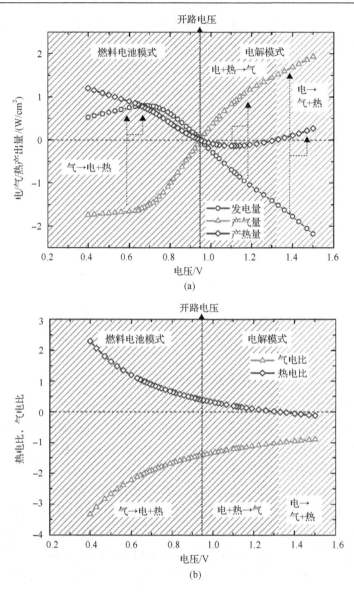

图 8.28　可逆 SOEC 在不同工作电压下的热、电、气产出量，以及气电、热电比

8.6.2　SOEC 电解合成甲烷子系统㶲分析

　　当 SOEC 应用于分布式可再生能源系统中，需要与其他辅助部件集成耦合实现电到气的制取过程，最后将制得的以甲烷为主的燃料气耦合到天然气管网。美国国家可再生能源实验室 Melaina 等[92]的研究分析报告显示，天然气管网理论上允许容纳体积分数至多不超过 15%的氢气。而在目前天然气管网应用中，氢气比

例甚至更低。本书课题组在前期 gPROMS 仿真平台的工作基础[93-96]上，搭建了稳态的电制甲烷系统模型，耦合了压缩机、换热器、甲烷化反应器、混合器、气体净化分离器等部件，开展了应用于可再生能源与天然气管网融合的电制甲烷系统的㶲能效分析[97,98]，如图 8.29 所示。图 8.29(a) 给出了三种不同的电制甲烷路线图：路线 1 为目前已经商业化应用的技术路线，耦合了电解水制氢和 CO_2 加氢甲烷化反应器(Sabatier 反应器)；路线 2 耦合了 SOEC H_2O/CO_2 共电解制取合成气过程，以及 CO/CO_2 加氢甲烷化反应器；路线 3 结合 8.5.5 节所提出的温度梯度化 SOEC 一步甲烷反应器，分析 SOEC 反应器中 H_2O/CO_2 一步甲烷化技术路线的㶲能效。其中，路线 1 中进一步考虑了不同电解水技术路线的㶲能效，包括低温电解技术 AEC 和 PEMEC 以及基于高温(700~900℃)应用的 YSZ 材料体系 SOEC 和基于中温(500~700℃)应用的 LSGM 材料体系 SOEC，其㶲效率和系统能耗组成如图 8.29(b) 和图 8.29(c) 所示。对比发现，电制甲烷技术中用于电解的能耗占总能耗 86% 以上，低温电解技术的电耗甚至占到 90% 以上。SOEC 技术体系在电流密度高于–3000A/m^2 时，能效在三类电解技术中最高，适合工作在更高的燃料产率下。图 8.29(d) 进一步对比了 YSZ 材料体系与 LSGM 材料体系下路线 2 和路线 1 的能效。路线 2 由于 CO_2 的加入，具有更充足的反应物，在高电流密度下能效更优。而 LSGM 材料体系只需要工作在 600℃，与甲烷化反应器工作温度(本书为 350℃)更为接近，因此能效较工作在 800℃ 的 YSZ 材料体系更有优势。图 8.29(e) 进一步给出了路线 2 和路线 3 在不同 SOEC 工作压力的能效。伴随着工作压力的提升，路线 2 中 SOEC 反应器电化学性能提升，同时可产生一部分甲烷进而原位释放一部分反应热补充电解的吸热过程，因此路线 2 的㶲效率随工作压力提升而提升。但在路线 3 中，SOEC 和甲烷化耦合在一个温度梯度化的反应器里，电解过程和甲烷化反应的热耦合进一步加强，在 650℃ 下，路线 3 在工作压力低于 27bar 下，能效高于路线 2。而在工作压力低于 8.15bar 下，产物气中 H_2 含量过高，超出了天然气管网对 H_2 比例的限制。综合考虑，在 8.15bar、–6000A/m^2 下，路线 3 可以具有最优㶲效率，可高达 81%。

8.6.3　风电融入下的可逆 SOEC 储能系统稳定性分析

当可再生能源接入分布式能源系统时，可再生能源的间歇性和波动性致使整个分布式能源系统需要在动态下工作运行，需要借助储能设备实现分布式能源系统的供需匹配。本书课题组基于 gPROMS 仿真平台建立了可再生能源与天然气融合的分布式发电系统，耦合了风电、燃气内燃机、可逆 SOEC 储能以及锂离子电池储能等关键能源转换设备，如图 8.30(a) 所示[99,100]。

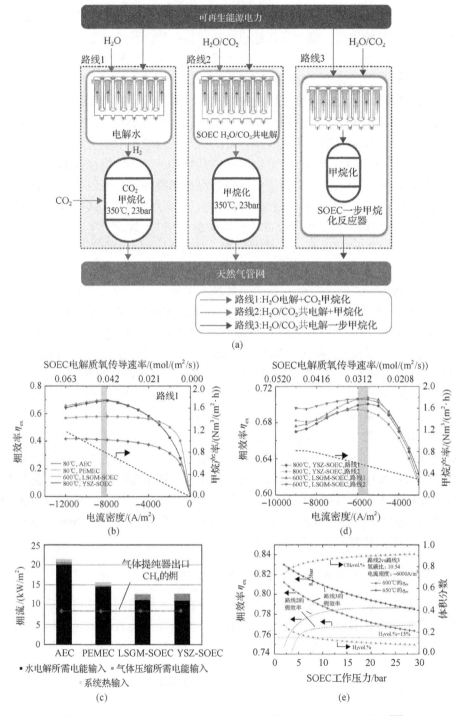

图 8.29　不同可再生能源电制甲烷技术路线与工艺的㶲效率分析[97]

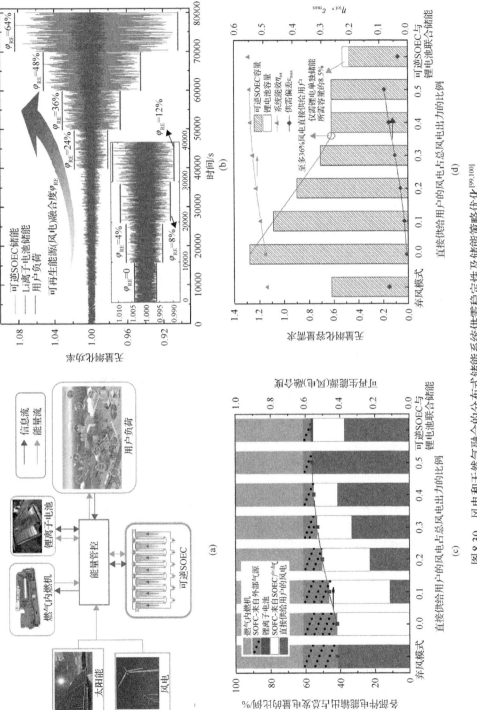

图 8.30　风电和天然气融合的分布式储能系统供需稳定性及储能策略优化[99,100]

如图 8.30(b) 所示，随着可再生能源(风电)融合比例的增加，在用户需求不变的情况下供给的电能波动性越来越大。而采用响应跟随速率较快的锂离子电池储能，供给的电能波动性能够显著低于可逆 SOEC PtG 储能，从而提升系统供能稳定性。然而，锂离子电池虽然能够实现迅速响应和大功率充放电，但受到固有特性的限制，要实现长期、跨季节储能需要大量的电池容量，大大提高了储能成本；而可逆 SOEC PtG 储能虽然功率受容量限制，但储能容量与设备本身无关，而取决于燃料气的容纳能力，更加适用于长期、跨季节储能。因此，基于可逆 SOEC PtG 储能，本书课题组开展了后续储能策略的研究，如图 8.30(c) 和图 8.30(d) 所示。该分布式能源网络系统是以可再生能源与天然气为能量供给来源。弃风模式下，没有储能系统导致大量风电弃置，风电融合度低，能效降低，供需匹配度也较低；储能系统的接入，允许在保证能源供应端和应用端匹配的前提下，避免风电弃置，提升风电融合度，实现可再生能源与天然气的互补，从而提高能效。随着风电直接供给用户的比例 γ_w 的增大，更多风电无须经过储能设备转化从而实现效率提升，但这是以牺牲能源供需匹配为代价的。此外，储能设备的接入，也大幅度降低了供需偏差，尤其在全部风电 PtG 模式下 ($\gamma_w=0$) 时，供需偏差最小，能源供应端和应用端匹配度最高。进一步地，当 $\gamma_w=0.36$ 时，采用以可逆 SOEC PtG 储能、锂离子电池为辅的混合储能策略，能够通过提升能效，进一步提升风电融合度，促进多能源融合互补，优化供需匹配度，使得供需偏差降低 1%。此外，还能够降低储能系统容量需求。综上所述，储能系统能显著促进可再生能源与天然气管网融合的能源网络系统的能效提升，优化的可逆 SOEC+锂离子电池联合储能系统能实现 56.9%风电融合率、55.2%系统发电效率以及 3.6%的供需匹配度。

8.7　挑战与展望

高温 SOEC 能够实现高效、快速的 PtG 转化过程。几类 SOEC 的新应用场景已相继被提出，包括高效电制氢/合成气/甲烷、可逆化操作实现可再生能源的电-气-电的储能过程、液体燃料的制取、沼气净化以及燃煤电站/煤化工耦合发电系统等[1]。尤其面对我国大规模"弃风、弃光、弃水"问题，SOEC 及其可逆化运行为可再生能源季节性储能与广域共享以及分布式多能源系统集成提供了一条具有前景的可行的技术路线。

然而，SOEC 技术起步较晚，虽然国际上在 SOFC 技术上的努力为 SOEC 提供了一部分技术基础，但 SOEC 与 SOFC 在反应机理、运行条件、微观电极材料与制备工艺等方面仍存在许多不同之处[20,21,35,41]。SOEC 及其可逆化运行技术目前仍处于技术发展期，要实现其大规模商业化仍存在许多挑战，需要投入更多深入的基础科学研究与工程开发[1,22]：机理层面，尚缺乏高精度的高温在线原位表征技术对反应中间产物进行原位捕捉，以为反应机理提供直观的实验证据；材料层面，亟待开发高性能、低成本以及稳定性高的电极与电解质材料，以实现 SOEC 储能系统在稳态/动态操作下的高效、经济、稳定运行；反应单元开发层面，需要发展有效的密封材料及工艺体系，以为 SOEC 加压运行以及规模化生产提供有效保障；电堆层面，应优化电堆装配，提升电堆内各个反应单元的均匀性，降低电堆失效概率；系统集成层面，针对不同的 SOEC 应用场合，还要采用相应的辅助设备，设计对应的系统集成管控策略，以实现全系统的匹配、稳定运作。

参 考 文 献

[1] Shi Y, Luo Y, Li W, et al. High Temperature Electrolysis for Hydrogen or Syngas Production from Nuclear or Renewable Energy. Handbook of Clean Energy Systems [M]. New York: John Wiley & Sons, Ltd., 2015.

[2] Spacil H S, Tedmon C S. Electrochemical dissociation of water vapor in solid oxide electrolyte cells II. Materials, fabrication, and properties [J]. Journal of the Electrochemical Society, 1969, 116(12): 1627-1633.

[3] Spacil H S, Tedmon C S. Electrochemical dissociation of water vapor in solid oxide electrolyte cells I. Thermodynamics and cell characteristics [J]. Journal of the Electrochemical Society, 1969, 116(12): 1618-1626.

[4] Iacomini C S. Combined carbon dioxide/water solid oxide electrolysis [D]. Arizona: The University of Arizona, 2004.

[5] Sridhar K R, Vaniman B T. Oxygen production on Mars using solid oxide electrolysis [J]. Solid State Ionics, 1997, 93(3-4): 321-328.

[6] Doenitz W, Schmidberger R, Steinheil E. Hydrogen production by high temperature electrolysis of water vapour [J]. International Journal of Hydrogen Energy, 1980, 5(1): 55-63.

[7] Ebbesen S D, Mogensen M. Electrolysis of carbon dioxide in Solid Oxide Electrolysis Cells [J]. Journal of Power Sources, 2009, 193: 349-358.

[8] Hauch A, Ebbesen S D, Jensen S H, et al. Highly efficient high temperature electrolysis [J]. Journal of Materials Chemistry. 2008, 18(20): 2331-2340.

[9] Ni M, Leung M K H, Leung D Y C. Technological development of hydrogen production by solid oxide electrolyzer cell (SOEC) [J]. International Journal of Hydrogen Energy, 2008, 33(9): 2337-2354.

[10] Stoots C M, O'Brien J E, Condie K G, et al. High-temperature electrolysis for large-scale hydrogen production from nuclear energy–Experimental investigations [J]. International Journal of Hydrogen Energy, 2010, 35(10): 4861-4870.

[11] Zhang X, O'Brien J E, O'Brien R C, et al. Improved durability of SOEC stacks for high temperature electrolysis [J]. International Journal of Hydrogen Energy, 2013, 38(1): 20-28.

[12] Schefold J, Brisse A, Tietz F. Nine thousand hours of operation of a solid oxide cell in steam electrolysis mode [J]. Journal of the Electrochemical Society, 2012, 159(2): A137-A144.

[13] Stoots C M. High-temperature co-electrolysis of H_2O and CO_2 for syngas production [C]. 2006 Fuel Cell Seminar, Hawaii, 2006.

[14] Becker W L, Braun R J, Penev M, et al. Production of Fischer–Tropsch liquid fuels from high temperature solid oxide co-electrolysis units [J]. Energy, 2012, 47: 99-115.

[15] 国家能源局. 2016 年风电并网运行情况[EB/OL]. [2017-01-26]. http: //www. nea. gov. cn/2017-01/26/c_136014615. htm.

[16] 国家能源局. 2016 年光伏发电统计信息[EB/OL]. [2017-02-04]. http: //www. nea. gov. cn/2017-02/04/c_136030860. htm.

[17] 太阳能光伏网. 2016 年西北五省弃光率合计 19. 81%[EB/OL]. [2017-01-21]. http: //solar. ofweek. com/2017-01/ART-260009-8420-30094201. html.

[18] 国家能源局. 2016 年全社会用电量同比增长 5. 0%[EB/OL]. [2017-01-16]. http: //www. nea. gov. cn/2017-01/16/c_ 135986964. htm.

[19] 中国能源报. 震惊/2016 年风光水 "三弃" 近 1100 亿度[EB/OL]. [2017-03-29]. http: //www. china-nengyuan. com/news/106390. html.

[20] Myung J, Neagu D, Miller D N, et al. Switching on electrocatalytic activity in solid oxide cells [J]. Nature, 2016, 537(7621): 528-531.

[21] Graves C, Ebbesen S D, Jensen S H, et al. Eliminating degradation in solid oxide electrochemical cells by reversible operation [J]. Nature Materials, 2014, 14(2): 239-244.

[22] Ebbesen S D, Jensen S H, Hauch A, et al. High temperature electrolysis in alkaline cells, solid proton conducting cells, and solid oxide cells[J]. Chemical Reviews, 2014, 114(21): 10697-10734.

[23] Zheng Y, Wang J, Yu B, et al. A review of high temperature co-electrolysis of H_2O and CO_2 to produce sustainable fuels using solid oxide electrolysis cells (SOECs): Advanced materials and technology [J]. Chemical Society Reviews, 2017, 46(5): 1427-1463.

[24] Li W, Shi Y, Luo Y, et al. Elementary reaction modeling of CO_2/H_2O co-electrolysis cell considering effects of cathode thickness [J]. Journal of Power Sources, 2013, 243: 118-130.

[25] Li W, Shi Y, Luo Y, et al. Elementary reaction modeling of solid oxide electrolysis cells: Main zones for heterogeneous chemical/electrochemical reactions [J]. Journal of Power Sources, 2015, 273: 1-13.

[26] 李汶颖. 固体氧化物电解池共电解二氧化碳和水机理及性能研究[D]. 北京: 清华大学, 2015.

[27] Stoots C M, Obrien J E, Herring J S, et al. Syngas production via high-temperature coelectrolysis of steam and carbon dioxide [J]. Journal of Fuel Cell Science and Technology, 2009, 6(1): 011014.

[28] Jensen S H, Høgh J V T, Barfod R, et al. High temperature electrolysis of steam and carbon dioxide [C]. Proceedings of Risø International Energy Conference, Denmark, 2003.

[29] Graves C, Ebbesen S D, Mogensen M. Co-electrolysis of CO_2 and H_2O in solid oxide cells: Performance and durability [J]. Solid State Ionics, 2011, 192(1): 398-403.

[30] Luo Y, Shi Y, Li W, et al. Dynamic electro-thermal modeling of co-electrolysis of steam and carbon dioxide in a tubular solid oxide electrolysis cell [J]. Energy, 2015, 89: 637-647.

[31] Bieberle A, Meier L P, Gauckler L J. The electrochemistry of Ni pattern anodes used as solid oxide fuel cell model electrodes [J]. Journal of the Electrochemical Society, 2001, 148(6): A646-A656.

[32] Rao M V, Fleig J, Zinkevich M, et al. The influence of the solid electrolyte on the impedance of hydrogen oxidation at patterned Ni electrodes [J]. Solid State Ionics, 2010, 181(25-26): 1170-1177.

[33] Utz A, Stormer H, Leonide A, et al. Degradation and relaxation effects of Ni patterned anodes in H_2-H_2O atmosphere [J]. Journal of the Electrochemical Society, 2010, 157(6): B920-B930.

[34] Vogler M, Bieberle-Hütter A, Gauckler L, et al. Modelling study of surface reactions, diffusion, and spillover at a Ni/YSZ patterned anode [J]. Journal of the Electrochemical Society, 2009, 156(5): B663-B672.

[35] Luo Y, Li W, Shi Y, et al. Reversible H_2/H_2O electrochemical conversion mechanisms on the patterned nickel electrodes [J]. International Journal of Hydrogen Energy, 2017, 42(40): 25130-25142.

[36] Bessler W, Warnatz J, Goodwin D. The influence of equilibrium potential on the hydrogen oxidation kinetics of SOFC anodes [J]. Solid State Ionics, 2007, 177(39-40): 3371-3383.

[37] Lee W Y, Wee D, Ghoniem A F. An improved one-dimensional membrane-electrode assembly model to predict the performance of solid oxide fuel cell including the limiting current density [J]. Journal of Power Sources, 2009, 186: 417-427.

[38] Utz A, Leonide A, Weber A, et al. Studying the CO‐CO_2 characteristics of SOFC anodes by means of patterned Ni anodes [J]. Journal of Power Sources, 2011, 196: 7217-7224.

[39] Li W, Shi Y, Luo Y, et al. Carbon deposition on patterned nickel/yttria stabilized zirconia electrodes for solid oxide fuel cell/solid oxide electrolysis cell modes [J]. Journal of Power Sources, 2015, 276: 26-31.

[40] Li W, Shi Y, Luo Y, et al. Carbon monoxide/carbon dioxide electrochemical conversion on patterned nickel electrodes operating in fuel cell and electrolysis cell modes [J]. International Journal of Hydrogen Energy, 2016, 41 (6): 3762-3773.

[41] Luo Y, Li W, Shi Y, et al. Mechanism for reversible CO/CO_2 electrochemical conversion on a patterned nickel electrode [J]. Journal of Power Sources, 2017, 366: 93-104.

[42] Zhang Z, Chen S, Liang Y, et al. An intelligent background-correction algorithm for highly fluorescent samples in Raman spectroscopy [J]. Journal of Raman Spectroscopy, 2010, 41 (6): 659-669.

[43] 谢德明, 童少平, 楼白杨. 工业电化学基础[M]. 北京: 化学工业出版社, 2009.

[44] Hanna J, Lee W Y, Ghoniem A F. Kinetics of carbon monoxide electro-oxidation in solid-oxide fuel cells from Ni-YSZ patterned-anode measurements [J]. Journal of the Electrochemical Society, 2013, 160 (6): F698-F708.

[45] Shi Y, Luo Y, Cai N, et al. Experimental characterization and modeling of the electrochemical reduction of CO_2 in solid oxide electrolysis cells [J]. Electrochimica Acta, 2013, 88: 644-653.

[46] Li W, Wang H, Shi Y, et al. Performance and methane production characteristics of H_2O‐CO_2 co-electrolysis in solid oxide electrolysis cells [J]. International Journal of Hydrogen Energy, 2013, 38 (25): 11104-11109.

[47] Kim-Lohsoontorn P, Bae J. Electrochemical performance of solid oxide electrolysis cell electrodes under high-temperature coelectrolysis of steam and carbon dioxide [J]. Journal of Power Sources, 2011, 196: 7161-7168.

[48] Stoots C, O'Brien J, Hartvigsen J. Results of recent high temperature coelectrolysis studies at the Idaho National Laboratory [J]. International Journal of Hydrogen Energy, 2009, 34 (9): 4208-4215.

[49] Ebbesen S D, Graves C, Mogensen M. Production of synthetic fuels by co-electrolysis of steam and carbon dioxide [J]. International Journal of Green Energy, 2009, 6 (6): 646-660.

[50] Bierschenk D M, Wilson J R, Barnett S A. High efficiency electrical energy storage using a methane‐oxygen solid oxide cell [J]. Energy & Environmental Science, 2011, 4 (3): 944-951.

[51] Menon V, Fu Q, Janardhanan V M, et al. A model-based understanding of solid-oxide electrolysis cells (SOECs) for syngas production by H_2O/CO_2 co-electrolysis [J]. Journal of Power Sources, 2015, 274: 768-781.

[52] Navasa M, Yuan J, Sundén B. Computational fluid dynamics approach for performance evaluation of a solid oxide electrolysis cell for hydrogen production [J]. Applied Energy, 2015, 137: 867-876.

[53] Ni M, Leung M K H, Leung D Y C. Mathematical modeling of the coupled transport and electrochemical reactions in solid oxide steam electrolyzer for hydrogen production [J]. Electrochimica Acta, 2007, 52 (24): 6707-6718.

[54] Laurencin J, Kane D, Delette G, et al. Modelling of solid oxide steam electrolyser: Impact of the operating conditions on hydrogen production [J]. Journal of Power Sources, 2011, 196: 2080-2093.

[55] Udagawa J, Aguiar P, Brandon N P. Hydrogen production through steam electrolysis: Model-based dynamic behaviour of a cathode-supported intermediate temperature solid oxide electrolysis cell [J]. Journal of Power Sources, 2008, 180: 46-55.

[56] Grondin D, Deseure J, Ozil P, et al. Computing approach of cathodic process within solid oxide electrolysis cell: Experiments and continuum model validation [J]. Journal of Power Sources, 2011, 196: 9561-9567.

[57] Njodzefon J C, Klotz D, Kromp A, et al. Electrochemical modeling of the current-voltage characteristics of an sofc in fuel cell and electrolyzer operation modes [J]. Journal of the Electrochemical Society, 2013, 160(4): F313-F323.

[58] Klotz D, Leonide A, Weber A, et al. Electrochemical model for SOFC and SOEC mode predicting performance and efficiency [J]. International Journal of Hydrogen Energy, 2014, 39(35): 20844-20849.

[59] Ni M. Modeling of a solid oxide electrolysis cell for carbon dioxide electrolysis [J]. Chemical Engineering Journal, 2010, 164(1): 246-254.

[60] Xie Y, Xue X. Modeling of solid oxide electrolysis cell for syngas generation with detailed surface chemistry [J]. Solid State Ionics, 2012, 224: 64-73.

[61] Sun X, Chen M, Jensen S H, et al. Thermodynamic analysis of synthetic hydrocarbon fuel production in pressurized solid oxide electrolysis cells[J]. International Journal of Hydrogen Energy, 2012, 37(22): 17101-17110.

[62] Ni M. 2D thermal modeling of a solid oxide electrolyzer cell (SOEC) for syngas production by H_2O/CO_2 co-electrolysis [J]. International Journal of Hydrogen Energy, 2012, 37(8): 6389-6399.

[63] Ni M. An electrochemical model for syngas production by co-electrolysis of H_2O and CO_2[J]. Journal of Power Sources, 2012, 202: 209-216.

[64] Stempien J P, Liu Q, Ni M, et al. Physical principles for the calculation of equilibrium potential for co-electrolysis of steam and carbon dioxide in a Solid Oxide Electrolyzer Cell (SOEC) [J]. Electrochimica Acta, 2014, 147: 490-497.

[65] Kazempoor P, Braun R J. Hydrogen and synthetic fuel production using high temperature solid oxide electrolysis cells (SOECs) [J]. International Journal of Hydrogen Energy, 2015, 40(9): 3599-3612.

[66] Aicart J, Laurencin J, Petitjean M, et al. Experimental validation of two-dimensional H_2O and CO_2 co-electrolysis modeling [J]. Fuel Cells. 2014, 14(3): 430-447.

[67] Aicart J, Petitjean M, Laurencin J, et al. Accurate predictions of H_2O and CO_2 co-electrolysis outlet compositions in operation [J]. International Journal of Hydrogen Energy, 2015, 40(8): 3134-3148.

[68] Hecht E S, Gupta G K, Zhu H, et al. Methane reforming kinetics within a Ni－YSZ SOFC anode support [J]. Applied Catalysis A: General. 2005, 295(1): 40-51.

[69] Janardhanan V M, Deutschmann O. CFD analysis of a solid oxide fuel cell with internal reforming_ coupled interactions of transport, heterogeneous catalysis and electrochemical processes [J]. Journal of Power Sources, 2006, 162: 1192-1202.

[70] Goldin G M, Zhu H, Kee R J, et al. Multidimensional flow, thermal, and chemical behavior in solid-oxide fuel cell button cells [J]. Journal of Power Sources, 2009, 187: 123-135.

[71] Janardhanan V M, Deutschmann O. Numerical study of mass and heat transport in solid-oxide fuel cells running on humidified methane [J]. Chemical Engineering Science, 2007, 62(18-20): 5473-5486.

[72] Li W, Shi Y, Luo Y, et al. Theoretical modeling of air electrode operating in SOFC mode and SOEC mode: The effects of microstructure and thickness [J]. International Journal of Hydrogen Energy, 2014, 39(25): 13738-13750.

[73] Zhang W, Yu B, Chen J, et al. Hydrogen production through solid oxide electrolysis at elevated temperatures [J]. Progress in Chemistry, 2008, 20(5): 778-787.

[74] Luo Y, Shi Y, Li W, et al. Elementary reaction modeling and experimental characterization of solid oxide fuel-assisted steam electrolysis cells [J]. International Journal of Hydrogen Energy, 2014, 39(20): 10359-10373.

[75] Wu Y, Shi Y, Luo Y, et al. Elementary reaction modeling and experimental characterization of solid oxide direct carbon-assisted steam electrolysis cells [J]. Solid State Ionics, 2016, 295: 78-89.

[76] Tao G, Butler B, Virkar A V. Hydrogen and power by fuel-assisted electrolysis using solid oxide fuel cells [J]. ECS Transactions, 2011, 35(1): 2929-2939.

[77] Wang W, Vohs J M, Gorte R J. Hydrogen production via CH_4 and CO assisted steam electrolysis [J]. Topics in Catalysis, 2007, 46(3-4): 380-385.

[78] Xu H, Chen B, Ni M. Modeling of direct carbon-assisted solid oxide electrolysis cell (SOEC) for syngas production at two different electrodes [J]. Journal of the Electrochemical Society, 2016, 163(11): F3029-F3035.

[79] Wang Y, Liu T, Fang S, et al. A novel clean and effective syngas production system based on partial oxidation of methane assisted solid oxide co-electrolysis process [J]. Journal of Power Sources, 2015, 277: 261-267.

[80] Huang K, Singhal S C. Cathode-supported tubular solid oxide fuel cell technology: A critical review [J]. Journal of Power Sources, 2013, 237: 84-97.

[81] Luo Y, Li W, Shi Y, et al. Experimental characterization and theoretical modeling of methane production by H_2O/CO_2 co-electrolysis in a tubular solid oxide electrolysis cell [J]. Journal of the Electrochemical Society, 2015, 162(10): F1129-F1134.

[82] Luo Y, Shi Y, Li W, et al. Comprehensive modeling of tubular solid oxide electrolysis cell for co-electrolysis of steam and carbon dioxide[J]. Energy, 2014, 70: 420-434.

[83] Chen L, Chen F, Xia C. Direct synthesis of methane from CO_2-H_2O co-electrolysis in tubular solid oxide electrolysis cells [J]. Energy & Environmental Science, 2014, 7(12): 4018-4022.

[84] Lei L, Liu T, Fang S, et al. The co-electrolysis of CO_2 - H_2O to methane via a novel micro-tubular electrochemical reactor [J]. Journal of Materials Chemistry A, 2017, 5(6): 2904-2910.

[85] Luo Y, Shi Y, Cai N. Power-to-gas energy storage by reversible solid oxide cell for distributed renewable power systems [J]. Journal of Energy Engineering, 2018, 144(2): 04017079.

[86] Schaaf T, Grünig J, Schuster M R, et al. Methanation of CO_2 - storage of renewable energy in a gas distribution system [J]. Energy, Sustainability and Society, 2014, 4(1): 1-14.

[87] Jensen S R H J, Sun X, Ebbesen S D, et al. Hydrogen and synthetic fuel production using pressurized solid oxide electrolysis cells [J]. International Journal of Hydrogen Energy, 2010, 35(18): 9544-9549.

[88] Jensen S H, Sun X, Ebbesen S D, et al. Pressurized operation of a planar solid oxide cell stack [J]. Fuel Cells, 2016, 16(2): 205-218.

[89] Gahleitner G. Hydrogen from renewable electricity: An international review of power-to-gas pilot plants for stationary applications [J]. International Journal of Hydrogen Energy, 2013, 38(5): 2039-2061.

[90] Fu Q, Mabilat C, Zahid M, et al. Syngas production via high-temperature steam/CO_2 co-electrolysis: An economic assessment [J]. Energy & Environmental Science, 2010, 3(10): 1382-1397.

[91] Wolf E. Large-scale Hydrogen Energy Storage[M]//Moseley P T, Garche J. Electrochemical Energy Storage for Renewable Sources and Grid Balancing. Elsevier, 2015: 129-142.

[92] Melaina M W, Antonia O, Penev M. Blending hydrogen into natural gas pipeline networks: A review of key issues[R]. No. NREL/TP-5600-51995. National Renewable Energy Laboratory, 2013.

[93] Bao C, Cai N, Croiset E. A multi-level simulation platform of natural gas internal reforming solid oxide fuel cell - gas turbine hybrid generation system - Part II. Balancing units model library and system simulation [J]. Journal of Power Sources, 2011, 196: 8424-8434.

[94] Bao C, Shi Y, Croiset E, et al. A multi-level simulation platform of natural gas internal reforming solid oxide fuel cell - gas turbine hybrid generation system: Part I. Solid oxide fuel cell model library [J]. Journal of Power Sources, 2010, 195: 4871-4892.

[95] Bao C, Shi Y, Li C, et al. Multi-level simulation platform of SOFC‐GT hybrid generation system[J]. International Journal of Hydrogen Energy, 2010, 35 (7) : 2894-2899.

[96] Wang Y, Shi Y, Ni M, et al. A micro tri-generation system based on direct flame fuel cells for residential applications[J]. International Journal of Hydrogen Energy, 2014, 39 (11) : 5996-6005.

[97] Luo Y, Wu X Y, Shi Y, et al. Exergy analysis of an integrated solid oxide electrolysis cell-methanation reactor for renewable energy storage[J]. Applied Energy, 2018, 215: 371-383.

[98] Luo Y, Wu X Y, Shi Y, et al. Exergy Efficiency analysis of a power-to-methane system coupling water electrolysis and sabatier reaction [J]. ECS Transactions. 2017, 78 (1) : 2965-2973.

[99] Luo Y, Shi Y, Zheng Y, et al. Reversible solid oxide fuel cell for natural gas/renewable hybrid power generation systems [J]. Journal of Power Sources, 2017, 340: 60-70.

[100] Luo Y, Shi Y, Zheng Y, et al. Mutual information for evaluating renewable power penetration impacts in a distributed generation system [J]. Energy, 2017, 141: 290-303.

第9章 固体氧化物电池实验测试技术及分析方法

9.1 引　　言

固体氧化物电池(Solid Oxide Cell，SOC)的材料结构、制备方法与操作工况决定着电池性能，合适的电池测试技术能够揭示电池材料结构、运行工况与性能规律之间的复杂关系，并辅助研究者理解给定电池在特定工况下的工作原理。SOC的内部涉及多尺度多物理场耦合的复杂过程，耦合了电极和流道中的质量传递、电极表面反应活性位电化学反应与非均相催化反应、电荷传递以及能量传递过程。第5章详细介绍了利用数值模拟辅助分析SOC内部反应与传递过程的方法，然而，数值模型是否可靠仍需通过实验测试数据进行验证，本章将介绍SOC的实验测试技术与分析方法，通过细致的电池测试技术研究电池的工作原理，可以辅助分析SOC内部耦合的物理化学过程，阐明这些过程对应的电池损失的种类(泄漏损失、活化损失、欧姆损失以及浓差损失)和大小，进而指导有关材料及制备工艺的开发与操作工况的优化。

通常，为理解 SOC 复杂的工作过程，需要多种特性测试技术的组合。SOC特性测试技术主要分为两种类型：在线测试技术和离线表征技术。在线测试技术能够对高温环境中运行的 SOC 进行测试，直观获得电池的各方面性能指标。离线表征技术则对组成电池的各部件在运行前后的微观结构或特性进行测试，用于辅助分析电池的工作原理以及性能优劣。

最常用的在线测试手段主要包括极化特性曲线(I-V)测量和 EIS 法。极化特性曲线表征了处于稳定工作状态下的电池在给定电压输出时的电流密度大小，也就是说，曲线上的任一点代表了电池的一个稳定工作状态。由于电池内部包含了反应与传递等一系列过程，极化特性曲线实际上是电池内部多种复杂因素的集总表现，大体上定量反映了电池性能和功率密度，但难以解耦电池复杂的内部过程并区分所有的损失来源。EIS 法是区分电池内部不同损失来源的有效技术。EIS 测试通常是以小振幅正弦波电压(或电流)扰动信号激励电化学体系，通过测定体系不同频率下相应电流(或电压)的相角、相位变化，获得 EIS。由于电池内部各个过程的起因不同，信号响应的弛豫时间和弛豫幅度也不同。通过仔细分析阻抗谱形状、大小以及频率响应特性可以获得更多关于燃料电池中电极反应、传质、欧姆阻抗乃至缺陷、电极微观结构等多方面的信息，有助于理解电池工作原理并指导电池优化与性能提升。除了常规的在线电化学测试技术，近年来越来越多的研究者将原位光学成像和光谱学技术应用到 SOC 的高温在线表征中，包括原位 X 射线成像技术[1-3]、原位 X 射线衍射技术(X-Ray Diffraction，XRD)[4-7]、原位 XPS[8-11] 和原位拉曼光谱技术[12-20]等。原位光学和光谱学测试技术具有非介入、无损伤的特点，同时对于样品所处环境没有苛刻的要求，从而可以直接探测高温环境中(通常为 600～1000℃)运行的 SOC。通过原位扫描工作状态下的 SOC 电极微结构的变化，原位捕捉电极材料和表面中间产物分子与原子层面的关键信息，并和对应测试工况下 SOC 的电化学性能联系起来，为理解 SOC 工作原理、优化电池微结构和性能补充了必要信息。

离线表征技术通过表征脱离了运行环境(运行前或运行后)的 SOC 组件的结构或者性能，用于辅助分析 SOC 的工作原理以及电池性能优劣。大多数离线表征技术着眼于探明电池组件的物理结构(孔隙率、比表面积以及电极/电解质材料的颗粒尺寸与形貌等)或化学性质(电极/电解质材料的组分、相态以及空间分布等)与电池性能之间的关系。孔隙率的测定主要采用体积渗透技术，孔径分布可采用压汞仪测得；比表面积的测定常采用 BET(Brunauer-Emmett-Teller)方法；显微结构相关的重要信息则通过显微镜获得，主要包括 SEM、透射电子显微镜(Transmission Electron Microscope，TEM)等；化学分析方法包括 XRD、XPS、拉曼光谱等。关于这些离线表征技术的技术特点，本书不做详细讨论，有兴趣的读者可以查阅相关资料。

9.2　稳态测试技术

9.2.1　电化学基础变量：电压、电流和时间

在电化学测试过程中，最重要的三个基础变量为电压(V)、电流(I)和时间(t)。这三个变量就能够整体评估所测试电池的性能与功率密度。对于一个特定工况下运行的 SOC 而言，其电化学特性决定了电压与电流之间的关联关系，也就是说，电压与电流不是两个独立变化的变量。因此，可以通过控制电压(或电流)随时间的变化，测量 SOC 产生的电流(或电压)响应，以对电池的电化学特性进行分析优化。据此划分的两类基本的电化学测试技术为：控制电压法和控制电流法。顾名思义，前者是通过控制电压测试产生的电流响应，后者则是通过控制电流测试产生的电压响应。进一步根据控制参数随时间的变化关系可以分为稳态测试法(控制参数在测量时间内恒定)和瞬态测试法(控制参数随时间变化)。

稳态测试法能够给出 SOC 在稳定运行下性能的有用信息，从而直观地对比分析不同电池性能的优劣。在施加稳态控制信号的初始时刻，由于系统内部各个过

程(反应物与生成物的传质过程、电化学反应过程、传热过程等)的响应特性不同，电极电位、电极表面吸附状态以及多孔结构内组分浓度随着时间不断变化。经过足够的弛豫时间，当系统达到稳态时，电池系统内部相互串联的各步骤的速率是一致的，且不随时间变化。对电化学测试而言，稳态反映为电压和电流读数不随时间改变。本节将对电化学性能测试中最重要的一种稳态测试技术——极化曲线测试进行介绍。

9.2.2　极化曲线

极化曲线(I-V 曲线)测试是电池特性测试中最基本最重要的稳态测试技术。I-V 曲线被用来定量地描述和评估电池系统的整体性能。要测定系统的极化曲线，就必须在系统达到稳态时进行测量。系统达到稳态，即系统内部的各个过程，如电化学反应过程、扩散传质、传热等过程都达到稳态，系统内部的电极电位、极化电流、电极内部组分浓度分布以及温度场分布均不随时间变化。从极化开始到系统达到稳态需要一定的时间。弛豫时间是由电池系统的特性决定的，传质和传热过程达到稳态往往需要较长的时间，通常燃料电池越大，达到稳态所需的时间越长，因此对于较大规模的电池系统，极化曲线测试是一个冗长且耗时的过程。

稳态极化曲线的测试分为控制电压法与控制电流法。控制电压法是利用电子恒压仪来控制系统工作电压，使其依次恒定在不同的数值，同时测量对应的稳态电流密度。然后把测得的一系列不同工作电压下的稳定电流密度绘成曲线，就得到控制电压法稳态极化曲线。目前最常用的方式为缓慢线性扫描法，即利用慢速线性扫描信号控制使电压值连续线性变化，同时用 X-Y 记录仪自动扫描绘制极化曲线。由于系统的稳态建立需要一定时间，扫描速度不同时得到的结果也不一样。为了测得稳态极化曲线，扫描速度必须足够低。可以通过依次减小扫描速度，测定多条极化曲线确定合适的扫描速度，当继续减小扫描速度而极化曲线变化不再明显时，就可以确定以此速度作为稳态极化曲线测试的扫描速度。

稳态极化曲线除了用于定量描述和评估电池系统的总体性能，还是重要的电池动力学研究方法。正如前面所述，在稳态下，电池系统内部相互串联的各个步骤的速度是一致的。因此，系统的速度是由“最慢的”那个步骤决定的。这个“最慢的”步骤称为系统的速率控制步骤，系统的动力学特征与该速率控制步骤的动力学特征相同。Tafel 方程就是一个例子。当电池系统处于电化学步骤控制时，在极化电流密度足够大而又不引起严重的浓差极化时，电化学反应的正向反应占主导地位，近似认为是完全不可逆的过程。通过假设简化与数据线性拟合，可以得到传递系数和交换电流密度等电化学反应动力学参数。

9.3 瞬态测试技术

9.2 节提到，当 SOC 的极化条件突然发生改变时，内部各过程从响应到建立新的稳态，需要经历不稳定、变化的过渡阶段，这个过程称为瞬态响应过程。瞬态是相对于稳态而言的。在瞬态响应过程中，系统内部的各基本过程，如电化学反应过程、电荷输运过程、传热传质过程等均动态变化，描述这些过程的参数，如电极电位、电流密度、组分和温度分布等均随时间变化。由于各过程的机制和动力学特性不同，可以利用这些过程对时间响应的不同，将系统的各过程区分开来并分离出电池的各项损失。通过仔细设计控制变量随时间的变化关系，测试系统随时间的动态响应，利用瞬态测试法能够分离影响 SOC 性能的各种损失。也就是说，相比于稳态测试法，瞬态测试法多考虑了时间因素，利用系统各过程对于时间的不同响应，从而将复杂的系统过程简化或进行解析。相比于稳态测试技术，瞬态测试技术更为复杂，也更有助于理解 SOC 工作原理和电池特性。

瞬态测试技术按照极化方式的不同可以分为电势阶跃法、电流阶跃法、线性电势扫描法和 EIS 法等。其中，前三种方法均是时域内测量在电压(或电流)输入信号下系统的电流(或电压)响应特性。EIS 法是基于频域分析的测试技术，可以在很宽的频率范围内测试分析，因而比其他常规的电化学测试方法得到更多关于电池特性的信息。本节将详细介绍 EIS 测试技术。

9.3.1 EIS 测试技术

以小幅度正弦波电压(或电流)扰动信号激励电化学体系，通过测定系统在不同频率下响应电流(或电压)相位、相位角的改变，处理获得宽频率范围内的阻抗谱，以此来研究电化学体系的方法称为 EIS 法。系统的阻抗可以按照复数的写法表示为实部和虚部的组合，也可以用阻抗值和相位变化来表示，对应的表示方式分别为 Nyquist 图和 Bode 图。采用小幅度的正弦信号激励电化学系统不会引起显著的浓差极化和电极表面状态变化，交替的正负信号也不会引起极化的积累性发展，避免了对电池本身产生重大影响。通过分析阻抗谱形状、大小以及频率响应特性可以获得电极活性、电极反应过程与电极组成、结构和操作过程的关系。

EIS 法可以与其他电化学测试技术相结合，建立数学和物理模型，推测和验证电化学体系包含的动力学过程与反应机理，求出相关过程的动力学参数和电化学体系的物理参数。等效电路模型是目前 EIS 法中最常用的分析工具，即采用电阻(R)、电容(C)和电感(L)等常用的电学元件通过串联与并联的组合电路来模拟电化学体系中发生的过程，使电路阻抗谱图与 EIS 图相同或者类似。采用等效电路模型处理 EIS 数据一般是先根据可能的电化学体系过程机理假定等效电路，然后估算相应的参数。通过电路阻抗谱与 EIS 实验数据的比对，从而验证和修正反应机理假定。等效电路模型的优点是等效电路可以形象地比拟系统各动力学过程，大多数情况下电学元件的物理含义明确。

　　下面通过一个简单的氢氧 SOFC 等效电路模型来展示利用 EIS 分析燃料电池机理的过程。简化起见，假设 SOFC 的内部损耗主要包括以下几项：欧姆损失、阳极活化损失、阴极活化损失和浓差极化损失。图 9.1 显示了简化的 SOFC 工作过程的物理图、等效电路模型以及相应的 Nyquist 图。首先来分析一侧的电极过程，当对一个电极系统的电位进行扰动时，电极系统的电极电位发生变化，流经电极系统的电流密度也随之发生改变，产生的电流密度来源于两部分的贡献：一部分来自于电位改变时电双层两侧电流密度发生变化引起的“充电”电流，对应于等效电路图上的等效电容 C_{dl}（下标 a、c 表示阳极和阴极）；另一部分来自于由电极反应动力学控制的随电位变化产生的电流密度，这一过程在等效电路上描述为反映电化学反应动力学阻力的法拉第电阻 R_f（下标 a、c 表示阳极和阴极）。在本例中，阴极过程还考虑了氧气在多孔电极内部的扩散阻力，扩散阻力不如等效电阻和等效电容具有直观对应的物理意义，燃料电池的质量传输常用 Warburg 电路单元描述。关于 Warburg 电路单元模型的描述，读者可以自行查阅相关材料[21,22]，在本书中不做详细推导。在电解质中，主要发生 O^{2-} 从阴极向阳极

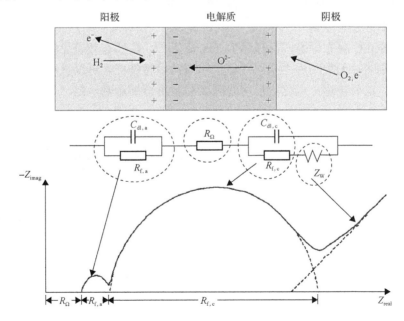

图 9.1　SOFC 阻抗模型的物理图、等效电路图及 Nyquist 图

的传输过程，这一部分在等效电路中可用简单的电阻表示。有了这些基本的等效电路元件之后，就可以根据电池内部过程构建出描述系统的等效电路图以及相应的 Nyquist 图，通过 Nyquist 图可以获得电路元件的参数，从而获得描述 SOFC 特性的参数。可以看出，Nyquist 图中出现两个半圆和一根斜线。其中曲线高频端与实轴的截点对应于燃料电池的欧姆电阻，第一条和第二条半圆弧分别对应阳极与阴极活化动力学的 RC 等效模型，为了区分，在本例中假设阳极动力学速率要远快于阴极动力学，Nyquist 图中反映出来的就是阴极的半圆明显大于阳极。低频段的斜线是用无限 Warburg 模型描述的浓差极化所产生的。

9.3.2　基于机理模型的解谱技术

利用等效电路比拟电池动力学过程，在大多数情况下电学元件的物理含义明确，这是等效电路模型的主要优点。但同时也存在诸多局限性。

(1)等效电路模型仅适用于近似线性的电化学体系的 EIS 分析，但实际上电化学是高度非线性的[23]。采用等效电路模型很难对非线性 EIS 测试结果进行解谱分析，难以深入研究反应过程的非线性特性。

(2)等效电路模型与电化学体系动力学模型并不是唯一对应关系[21]。也就是，同一 EIS 图可与不同物理意义的等效电路相对应。所以不能认为，与一组 EIS 图拟合得很好的那个等效电路就能真正反映电化学体系的动力学行为。

(3)等效电路模型很难考虑几何结构、参数分布等因素，因此难以用于分析此类因素对于 EIS 的影响。

基于 SOFC 瞬态平衡方程描述的 EIS 模型[24]，能够有效避免等效电路模型不确定性的影响，无须利用电学元件间接比拟动力学过程，可以直观而全面地考虑质量传递、电荷传递、电化学反应等因素对阻抗谱的影响，是一项强有力的 EIS 图解谱技术。

基于 SOFC 瞬态平衡方程的 EIS 模拟过程如图 9.2 所示，EIS 模型中采用的扰动信号与实验过程中的保持一致，模拟过程主要包括瞬态模型求解、EIS 合成、模型参数估计与模型验证四个步骤。首先在一定频率范围内对瞬态模型重复求解，获取系统在时域、频域的响应，用于合成 EIS，然后与实验测得的 EIS 图进行比对，进一步对模型参数进行校核、调整，直至模拟获得的谱图与实验测得的相吻合。验证之后的模型可以用于不同操作条件与参数的影响分析。瞬态模型可以耦合电荷平衡、质量平衡、动量平衡与能量平衡等方程，因此可以用于不同尺度的电池系统的阻抗谱模拟分析，小到膜电极、大到电池单元甚至是电池堆的模拟分析。

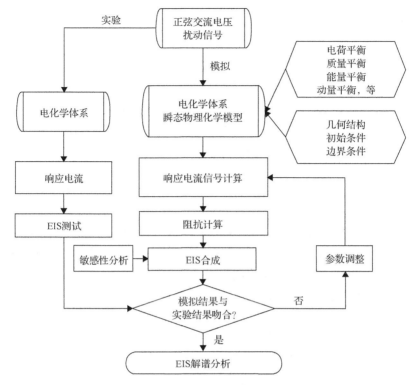

图 9.2　基于瞬态平衡方程的 EIS 模拟方法[24]

瞬态 SOFC 动力学模型是 EIS 模型的核心所在，这里以纽扣电池为研究对象介绍该模型的建立过程。为简化计算，忽略纽扣电池不对称结构的影响，仅考虑沿膜电极厚度方向的一维模型，计算域如图 9.3 所示。

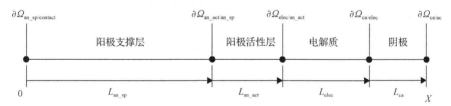

图 9.3　纽扣式 SOFC 膜电极一维模型计算域[24]

在模型中做出如下假设：

(1) 燃料与氧化剂气体均为理想气体。

(2) 电池与外部环境绝热，电池内部温度分布均匀。

(3) 电极为各向同性多孔介质，电子导体和离子导体均匀连续分布。

(4) 忽略由压力梯度引起的 Darcy 渗流和表面基元在导体颗粒上的表面扩散过程。

（5）膜电极表面电势和组分浓度分布均匀。

根据上述机理假设，可以建立基于电荷平衡、质量平衡以及电化学反应动力学方程的 SOFC 膜电极瞬态模型。

对于电极电荷平衡，考虑多孔电极两相间的双电层电容，以及电极微元中两相间的电荷平衡关系，相关控制方程可以写成如下形式：

$$\frac{\left[C_{dl}S_{act}(V_i - V_j)\right]}{\partial t} + \nabla \cdot (-\sigma^{eff}\nabla V_i) = Q_i \tag{9.1}$$

其中，t 为时间；C_{dl} 为面积比双电层电容；S_{act} 为单位体积内的有效反应活性位面积，这里将其作为双电层电容的有效作用面积；V_i 和 V_j 分别为两相电势；σ^{eff} 为有效离子或电子电导率；Q_i 为转移电流源项，阴阳极的转移电流密度可由通用的 Butler-Volmer 方程计算，离子电流与电子电流源项互为相反数，而对于电解质层，由于没有电流产生或消失，转移电流源项为 0。

多孔电极内的质量平衡方程由 Fick 定律描述：

$$\frac{(\varepsilon\rho\omega_i)}{\partial t} + \nabla \cdot \left(-\rho\omega_i\sum_{j=1}^{n}\tilde{D}_{ij}\nabla x_j\right) = R_i \tag{9.2}$$

其中，ε 为多孔结构的孔隙率；ω_i 为第 i 组分的质量分数；x_j 为第 j 组分的物质的量分数；$\tilde{D}_{ij}$ 为组分 i 和 j 之间的二元扩散系数；R_i 为多孔电极内部气体组分质量源项。

模型电荷守恒和质量守恒的边界条件如表 9.1 所列，边界对应几何位置已在图 9.3 中标出。边界条件"绝缘"表示边界上变量的通量和偏导均为 0；"连续"表示变量通量在此边界连续。

表 9.1　模型边界条件设置[24]

边界	离子守恒方程	电子守恒方程	质量守恒方程
$\partial\Omega_{an\_sp/ac}$	绝缘	0	$x_{g,fuel}$
$\partial\Omega_{an\_act/an\_sp}$	连续	连续	连续
$\partial\Omega_{elec/an\_sp}$	连续	绝缘	绝缘
$\partial\Omega_{ca/elec}$	连续	绝缘	绝缘
$\partial\Omega_{ca/cc}$	绝缘	V_{cell}	$x_{g,oxy}$

模型边界条件中最重要的一点是施加电压信号的给定。假定阳极表面电势为 0，则 V_{cell} 为电池的工作电压，与实验过程保持一致，可分为稳态项 V_{st} 和瞬态项 $V_p\sin(\omega t)$ 两部分：

$$V_{cell} = V_{st} + V_p \sin(\omega t) \tag{9.3}$$

稳态项为电池稳态的工作电压，瞬态项为施加在电化学体系上的正弦交流扰动电压信号，通过改变 V_{st} 可以模拟获得不同工作电压状态下的阻抗谱，当 V_{st} 为开路电压时，模拟的是开路电压状态下的 EIS。

设定完边界条件，然后进行瞬态模型的求解以及 EIS 合成。给定稳态工作电压、扰动信号幅值以及角频率可以计算若干周期下的电流密度响应值，得到稳定电流密度响应信号所需要的周期数取决于模型的复杂程度。由于扰动电压信号为正弦信号，得到的响应电流密度 i_{cell} 也为周期性信号，可以表示为傅里叶级数展开形式(忽略数值求解过程造成的电流密度噪声信号)[25-27]：

$$i_{cell} = i_{st} + \sum_{k=1}^{\infty} i_{p,k} \sin(k\omega t - \phi) \tag{9.4}$$

其中，ϕ 为响应电流信号与电压信号之间的相角差；i_{st} 为电流密度的稳态部分，剩余项为电流密度的瞬态部分，保留了电化学体系的非线性特性。

为了减小扰动信号对电化学体系的影响，在实际实验与模拟过程中，通常设定小幅度的扰动电压幅值(如 10mV)，使得系统响应具有良好的线性特性。在这种情况下，傅里叶级数展开式简化为

$$i_{cell} = i_{st} + i_p \sin(\omega t - \phi) \tag{9.5}$$

采用复数形式表示阻抗的实部和虚部，可得

$$Z = \frac{V_{cell}}{i_{cell}} = \frac{V_p \exp(j\omega t)}{i_p \exp(j\omega t - j\phi)} = Z_{real} + Z_{imag} = \frac{V_p}{i_p}\cos\phi + j\frac{V_p}{i_p}\sin\phi \tag{9.6}$$

与实验测试过程类似，在一定的频率范围内重复电化学体系阻抗的计算，可以得到描述阻抗谱的 Nyquist 图和 Bode 图。将模拟得到的阻抗谱图与实验数据相比对，通过调节模型可调参数进行反复迭代计算，直至模型计算结果与实验结果基本吻合为止。一组 H_2/H_2O 燃料组分体系下的 EIS 实验与模拟结果如图 9.4 所示，二者吻合良好，同时说明了温度对电池活化过程有显著影响，随着温度的升高，电池欧姆阻抗与活化阻抗显著降低。

通常，为保证模型及可调参数的正确性，需要多组不同工况下的模拟结果与实验数据进行比对。验证过后的瞬态模型可以用于参数敏感性分析与电池结构、操作条件优化探究。

值得指出的是，本节所建立的 SOFC 瞬态模型不仅可用于 EIS 的计算，当去掉模型瞬态项，并施加稳态电压边界条件时即可用于模拟稳态极化曲线。

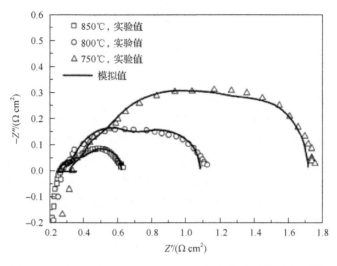

图 9.4 温度对纽扣电池 EIS 的影响：模拟与实验曲线拟合[24]

该模型方法可方便地将 SOFC 实验测试最常用的两种方法(I-V 曲线和 EIS)联系起来，对于实验现象解释、电池结构与操作条件优化探究具有重要意义。

9.4 电化学反应体系的原位测试与分析

常规的电化学测试手段(I-V 曲线测试和 EIS)是以电信号作为激励和探测手段，提供的是电化学体系各种微观信息的总和，难以直接观察工作过程中电池材料的变化以及各反应物、中间产物与生成物，并解释反应机理。SOC 运行的苛刻环境(高温、高湿与腐蚀性气氛等)限制了传统化学测试手段的原位使用，电池材料化学组分、关键产物与反应体系气体成分的检测分析往往采用离线的测试手段，偏离原位的表征难以反映运行状态下的真实情况，有时甚至得到与实际过程相悖的结论[28]。

近年来，以高温原位谱学(以光信号作为激励和检测手段)和电化学测试相结合的高温电化学谱学测试技术得到了迅速发展，将 SOC 原位研究从宏观深入到微观、由统计学平均上升到分子水平[29]。谱学技术中，拉曼光谱技术作为一种非介入式、无损的分子光谱技术，非常适合于 SOC 反应机理的研究应用，主要有以下几点原因：①拉曼光谱能够提供电极催化剂材料本身以及表面组分的结构信息，这是分析 SOC 反应机理至关重要的信息；②固体样品不需要进行特殊处理，拉曼光谱较容易实现原位条件下(高温、高压、复杂气氛等)的反应研究；③近年来探测器灵敏度的大幅提高和光谱仪的改进，使得光谱的信噪比大大提高。

9.4.1　拉曼光谱原理

印度物理学家拉曼于 1928 年研究苯的光散射现象时发现,除了与入射光频率相同的瑞利散射光,还有相对于入射光频率发生位移的谱线,这些谱线对称地分布在瑞利散射谱线的两侧,并且强度往往只有瑞利散射的 $10^{-9} \sim 10^{-6}$。这一非弹性散射后来被命名为拉曼散射,该效应被称为拉曼效应。也就是说,拉曼光谱是一种散射光谱。

按照量子物理理论,拉曼散射产生的原因是光子与分子之间碰撞发生了能量交换,改变了光子的能量。瑞利散射和拉曼散射的量子能级如图 9.5 所示。频率为 v_0 的入射单色光,可以视为能量为 hv_0 的光粒子,h 为普朗克常数。当光子 hv_0 作用于分子时,可能发生弹性和非弹性两种碰撞。处于振动基态 E_0 的分子受到入射光子的激发而跃迁到一个受激虚态。这个受激虚态是不稳定的能级(实际并不存在),分子立即跃迁回到基态 E_0。此过程为弹性碰撞,入射光子仅改变其运动方向而不改变频率,对应瑞利散射。处于虚态能级的分子也可以跃迁到振动激发态 E_1,此过程为非弹性碰撞,入射光子的部分能量传递给分子,自身频率降低,对应拉曼散射中的斯托克斯散射;类似的过程也可以发生在处于振动激发态 E_1 受到入射光子的激发而跃迁到虚态能级的情况,因虚态能级的不稳定而立即跃迁到振动基态 E_0,此过程中入射光子从分子振动中得到部分能量,自身频率升高,对应于拉曼散射中的反斯托克斯散射。发生的能量交换为 $h(\Delta v) = E_1 - E_0$,$h(\Delta v)$ 称为频率位移。

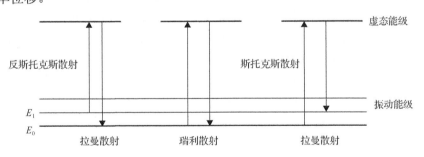

图 9.5　瑞利散射、拉曼散射量子能级示意图

根据拉曼散射的量子理论,拉曼散射有以下这些特点:

(1)拉曼光谱具有分子指纹效应,即每一种物质(分子)有自己的特征拉曼光谱,因而可以用于物质表征;

(2)每一种物质的拉曼频率位移与入射光频率无关,只取决于分子振动能级之间的能量差,因此根据测试体系的要求可以灵活选择激光波长;

(3)由于振动激发态与振动基态间的能级差一定,斯托克斯线和反斯托克斯线

是对称地分布在瑞利散射线两侧，但通常斯托克斯线比反斯托克斯线强得多，因为处于基态的分子占绝大多数；

(4) 拉曼散射普遍存在于一切分子之中，无论气体、液体还是固体。

一个常规的拉曼光谱仪主要由光源、外光路系统、样品池、单色仪以及检测和记录系统几个部分组成。激光具有极高的中心亮度和极强的方向性，同时其谱线宽度十分狭小保证了极高的单色性，这些优势能够提高拉曼分析的灵敏度和选择性，因此激光是拉曼光谱仪的理想光源。外光路系统是指在激光器之后、单色仪之前的一套光学系统，它的作用是有效地利用激光强度、分离出所需要的激光波长以及最大限度地收集拉曼散射光。在可见光区域内，拉曼散射光不会被玻璃吸收，因此拉曼光谱的样品池可以由玻璃制成或者利用玻璃作为光学窗口形成密封体系，从而给样品的测试带来了极大的便利，可以捕捉高温高压以及复杂气氛下样品的拉曼光谱。单色仪是色散型拉曼光谱仪的心脏部分，它的作用是减弱强度远大于拉曼散射的瑞利散射与其他杂散光以及将经样品散射后的拉曼散射光分光。拉曼光谱仪常用的探测器为光电倍增管(Photomultiplier Tube，PMT)或光电耦合器(ChargeCoupledDevices，CCD)，将光信号转变为电信号，由于拉曼信号强度比较弱，还需要进一步放大，然后由记录仪记录或输出到计算机上，形成拉曼光谱图。

图 9.6 展示了一个常规拉曼光谱测试的主要过程。由激光器输出的激光首先通过前置单色仪，使激光分光，以消除激光中可能混有的其他波长的激光，纯化后的激光通过高放大倍率的透镜准确地聚焦在样品上。入射激光一部分被样品吸收和发生透射，另一部分发生弹性散射(瑞利散射)和非弹性散射(拉曼散射)，样品所发出的散射光被光路系统准确地收集，通过高效的陷波滤波器过滤掉大部分的瑞利散射信号，然后通过光栅将拉曼散射光分光，照射到 CCD 上，将光信号转变为电信号，电信号经过放大系统进一步放大，通过和控制计算机相连，使拉曼信号在输出之前先由计算机处理，如用计算机进行长时间积分、多次扫描平均等使拉曼信号增强以及剔除杂散光信号，最后处理成探测强度与频率位移(散射光频率相对于入射激光的频率差)之间的函数关系，也就是样品在特定条件下的拉曼光谱图。用于实验研究的拉曼光谱仪在样品池前的外光路系统通常耦合常规光学显微镜系统，通过显微聚焦系统激光能够聚焦于样品表面 1～2μm 直径的空间区域，在拉曼光谱测试过程中可以通过显微成像系统选择所需测定样品的表面位置，把激光束定位于某一点，从而获得该点的拉曼光谱，或者可以以特定频率对样品表面进行逐点扫描，测得给定波长下拉曼散射的二维平面分布情况，这被称为显微共聚焦拉曼光谱技术。关于拉曼光谱技术本身更加深入和细致的介绍，读者可以参阅相关的专著，本书不对这部分内容详细展开。

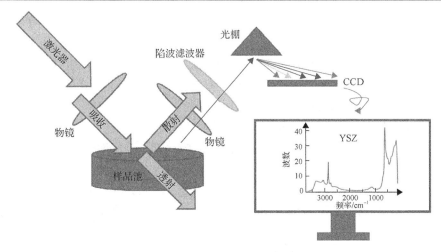

图 9.6　拉曼光谱仪工作原理图

9.4.2　高温原位拉曼光谱在 SOC 反应体系的应用

拉曼光谱作为一种非介入式、无损的光学表征手段，能够提供化学过程与环境的详细信息(如化学成分、材料氧化态、温度、应力等)，此外，可见光区内玻璃几乎不吸收拉曼散射光，这些特性使得拉曼光谱特别适用于需要高温密封运行的 SOC 材料与反应过程的原位表征。近年来，研究者已尝试将高温原位拉曼光谱用于 SOC 反应体系的在线研究，辅助鉴别 SOC 材料的表面氧化态与反应中间产物，分析表面积碳和硫中毒等关键问题[12,15,17-20,28,30,31]。

9.4.2.1　电解质材料稳定性

SOC 的电解质需要在工作温度范围内、氧化和还原气氛中都保持较好的稳定性，此外还需具有足够高的离子电导率和非常低的电子电导率。目前，具有萤石结构的稳定氧化锆，尤其是 YSZ，是公认最好的 SOC 电解质材料。此外，一些具有萤石结构的氧离子导体，如掺杂氧化铈，特别适用于较低温度下的 SOC 电解质材料。利用高温原位拉曼光谱可以对以上两种电解质材料的稳定性进行表征。Eigenbrodt 和 Walker[12]利用原位拉曼技术发现，在 SOFC 阳极的还原性工作气氛中，YSZ 表面会受到影响，这种影响表现为 YSZ 的 F_{2g} 拉曼特征峰发生 50%的还原，同时这种影响是可逆的，即当气氛在氧化-还原气氛之间来回循环时，F_{2g} 拉曼特征峰的强度也循环变化(图 9.7)；此外，在施加极化电压时，EIS 测试结果表明与穿过 YSZ 表面的电荷传递过程相关的阻抗值随过电位的升高而降低，对应工况下的拉曼光谱结果显示靠近三相界面位置的 YSZ 随着过电位升高其还原程度加剧，而远离三相界面位置的 YSZ 的还原程度则不受过电位影响，表明了电化学性能的提升与被还原的 YSZ 表面的电子结构变化有关。研究者[32]利用高温原位拉曼探究了钆掺杂的氧化铈(Gadolinium-doped Ceria, GDC)的温度特性，研究发现GDC的F_{2g}特征峰的位置以及反斯托克斯/斯托克斯(强度值比)与温度呈现高度的线性关系，同时 GDC 的F_{2g}特征峰的位置偏移可以作为表面温度一个快速可靠且高精度的测量方式。此外，Maher 等[18]利用高温原位拉曼光谱研究 NiO-GDC 混合相的稳定性时发现，较短时间内(1000s)GDC 纯相在干燥氢气气氛中CeO_2被依次还原成$CeO_{1.85}$和$CeO_{1.72}$，而在湿润的氢气环境中，GDC 被氢气还原后又被H_2O 再氧化，这一过程使得 CGO$(Ce_{0.9}Gd_{0.1}O_{2-y})$表面几乎是化学稳定的；而在 NiO-GDC 混合相的体系中，NiO-Ni 体系"氢溢出"机理的存在使得从还原速度和还原程度两个方面加速了 GDC 表面的还原，在湿润氢气气氛中由于H_2O 的再氧化作用，GDC 表面的氧化态在被降低之后又回升到一定值。而在更长的时间尺度下(4000s)GDC 纯相和 NiO-GDC 混合相中 GDC 表面的还原程度逐渐趋于一致。由此可见，电化学测试与拉曼光谱学测试的联用可以将电化学性能与材料表面状态的改变直观对应起来，为反应机理的微观解释提供分子层面的直观证据，大大拓展了高温 SOC 反应机理研究的方法论。

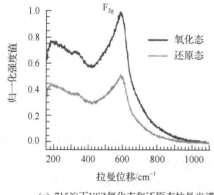
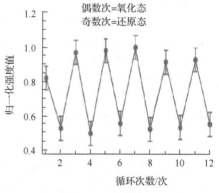

(a) 715℃下YSZ氧化态和还原态拉曼光谱　　　(b) 715℃氧化还原多次循环下YSZ的F_{2g}
　　　　　　　　　　　　　　　　　　　　　　拉曼特征峰峰值变化

图 9.7　YSZ 拉曼光谱[12]

9.4.2.2　阳极积碳形成与抑制机理

SOFC 的高温运行特性使其具有广泛的燃料适用性，可以使用 H_2、CO、合成气、天然气、生物质以及更高分子量的碳氢化合物等作为燃料。SOFC 最常用的阳极材料 Ni 对 C—H 键具有很强的催化作用，因此碳氢化合物容易在阳极产生积碳。积碳会覆盖阳极反应活性位，抑制组分在多孔电极内部的扩散过程，同时会造成电极显微结构的改变，最终对燃料电池性能造成不利且不可逆的影响。近年来，研究者采用高温原位拉曼光谱广泛地研究了 SOC 阳极表面积碳的特性和机理。Jackson 课题组[14,30,33]将高温原位拉曼用于 Ni 阳极积碳特性探究，研究了丁烷裂解产物（甲烷、乙烯、丙烯等）作为阳极燃料的阳极积碳特性，发现在开路电压条件下，小流量的甲烷不会在阳极表面形成积碳，同等流量下以乙烯、丙烯和丁烷作为燃料在阳极形成高度有序的石墨碳（拉曼特征峰为 1585cm^{-1}，G 峰）和无定形碳（拉曼特征峰为 1365cm^{-1}，D 峰），同时随着燃料分子量的增加，无定形碳与石墨碳的强度比值升高，提高甲烷流量后形成了少量高度有序的石墨碳；电池在工作条件下以丁烷为燃料时明显看到表面积碳随着时间不断消解直至消失（积碳对应的拉曼特征峰消失），说明降低电池的工作电压有助于抑制阳极表面积碳过程，同时 D 峰的消解速率要快于 G 峰，积碳的消解速率直接取决于电池的工作电压。Brandon 课题组[17]利用高温原位拉曼和离线拉曼光谱技术研究 CO/CO$_2$ 电解过程中 Ni/GDC 电极表面的积碳机理，发现在恒电流电解模式下，随着时间推移，所需要的极化电压不断增大，说明在电极体相内部发生衰减过程，而原位拉曼光谱并未探测到任何表面组分的生成与变化，采用离线拉曼光谱分析发现积碳现象沿着电极深度不断加重，积碳最严重的部分发生在电极-电解质交界面，而电极表面未探测到可分辨的积碳信号，进一步的研究表明在电极与电解质层之间增加一层 GDC 夹层能够有效地抑制积碳过程。根据 Beer-Lambert 定律，激光穿透固相 Ni 的厚度在几十纳米量级，多孔结构下穿透深度拓展至几百纳米，这一量级决定了拉曼光谱是一种表面探测技术，而 SOEC 模式下最容易发生积碳的位置出现在电极-电解质交界面，使得拉曼光谱无法用于高温原位的机理研究，只能通过在线与离线的拉曼光谱联用，或者通过改造电极结构，实现原位的测试要求。刘美林等[15]利用光刻技术制备了 Ni 条纹图案电极，并利用高温原位拉曼研究阳极积碳的二维平面分布情况（图 9.8），发现在 Ni 表面出现显著的积碳，而在 YSZ 表面未探测到积碳，同时在致密的二维 Ni 表面随着与 YSZ 基体的距离增加积碳程度加剧；随后采用 BaO 修饰 Ni 阳极表面实验发现相同条件下未探测到积碳，表明 BaO 是一种有效的 Ni 阳极抗积碳添加剂。从原理上讲，常规拉曼光谱的信号比较微弱，需要一定的样品量才可以触发光谱仪的检测限，这使得积碳的初始动力学过程比较困难。Li 等[19]利用表面增强拉曼效应（Surface Enhanced Raman Spectroscopy, SERS），采用 Ag@SiO$_2$ 作为纳米探针研究 Ni 基条纹图案阳极表面积碳的初始过程，研究发现 Ag@SiO$_2$ 纳米探针的存在大大增强了拉曼散射效应，从而极大地提高了拉曼检测的灵敏度，通过脉冲法向 Ni-YSZ 阳极输送丙烷气体发现阳极表面在初期有一个快速的积碳过程，随后积碳以更加平缓的速率不断增加；条纹图案电极的实验表明 Ni-YSZ 界面相比远离 YSZ 的 Ni 表面更加容易形成和消除积碳；进一步发现 Ni-YSZ 界面可以催化碳氢化合物重整过程从而造成多种碳氢化合物的集聚，而这可以通过施加阳极电流完全消除。

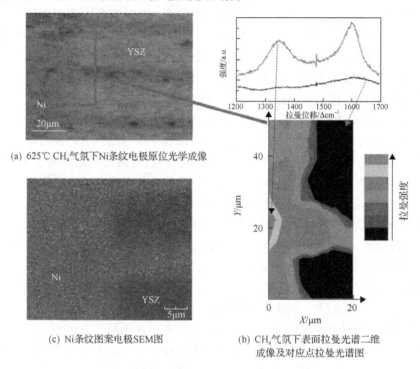

(a) 625℃ CH₄气氛下Ni条纹电极原位光学成像

(c) Ni条纹图案电极SEM图

(b) CH₄气氛下表面拉曼光谱二维成像及对应点拉曼光谱图

图9.8　Ni 条纹图案电极光学测试结果[15]

在积碳形成过程之外，在阳极还会发生积碳的消解过程。当积碳的形成速率超过其消解速率时，直观表现为阳极积碳的累积。含碳燃料原位重整形成的气体和人为引入的气体(H_2O、CO_2 等)，以及电池微漏向阳极的 O_2 均能够消解形成的积碳，发生的主要反应包括，

$$C(s) + H_2O(g) \longrightarrow CO(g) + H_2(g) \tag{9.7}$$

$$C(s) + CO_2(g) \longrightarrow 2CO(g) \tag{9.8}$$

$$C(s) + O_2(g) \longrightarrow CO_2(g) \tag{9.9}$$

研究者[31]采用高温原位拉曼探究 H_2O、CO_2 和 O_2 消解阳极积碳的特性，发现积碳消失的时间尺度在 20～125s，同时消解积碳的能力为 $H_2O > O_2 > CO_2$，仅需 20s 的时间 H_2O 就将阳极形成的积碳完全消除；此外，三种情况下积碳的消解总是优先于 Ni 的氧化过程，但在 O_2 的情况下 Ni 的氧化时间和氧化程度均要大于另外二者。此外，研究者还从传统 Ni/YSZ 阳极的表面修饰、新材料体系的开发等方面探索阳极抗积碳方式。刘美林等利用表面增强拉曼技术研究 Ni 阳极表面过

程，研究发现在 Ni 阳极表面沉积一层 GDC 薄膜有助于抑制积碳的形成，但是当 GDC 修饰的 Ni 阳极经历氧化再还原循环之后，GDC 薄膜抑制积碳的作用减弱，这是由于还原过程中重新生成了裸露的 Ni 表面。许多研究表明向 Ni-YSZ 或 Ni-GDC 表面添加钙钛矿型质子导体，如 $SrZr_{0.95}Y_{0.05}O_{3-x}$(SZY) 或者 $BaCe_{0.8}Y_{0.2}O_{3-x}$(BCY) 能够有效抑制积碳形成和电池衰减[34,35]。刘美林等[20]利用原位拉曼对其工作机理展开研究，发现 SZY 表面的–CO_3 基团可以通过与积碳反应生成 CO 而消除表面积碳，同时在含水蒸气的气氛中 SZY 表面吸附水蒸气，吸附的水蒸气一方面可以直接氧化积碳形成一氧化碳和氢气，又可以和积碳反应生成–CO_3，这些工作机理使得 SZY 成为 Ni 阳极表面抑制积碳的一种高效添加剂。

9.4.2.3　Ni 阳极表面硫中毒机理

SOFC 常用的燃料有纯氢、碳氢燃料以及碳质固体燃料等，但是廉价的碳氢燃料和碳质固体燃料中含有的硫杂质极易使 Ni 基阳极发生硫中毒，造成电池性能的迅速衰减。刘美林等[28,36]采用高温原位拉曼在线监测 Ni-YSZ 阳极在含 H_2S 气氛中的形态变化，发现在高温下（>500℃）Ni-YSZ 电极表面在含 $100\times10^{-6}H_2S$ 的 H_2 气氛中未检测到传统离线手段检测到的镍硫化物（如 Ni_3S_2、NiS）和显著的表面形貌变化，进一步设计实验研究发现离线手段检测到 Ni 表面的镍硫化物是在慢速降温过程中（2~5℃/min）Ni 与 H_2S 反应生成的，这一过程也造成了电极表面形貌的变化，而快速降温（≈70℃/min）到常温下时则没有观察到可分辨的镍硫化物的拉曼信号。该研究表明高温原位拉曼光谱技术可以直接捕捉反应的真实过程，证实了其在电化学反应体系机理研究中的重要性，同时提醒研究者在使用常规的离线测试手段的实验设计时需更为谨慎，以免引入干扰结果分析的因素。

总体来说，拉曼光谱技术作为非介入式的光学表征手段，能够利用几乎不吸收拉曼信号的玻璃材料作为光学测试和密封窗口，直接针对高温与复杂气氛的 SOC 运行过程进行测试。进一步通过与常规电化学测试技术联用，可以直接获得特定工况下的电池性能与对应的表面结构、中间关键物质的分子信息，将分析方法从统计平均层面提升到分子水平，大大拓展了电池工作原理探究的深度。共聚焦显微拉曼技术的成熟使得激光聚焦尺寸缩小到几微米的量级，同时能够通过光学成像控制光谱探测的空间位点，进一步通过拉曼光谱二维扫描成像可以获得拉曼光谱的二维空间分布图，从而可以分析二维分布特性。表面增强拉曼光谱的引入大大增加了仪器测量的灵敏度，可以用于研究燃料电池更快的反应动力学过程。但激光穿透固体样品的深度有限，决定了拉曼光谱技术是一种"表面"检测手段，无法获得电极表面以下的信息，而电化学反应活性位在靠近电解质界面处，因此原位捕捉电极表面以下的拉曼信息需要设计新的电极构型，条纹图案电极是一种将多孔电极的三维结构简化为二维结构，将电化学反应活性位暴露出来，易于使用高温拉曼光谱的原位表征，9.5 节将详细介绍这一技术。

9.5　基于图案电极的测试技术与反应机理解析

目前针对 SOC 的基础研究主要着眼于新材料与新结构工艺的开发、反应机理研究与性能优化探索。燃料电池创新的最终的"苛刻的测试"就是 I-V 特性测试，即在相同的电流密度下输出更高电压的燃料电池性能更佳。在这种情况下，为保证 I-V 特性比较的公平性，要保证制备的测试电池具有良好的一致性，同时应当保证相同的工作环境与测试步骤。因此，SOC 的基础研究主要采用纽扣电池进行性能表征。纽扣电池结构简单，易于制备，同时比较容易测试系统搭建，便于实现标准化实验测试，保证实验测试结果的可重复性与可靠性，也便于实验前后电池材料的显微表征。

理解 SOC 的电化学反应机理是指导新材料开发与性能优化的基础和重点。大部分实验研究常用多孔电极，这对于指导 SOC 工程应用能够起到良好的促进作用。但多孔电极的制备工艺繁多，有流延、等静压、丝网印刷、喷墨打印等各种工艺，制备的材料特性，如颗粒半径、孔隙率等也差别较大，导致多孔电极微观形貌变化不一。正如第 8 章提到的，多孔电极微观结构复杂且不规律，不易准确定量调控反应活性面积等重要反应动力学参数，且电极中存在气体扩散和电荷传递特性的影响，给电化学反应机理的鉴别造成了困难。因此，需要采用其他的实验工具，有效地避免多孔电极微观结构对反应机理的干扰，仅针对三相界面的电化学反应机理进行研究。相比于多孔电极，第 4 章与第 8 章反应机理研究中采用的图案电极具有可控的几何结构及电化学反应面积，可以很好地消除多孔结构对电化学反应机理研究的影响[37,38]。图案电极往往通过光刻蚀、蒸发镀膜或磁控溅射等方法，在光滑的电解质基片上镀一层图案金属的电极制备而得。图案电极可通过图案几何结构的设计，精确定量地调控三相界面长度、电极表面积等重要参数[39,40]，通过极化曲线及 EIS 获得本征反应动力学数据，推测可能的电化学反应路径[41,42]。而且，图案电极可将复杂的三维电极简化为二维电极，易于采用扫描电镜、X 射线衍射、拉曼光谱等手段表征反应前后电极形貌、表面物理化学特性的变化，为反应机理鉴别提供必要的证据[15,19,43]。

（1）电化学反应机理鉴别。图案电极剥离了多孔电极内部质量扩散对反应机理鉴别的干扰，同时几何结构的设计能够精确调控电极的重要参数，配合极化曲线和 EIS 能够求解电池反应本征动力学参数，从而可以鉴定基元反应机理和识别特定工况下的速率控制步骤。目前，图案电极已经被广泛应用于 SOFC 电化学反应机理鉴别，包括电化学氧化 H_2 和 CO 反应机理，同时也用于其逆过程 SOEC 电解 H_2O、电解 CO_2 以及共电解 H_2O/CO_2 的反应机理研究中。第 4 章及第 8 章分别介绍了图案电极技术在 SOFC 以及 SOEC 电化学反应机理鉴别中的应用，故本章不再赘述。

（2）原位表征。除了用于鉴别燃料电池基元反应机理和速率控制步骤，图案电极的另一个优势是将复杂的三维电极简化为二维电极，同时将电极的不同功能位点(Ni 表面和三相界面)在空间上区分开来，从而可以直接采用原位表征手段捕捉 Ni 表面和三相界面在不同工况下的形貌与物理化学特性变化，为反应机理的鉴别提供必要的证据。例如，本书课题组利用 Ni 图案电极研究了 SOFC 和 SOEC 模式下的积碳特性，详见 8.3.2 节。刘美林等[15]采用高温原位拉曼光谱结合 Ni 条纹图案电极研究积碳特性，通过拉曼二维成像发现积碳更倾向于发生在 Ni 表面，在YSZ 表面捕捉不到可分辨的积碳拉曼信号，同时在致密的二维 Ni 表面随着与 YSZ基体的距离增加积碳程度加剧。然而由于图案电极的制备是在电解质基片上镀一层图案金属的电极，从而三相界面与电极表面并不处于同一平面，原位拉曼光谱采集到的是"近三相界面"的电极表面与电解质表面，并不能直接捕捉到三相界面处的拉曼信息。基于此，刘美林等[19]采用嵌入式方法制备了具有清晰界限的三相界面的电池(图 9.9)，这种电池构型下 Ni 电极表面与三相界面处于同一平面上，从而可以同时捕捉 Ni 表面与三相界面处的拉曼信息；如图 9.10 所示，通过原位测试 450℃下暴露在丙烷气氛中 30min 的电池表面的拉曼光谱，发现积碳主要发生在 Ni 电极表面，在靠近三相界面的电解质表面也检测到了少量的积碳，同时积碳最严重的位置出现在三相界面处(三相界面附近拥有更多的缺陷位)，进一步采用湿氢气气氛对电极再生发现表面的积碳减小，积碳消除最高效的位置出现在三相界面附近的区域(YSZ 相比于 Ni 拥有更强的吸附水分子的能力)。

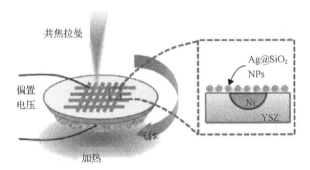

(a) 原位SERS测试用的电池概念图：Ni图案电极嵌入
YSZ基体，表面制备Ag@SiO₂纳米探针

(b) 450℃下SERS活化的Ni-YSZ界面SEM图

(c) 无SERS探针的SEM图

图 9.9　原位 SERS 测试用图案电极[19]

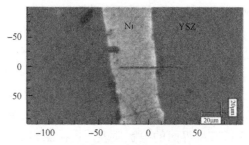

(a) Ni-YSZ界面光学成像与逐线扫描区域

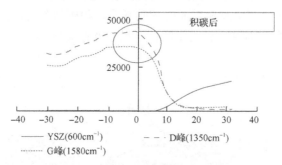

(b) 450℃下50%丙烷暴露30min积碳特征峰逐线扫描结果

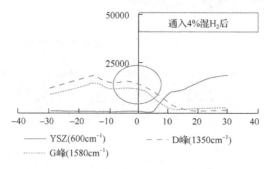

(c) 450℃下湿氢气再生积碳特征峰逐线扫描结果

图 9.10　Ni-YSZ 界面积碳原位 SERS 分析[19]

参 考 文 献

[1] Nelson G J, Harris W M, Izzo Jr J R, et al. Three-dimensional mapping of nickel oxidation states using full field x-ray absorption near edge structure nanotomography[J]. Applied Physics Letters, 2011, 98(17): 173109.

[2] Shearing P R, Bradley R S, Gelb J, et al. Using synchrotron X-ray nano-CT to characterize SOFC electrode microstructures in three-dimensions at operating temperature [J]. Electrochemical and Solid-State Letters, 2011, 14(10): B117-B120.

[3] Shearing P R, Bradley R S, Gelb J, et al. Exploring microstructural changes associated with oxidation in Ni-YSZ SOFC electrodes using high resolution X-ray computed tomography [J]. Solid State Ionics, 2012, 216: 69-72.

[4] Liu M, Lynch M E, Blinn K, et al. Rational SOFC material design: New advances and tools [J]. Materials Today, 2011, 14(11): 534-546.

[5] Kivi I, Aruuali J, Kirsimäe K. Changes in SOFC cathode crystallographic structure induced by temperature, potential and oxygen partial pressure studied using in-situ HT-XRD [J]. ECS Transactions, 2015, 68(1): 671-679.

[6] Hardy J S, Templeton J W, Edwards D J, et al. Lattice expansion of LSCF-6428 cathodes measured by in situ XRD during SOFC operation [J]. Journal of Power Sources, 2012, 198: 76-82.

[7] Garcia-vargas M J, Lelait L, Kolarik V, et al. Oxidation of potential SOFC interconnect materials, Crofer 22 APU and Avesta 353 MA, in dry and humid air studiedin situby X-ray diffraction [J]. Materials at High Temperatures, 2014, 22(3-4): 245-251.

[8] Zhang C, Grass M E, Mcdaniel A H, et al. Measuring fundamental properties in operating solid oxide electrochemical cells by using in situ X-ray photoelectron spectroscopy [J]. Nat Mater, 2010, 9(11): 944-949.

[9] Steven C, Decaluwe G S J, Roger L, et al. In situ XPS for evaluating ceria oxidation states in SOFC anodes [J]. ECS Transactions, 2009, 16(51): 253-263.

[10] Kaderi A B, Hartmann H, Besmehn A. Observation of oxide development from room temperature (RT) to 700℃ demonstrated by in situ XPS of crofer 22 APU alloy [J]. Oxidation of Metals, 2016, 88(3-4): 459-468.

[11] Bozzini B, Amati M, Gregoratti L, et al. In-situ photoelectron microspectroscopy during the operation of a single-chamber SOFC [J]. Electrochemistry Communications, 2012, 24: 104-107.

[12] Eigenbrodt B C, Walker R A. High temperature mapping of surface electrolyte oxide concentration in solid oxide fuel cells with vibrational Raman spectroscopy [J]. Analytical Methods, 2011, 3(7): 1478.

[13] Kirtley J D, Halat D M, Mcintyre M D, et al. High-temperature "spectrochronopotentiometry": Correlating electrochemical performance with in situ Raman spectroscopy in solid oxide fuel cells [J]. Analytical Chemistry, 2012, 84(22): 9745-9753.

[14] Pomfret M B, Walker R A, Owrutsky J C. High-temperature chemistry in solid oxide fuel cells: In situ optical studies [J]. The Journal of Physical Chemistry Letlers, 2012, 3(20): 3053-3064.

[15] Blinn K S, Abernathy H, Li X, et al. Raman spectroscopic monitoring of carbon deposition on hydrocarbon-fed solid oxide fuel cell anodes [J]. Energy & Environmental Science, 2012, 5(7): 7913.

[16] Li X X, Lee J-P, Blinn K S, et al. High-temperature surface enhanced Raman spectroscopy for in situ study of solid oxide fuel cell materials [J]. Energy and Environmental Science, 2014, 7(1): 306-310.

[17] Duboviks V, Maher R C, Kishimoto M, et al. A Raman spectroscopic study of the carbon deposition mechanism on Ni/CGO electrodes during CO/CO_2 electrolysis [J]. Physical Chemistry Chemical Physics, 2014, 16(26): 13063-13068.

[18] Maher R C, Shearing P R, Brightman E, et al. Reduction dynamics of doped ceria, nickel oxide, and cermet composites probed using in situ Raman spectroscopy [J]. Advanced Science, 2016, 3 (1): 1500146.

[19] Li X, Liu M, Lee J P, et al. An operando surface enhanced Raman spectroscopy (SERS) study of carbon deposition on SOFC anodes [J]. Physical Chemistry Chemical Physics, 2015, 17 (33): 21112-21119.

[20] Nagasawa T, Chen D, Lai S Y, et al. In situ Raman spectroscopic analysis of the coking resistance mechanism on $SrZr_{0.95}Y_{0.05}O_{3-x}$ surface for solid oxide fuel cell anodes [J]. Journal of Power Sources, 2016, 324: 282-287.

[21] 史美伦. 交流阻抗谱原理及应用 [M]. 北京: 国防工业出版社, 2001.

[22] 曹楚南, 张鉴清. 电化学阻抗谱导论 [M]. 北京: 科学出版社, 2002.

[23] Wilson J R, Schwartz D T, Adler S B. Nonlinear electrochemical impedance spectroscopy for solid oxide fuel cell cathode materials [J]. Electrochimica Acta, 2006, 51 (8-9): 1389-1402.

[24] 史翊翔. 固体氧化物燃料电池及其混合发电系统模拟研究 [D]. 北京: 清华大学, 2008.

[25] Bessler W G. A new computational approach for SOFC impedance from detailed electrochemical reaction-diffusion model [J]. Solid State Ionics, 2005, 176: 997-1011.

[26] Bessler W G. Gas concentration impedance of solid oxide fuel cell anodes Ⅰ. Stagnation point flow geometry [J]. Journal of the Electrochemical Society, 2006, 153 (8): A1492-A1504.

[27] Zhu H Y, Kee R. Modeling electrochemical impedance spectra in SOFC button cells with internal methane reforming [J]. Journal of the Electrochemical Society, 2006, 153 (9): A1765-A1772.

[28] Cheng Z, Liu M. Characterization of sulfur poisoning of Ni‑YSZ anodes for solid oxide fuel cells using in situ Raman microspectroscopy [J]. Solid State Ionics, 2007, 178 (13-14): 925-935.

[29] Maher R C, Duboviks V, Offer G J, et al. Raman spectroscopy of solid oxide fuel cells: Technique overview and application to carbon deposition analysis [J]. Fuel Cells, 2013, 13 (4): 455-469.

[30] Pomfret M B, Marda J, Jackson G S, et al. Hydrocarbon fuels in solid oxide fuel cells: In situ Raman studies of graphite formation and oxidation [J]. The Journal of Physical Chemistry C, 2008, 112 (13): 5232-5240.

[31] Kirtley J, Singh A, Halat D, et al. In situ Raman studies of carbon removal from high temperature Ni-YSZ cermet anodes by gas phase rgeforming agents [J]. The Journal of Physical Chemistry C, 2013, 117 (49): 25908-25916.

[32] Maher R C, Cohen L F, Lohsoontorn P, et al. Raman spectroscopy as a probe of temperature and oxidation state for gadolinium-doped ceria used in solid oxide fuel cells [J]. The Journal of Physical Chemistry A, 2008, 112: 1497-1501.

[33] Kirtley J D, Steinhurst D A, Owrutsky J C, et al. In situ optical studies of methane and simulated biogas oxidation on high temperature solid oxide fuel cell anodes [J]. Physical Chemistry Chemical Physics, 2014, 16 (1): 227-236.

[34] Jin Y, Yasutake H, Yamahara K, et al. Improved electrochemical properties of Ni/YSZ anodes infiltrated by proton conductor SZY in solid oxide fuel cells with dry methane fuel: Dependence on amount of SZY [J]. Chemical Engineering Science, 2010, 65 (1): 597-602.

[35] Nagasawa T, Hanamura K. Theoretical analysis of hydrogen oxidation reaction in solid oxide fuel cell anode based on species territory adsorption model [J]. Journal of Power Sources, 2015, 290: 168-182.

[36] Cheng Z, Abernathy H, Liu M. Raman spectroscopy of nickel sulfide Ni_3S_2[J]. The Journal of Physical Chemistry C, 2007, 111 (49): 17997-18000.

[37] Bieberle A, Meier L P, Gauckler L J. The electrochemistry of Ni pattern anodes used as solid oxide fuel cell model electrodes[J]. Journal of the electrochemical society, 2001, 148 (6): A646-A656.

[38] Rao M V, Fleig J, Zinkevich M, et al. The influence of the solid electrolyte on the impedance of hydrogen oxidation at patterned Ni electrodes [J]. Solid State Ionics, 2010, 181 (25-26): 1170-1177.

[39] Utz A, Störmer H, Gerthsen D, et al. Microstructure stability studies of Ni patterned anodes for SOFC [J]. Solid State Ionics, 2011, 192(1): 565-570.

[40] Ehn A, Høgh J, Graczyk M, et al. Electrochemical investigation of nickel pattern electrodes in H_2/H_2O and CO/CO_2 atmospheres[J]. Journal of the Electrochemical Society, 2010, 157(11): B1588-B1596.

[41] Vogler M, Bieberle-Hütter A, Gauckler L, et al. Modelling study of surface reactions, diffusion, and spillover at a Ni/YSZ patterned anode [J]. Journal of the Electrochemical Society, 2009, 156(5): B663.

[42] Luo Y, Li W, Shi Y, et al. Mechanism for reversible CO/CO_2 electrochemical conversion on a patterned nickel electrode [J]. Journal of Power Sources, 2017, 366: 93-104.

[43] Li W, Shi Y, Luo Y, et al. Carbon deposition on patterned nickel/yttria stabilized zirconia electrodes for solid oxide fuel cell/solid oxide electrolysis cell modes [J]. Journal of Power Sources, 2015, 276: 26-31.